科学出版社“十三五”普通高等教育本科规划教材

水生动物医学专业教材

鱼类寄生虫学

杨先乐　主编

科学出版社
北　京

内容简介

本书充分结合了寄生虫学的基本原理和水生动物的特点，以重要和代表性鱼类寄生虫为主线，阐述了鱼类寄生虫的类型、分布、形态、生活史及其与宿主、环境的相互关系，并重点介绍了具有代表性的鱼类寄生虫病。全书分总论、各论两大部分，共10章，并附有索引。重要理论完整、逻辑条理性强、实践应用性突出、图文并茂是本书的鲜明特点。

本书可作为高等院校水产专业本科生和研究生教材，也可为从事水产养殖，水生动物疫病检验、检疫与防治等领域的技术和管理人员提供参考。

图书在版编目（CIP）数据

鱼类寄生虫学/杨先乐主编. —北京：科学出版社，2018.6

科学出版社"十三五"普通高等教育本科规划教材

水生动物医学专业系列教材

ISBN 978-7-03-056336-1

Ⅰ.①鱼… Ⅱ.①杨… Ⅲ.①鱼类–寄生虫病（鱼病）–高等学校–教材 Ⅳ.①S941.5

中国版本图书馆CIP数据核字(2018)第010363号

责任编辑：朱　灵

责任印制：黄晓鸣 / 封面设计：殷　靓

科学出版社 出版

北京东黄城根北街16号

邮政编码：100717

http: // www. sciencep. com

南京展望文化发展有限公司排版

广东虎彩云印刷有限公司印刷

科学出版社发行　各地新华书店经销

*

2018年6月第　一　版　开本：787×1092　1/16

2024年11月第十一次印刷　印张：18 1/2

字数：450 000

定价：68.00元

（如有印装质量问题，我社负责调换）

《鱼类寄生虫学》编委会

主　编　杨先乐（上海海洋大学）

副主编　汪建国（中国科学院水生生物研究所）

参　编　（按姓氏笔画排序）

丁雪娟（华南师范大学）
艾桃山（武汉市农业科学院）
李安兴（中山大学）
杨先乐（上海海洋大学）
杨廷宝（中山大学）
汪建国（中国科学院水生生物研究所）
张其中（暨南大学）
曹海鹏（上海海洋大学）

秘　书　曹海鹏（上海海洋大学）

前　言

执业兽医制度是推动水产品质量安全保障工作的重要抓手，但是当进行水生动物执业兽医考试、对水生动物执业兽医师选拔时，却发现相关专业的课程设置极不完善，人才培养也极为匮乏。因此教育部决定在我国新设立水生动物医学本科专业，并首先批准在上海海洋大学试点招生。一个新专业的建设，除了师资外，另一个重要因素就是教材。为了推动水生动物医学专业的学科建设，上海海洋大学一直将教材编写列为学科建设的重点工作之一。学校尤其对本教材的编写寄予厚望。

我国鱼类寄生虫学具有悠久的历史，早在北宋（960 ～ 1127）时期就有了关于鱼类寄生虫及寄生虫病的记载，这个记载比欧美等西方国家要早近半个世纪。但其成为一门独立的学科，却远远晚于欧美等发达国家。尤其是有关鱼类寄生虫学的教材，至今在我国乃至世界仍属空白。本教材的编写和出版，将会推动水生动物医学学科的建设，也对水产养殖业的持续、稳步、健康发展具有重要的意义。

本教材以"科学、准确、新颖、实用"为编写原则。在编写时既注重知识体系的广度，也兼顾它的深度；既满足本科教学的需要，也考虑从事该方面工作的研究生以及相应科研、推广和生产人员的需求。本教材的内容，除了理论的阐述，还有生动的举例；除了章首提纲挈领的导读，还有章尾精心设计的开放式习题；除了详略恰当的文字描述，还有生动清晰的原创性插图。全书遵循寄生虫学原理，突出水生动物的特点，不落俗套，以提升教材的系统性、完整性、专业性和实用性。

全书分为总论、各论，共10章。编者均为相关大专院校、科研院所教学和科研第一线的教授、研究员，他们数十年在鱼类寄生虫学的理论与实践中耕耘。全书编写分工如下：第1、2、6章由杨先乐编写，第3、10章和第7章第7节的"小瓜虫"由李安兴编写，第4章由杨廷宝编写，第5章由曹海鹏编写，第7章由汪建国编写，第8章由丁雪娟、袁凯编写，第9章由张其中编写，第7章第7节的"车轮虫"、第8章第2节的"指环虫"、第9章第2节的"锚头鳋"由艾桃山编写，附录由曹海鹏整理。书稿经过编者互审后由杨先乐、汪建国统稿。在教材编写过程中，编者参阅了大量的国内外出版发行的文献、资料和书籍，限于篇幅的原因，未能一一列出，在此向原作者和出版单位表示敬意和歉意。教材的编写得到了上海海洋大学水产与生命学院院长谭洪新教授、副院长黄旭雄教授，武汉市农业科学院水产研究所以及各参编单位及其领导的大力支持，在此一并表示感谢。

我们摸索着完成了本教材的编写，但随着新的成果与观点不断地涌现，掂量着手头这本被寄予厚望的稿子，我们深感水平和能力的不足，期盼读者对书中存在的诸多不当之处不吝赐教和批评指正。

2018年的春天即将来临。我们相信水生动物医学专业会随着《鱼类寄生虫学》等系列教材的出版问世，展现出她春天的繁荣！

编　者

2017年12月

目　录

第一章　鱼类寄生虫学概述

导读

本章主要阐述寄生虫学基本概念，寄生生活起源，寄生虫与宿主之间的关系，以及鱼类寄生虫学的研究内容与发展史，鱼类寄生虫学研究方法等。通过本章的学习将会使读者对鱼类寄生虫学有一个初步的了解，并为以后的学习提供相应的铺垫。

本章学习要点

1. 片利共生、互利共生与寄生现象及其相互演变。
2. 寄生生活建立过程的生物学意义。
3. 寄生虫对水产养殖业的危害程度及控制鱼类寄生虫病流行的意义。
4. 鱼类寄生虫学的形成以及发展方向。

在大自然形成的多彩世界中，有一类体形微小的生物，在生命的某个阶段或生命的全过程以其他生物（包括人类）作为生存环境，并对其造成伤害，导致各种不同的疾病发生，这类微小生物称为寄生虫。有些寄生虫危害鱼类等水生动物，它们构成了寄生虫–鱼类–环境的复杂生态关系。了解它们的生态习性、入侵过程，避免它们的侵扰及其所带来的危害，是鱼类寄生虫学的研究范畴和内容。

第一节　寄生的概念

一、寄生关系与寄生现象

在漫长的生物演化过程中，自然界的各种生物因其生理结构和生态条件的差异，逐步形成了两种不同的生活方式，一种是营自由生活（free living），另一种是与特定的其他生物一起营共生生活（symbiosis），这两种生活方式会因寻求食物或逃避天敌而相互转化，从而使各种生物之间的关系变得错综复杂。

自然界中两种生物生活在一起的现象十分普遍，但对任何一种生物来说，只要在它生命中的一个时期或终生与另一种生物存在密切的关系，即称为共生，这是两种生物之间相互依存的一种生态关系。根据两种生物间营养、居住和利害关系的不同，共生分为片利共生（commensalism）、互利共生（mutualism）和寄生（parasitism）三种类型。片利共生，又称共栖，是指两种生物生活在一起，其中一方从共同生活中获利，另一方既不受益也不受害，双方的关系仅是空间或生态上的关系。例如，海葵附着于寄生蟹（海蟹）的外壳上，随寄生蟹的移动而增加寻找食物的机会，对寄生蟹来说既无利也无害。互利共生是指两种生物生活在一起，互相依赖，均能受益。这是一种专性的共生，因为其中的任何一方脱离对方都不能独立生存。例如，生活在反刍动物（牛）瘤胃中的纤毛虫，在帮助了该动物消化植物纤维时获得食物，而且死后又为该反刍动物提供蛋白质。寄生是许多生物所采取的一种特殊的生活方式，尤其是较低等的生物，它是共生关系中的一种重要类型。这三种类型的共生关系没有严格的界限，在特定的条件下和长期的协同进化过程中会发生转化，可从寄生关系逐步转变成互利共生关系（图1-1）。例如，有些寄生虫寄生在某种动物体内时，起初它们排出的某些代谢物经过一个时期可能被其利用，最终这种被寄生的动物不仅依赖于寄生虫所排出的这些代谢物，还依赖于寄生虫的其他一些物质，从而使寄生关系转变为共栖关系。另外，共栖关系也可向寄生关系演变，因为许多寄生物在大多数情况下是作为共栖物而存在的，本身并没有致病性，只有当它们的数量异常增多或发生某种生理变化、被寄生的动物抵抗力下降时，也就是在相互制约关系发生某种变化时，这些处于共栖状态下的寄生物才会转化为病原体，这一现象在鱼类等水生动物中也十分普遍。

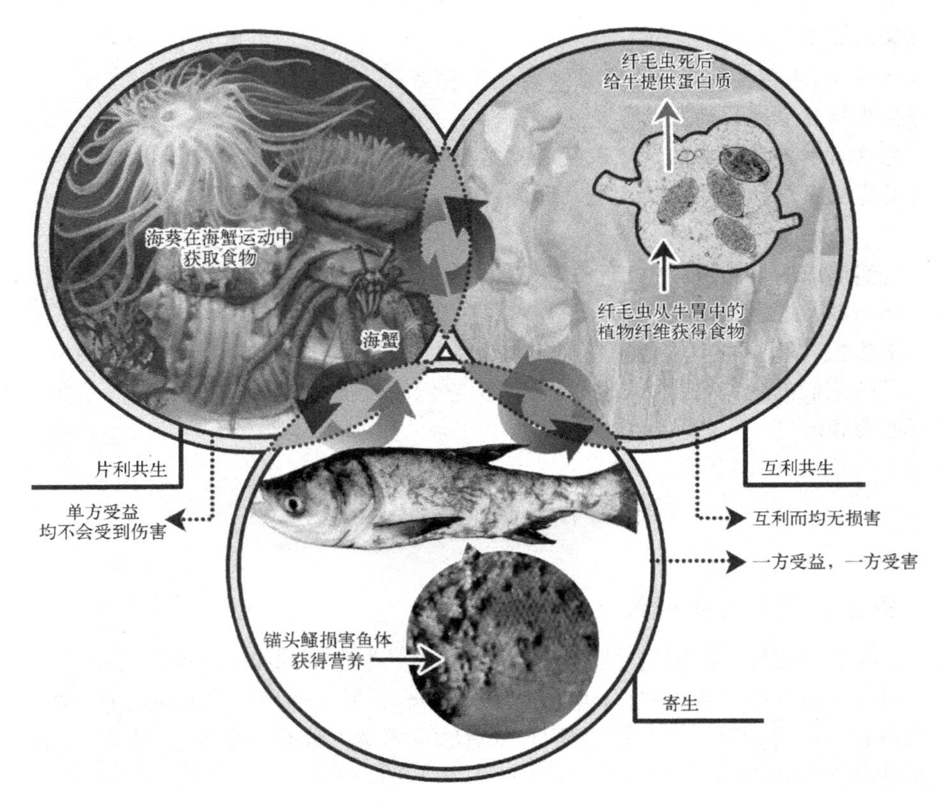

图1-1　片利共生、互利共生和寄生现象及其相互演变（杨先乐制）

寄生现象是某一生物在其生命的全部或某个阶段生活在另一生物的体内或体表，夺取该生物的营养，或以该生物的体液或组织为食维持其自身的生存并获得保护，并对该生物造成危害的一种生物学现象。两种生物生活在一起，其中一方受益，另一方受害，受害方给受益方提供营养物质和居住场所的生活关系称寄生关系。在这种关系中，受益的一方为寄生物（parasite），被寄生受害的一方为宿主（host）。由于寄生物的寄生，宿主机体发生不同程度的免疫和病理变化，甚至死亡。广义的寄生物包括动物性寄生物（holozoic parasite）和植物性寄生物（holophytic parasite），植物性寄生物有病毒、螺旋体、立克次氏体、细菌、真菌等，常将其称为微生物，它们所导致的疾病称为传染性疾病（infectious disease）；动物性寄生物包括单细胞的原生生物和多细胞无脊椎动物，如原虫、吸虫、绦虫、线虫和节肢动物等，常将其称为寄生虫，其引起的疾病称为侵袭性疾病（invasive disease）或寄生虫病（parasitosis）。例如，寄生于鲤（*Cyprinus carpio*）肠道中的鲤蠢（*Caryophyllaeus* spp.），鲤为其提供所需的营养物质和居住场所，是寄生关系中的受益者；而鲤则是受害者，会出现营养不良和肠道堵塞，寄生鲤蠢数量较多时会引起发炎和贫血，甚至死亡。

二、寄生生活的起源与建立

寄生生活的起源较为复杂。生物从自由生活演化为寄生生活，经历了漫长地适应自然环境和宿主环境的过程。寄生生活的起源可能有两条途径：一条是从自由生活通过兼性寄生到真寄生，另一条是从共生生活转为寄生。从寄生在鱼体上的中华鳋（*Sinergasilus* spp.）似乎可以推测从自由生活到寄生生活的演变过程：中华鳋雌雄异体，雄虫始终营自由生活，只有雌性成虫才营寄生生活，通过在鱼体上的寄生，其迅速长大，发育成熟；因此可以推测雌性中华鳋开始时也是营自由生活，但为了繁衍，经历了漫长的由自由生活到兼性寄生、再到真寄生的过程。这种推测可在寄生桡足类动物中找到很好的例证。在从自由生活向寄生生活转变的漫长过程中，寄生虫为了适应新的生活环境，保持种族的繁衍，产生了一系列的形态及生理上的变化。例如，体形趋向于扁平、变短，体节减少或变为柔软而有弹性，运动、消化和感觉器官的消失与退化，某些器官特化为吸盘或钩齿，生殖系统的高度发育，具有两性生殖方式以及雌雄同体，等等。有些寄生虫最初可能只是为了减少被宿主清除的机会，而对宿主酶或非特异性免疫等不利因素的抗性增加，继而出现生理性适应和较大改变，如抵抗宿主消化液的能力增强，新的摄取氧气和能源方式的获得，生殖力的增强，种种特殊向性的形成等，以弥补在宿主体内或宿主转换过程中的损失，适应外界的不良环境。

寄生虫在宿主体内外寄生生活的建立，会受到很多条件的约束。如果某种寄生虫寄生在一个非特异性宿主上，虽然可以生活一段时间，但最终会因环境的不适而死亡。例如，草鱼锚头鳋（*Lernaea ctenopharyngodontis*）专性寄生于草鱼（*Ctenopharyngodon idella*）体表，如果偶尔寄生于鲢、鳙等其他鱼类，可能会因为环境的不适，不能完成全部生活史而死亡。因此，在水产上常采用轮养的方式防治某些鱼类寄生虫病。此外，有些寄生虫即使能侵入固需宿主，也并非都能在该宿主体内建立寄生生活，因为它们通常还会被动或主动地、或长或短地移行（migration），经历一系列的发育阶段然后在它们特异性的寄生部位发育成熟。在这种移行的过程中，有些寄生虫可能会失去生存的机会。例如，寄生于团头鲂（*Megalobrama amblycephala*）的倪氏双穴吸虫（*Diplostomum niedashui*）尾蚴钻入鱼体后，通过附近的血管穿过脊髓，向头部移行，进入脑室，再沿视神经进入眼球而发育成囊蚴。倪氏双穴吸虫尾蚴的移行，将会受到团头鲂防御系统或外界环境的抵制，而使其难以到达它最终的寄生部位，终止发育，导致虫体死亡。因此，我们可以通过寄生虫在移行过程中的某个有利时机，增强宿主的免疫力或调节不利于寄生虫生存的环境，而将其杀灭。寄生虫在建立寄生生活时，也会通过自身的机能调整，如自身抗原的变异、减少移行的过程、将宿主蛋白整合到自身的构造中等，进而避免宿主的免疫监视，在其固需部位建立寄生生活。

寄生虫在宿主体内建立寄生生活的过程是不断地调整自己以适应宿主的体内环境的过程。寄生虫在宿主体内的定向移行和发育，可能会受到某一因子的激发而使其具有一种特定潜能，导致它们能顺利地到达其特定部位。例如，舌状绦虫（*Ligula* sp.）的尾蚴，通过水蚤被鱼吞食后，进入肠道，然后穿过肠道进入体腔继而发育成裂头蚴，这一过程可能是在某种特殊因子的激发和控制下完成的。这种具有特定潜能的激发与控制机制，是舌状绦虫尾蚴刺穿肠道移行至鱼体体腔并继续发育的重要条件，这其中包含了寄生虫–宿主的复杂关系，也预示着寄生虫复杂的生理现象。探讨这种机制，将会深入地揭示寄生虫建立寄生生活的本质。

第二节　鱼类寄生虫学的定义与研究范畴

一、鱼类寄生虫学与鱼类寄生虫病

鱼类寄生虫学（fish parasitology）是研究与鱼类等水生动物有关的各种寄生虫的形态结构、生理特点、生态规律、分类鉴别及其与鱼类等水生动物和外界环境的相互关系的学科，是从病原学和病原种群动力学角度揭示鱼类寄生虫病的发病机制、症状、流行、病理变化、诊断和免疫，以达到控制、消灭与预防其疾病发生的学科，是以鱼类生物学、水生动物医学、鱼类寄生虫和鱼类寄生虫病等多种学科为基础的综合性学科。鱼类寄生虫学既要研究鱼类寄生虫的生物学和生态学，也要研究鱼类寄生虫病及其防治，还要研究这些寄生虫和所导致的寄生虫病可能对人类健康造成的危害。因为水产品是人类食品的重要组成部分，它的质量安全与人类健康息息相关，涉及人鱼共患病（icthyozoonoses）和一些重大的公共卫生问题，如寄生于福寿螺（*Pomacea canaliculata*）的广州管圆线虫（*Angiostrongylus cantonensis*）等。

鱼类寄生虫学是研究鱼类寄生虫病的基础，只有对鱼类寄生虫学有较全面的了解，特别是鱼类寄生虫的生活史、流行病学规律等，才能科学地对鱼类寄生虫病做出准确地判断，从而制定出有效的防治方案和措施。

二、鱼类寄生虫学的内容、地位与作用

鱼类寄生虫学根据学科的性质可分为鱼类寄生虫病原学（fish parasitic etiology）、鱼类寄生虫生物学（fish parasitic biology）、鱼类寄生虫免疫学（fish parasitic immunology）、鱼类寄生虫生态学（fish parasitic ecology）、鱼类寄生虫流行病学（fish parasitic epidemiology）、鱼类寄生虫防治学（fish parasitic therapeutics）等；根据寄生虫的分类可分为鱼类寄生原生动物学（fish protozoology）、鱼类寄生蠕虫学（fish helminthology）、鱼类寄生甲壳动物学（fish crustaceology）等。

鱼病可分为病原性疾病和非病原性疾病，其中病原性疾病主要有两类：传染性疾病和寄生虫（疾）病，后者又称侵袭性疾病。鱼类寄生虫的危害主要是作为病原体引起鱼类寄生虫病，或作为媒介（vector）传播疾病。当前鱼类寄生虫对水产养殖业的危害日渐突出，不但会危害鱼类等水生动物，如危害海水养殖鱼类的刺激隐核虫（*Cryptocaryon irritans*）、危害大黄鱼（*Larimichthys crocea*）的鰤本尼登虫（*Benedenia seriolae*），而且会危害人类健康，成为人鱼共患病。因此，鱼类寄生虫学对水产养殖的健康发展和对公共卫生水平的提升起着重要的作用。

现代生物学的发展，为鱼类寄生虫学的研究开拓了新的思路，在致病机理、新药研发、疫苗制备以及分子流行病学研究方面提供了新的研究方法和手段。此外，随着学科的交叉发展和相互渗透，鱼类寄生虫学也渗透到其他学科中，有些寄生虫，如能导致人兽共患病的隐孢子虫（*Cryptosporidium* sp.），已成为一种新的生物模型，通过其基因水平的研究，了解它们在细胞水平上工作状态，为药物和疫苗寻找作用的目标。

三、鱼类寄生虫学与寄生虫学、水产学、鱼病学等学科之间的关系

鱼类寄生虫学是寄生虫学的分支学科，它既遵循寄生虫学的基本原理，也重视鱼类等水生动物的特点。鱼类寄生虫学是水产学的重要组成部分，水产学所包括的鱼类学、鱼类生理学、解剖学、生态学、生物化学、水化学、水环境学、分子生物学以及分类学等是鱼类寄生虫学的基础学科，因为它们为鉴定鱼类寄生虫病的病原体提供了诊断依据，为了解寄生虫病的流行规律和拟定正确的防治措施奠定了学科基础。鱼类寄生虫学与鱼类病原生物学有着密切的关联，它们与鱼类微生物学、鱼类病理学、鱼类免疫学、鱼类药理学等共同构成了水生动物医学的基础学科，它的研究成果既充实了该学科的内涵，也促进了其他学科的发展。鱼类寄生虫学和鱼病学关系更为紧密，鱼病学所涉及的病因、症状、病理、诊断、治疗、免疫、药物、药理等内容，是鱼类寄生虫学的基础，反过来鱼类寄生虫学又进一步充实了鱼病学的理论和技术。鱼类寄生虫学在同其他学科的犬牙交错中发展和壮大。

四、鱼类寄生虫的危害

寄生虫既可作为病原体引起疾病，也可作为媒介传播疾病，寄生虫对人类健康的危害及社会经济发展的影响不可轻视。在世界范围内，特别是在热带和亚热带经济欠发达的农业地区，寄生虫所引起的疾病一直是普遍存在的公共卫生问题，寄生虫病在人类传染性疾病中占有重要位置。联合国开发计划署、世界银行和世界卫生组织热带病培训和研究特别规划署联合倡议将10种热带病中的7种寄生虫病（疟疾、血吸虫病、淋巴丝虫病、盘尾丝虫病、利什曼病、非洲锥虫病和美洲锥虫病）列为重点防治的疾病，其中疟疾仍流行于全球99个国家，有33亿人口受到威胁（WHO，2011）。由于人口流动、生活习惯及行为方式的影响，以及艾滋病病毒（HIV）的感染、器官移植及免疫抑制剂的应用，在经济发达的国家，寄生虫病也是一个重要的公共卫生问题。例如，美国约有370万人感染阴道毛滴虫（*Trichomonas vaginalis*）。一些机会性致病寄生虫，如刚地弓形虫（*Toxoplasma gondii*）、隐孢子虫等引起的感染已成为艾滋病患者死亡的主要原因。长期使用免疫抑制剂，也导致机会性致病寄生虫的感染率不断升高。

寄生虫病不仅影响患者的健康和生活质量，还会对社会经济造成巨大的损失，如劳动力的丧失、工作效率的降低、预防费用及额外的治疗费用增加等。据估计，非洲国家因疟疾造成的经济损失占国民生产总值的1% ～ 5%，其直接的经济损失已达数十亿美元。此外，一些人兽共患寄生虫病，如棘球蚴病（echinococcosis）、猪囊尾蚴病（cysticercosis）、旋毛线虫病（trichinosis）、肝吸虫病（liver fluke disease）、隐孢子虫病（cryptosporidiosis）等也常使畜牧业蒙受重大损失，阻碍以畜牧业为主的国家和地区经济的发展。

鱼类寄生虫所导致的人鱼共患病也是一个严重的公共卫生问题，不可轻视。不同鱼类寄生虫对人的感染方式、感染途径、感染阶段并不相同，但它们进入人体的途径主要是人类生食或半生食含有感染期寄生虫的水产品，从而导致疾病的发生。常见的有华支睾吸虫病（clonorchiasis）、卫氏并殖吸虫病（paragonimiasis）、棘口吸虫病（echinostomiasis）、广州管圆线虫病（angiostrongyliasis）、阔节裂头绦虫病（diphyllobothriasis latum）、曼氏裂头蚴病（sparganosis mansoni）、异尖线虫病（anisakiasis）、棘颚口线虫病（gnathostomiasis）等。人鱼共患寄生虫病发病率与地区性的危险因素（如饮食习俗）、环境条件和水产品中鱼类寄生虫的种类密切相关。近年来，人鱼共患寄生虫病的流行呈现出城市发病率上升、流行区域扩大、发病概率与种类增多、新旧人鱼共患寄生虫病交替出现等特点。因食用半生螺肉而感染

广州管圆线虫病，以及生食牡蛎、淡水鱼虾而引起的拟裸茎吸虫病（gymnophalloidiasis）和次睾吸虫病（metorchiasis），一度成为引发社会广泛关注的严重危及公共卫生安全的事件，为我们敲响了警钟。

寄生虫对水产养殖业的危害也不可轻估。随着水产养殖种类增加、集约化水平提升、养殖密度扩大，以及池塘老化、底泥淤积增厚，加之防患意识淡薄，鱼病的发生率也越来越高。鱼病已逐渐成为制约水产养殖业发展的重要因素之一，其中由寄生虫引起的疾病占有重要的位置。由于养殖生态系统平衡失调，鱼类等水生动物、寄生虫以及环境三者间的生态关系急剧改变，引起寄生虫大量侵入宿主而导致寄生虫病的暴发，给渔业生产带来重大损失。据监测，在2005～2010年福建罗源湾网箱养殖鱼类感染的主要寄生虫就达10余种，2012年3月至2014年9月在辽宁西部海域检测的19种养殖鱼类中就有15种受寄生虫感染。因鱼类寄生虫病引起养殖鱼类的死亡率一般为20%～30%，严重时可达90%以上。2007年福建省罗源湾网箱养殖的大黄鱼、真鲷（*Pagrosomus major*）因刺激隐核虫大规模感染，导致4.3万个网箱受害，发病率100%，死亡率达80%以上，经济损失超过2亿元。2009年发病区域进一步扩大，据不完全统计，仅福建省宁德市蕉城区和霞浦县、福鼎市、福安市就有36万多个养殖大黄鱼的网箱发病。由此，我国将刺激隐核虫病（cryptocaryoniasis）列为二类动物疫病〔农业部第1125号公告〕。

鱼类寄生虫对水产养殖动物的影响在时间上的分布取决于水温的变化，在空间上的分布则取决于宿主、养殖密度、水流和水质。它对水产养殖动物的危害主要表现在：① 对宿主的机械性刺激及导致的组织损伤，这种损伤除直接使养殖动物发生病变、死亡外，还会为细菌和病毒的入侵，为继发性疾病的发生和流行创造条件；② 对宿主内部组织器官造成压挤，导致萎缩、坏死甚至生理机能的丧失；③ 掠夺宿主营养，影响其生长发育；④ 分泌有毒性的代谢产物，直接排泄在宿主体内，对宿主产生危害；⑤ 影响水产动物生长，导致水产动物消瘦，免疫力下降，影响水产品的商品价值。这些也是寄生虫病的共性。

了解鱼类寄生虫的危害，研究鱼类寄生虫的传播及其入侵途径，防治鱼类寄生虫病的发生和流行对水产养殖业的持续发展有着重要的意义。

五、鱼类寄生虫学的任务

鱼类寄生虫学的基本任务就是通过对鱼类寄生虫学以及寄生虫病的基础理论与防治技术的研究，有效地控制鱼类寄生虫病的发生和传播，确保水产养殖业的发展，提高经济效益，提高公共卫生水平，促进社会的稳定和谐。因此，掌握鱼类寄生虫学的基础理论和原理，掌握鱼类寄生虫病的流行特点和规律，掌握鱼类寄生虫学的诊治技术和综合防治措施，避免鱼类水生动物受寄生虫的侵袭。加强人鱼共患寄生虫病调查和研究，加强寄生虫-宿主-环境三者间的关系研究，根据寄生虫生物学和生态学的特点，寄生虫生活史的薄弱环节，使那些对水产养殖业危害较大的寄生虫（如粘孢子虫、刺激隐核虫等），以及对人类健康造成威胁的鱼类寄生虫（如华支睾吸虫等）得以控制，从而促进鱼类健康，保护人类安全。

随着科学技术的飞速发展，以及新理论、新观点、新技术和新方法的不断涌现，鱼类寄生虫学已由传统寄生虫学迈向以基因组学和蛋白质组学为标志的现代寄生虫学阶段，同时鱼类寄生虫学也为后基因组时代提供了重要的研究手段和研究平台。例如，以寻找鱼类寄生虫在生长发育过程中不同于宿主的某些特殊的转运系统和代谢途径为切入点，开发作用于这些靶点的抗鱼类寄生虫新药物；以已阐明的鱼类寄生虫变异抗原基因的保守区、变异区及其演化规律，以及鱼类寄生虫与宿主免疫系统间的相互关系为突破口，研发新型的抗寄生虫疫苗；以已获得的鱼类寄生虫基因组资料为基础，在后基因组时代，通过反向遗传学（reversed genetics）等手段，预测其基因的生物学功能，为鱼类寄生虫的演化和寄生虫病的诊断提供新的思路和方法。这些新的发展同时也赋予了鱼类寄生虫学在当今时代新的机遇和挑战。

第三节　鱼类寄生虫学的起源与发展

在漫长的生物进化历程中，由于寄生虫和宿主间具有一种协同进化（coevolution）关系，寄生虫形成了十分复杂的生活史和独特的生物学特性，因此人们对寄生虫及其所造成的疾病的认识与探索较为迟缓和艰难。虽然寄生是自然界一种普遍的现象，寄生物远远多于非寄生物，但寄生虫学的形成与寄生虫的出现在时间上相差甚远，鱼类寄生虫学尤为如此。19世纪后叶，在寄生虫病对人类的危害日趋严重形势下，寄生虫学才形成一门独立的学科，而鱼类寄生虫学的形成还要晚近一个世纪。了解寄生虫学的发展历史和特点，对我们掌握鱼类寄生虫学的建立与发展，研究鱼类寄生虫的生物学特征、掌握鱼类寄生虫病流行规律、推进鱼类寄生虫病的防治具有重要意义。

一、寄生虫学的起源

寄生虫学起源于对寄生虫的发现和描述，以及寄生虫病的防治。

从公元前400年Hippocrates发现疟疾开始，到公元前384～372年Aristotle提出了蠕虫非生物起源学说，人们就对一些寄生虫病症状有所认识，并逐渐发现了这些病的某些病原体。16世纪末期随着显微镜的发明，一些大型寄生虫被陆续发现。Redi（1626）最早将肉眼可见的蠕虫称为“在活的动物内见到活的动物”，寄生虫学的雏形——研究蠕虫的“内动物学”开始形成。瑞典生物学家林奈创造了动物命名法，在18世纪中叶对蛔虫、蛲虫等许多寄生虫进行了科学的命名，推动了寄生虫分类工作的进展，以至1860年形成了真正的“蠕虫学”。此后，Leeuwenhoek（1681）在粪便中观察到了一种与红细胞大小相仿且能活动的、称为“Animalcules”的生物，这就是我们今天所说的原虫，但原虫这个名词直到1820年才出现。Demarquay（1863）发现了丝虫的幼虫，Laveran（1880）发现了疟原虫，Grassi和Ross（1897）描述了疟原虫的生活史，以及稚虫病和利什曼病等一系列新寄生虫病的发现，原虫学的形成，推动了寄生虫学的发展。

关于寄生虫学的建立时期，目前尚有不同的观点：Foster在*A History of Parasitory*中认为，寄生虫学的建立应在1860～1910年，这期间寄生虫学家不断涌现，新的寄生虫及其疾病基本阐明；而Worboys等却认为寄生虫学的建立，除了寄生虫学家的出现外，还需有更多的寄生虫学研究机构和学术团体建立、寄生虫学研究生教育形成以及寄生虫学专业杂志的出版，因此他认为寄生虫学的建立应在1914～1940年。还有人认为，寄生虫学的建立是由于原虫学和蠕虫学的合并而形成的一个新的学科。德国最早将寄生虫学划分为一专门的学科。

根据寄生虫学学科建立所需的科学家、研究机构或学术团体、研究生教育以及专业杂志等方面的情况，可将寄生虫学的形成分为以下4个时期。① 寄生虫学史前期（公元前400～1680年）：这一时期主要以寄生虫的文字记载、病症描述、病原发现为特点。② 寄生虫学萌芽期（17世纪后期～19世纪中叶）：随着显微技术的发展和细胞理论的建立，这一时期新寄生虫不断被发现，寄生虫学理论萌芽。③ 寄生虫学形成期（19世纪后期～20世纪中期）：随着Patrickmanson（1877）提出媒传寄生虫病的概念，众多学者在寄生虫分类学、形态学及生活史等方面取得了卓越成果，促进了寄生虫学的形成，第一本寄生虫学杂志*Parasitology*也于1908年问世。④ 现代寄生虫学时期（1948年起至今）：实验寄生虫学的发展是这一时期的主要特征，现代超微技术、生物化学、免疫学、细胞生物学和分子生物学新理论和技术的引进，寄生虫基因组计划的启动，促使寄生虫学取得了长足的发展，同时较多寄生虫学的新型交叉学科不断产生，如分子寄生虫学、免疫寄生虫学、地理寄生虫学等。

二、我国鱼类寄生虫学的建立与发展过程

鱼类寄生虫学是在医学寄生虫学、兽医寄生虫学及鱼类养殖学建立的基础上形成的。我国是世界上发现鱼类寄生虫最早的国家。早在北宋（960 ～ 1127）时期，我国就有关于鱼类寄生虫及其寄生虫病的记载，比欧美的报道早近半个世纪。

北宋大文学家苏轼（1030 ～ 1101）在所著的《物类相感志》中，就曾描述“鱼瘦而生白点者名虱，用枫树皮投水中则愈”[这里所说的“虱”，不一定就是现在所说的鲺（*Argulus* spp.）]，这是世界上最早发现鱼类寄生虫并对其进行治疗的记载。明代科学家徐光启在《农政全书》（1628）中又全面地总结和分析了池塘水质肥瘦与寄生虫病发生的关系，认为“池瘦伤鱼，令生虱”“鲺如小豆大，似团鱼，凡取鱼见鱼瘦，宜细检视之，有，则以松毛遍池中浮之则除”。我国关于鲺的形态和防治方法，要比欧美公认的发现者Baldner（1666）早38年。明代文学家杨慎在《异鱼图赞》中也曾描述：“滇池鲫鱼冬月可荐，中含腴白，号‘水母线’，北客乍餐，认为面缆”。这里所说的鲫鱼腹中含的腴白，呈面条状，可食，即为舌状绦虫，这是关于蠕虫的最早记载。自徐光启（1628）、Baldner（1666）报道鲺的形态及防治方法之后，Linnaeus（1746）、Fouguest（1876）等相继对锚头鳋、小瓜虫进行了观察、描述和命名。

我国关于鱼类寄生虫学的系统研究比发达国家起步晚。我国最早研究的鱼类寄生虫病是寄生在草鱼苗和夏花鱼种阶段的鳃隐鞭虫（*Cryptobia branchialis*），并找到了有效的防治方法，由此拉开了我国鱼类寄生虫及其疾病研究的序幕，如关于寄生原生动物病的研究（陈启鎏，1959），多子小瓜虫（*Ichthyophthirius multifiliis*）的研究（倪达书，1960），九江头槽绦虫（*Bothriocephalus gowkongenisis*）的研究（廖翔华等，1956），复口吸虫（*Diplostomum* spp.）的研究（潘金培和王伟俊，1963），沙市刺棘虫（*Acanthosentis shashiensis*）的研究（左文功，1974），血居吸虫（*Sanguinicola* spp.）（唐仲璋等，1975）的研究等，逐步建立了我国鱼类寄生虫学的基本框架。随着新技术、新方法的引进，以及学科间的相互渗透，我国鱼类寄生虫学有了更大拓展。例如，利用电子显微镜技术对寄生虫亚显微结构的研究，通过生理生化手段使组织病理向生化病理的发展，借鉴分子生物学技术提出了鱼类寄生虫新的分类系统和依据，等等。我国鱼类寄生虫学已从描述寄生虫学阶段、实验寄生虫学阶段进入了免疫寄生虫学与生化–分子寄生虫学阶段。

三、鱼类寄生虫学的发展趋势

鱼类寄生虫学与医学寄生虫学一样，是研究寄生虫与自然界有生命和无生命生境系统的复杂关系；从原生动物到脊椎动物，寄生虫几乎遍布动物界的每个门，因此寄生虫在自然生境中所起的作用，无论是在数量上还是在多样性方面，其他生物都无法比拟，它不仅可控制宿主的生活习性，还会根据其需要改变整个生态系统。现代鱼类寄生虫学的研究范畴不仅是降低和控制寄生虫对鱼类等水生动物的感染和发病，还需考虑寄生虫在自然生境中的巨大推动作用的诱导或控制。

世界科学技术的飞速发展，新技术、新方法在生物学领域中的广泛应用，为鱼类寄生虫学的发展创建了新的机遇。鱼类寄生虫学将借助于核酸技术、蛋白质技术、免疫学技术、显微技术、体外培养技术、地理信息与遥感技术和互联网智能技术等，在以下几方面取得突破性的发展。

1）根据现代生物学发展方向，揭示鱼类寄生虫病重要致病机制、寄生虫抗性发展机制、寄生虫病原体之间的亲缘关系和重要病原的新功能基因，为学科发展奠定基础。

2）应用现代数理学与信息决策学理论，对研究寄生虫病的流行进行评估与监测，研究寄生虫病在不同环境下的传播阈值模型，建立寄生虫病传播预警理论与预测方法，为现场防治决策提供科学依据。

3）创建快速、规范、特异和敏感的鱼类寄生虫病诊断技术，如利用属特异性PCR技术，通过1个虫卵或1条幼虫确定寄生虫的种属。

4）发展鱼类寄生虫病生物防治，一方面研制活虫弱毒疫苗、基因工程疫苗，另一方面大力开展寄生虫天敌的研究与开发。

5）开展寄生虫基因组工程研究，为流行病学的株系鉴别，解释寄生虫多态现象等奠定基础。

6）创建“海洋寄生虫学”，为“海洋牧场”的建立和运行、海洋寄生虫在海洋生态上的作用提供支撑。

7）加快现代资源共享机制建设的步伐，建设和丰富用于鱼类寄生虫学与寄生虫病防治研究的远程诊治实验室、网络标本馆、网络人才库等，为鱼类寄生虫学资源共享机制的建立提供平台。

免疫寄生虫学与生化–分子寄生虫学的升华，其他学科的新技术、新理论的渗透，将促使鱼类寄生虫学融入现代生物学革命主流，涌现出令人想象不到的、惊人的成果。

（杨先乐　编写）

习　题

1. 为什么肉食动物依赖于捕获物而生存的关系不属于寄生关系？

2. 河蟹与附着于其体表的固着类纤毛虫之间的关系是片利共生关系、互利共生关系还是寄生关系？请说明理由。

3. 举例说明鱼类寄生虫对水产养殖业的危害及其控制对社会经济的影响。

4. 根据寄生虫学的起源和形成，鱼类寄生虫学的特点，你认为鱼类寄生虫学今后发展的趋势是什么。

参考文献

贝霍夫斯卡娅–巴甫洛夫斯卡娅.1955.鱼类寄生虫学研究方法.中国科学院水生生物研究所菱湖鱼病工作站译.北京：科学出版社：4–49.

邓永强，汪开毓，黄小丽.2005.鱼类小瓜虫病的研究进展.大连水产学院学报，(2)：149–153.

廖翔华，施鎏章.1956.广东的鱼苗病——一、广东九江头槽绦虫（*Bothriocephalus gowkongensis* Yeh）的生活史、生态及其防治.水生生物学集刊，(2)：129–185.

倪达书，李连祥.1960.多子小瓜虫的形态、生活史及其防治方法和一新种的描述.水生生物学集刊，(2)：198–215.

潘金培，王伟俊，郑小英，等.1990.虹鳟复口吸虫病的研究——一种新的复口吸虫及其早期发育史观察.鲑鳟渔业，(2)：1–11.

潘炯华，张剑英，黎振昌，等.1990.鱼类寄生虫学.北京：科学出版社：1–15.

潘卫庆，汤林华.2004.分子寄生虫学.上海：上海科学技术出版社：3–5.

唐仲璋，林秀敏.1975.龙江血居吸虫及其产生的病害.厦门大学学报（自然科学版），(2)：139–160.

陶伊文.1989.从Laveran的发现至DNA探针：疟疾诊断的新趋势.国外医学（寄生虫病分册），(5)：216.

王京京.2016.额尔齐斯河鳅科鱼类寄生虫病原分类及流行病学特点分析.乌鲁木齐：新疆农业大学硕士学位论文.

汪世平，蒋明森，吴忠道等.2004.医学寄生虫学.北京：高等教育出版社：1–20.

谢杏人，陈启鎏，陈英鸿，等.1959.广东鲮鱼鱼苗的流行病及其预防试验.水生生物学集刊，(4)：420–428.

张剑英，邱兆祉，丁雪娟，等.1999.鱼类寄生虫与寄生虫病.北京：科学出版社：3–13.

中华人民共和国农业部.2008.第1125号公告（对原《一、二、三类动物疫病病种名录》修订）.2008–12–11.

诸欣平，苏川.2013.人体寄生虫学.8版.北京：人民卫生出版社：1–12.

周晓农，林矫矫，胡薇，等.2005.寄生虫学发展特点与趋势.中国寄生虫学与寄生虫病杂志，23(S1)：349–354.

周晓农，林矫矫，王显红，等.2005.国外寄生虫学发展简史.国外医学（寄生虫病分册），(2)：51–53.

左文功，陈锦富，钱华鑫，等.1974.沙市刺棘虫（新种）及其所引起鱼病的治疗方法.动物学报，(4)：409–413.

Bueke D. 2009. Animalcules: the activites, impacts, and investigators of microbes. The Lancet Infectious Diseases, 9(7): 407.

Foster WD. 1965. A History of Parasitory. London: ES Livingstone: 1–32.

Beckert H. 1967. Culture of some common fish parasites for experimental studies. Auburn Alabama: Agricultural Experiment station Auburn University: 1–18.

Palm HW. 2011. Fish Parasites as Biological Indicators in a Changing World: Can We Monitor Environmental Impact and Climate Change? Berlin: Springer-Verlag: 223–250.

Worboys M. 1983. The emergence and early development of parasitology. *In*: Warren KS, Bowers JZ. Parasitology-A global perspecitive. New York: Springer Verlag: 1.

World Health Statistics. 2011. Part II. Global health indicators, Table 3 Selected infectious diseases 79. WHO.

第二章　鱼类寄生虫生物学

导读

本章针对鱼类寄生虫与宿主的类型及其相互间关系，寄生虫生活史类型、形成与意义，寄生虫营养与代谢，以及寄生虫分类与命名，阐述了鱼类寄生虫学的生物学基础。

本章学习要点

1. 寄生虫和宿主的类型及其分类依据。
2. 寄生虫和宿主的相互作用以及控制鱼类寄生虫病的意义。
3. 寄生虫生活史的含义、类型及研究其生活史的意义。
4. 寄生虫的营养和代谢方式以及二者相互的关系。
5. 寄生虫分类及其依据，寄生虫的命名规则，以及鱼类寄生虫分类的主体框架。

鱼类寄生虫在自然界中长期的生存、繁衍与进化过程中，显示出了它对自然环境的适应能力，以及对水产养殖危害所具有的持续性。了解并熟悉鱼类寄生虫生物学知识，尤其是寄生虫与宿主的相互关系，以及寄生虫的生活史、营养与代谢、分类与命名等，对研究鱼类寄生虫及鱼类寄生虫病具有重要的作用与意义。

第一节　寄生虫与宿主

寄生是寄生虫与宿主之间的一种特定的相互关系，包括寄生虫对宿主的损害，以及宿主对寄生虫的影响，常常是综合地作用于对方。经过长期的演化过程，寄生虫与宿主之间相互作用的某些特性被保存下来，并反映在双方的种群遗传物质上。

一、寄生虫的类型

在长期的演化过程中，逐渐形成了寄生虫的寄生生活。寄生虫与宿主间适应程度的不同、特定生态环境的差异，导致了它们之间关系的多样性，如宿主的种类和数目，寄生虫的发育阶段、适应程度、寄生部位、寄生时间、寄生期等，最终导致寄生虫表现出不同的类型。根据寄生虫的寄生部位、寄生时间，以及对宿主的选择性等可将其分为以下类型。

1. 根据寄生部位

（1）体内寄生虫（endoparasite）

体内寄生虫是指生活于宿主体内（如体液、组织、内脏）的寄生虫，如寄生于草鱼（*Ctenopharyngodon idellus*）、团头鲂（*Megalobrama amblycephala*）等肠内的九江头槽绦虫（*Bothriocephalus gowkongensis*），寄生于南美白对虾（*Penaeus vannamei*）肝胰腺小管上皮细胞中的虾肝肠胞虫（*Enterocytozoon hepatopenaei*）。

(2)体外寄生虫(ectoparasite)

体外寄生虫是指寄生在宿主体外或体表的寄生虫,如寄生于鲢(*Hypophthalmichthys molitrix*)鳃上的小鞘指环虫(*Dactylogyrus vaginulatus*),寄生于鲫(*Carassius aumtus*)皮肤上的日本鲺(*Argulus japonicus*)和多态锚头鳋(*Lernaea polymorpha*)。

2. 根据寄生时间

(1)永久(长期)性寄生虫(permanent parasite)

永久(长期)性寄生虫是指为获取营养与住所,终生或仅成虫期必须营寄生生活的寄生虫,如终生寄生于大鳍鳠(*Hemibagrus macroplerus*)血液中的鳠锥虫(*Trypanosoma hemibagri*),仅雌性成虫寄生于鲢鳃耙上的鲢中华鳋(*Sinergasilus polycolpus*),仅在变态发育阶段寄生于黄颡鱼(*Pelteobagrus fulvidraco*)、草鱼等鱼体表上的三角帆蚌(*Hyriopsis cumingii*)钩介幼虫等。

(2)暂时(或间歇)性寄生虫(temporary parasite)

暂时(或间歇)性寄生虫是指仅为获取营养,暂时接触或寄生于宿主,其余阶段营自由生活的寄生虫。例如,日本医蛭(*Hirudo nipponica*)能营自由生活,也能营暂时的寄生生活,当它们吸饱了鱼的血液后,就离开鱼体。

3. 根据对宿主的选择性

(1)单宿主寄生虫(monoxenous parasite)与多宿主寄生虫(polyxenous parasite)

只寄生于一种特定宿主的寄生虫称为单宿主寄生虫,如寄生于奇额墨头鱼(*Garra mirofrontis*)的澜沧江指环虫(*Dactylogyrus lancangjiangensis*),寄生于莫桑比克罗非鱼(*Tilapia mossambica*)的版纳嗜丽鱼虫(*Cichlidogyrus bannaensis*),寄生于麦穗鱼(*Pseudorasbora parva*)的具鳞指环虫(*Dactylogyrus squameus*)。多宿主寄生虫是指可寄生于多种宿主的寄生虫,这是一种复杂的生物学现象,如果多宿主包括人时,即可导致人兽、人鱼共患病。例如,龙江血居吸虫(*Sanguinicola lungensis*)的中间宿主为褶叠椎实螺(*Lymnaea Plicatula*),而终宿主有鲢、鳙(*Aristichthys nobilis*)、鲫、草鱼、团头鲂等;华支睾吸虫(*Clonorchis sinensis*)有多个宿主,可寄生于人、犬、猪、猫、狗及一些野生动物肝脏和胆囊内,淡水鱼、虾是它的第二中间宿主,如果人吞食了含囊蚴的生鱼,很可能被感染。

(2)兼性寄生虫(facultative parasite)与专性寄生虫(obligatory parasite)

兼性寄生虫是指某些基本上可营自生生活的生物,如有机会也可侵入宿主营寄生生活。例如,鲢中华鳋(*Sinergasilus polycolpus*)的幼虫和雄性成虫营自由生活,但雌性成虫营寄生生活。专性寄生虫,又称固需寄生虫,是指整个生活史或某个阶段完全必须营寄生生活的寄生虫。例如,锥体虫一生都寄生于鱼的血液中,三角帆蚌钩介幼虫在变态发育阶段必须寄生在鱼体上完成变态发育后才能变成幼蚌,开始底栖生活。

4. 机会致病性寄生虫(opportunistic parasite)与偶然寄生虫(accidental parasite)

某些寄生虫在宿主免疫机能正常时处于隐性感染状态,当宿主免疫功能低下或受损时则大量增殖、致病力增强,并引起疾病,这些寄生虫称为机会致病性寄生虫。例如,居于肠道上皮的虾肝肠胞虫在南美白对虾体内通常处于隐性感染状态,但当南美白对虾免疫功能低下时,可出现异常增殖,引起南美白对虾生长缓慢甚至死亡。偶然寄生虫是指因偶然机会进入非正常宿主体内寄生的寄生虫。例如,寄生于两栖动物体内的光洁棘头虫(*Acanthocephalus lucidus*)进入虹鳟肠内而偶然寄生。

二、宿主的类型

不同的寄生虫对宿主有不同的需求,这是寄生虫在长期的演化过程中形成的。寄生虫对宿主的这种选择性称为宿主的特异性(host specificity)。在寄生虫的生活史中,有的只需要一个宿主,有的则需要两个或两个以上的宿主,而且在不同的发育阶段,所寄生的宿主也不同,这就出现了不同类型的宿主。根据寄生虫对宿主的选择性和寄生阶段,可将宿主分成以下几种类型(图2–1)。

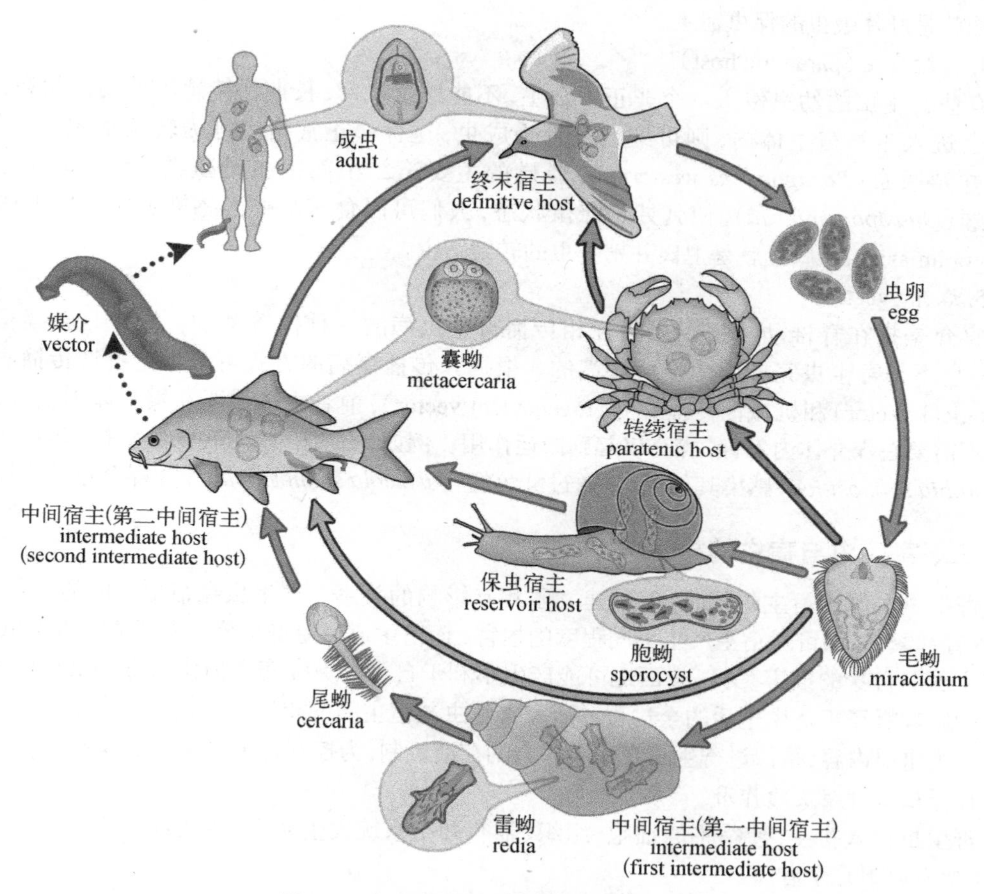

图2–1　鱼类寄生虫宿主类型(杨先乐制)

1. 终末宿主(definitive host)

终末宿主是指寄生虫成虫阶段或有性繁殖阶段所寄生的宿主。例如,毛细线虫(*Capillaria* sp.)成虫寄生于草鱼并在其肠道内产卵,则草鱼就是毛细线虫的终末宿主。

2. 中间宿主(intermediate host)

中间宿主是指寄生虫的幼虫或无性繁殖阶段所寄生的宿主。如果有一个以上的中间宿主,则根据其先后次序分别称为第一中间宿主(first intermediate host)和第二中间宿主(second intermediate host)等。例如,双穴吸虫(*Diplostomum* spp.)的毛蚴在第一中间宿主斯氏萝卜螺(*Radix swinhoei*)的肝脏和肠外壁发育成胞蚴,继而形成生尾蚴逸至水中,当遇到第二中间宿主鱼脱去尾部进入鱼体,上行到眼球发育成囊蚴,最后被终末宿主鸥鸟吞食病鱼后在其肠道中发育为成虫。

3. 保虫宿主（reservoir host）

有些多宿主寄生的寄生虫，经常大量地寄生于某种宿主，但偶尔也可寄生于其他宿主，从流行病学的观点看，后一种宿主称为前一种宿主的保虫宿主，又称储存宿主。保虫宿主不反映寄生虫与宿主关系的实质，而是从防治角度出发，区别宿主的主次而予以不同对待的一种相对观点。例如，肝片吸虫（*Fasciola hepatica*）主要感染牛、羊，但也可感染某些野生动物，这些野生动物就是肝片吸虫的保虫宿主。

4. 转续宿主（paratenic host）

有些寄生虫的幼虫侵入一个非正常宿主，不能继续发育，长期保持感染性幼虫状态，如有机会进入正常宿主体内，则可继续发育为成虫，这种非正常宿主称为转续宿主。例如，卫氏并殖吸虫（*Paragonimus westermni*）囊蚴的主要第二中间宿主是蟹类，但它还可感染棘胸蛙（*Quasipaa spinosa*），使其处于滞留状态，人们可因食棘胸蛙而感染卫氏并殖吸虫病（paragonimiasis），棘胸蛙就是卫氏并殖吸虫的转续宿主。

5. 媒介（vector）

媒介是指在脊椎动物宿主之间互相传播寄生虫病的一种低等动物。媒介与转续宿主不同，它不是寄生虫完成生活史所必需的。根据其传播疾病的方式可分为生物性传播媒介（biological vector）和机械性传播媒介（mechanical vector），前者虫体需要在媒介体内发育，后者则不需要在媒介体内发育，媒介仅起到搬运作用。例如，寄生于鲑科鱼类血液中的鲑隐鞭虫（*Cryptobia salmositica*）感染其他鱼，常通过鲑鱼蛭（*Piscicola salmositica*）作为媒介进行传播。

三、寄生虫与宿主的相互关系

寄生虫在侵入宿主的同时，就已建立了相互影响的关系。寄生虫在宿主体内的移行、定居、发育和繁衍，均可对宿主产生不同程度的损害；而宿主通过免疫系统一方面清除寄生虫，减少寄生虫对自身的损害，另一方面也可能产生不利于自身的免疫病理损伤。寄生虫与宿主相互间的影响贯穿于寄生生活的全过程。研究寄生虫与宿主间的相互关系是现代寄生虫学所涉及的一个重要内容，是探讨寄生虫在宿主体内的存活机制，为控制寄生虫病奠定基础。

1. 寄生虫对宿主的作用

寄生虫侵入宿主，使宿主的细胞、组织、器官乃至系统发生病理、生化或免疫等方面的损害，主要有以下几个方面。

（1）掠夺营养（rob nutrition）

寄生虫侵入宿主后，在宿主体内所需的营养物质几乎全部来源于宿主，这些营养物质甚至包括寄生虫不易获得而又必需的物质，如维生素B_{12}和铁等微量元素。宿主体内的寄生虫数量越多，被掠取的营养也就越多，从而妨碍了宿主对营养物质的吸收，轻者表现为营养不良，生长发育受影响，重者甚至死亡；有的吸食宿主血液，造成贫血。例如，寄生于鲤（*Cyprinus carpio*）、鲫肠道的鲤蠢（*Caryophyllaeus* spp.）大量掠取其营养，可导致鱼死亡。寄生于鲟（*Acipenser* spp.）鳃上的尼氏吸虫（*Nitzchia siturionis*），每个虫体大约每天从鳃上吸取0.5mL血液，严重时每尾鲟可寄生300～400个虫体，致使鲟每天失血可多至150～200mL，引起鱼体贫血、消瘦。真鲷双阴道虫（*Bivagina tai*）、异斧虫（*Heteraxine* sp.）、异沟盘虫（*Heterobothrium* sp.）等单殖吸虫大量吸食鱼血，寄生数量增多时，可造成鱼体瘦弱而死。

（2）机械性损伤（mechanical injury）

寄生虫的侵入以及在宿主体内的移行、定居、繁殖等活动都会损伤和破坏累及的组织，造成对宿主组织器官的压挤、栓塞，以至萎缩，出现不同的病理变化，尤其是实质性器官，主要表现如下：① 损伤：例如，日本鲺寄生鱼体后，其腹面倒刺刺伤鱼体，口器大颚撕破表皮，分泌毒液，造成鱼体损伤、狂游；似鲶盘虫（*Silurodiscoides vistulensis*）的寄生可造成鱼体逆行性和进行性的鳃损伤，继而引起鳃深层组织坏死。② 压挤：例如，舌形绦虫（*Ligula intestinalis*）在鱼体体内寄生后可使体腔鼓起凸出，腹部破胀，最终导致死亡。③ 阻塞：例如，日本侧殖吸虫（*Asymphylodora japonica*）大量寄生于鱼体肠道可使肠道阻塞而致其死亡；当寄生发生于血管或神经组织时，如钻入鱼体心脏和动脉球的血居吸虫，进入鱼体脑室的双穴吸虫，尽管寄生的数量不多，但可导致痉挛性收缩，引起严重阻塞，使其运动失调、畸形、疯游。④ 萎缩、影响发育，导致生理机能丧失。例如，鱼怪（*Ichthyoxenus japonensis*）寄生后可使宿主性腺发育停止。

（3）毒性作用（toxic action）和免疫病理损伤（immunopathological damage）

寄生虫在寄生过程中所产生的代谢物、排泄物以及分泌的有毒物质，均会对宿主产生毒性。例如，鲺（*Argulus* spp.）寄生鱼体后将毒腺细胞分泌的毒液通过口刺注入鱼体，使其产生炎症和出血；大中华鳋（*Sinergasilus major*）摄食时能分泌酶溶解宿主鳃组织，破坏微血管，使病鱼的血象、血液中有关物质的含量及其比例均发生变化。此外，寄生虫还可对宿主造成免疫病理损伤。寄生虫虫卵、虫体死亡崩解物及其分泌物均具有抗原性，可诱发宿主产生免疫病理反应。例如，双线绦虫（*Digramma* sp.）寄生后可使鲫血红蛋白、红细胞数目下降，红细胞变小，血沉升高，异形红细胞、幼年红细胞增多，白细胞常规组成改变，多形核白细胞、单核球相应增加；血吸虫（*Schistosoma* sp.）虫卵分泌的可溶性抗原与宿主抗体结合可形成抗原抗体复合物，引起宿主肾小球基底膜损伤。

（4）带入其他病原引起继发性感染（secondary infection）

寄生虫带入其他病原引起宿主的继发性感染，主要通过三个途径：① 寄生虫的侵入往往将水域环境中各种病原微生物带入鱼体而引起传染性疾病。例如，寄生于鳃部的寄生虫会将水环境中的柱状黄杆菌（*Flavobacterium columnaris*）等病原菌带入鳃，造成细菌性烂鳃病的发生。② 寄生虫幼虫在宿主体内移行，容易将病原微生物带进宿主破损的组织，尤其是引起皮肤或黏膜感染的寄生虫常在皮肤或黏膜处造成宿主损伤，为其他病原侵入创造条件。③ 作为另一些微生物或寄生虫固定的或生物学的媒介传播疾病。例如，水蛭（*Whitmania pigra*）通过吸取鳃血，可将某些鱼肠道内的锥体虫传入另一些鱼体。

必须指出的是，寄生虫对宿主的影响是综合性的、多种多样的、复杂的，它会因寄生虫的种类、数量以及致病作用的不同而有所不同。寄生虫对宿主的各种危害往往互为因果，互相激化而导致了复杂的病理变化，加之其他病原体的协同作用，加重了对宿主的损害。

2. 宿主对寄生虫的影响

宿主受到寄生虫的感染除了出现不同程度的症状和病变外，还可以激发免疫系统的防御免疫功能，导致宿主对寄生虫的免疫识别和免疫清除，包括固有免疫和获得性免疫。免疫应答水平的高低受到许多因素的影响，如宿主的种属、年龄、营养与健康状况、遗传因素等。

（1）天然屏障（innate immunity）

宿主的天然屏障是宿主的固有免疫系统，是在长期的进化过程中逐渐建立起来的一种天然防御能力，受遗传因素的控制，具有相对稳定性。鱼类的天然屏障主要有鳞、皮肤、黏膜等组织屏障和黏液。鱼类的固有免疫系统，表现出鱼类对许多寄生虫都有天然的不感染性，即使寄生虫侵入鱼体，也极有可能发育受阻或被清除。例如，鱼体的胃酸可杀灭某些进入胃内的寄生虫，血液中的各种吞噬细胞能有效地杀灭进入血液的各种寄生虫，组织内的各种细胞可对在组织中移行和定居的寄生虫进行包围、攻击和杀灭；又如，红点鲑（*Salvelinus fontinalis*）具有一种天然的抗蛋白酶 α_2 的巨球蛋白，能中和鲑隐鞭虫分泌的金属蛋白酶，抵制其感染。

（2）获得性免疫（specific immunity）

寄生虫本身及其分泌物或排泄物作为抗原［虫体抗原（somatic antigen）或代谢抗原（metabolic antigen）］可刺激宿主产生特异性的免疫反应，即获得性免疫，以抑制寄生虫定居、生长和繁殖；或阻止虫体的附着，使之排出体外；或使其缩短寿命，不能完成生活史进程；或沉淀、中和寄生虫产物以至杀灭寄生虫。免疫反应在限制虫体数量上起着重要作用。鱼类受到寄生虫感染会产生特异性抗体，如腹腔注射鳍头槽绦虫（*Bothriocephalus acheilognathi*）提取物后鲤能产生抗鳍头槽绦虫抗体，二次免疫后抗体滴度能在较高水平维持200d以上。鱼类的细胞免疫在抗寄生虫感染中也起到重要的保护作用，球孢虫（*Sphaerospora* sp.）在日本真鲈（*Lateolabrax japonicus*）寄生后可诱导其产生巨噬细胞、粒细胞、淋巴细胞、浆细胞和成纤维样细胞介导的细胞免疫反应。

一般来说，宿主对寄生虫的免疫是一种不完全的免疫，常处在一种带虫免疫状态，这是宿主抗寄生虫感染免疫的一种普遍的、特别的现象。

（3）年龄（age）

寄生虫的感染程度与宿主的年龄有着很大的关系。一般情况下，多数寄生虫在幼鱼体内发育较快，而在成鱼体内发育较慢或不能发育。

（4）营养状况（state of nutrition）

宿主的饮食和营养因素也是决定寄生虫感染结局的重要因素。低蛋白饲料、维生素A、维生素D缺乏则会有利于寄生虫的寄生。

3. 寄生虫对寄生虫作用的影响

在同一宿主内，经常会出现不同种寄生虫寄生的现象。这些寄生虫相互之间构成了复杂的生态关系，有的呈现拮抗作用，而有的却表现出协同作用。例如，有一种淡水螺（*Stagnicola emarginata*）可作为21种吸虫幼虫的中间宿主，但通常只有2种能同时在其体内寄生。这说明某种吸虫一旦寄生于该螺体内后，就有可能对其他吸虫的侵入造成抵制。即使是同一寄生虫多数个体寄生于同一宿主，相互之间的影响也很复杂，有些个体的生长会受到阻碍，生殖率会降低，其影响程度与寄生虫种群的大小、宿主的免疫状态有关。而造成这种影响的主要因素是寄生虫间的相互关系，与营养分配无关。

4. 寄生虫与宿主相互作用的结局

寄生虫与宿主相互作用的结局，一般有以下三种类型：① 宿主彻底清除了其体内寄生虫，并可抵御其再感染，这种情况较为少见；② 宿主清除了部分寄生虫，或者未能清除，但对其再感染具有相对的抵抗力，也就是说宿主与寄生虫之间维持相当长时间的并存关系，这种情况见于大多数宿主不发病的带虫者；③ 宿主不能控制寄生虫的生长或繁殖，表现出明显的临床症状和病理变化，而引起寄生虫病，如不及时治疗，严重者可致死亡。寄生虫与鱼类等水生动物相互作用会出现何种结局，与其遗传因素、营养状态、免疫功能、寄生虫的种类与数量以及环境状况等因素有关，这些因素的综合作用决定了寄生虫对水生动物的感染程度或疾病状态。

第二节　寄生虫的生活史

寄生虫的生活史是一个十分复杂的问题，它反映了寄生虫与宿主间的矛盾和统一，描述了寄生虫在与宿主相处中的一种动态平衡、渐次分化进而发育成一个新物种的过程。寄生虫生活史既反映了寄生虫与外界环境的互作，也浓缩了物种进化的历史演变。

一、寄生虫的生活史

生活史（life cycle），又称发育史，是寄生虫完成一代生长、发育、繁殖和宿主转换的完整过程，以及在这些过程中所需的条件。从形式上看，生活史是生长发育过程中若干阶段的连接，但它们都是种族生存链条中不可缺少的环节。寄生虫完成生活史，必须具有适宜的甚至是特异性的宿主，具有获得与宿主接触机会的感染性阶段，具有侵入宿主的方式和途径，具有在宿主体内移行、到达寄生部位以及离开宿主的方式及其传播媒介等。

二、寄生虫生活史类型

寄生虫繁多的种类，导致寄生虫生活史具有多样性，简繁不一。根据是否需要中间宿主，可将生活史主要分为以下两种类型。

1. 直接发育型

寄生虫完成生活史不需要中间宿主，脱离宿主（如鱼）的寄生虫在某一（或某些）阶段即具有感染性，或可在体外发育到感染期后直接感染宿主（鱼类或人），该类寄生虫称为土源性寄生虫（soil-borne parasite）。例如，多子小瓜虫（*Ichthyophthirius multifiliis*）是一种专性寄生虫，其生活史包括成虫期、幼虫期和包囊期几个阶段，但它的生活史不需要中间宿主，体外发育的幼虫感染鱼类形成成虫。

2. 间接发育型

寄生虫完成生活史需要条件较多、较高，除要求有终末宿主外，还需有中间宿主，幼虫在中间宿主体内发育到感染期后才能感染终末宿主，该类寄生虫称为生物源性寄生虫（biological parasite），如复殖吸虫（digenetic trematodes）。雌雄同体的复殖吸虫的生活史大致包括卵、毛蚴、胞蚴、雷蚴、尾蚴、囊蚴、成虫7个发育阶段，需更换中间宿主，中间宿主多为鱼类、腹足类、瓣鳃类以及多毛类和水生昆虫。有些以鱼为中间宿主的复殖吸虫（如华支睾吸虫、异形吸虫）还可危及人类健康。

三、世代交替与寄生虫的感染阶段

在寄生虫的生活史中，有些寄生虫，如导致观赏鱼白点病的多子小瓜虫，只有以二分裂法进行无性生殖；而有些寄生虫，如导致鲢、鳙白内障病的双穴吸虫，既有无性生殖又有有性生殖，二者交替进行，这种现象称为世代交替（alternation of generation）（图2–2）。

寄生虫有多个发育阶段，并不是所有阶段都对宿主具有感染能力，虫体必须发育到某一（或某些）阶段才会对宿主具有感染性，这个（些）特定阶段称为感染阶段或感染期（infective stage）。例如，引起海水鱼白点病的刺激隐核虫（*Cryptocaryon irritans*），只有包囊中分裂形成的纤毛幼虫（ciliospore tomite）才对鱼具感染性。

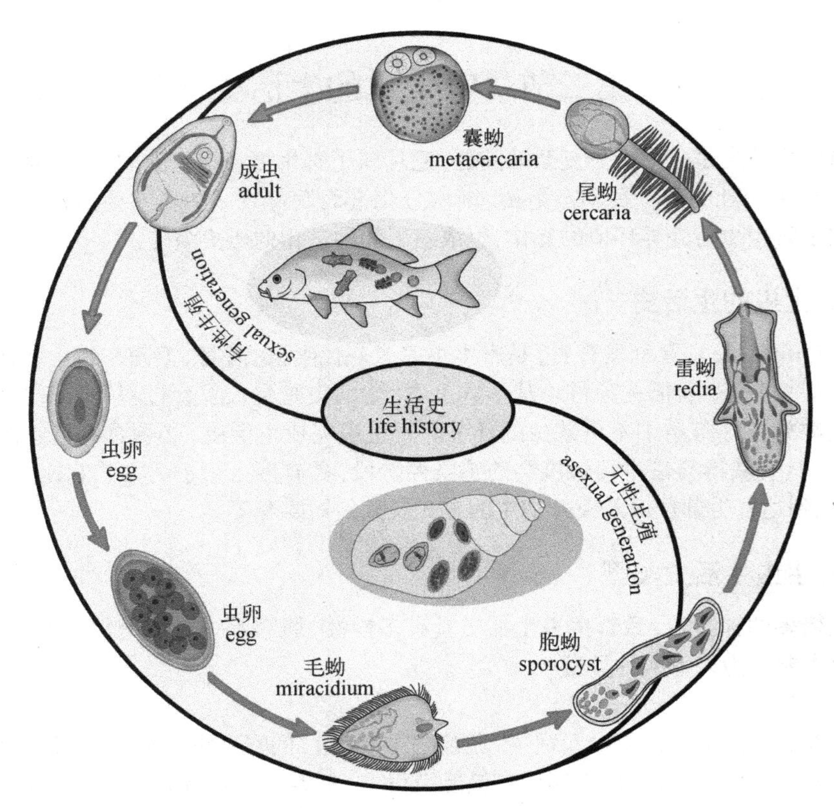

图2–2　鱼类寄生虫生活史中的世代交替（杨先乐制）

四、研究寄生虫生活史的意义

通过寄生虫生活史演化痕迹，我们可以发现生物进化过程中的某些缩影，为物种起源、生物进化的研究提供了切入口。例如，吸虫幼虫在贝体内的发育过程，揭示了它们从寄生于水生动物到寄生于陆生动物、从寄生于无脊椎动物到寄生于脊椎动物的演变过程。

通过对寄生虫生活史的研究，一方面可加强对寄生虫的认识，另一方面可从研究寄生虫的生活史的过程，找出有效的防治方法，为人类健康和经济发展服务。在寄生虫生活史的各阶段，由于寄生虫与宿主处在长期共存的环境，寄生虫某些或全部营养摄入已完全依赖于宿主，会通过某些特殊的转运系统或代谢途径以利于生长发育，找到这些环节就成了药物作用的最佳靶点，这将为药物筛选提供依据。另外，了解寄生虫的生活史，就会根据寄生虫生活史的特点或生活史中的薄弱环节，将寄生虫杀灭。例如，锚头鳋（*Lernaea* spp.）的生活史有童虫、壮虫和老虫三个阶段，每个阶段大约7d，在老虫阶段，虫体会自动脱落而死亡，而虫卵也会随之漂落在水中，进行下一代幼虫的孵化。因此，杀灭锚头鳋的最佳时间应在童虫阶段，因为这一阶段，童虫除了对药物较为敏感外，还没有完成发育，更容易被彻底杀死。

目前寄生虫疫苗的研究和应用还处在起步阶段。由于某些寄生虫生活史复杂，需要较多的中间宿主，给寄生虫的体外培养带来了一定困难，难获得大量的抗原制作疫苗，因而寄生虫疫苗十分有限，如尚处于实验室应用阶段的鱼用单殖吸虫（monogenoidea）疫苗、鲑隐鞭虫减毒活疫苗等。通过寄生虫生活史研究，可在DNA水平上找出寄生虫各发育阶段的共同点，挖掘寄生虫与宿主长期相互适应过程中形成的一整套抗原变异和逃避宿主免疫系统攻击机制，为疫苗的研究和开发提供基础。

第三节　鱼类寄生虫的营养与代谢

寄生虫一方面从外部环境中摄取对其生命活动必需的能量和物质，另一方面利用其体内各种生命物质的“加工厂”和一切有序化学反应，将这些能量和物质转变为生命活动的动力源，这就是寄生虫的营养和代谢（nutrition and metabolism），是寄生虫的一种基本的生理功能。营养是寄生虫生命活动的起始点，代谢为寄生虫一切生命活动提供了通用的能源。研究鱼类寄生虫的营养与代谢，有助于研制抗鱼类寄生虫病的药物和阐明其致病机制。

一、寄生虫的营养

寄生虫所需营养物质的种类、数量以及获取营养的方式与来源，与其种类及生活史阶段有着密切的关系。这些营养物质包括葡萄糖、氨基酸、脂肪酸、维生素、矿物质等，它们主要来源于宿主，包括宿主的组织、细胞和非细胞性物质，以及宿主消化道内未消化、半消化或已消化的物质。有些寄生虫因缺乏某些消化酶，也必须从宿主消化道中获取。

寄生虫对营养物质的获取与消化的方式主要有两种：渗透营养（osmotrophy）和动物性营养（phagotrophy）。渗透营养是寄生虫通过体表渗透吸收周围呈溶解状态的物质，主要通过质膜或皮层进行。质膜不仅可保持细胞的完整性，而且在营养吸收中起着关键作用，营养物质的吸收均要通过膜进行，方式有被动扩散（passive diffusion）、易化扩散（facilitated diffusion）及主动运输（active transport），它们对可溶性和不溶性分子的通过进行流量调节，具有选择性屏障作用，如许多原虫就是通过质膜吸收营养的。有的寄生虫通过胞饮作用（pinocytosis）从表膜摄入液态的养料。无消化道的绦虫依靠具有微毛（microthrix）的皮层（tegument）吸收营养物质。有消化道的吸虫、线虫可在虫体和宿主各种酶的参与下经消化道吸收，吸虫还可通过体表吸收低分子质量的物质。线虫体表虽有较厚的角质层，但有些营养物质可通过其中的一些小孔吸收到体内。

动物性营养是寄生虫靠吞食固体的食物颗粒来补充自身需求的有机质，主要通过吞噬作用（phagocytosis）完成的。某些鱼类寄生性原虫，如鲤斜管虫（*Chilodonella cyprini*）有胞口（cytostome）和胞咽（cytopharynx），经胞口获取营养；有的还可形成伪足（pseudopodium），如鲩内变形虫（*Entamoeba ctenopharyngodoni*），可由细胞质的流动包围营养物质形成食物泡（food vacuole），在体内消化吸收。

二、寄生虫的代谢

寄生虫的代谢主要是能量代谢（energy metabolism）和合成代谢（synthesis metabolism）。能量代谢的本质是将营养源内的葡萄糖等分子内的化学能量转变为腺苷三磷酸（adenosine triphosphate，ATP），能量主要是通过糖酵解（glycolysis）获得。糖代谢可分为乳酸酵解（homolactic fermentation）和固定碳酐（carbon dioxide fixation）两种类型，前者见于血液和组织内寄生虫，如龙江血居吸虫、大眼鲷匹里虫（*Pleistophora priacanthicola*），后者见于肠道寄生虫，如中华许氏绦虫（*Khawia sinensis*）。寄生虫在无氧糖酵解过程中生成可被宿主利用的终产物乳酸并获得较少能量，其途径是先将糖转化为丙酮酸，然后还原为乳酸或产生进入三羧酸循环的乙酰辅酶A，在此过程中经历一系列氧化磷酸化作用。寄生虫在得不到糖类时也可通过蛋白质代谢和脂类代谢获得能量。寄生虫的蛋白质代谢较为旺盛，其蛋白质来源于宿主获得的外源性蛋白质，或寄生虫自身分解的氨基酸进入代谢库后合成的蛋白质。寄生虫脂类代谢所需的脂类则主要来源于宿主，以此产生能量以补充糖氧化功能的不足。有些寄生虫（如线虫）可氧化储存于肠细胞内的脂肪酸作为能量的来源。

固定碳酐是寄生虫另一种获得能量的方式。寄生虫通过某些代谢途径固定二氧化碳，合成一些具有重要功能的物质。寄生虫具有两种能固定二氧化碳的酶——苹果酸酶（malic enzyme，ME）和磷酸烯醇丙酮酸激酶（phosphoenolpyruvate carboxykinase，PEPCK）参与能量的代谢。

虽然有氧代谢不是寄生虫的主要能量来源，但在一些物质的合成中，氧起着重要的作用。寄生虫对氧的吸收以扩散为主，氧通过皮层、消化道内壁或其他与氧接触的部位进入虫体。例如，原虫对氧的获得主要通过表膜的渗透作用，再借助于血红蛋白、铁卟啉等物质作载体，将氧送至虫体的各部分，用来氧化分解营养物质，获得能量。许多长期处在低氧分压甚至缺氧环境中的体内寄生虫，通过提高氧运输效率、氧经济利用能力，克服了氧供应不足造成的困难。例如，肠道中寄生的线虫成虫，当氧充足时，通过脂代谢使脂肪酸氧化释放能量；当缺氧时，脂代谢变慢或停止，游离脂肪酸形成酰甘油。

寄生虫代谢的调节在细胞水平上是变构调节，在环境和遗传方面上是对寄生虫生活史过程中代谢变化的调节。通过代谢调节，使输入的能量有效地分配到寄生虫生长、繁殖、运动等不同过程的生命活动中。

第四节　寄生虫的分类及命名

寄生虫作为一类小型的寄生动物，从本质上说属于动物。动物的分类系统是以动物的外形、解剖特征为主要依据，结合生态学、免疫学、遗传学以及个体发生与种族发生等特点，将动物由低级向高级分为若干类，以反映各类群之间的关系和演化过程。鱼类寄生虫的种类繁多，只有在充分掌握寄生虫分类学知识和理论的基础上，先对庞大的鱼类寄生虫类群有一个清晰的轮廓，才有可能进一步开展鱼类寄生虫的分类和命名等工作。

一、寄生虫分类及命名的意义

寄生虫分类和命名是寄生虫生物学的基础，是寄生虫分类学的两大具体任务。分类（taxonomy）是通过大量收集有关寄生虫个体描述的文献资料，经过科学的归纳和理性的思考，整理成一个科学的系统，为寄生虫的鉴定提供依据；命名（nomination）是按国际命名法规为发现的每一个寄生虫确定一个准确的学名。一个科学的命名携带着巨大的信息，它为生态学、免疫学、流行病学以及进化生物学提供具有重大科学价值的依据。寄生虫的分类与命名，对了解寄生虫虫种、类群及其相互间的亲缘关系，以及追溯寄生虫的演化规律、研究寄生虫和宿主之间的关系具有重要的作用。

二、寄生虫的命名规则

为了准确地区分和识别各种寄生虫，每一种寄生虫均会给定一个专门的名称，这个名称称为学名（scientific name）。寄生虫的命名采用国际公认的生物命名规则，即双名制命名法，简称“双名法”（binominal nomenclature）。双名制命名法，是以拉丁文或拉丁化文字记载物种的名称，每个学名由属名（genus name）、种名（species name）和命名者姓名及命名年份所组成。属名在前，种名在后，属名的第一个字母须大写，种名的全部字母须小写，二者均须用斜体。有时属名、种名之后还有亚属名（subgenus name）、亚种名（subspecies name），需要表示亚属名、亚种名时，可把亚属名、亚种名用括号写在属名、种名后面。即学名=属名（+亚属名）+种名（+亚种名）+命名者姓名+命名年份。命名人和命名年份全部用正体，二者之间用“,”分开；命名人用姓氏表示，姓氏的首字母须大写；命名人包括2人时，在第一命名人的姓氏和第二命名人的姓氏之间加“&”表示，3个及以上的命名人，在第一命名人的姓氏后加“*et al.*”，如麦穗鱼拟尾孢虫的学名*Myxobilatus pseudorasborae* Schulman, 1962、中华粘体虫的学名*Myxosoma sinensis* Nie & Lee, 1964、斗鱼四尾虫的学名*Tetrauronema macropodus* Wu *et al.*, 1988。如果某一寄生虫有二次以上的命名，则前一次（或几次）的命名者和命名年份用小括号括上，如隆头新肉吸虫的学名*Cainocreadium labracis*（Dujardin,1845）Nicoll,1909。命名人的姓名和命名年份在有些情况下也可以略去不写，如岩鲤两极虫的学名*Myxidium procyprisi*、鳢新碘泡虫的学名*Neomyxobolus ophiocephali*。在同一出版物中，若某一属有多个学名出现时，以后再出现的学名，属名可以简写，在属名的第一个首字母后加“.”即可，如*M. pseudorasborae* Schulman, 1962；*M. sinensis* Nie & Lee, 1964。只确定到属，未定到种时，可在属名后加“sp.”表示，如角孢子虫*Ceratomyxa* sp.。一个属有若干个未定种时，可在属名后加“spp.”表示，如库道虫*Kudoa* spp.。

根据译名规则，对于学名的中译名，种名用人名者，只译第一音，后加“氏”字，如曼氏分体吸虫（*Schistosoma mansoni* Sambon,1907）；属名用人名者，译全名，如洪氏古柏线虫（*Cooperia hungi* Mönnig,1931）。

三、寄生虫的分类

寄生虫分类是为了弄清各种寄生虫间的亲缘关系及其在分类系统中的地位。目前寄生虫分类的主要依据是寄生虫的形态学和解剖学的特征。寄生虫的分类标准随种类不同而有所不同。吸虫和绦虫的分类主要依据生殖器官的数量、形态、大小、在体内的相对位置及附着器官的形态结构等，而线虫则主要关注生殖器官（尤其是雄虫身体末端）的形态结构，其次是感觉乳突和其他表皮特征，以及口孔周围和口囊内部（指有口囊的线虫）的构造等。节肢动物主要是依据口器及骨骼的形态、附肢及身体的分节情况，原虫则根据卵囊的形态、鞭毛的数量与排列及生物化学特征等。此外，寄生虫的生活史、宿主种类、寄生部位等均是寄生虫分类与鉴定的重要依据。

目前寄生虫分类标准和依据尚存在较多的不足，因为形态结构和解剖特征仅仅只能呈现物种演化过程中遗留下来的痕迹，它不能反映一个物种的真正面貌，更难说明寄生虫之间的亲缘关系。随着新技术的发展，现代寄生虫分类除了以形态学特征为基础外，还辅以生态学、发生学、生理学、生物化学、分子生物学、免疫学以及超显微结构等方面的特点作为依据，这些新的分类方法和技术不但会使分类更准确、更科学，而且能进一步阐明寄生虫种群间系统进化的关系。

进化是寄生虫分类的基础，依据各种寄生虫间相互关系的密切程度，将其分成不同的分类阶元。寄生虫分类的最基本单位是种（species），种是具有一定形态学特征和遗传学特征的生物类群。现行的寄生虫分类系统有7个分类等级，即界、门、纲、目、科、属、种。近缘的种归结到一起成为属，近缘的属归结到一起成为科，依次类推。当这7个基本等级不够用时，则可在7个等级间加入一些中间等级，这些中间等级的构成是在原等级名称之前加词头“总”（超，super-）或“亚”（sub-），再分别置于原等级名称的前或后。这样，原来的7个等级即成为：界、亚界、门、亚门、总（超）纲、纲、亚纲、总目、目、亚目、总科、科、亚科、属、亚属、种及亚种或变种。按照惯例，总科、科和亚科等名称都有标准的字尾，总科是-oidea，科是-idae，亚科是-inae，将这些字尾加在模式属的学名字干之后即构成了相应的总科名、科名和亚科名，如离尾吸虫属（*Aponurus*）、半尾总科（Hemiuroidea）、半尾科（Hemiuridae）、宫腺亚科（Hysterolecithinae）等。

四、鱼类寄生虫分类的主体框架

按照动物分类系统，鱼类寄生虫主要分属动物界的扁形动物门（Platyhelminthes）、线形动物门（Nematomorpha）、棘头动物门（Acanthocephala）、节肢动物门（Arthropoda）、环节动物门（Phylum）等5个门，以及动物界原生动物亚界（Subkingdom）的肉足鞭毛门（Phylum）、复顶门（Apicomplexa）、微孢子门（Microspora）、囊孢子门（Ascetospora）、粘孢子门（Myzozoa）、纤毛门（Ciliata）等6个门。在鱼类寄生虫中，常将原生动物亚界的寄生虫俗称为鱼类寄生原生动物，动物界扁形动物门、线形动物门、棘头动物门的寄生虫俗称为鱼类寄生蠕虫，节肢动物门的寄生虫俗称为鱼类寄生甲壳动物，环节动物门的寄生虫俗称为鱼类寄生环节动物（图2–3）。

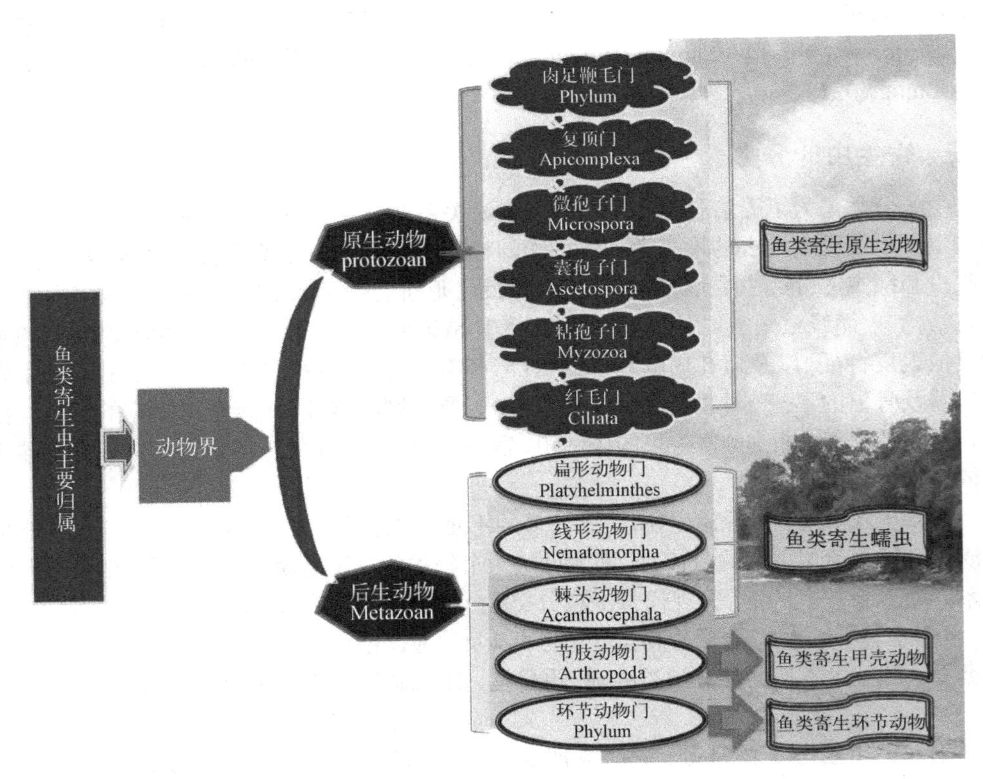

图2–3　鱼类寄生虫分类的主体框架（杨先乐制）

主要的鱼类寄生原生动物有：① 鱼类寄生鞭毛虫，如青鱼锥体虫(*Trypanosoma mylopharyngodoni*)、漂游口丝虫(*Costia necatrix*)、中华六鞭毛虫(*Hexamita sinensis*)、鲫旋核六鞭毛虫(*Spironucleus carassii*)等；② 鱼类寄生肉足虫，如鲩内变形虫(*Entamoeba ctenopharyngodoni*)等；③ 鱼类寄生球虫，如青鱼艾美球虫(*Eimeria mylopharyngodoni*)等；④ 鱼类寄生微孢子虫，如异状格留虫(*Glugea anomala*)；⑤ 鱼类寄生单孢子虫，如广东肤胞虫(*Dermocystidium kwangtungensis*)；⑥ 鱼类寄生粘孢子虫，如鲢四极虫(*Chloromyxum hypophthalmichthys*)、萨白弧形虫(*Sphaeromyxa sabrazesi*)、鳢新碘泡虫(*Neomyxobolus ophiocephali*)等；⑦ 鱼类寄生纤毛虫，如鲩肠袋虫(*Balantidium ctenopharyngodoni*)、梨形四膜虫(*Tetrahymena pyiformis*)、显著车轮虫(*Trichodina nobilis*)、筒形杯体虫(*Apiosoma cylindriformis*)等(图2–4)。

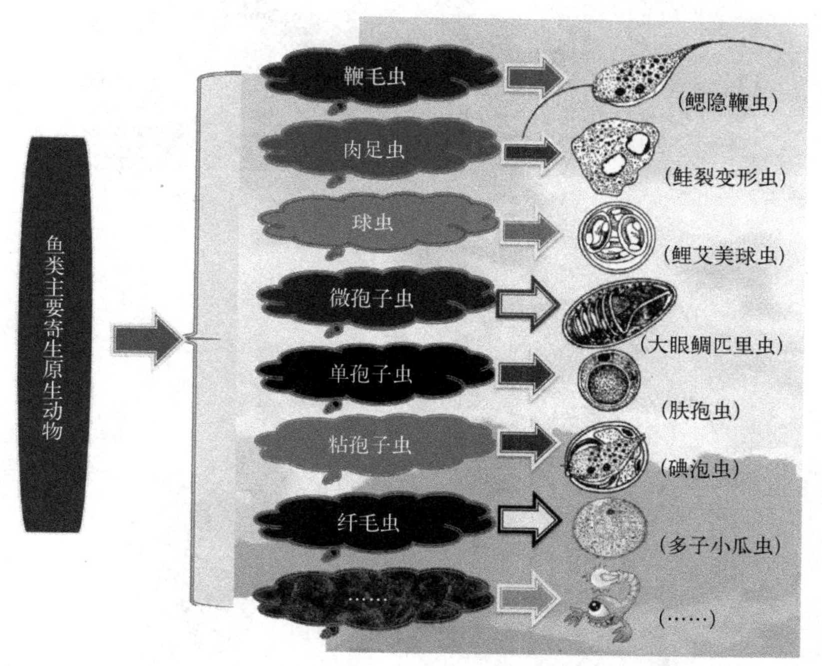

图2–4　鱼类主要寄生原生动物(杨先乐制)

主要的鱼类寄生蠕虫有：① 鱼类寄生扁形动物，包括鱼类寄生单殖吸虫，如鳙指环虫(*Dactylogyrus aristichthys*)、鲢三代虫(*Gyrodactylus hypopthalmichthysi*)、鲩华双身虫(*Sindiplozoon ctenopharyngodoni*)；鱼类寄生复殖吸虫，如尾崎似牛首吸虫(*Bucephalopsis ozakii*)、湖北双穴吸虫(*Diplostomum heupehensis*)等；鱼类寄生盾腹吸虫，如东方簇盾吸虫(*Lophotaspis orientalis*)；鱼类寄生绦虫，如鲤许氏绦虫(*Khawia cyprinid*)、微小鲤蠢(*Caryophyllaeus minutus*)等(图2–5)。② 鱼类寄生线虫，如麦穗鱼毛细线虫(*Capillaria pseudorasborae*)、牙鲆对盲囊线虫(*Contracaecum paralichthydis*)、针形针蛔虫(*Raphidascaris acus*)等。③ 鱼类寄生棘头虫，如伞形棘衣虫(*Pallisentis umbellatus*)、穿孔泡吻棘头虫(*Pomphorhynchus perforator*)等(图2–6)。

主要的鱼类寄生节肢动物有：① 鱼类寄生桡足类，如巨角鳋(*Ergasilus magnicornis*)、鲤

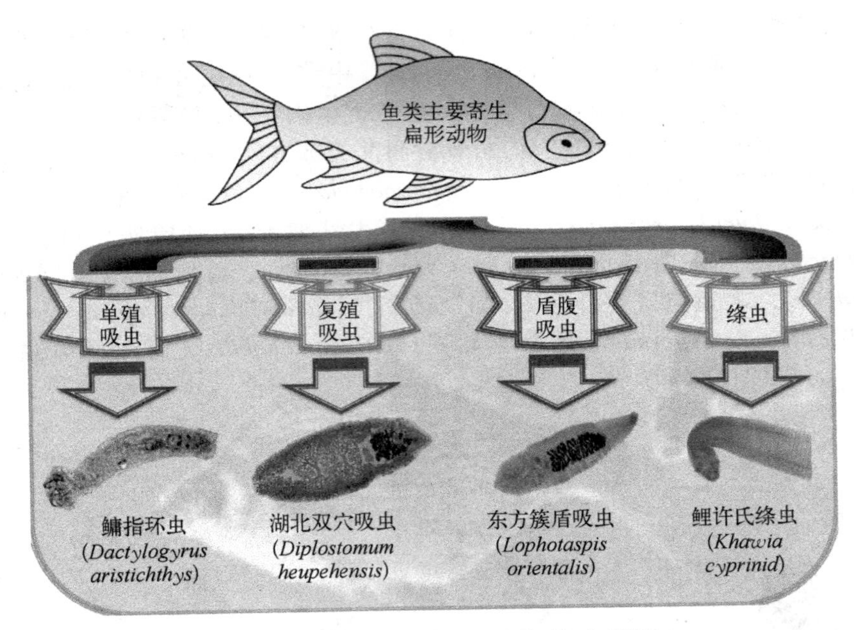

图2-5　鱼类主要寄生扁形动物(杨先乐制)

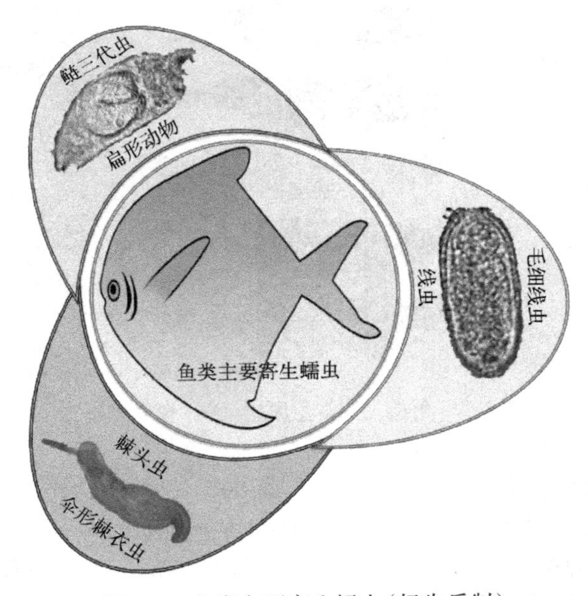

图2-6　鱼类主要寄生蠕虫(杨先乐制)

中华鳋(*Sinergasilus undulates*)、鲤锚头鳋(*Lernaea cyprinacea*)、短体马颈颚虱(*Tracheliastes brevicorpus*)、隧菱颚虱(*Thysanote fimbriata*)等; ② 鱼类寄生鳃尾类,如日本鲺(*Argulus japonicas*)等; ③ 鱼类寄生等足类,如日本鱼怪(*Ichthyoxenus japonensis*)等(图2-7)。

鱼类寄生环节动物较少,主要是蛭纲(Hirudinea)的鱼蛭(pigra whitaman),如水蛭(*Whitmania*)等(图2-8)。

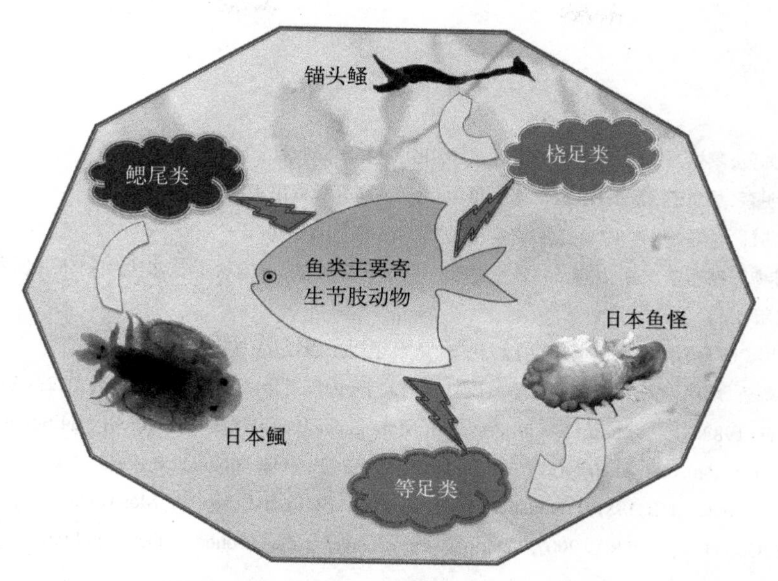

图2-7　鱼类主要寄生节肢动物（杨先乐制）

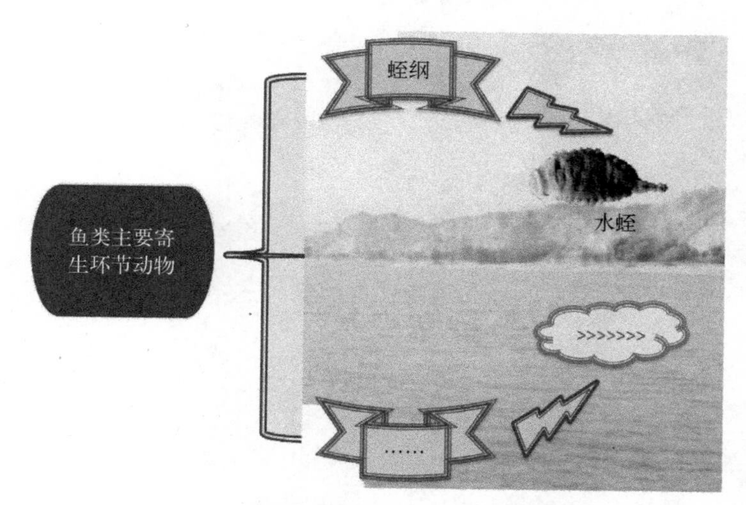

图2-8　鱼类主要寄生环节动物（杨先乐制）

（杨先乐　编写）

习　题

1. 通过寄生虫与宿主间的相互作用，阐述寄生虫病的发生与控制。
2. 举例说明保虫宿主、转续宿主、媒介的含义和区别。
3. 描述复殖吸虫生活史过程；根据其生活史的特点，提出控制该寄生虫所引起的鱼类疾病的方法和措施。
4. 从寄生虫营养和代谢的角度，举例阐明某一鱼类寄生虫病的发病机理。
5. 鱼类寄生粘孢子虫的分类地位如何？列举3种较重要的由粘孢子虫引起的鱼类寄生虫病。

参考文献

潘炯华，张剑英，黎振昌，等.1990. 鱼类寄生虫学. 北京：科学出版社：1–15.

汪世平，蒋明森，吴忠道，等.2004. 医学寄生虫学. 北京：高等教育出版社：1–20.

张剑英，邱兆征，丁雪娟，等.1999. 鱼类寄生虫学. 北京：科学出版社：3–13.

贝霍夫斯卡娅–巴甫洛夫斯卡娅.1955. 鱼类寄生虫学研究方法. 中国科学院水生生物研究所菱湖鱼病工作站译. 北京：科学出版社：4–49.

诸欣平，苏川.2013. 人体寄生虫学. 第8版. 北京：人民卫生出版社：1–12.

周晓农，林矫矫，胡薇，等.2005. 寄生虫学发展特点与趋势. 中国寄生虫学与寄生虫病杂志，23（5）：1349–1352.

Malmberg G. 1982. On evolutionary processes in Monogenea,though basically a less traditionally viewpoint. In: Mettrick DF, Desser ss. Parasites–Their World and Ours. Amsterdam: Eisevier Biomedical Press.

Schmidt G D, Roberts L S. 1981. Foundations of Parasitology. St. Louis: The C. V. Mosby Company.

Taylor M A, Coop R L, Wall R L. 2007. Veterinary Parasitology. 3rd ed. London: Blackwell Publishing Ltd.

第三章　鱼类寄生虫免疫学

导读

本章从基础免疫学着手，介绍寄生虫抗原的特性，鱼类对寄生虫抗感染的免疫反应特征，以及寄生虫对宿主免疫的逃逸反应等的基础知识，在此基础上，阐述了鱼类寄生虫病免疫防控的基本概念和前景。

本章学习要点

1. 寄生虫的抗原种类和特点，寄生虫抗原性分析策略。
2. 寄生虫感染引起的鱼类免疫反应，特别是细胞免疫和体液免疫反应的机制的类型和特征及其免疫防控研究的意义。
3. 鱼类对抗寄生虫感染的免疫反应在抵御寄生虫的大量繁殖和危害中的作用，以及寄生虫对相应免疫反应的反抗，如免疫逃逸，并了解寄生虫在鱼体内的免疫逃逸方式和特征。

免疫是生物体识别和清除非自身物质(异源物质)，从而保持机体内外平衡的生理学反应。它是生物体的重要防御反应过程，但往往也会伴随着有害的病理过程，如非特异性免疫(nonspecific immunity)反应中的炎症反应，既是清除异物的必要防御手段，同时也是抗感染免疫过程中最基本的病理反应。鱼类对寄生虫感染的免疫机制要比对微生物(microorganism)如细菌(bacteria)和病毒(virus)等复杂得多。这是因为寄生虫为真核生物(eukaryotic organism)，且大部分为多细胞生物，其适应环境的生存能力比微生物强很多，在进化过程中与鱼类建立了共生关系，从某种意义上讲是获得了控制宿主免疫系统的能力，具有更强的生存能力。而且，绝大多数寄生虫的生活史复杂，组织结构多样，从幼虫到成虫需经过多个发育阶段。即使在鱼的体内也有不同的发育阶段，处在不同发育阶段的虫体抗原(antigen)也有所不同，有的还会将自身抗原隐蔽或不断变异，以逃避宿主的免疫监视(immunity surveillance)。

第一节　寄生虫抗原

由于大多数寄生虫是多细胞动物，结构复杂，抗原多样，即使是单细胞的原虫，其抗原也因其存在不同的发育阶段而变化。此外，寄生虫的生活史复杂，加之某些寄生虫为了适应环境变化而产生的变异等多种原因，因此寄生虫的抗原十分复杂。

一、寄生虫抗原种类

1. 根据抗原来源划分

(1)结构抗原(structural antigen)

由寄生虫虫体结构成分组成的抗原称为结构抗原或体抗原，也称内抗原(endoantigen)。结构抗原作为一种潜在的免疫原，能引起宿主产生大量的抗体(antibody)。这些抗体与补体

(complement)或淋巴细胞(lymphocyte)的共同作用,可破坏虫体,从而减少自然感染的发生。结构抗原的特异性不强,常为不同种属的寄生虫所共有。例如,多子小瓜虫(*Ichthyophthirius multifilis*)和刺激隐核虫(*Cryptocaryon irritans*)的纤毛表面抗原即为典型的结构抗原,能够使宿主产生阻动抗体(immobilization antibody,i-Ab),能够凝集纤毛而阻止虫体的运动。

(2)代谢抗原(metabolic antigen)

寄生虫生理活动所产生的分泌排泄产物即为代谢抗原,也称外抗原(exoantigen),如寄生虫在入侵宿主组织和移行过程中产生的物质,与脱皮有关的物质,在吸血过程中以及与寄生虫其他生命活动有关的物质。这类抗原大多数是酶(enzyme),具有生物学活性,由它产生的相应抗体有很高的特异性,可以区别同一虫种(species)的不同虫株(strain),甚至同一寄生虫的不同发育阶段。例如,三代虫分泌排泄抗原(secretory-excretory antigen)具有双重的免疫学功能,一方面,它是灵敏度高、特异性强的检测抗原;另一方面,也是制备保护性免疫抗原的理想材料,可刺激机体产生体液免疫(humoral immunity)和细胞免疫(cellular immunity)。

(3)可溶性抗原(soluble antigen)

可溶性抗原是指存在于宿主组织或体液中游离的抗原物质,它们可能是寄生虫的代谢产物,或死亡虫体释放的体内物质,或由于寄生虫生活所改变的宿主物质。可溶性抗原在抗寄生虫感染、免疫病理学以及免疫逃避(immune evasion)上起重要作用。

2. 根据抗原功能划分

(1)非功能性抗原(non-functional antigen)

非功能性抗原是指不能刺激机体产生保护性免疫反应的抗原。一些非功能性抗原产生的抗体在寄生虫的检测和诊断中具有重要价值。

(2)功能性抗原(functional antigen)

功能性抗原是指能刺激机体产生保护性免疫反应的抗原,也叫保护性抗原(protective antigen)。功能性抗原大多数是代谢抗原或分泌排泄抗原,能够刺激鱼体产生特异性的、能起中和效应的抗体,继而能改变寄生虫的生理学特性,从而杀伤寄生虫。功能性抗原一般在寄生虫寄生过程的某一阶段出现。例如,鱼类多子小瓜虫的阻动抗原(immobilization antigen,i-Ag))即为一种功能性抗原,这种功能性抗原是一种纤毛蛋白,能够激发机体产生阻动抗体,凝集多子小瓜虫的纤毛,阻止虫体的运动,达到驱逐寄生虫的作用。同时,这种阻动抗原具有血清型特异性。

此外,寄生虫抗原按照化学成分可分为蛋白质(protein)抗原、多糖(polysaccharide)抗原、糖蛋白(glycoprotein)抗原、糖脂(glycolipid)抗原等。

二、寄生虫抗原的特点

1. 复杂性与多源性

大多数寄生虫为多细胞生物,生活史复杂。因此,寄生虫抗原比较复杂,种类繁多。其来源可以是体抗原、分泌排泄抗原或可溶性抗原,其成分可以是蛋白质或多肽、糖蛋白、糖脂或多糖等。不同来源和成分的抗原诱导宿主产生免疫应答(immune response)的机制和效果也不同。

2. 具有属、种、株、期的特异性

寄生虫生活史中不同发育阶段既具有共同抗原,又具有各个发育阶段的特异性抗原。共同抗原还可见于不同科(family)、属(genus)、种或株的寄生虫之间。特异性抗原(specific antigen）在寄生虫病的诊断及疫苗的研制方面具有重要的意义。

3. 免疫原性弱

寄生虫抗原可诱导宿主产生免疫应答，宿主产生针对其抗原的特异性抗体（specific antibody），但与细菌、病毒抗原相比，其免疫原性一般较弱。

第二节 抗寄生虫感染的免疫

一、寄生虫免疫的特点

1. 复杂性

寄生虫比细菌和病毒要大得多，因而含有的抗原种类较多、数量也较大。由于寄生虫有复杂的生活史，其生活史中常有不同的发育阶段，因此寄生虫的抗原是期特异性（stage-specific）的，寄生虫只在其某一特定的发育阶段（期）表达某些抗原，从而激发期特异性免疫应答（stage-specific response）。

2. 不完全免疫性（incomplete immunity）

不完全免疫性即宿主尽管对寄生虫感染能起一定的免疫作用，但不能将虫体完全清除，以致寄生虫可以在宿主体内继续生存和繁殖。

3. 带虫免疫（premunition）

带虫免疫即寄生虫在宿主体内保持一定数量时，宿主对同种寄生虫的再感染具有一定的免疫力；一旦宿主体内虫体完全消失，这种免疫力也随之结束。

二、抗寄生虫免疫反应类型

免疫通过免疫防御（immunologic defence）、免疫稳定（immunologic homeostasis）和免疫监视（immunologic surveillance）三大功能实现屏障作用，时刻防止外界对机体的各种伤害。所谓免疫防御，是指当机体受到病原侵袭时，体内的白细胞（leukocyte）就会对此种外来致病物质加以识别，并产生一种特殊的抵抗力，从而更有效地清除病原，维护机体的健康。免疫稳定是指及时清除机体组织的正常碎片和代谢物，防止其积存于体内，误作为外来异物而产生自身抗体，导致一些自身免疫性疾病（autoimmune disease）。在正常机体内经常会出现少量的“突变”细胞，它们可被免疫系统及时识别，并加以清除，因为任其发展和分裂下去，即可成为肿瘤，这种发现和消灭体内出现“突变”细胞的本领，被称为免疫监视功能。与其他免疫不一样，抗寄生虫免疫包括非特异性免疫和特异性免疫。

1. 非特异性免疫（nonspecific immunity）

动物的非特异性免疫是机体在长期进化过程中逐渐建立的，具有相对稳定性，是能遗传给下一代的防御能力，也称先天性免疫。它对各种寄生虫的感染均有一定程度的抵抗力，但没有特异性，一般也不十分强烈。这种免疫包括屏障结构、吞噬细胞、抗病原物质以及嗜酸性粒细胞的抗感染作用。

（1）皮肤、鳃和肠道黏膜的屏障作用

动物机体的屏障结构和表面分泌物可有效地抵抗寄生虫的侵入。鱼类的皮肤和鳃是良好的天然屏障，不仅具有机械性地阻隔病原的作用，还具有高等动物黏膜的功能，如分泌黏液、免疫活性物质等。胃肠黏膜的分泌物同样具有很好的抗病毒、细菌和寄生虫的作用，如其分泌物中所含的溶菌酶、抗菌肽等免疫活性物质。

（2）吞噬细胞的吞噬作用

鱼类血液中的粒细胞，肝、脾、肺、结缔组织、神经组织以及淋巴集结中的巨噬细胞，它们构成机体免疫的第二道防线，对机体起保护作用。这些细胞的作用，既表现为对寄生虫的吞噬、消化、杀伤作用，又可在处理寄生虫的抗原过程中参与特异性免疫的感应阶段；其本身既受基因的调控，又受各种非特异性因素和特异性因素的影响，从而构成完整免疫作用中的一个重要组成部分。巨噬细胞通过抗体依赖的细胞毒作用（antibody dependent cell-mediated cytotoxicity，ADCC）行使杀伤细胞功能，它也可以分泌细胞因子促进其杀伤能力；吞噬原虫后的巨噬细胞可以产生活性氧物质（reactive oxygen intermediate，ROI），激发呼吸爆发杀伤虫体；在细胞因子的促进诱导下，巨噬细胞也可以合成一氧化氮（NO）抵抗寄生虫。

（3）抗病原物质的杀伤作用

正常体液中，特别是血清中含有多种抗病原物质（antipathogen），如补体、溶菌酶（lysozyme）和干扰素（interferon，INF）以非活性状态的前体分子存在于血清中。当某种因素被激活后，或经过经典途径，或通过替代途径，发生一系列连锁反应参与机体的防御功能，也可作为一种介质引起病理损害。曾发现某些鱼类的血清对锥虫有毒性作用，后来发现这种作用与血清内高密度脂蛋白（high density lipoprotein，HDL）有关，当从血清中清除HDL后，对锥虫的毒性作用即消失。现已查明，血清内脂质成分的改变影响到淋巴细胞膜的结构和功能，从而抑制了机体的免疫功能，致使寄生虫感染加重。

（4）嗜酸性粒细胞的抗感染作用

多数寄生虫感染伴有外周血及局部组织内嗜酸性粒细胞增多的现象，其中以组织内寄生的血吸虫具有幼虫移行症（visceral larva migrant）较为明显。嗜酸性粒细胞的吞噬作用比中性粒细胞弱，但其表膜受到干扰就会脱颗粒，其活性可被α－肿瘤坏死因子（tumor necrosis factor-α，TNF－α）和粒细胞巨噬细胞集落刺激因子（granulocyte-macrophage colony stimulating factor，GS－CSF）等细胞因子增强。

2. 特异性免疫（specific of immune response）

（1）免疫应答的过程

动物机体在抗原物质的刺激下，免疫应答的形式和反应过程一般可分为三个阶段，即致敏阶段（sensitization stage）、反应阶段（reactive stage）和效应阶段（effective stage）。

1）致敏阶段。抗原进入体内从识别到活化的过程。进入机体内的抗原，除少数可溶性抗原可以直接作用于淋巴细胞外，大多数抗原经巨噬细胞吞噬处理，并传递抗原信息给免疫活性细胞，启动免疫应答，B细胞和T细胞分别被激活。

2）反应阶段。淋巴细胞被激活后，转化为母细胞，进行分化增殖。B细胞经增殖后形成浆细胞，并产生大量特异性抗体，表现为体液免疫反应。T细胞增殖后形成致敏淋巴细胞，产生淋巴因子。由于T细胞功能的多样性，T细胞反应远较B细胞复杂。除产生淋巴因子外，一部分形成辅助性T细胞（helper T cell，Th）和抑制性T细胞（suppressor T cell，Ts），调节体液免疫；还有一部分能直接杀伤靶细胞，从而表现细胞免疫反应。在淋巴细胞分化过程中，无论B细胞或T细胞均有一部分形成记忆细胞（memory cell）。

3）效应阶段。为抗体、淋巴因子和各种免疫细胞共同作用清除抗原的阶段。浆细胞合成并分泌的抗体，进入血液、组织液或黏膜表面，中和毒素，或在巨噬细胞及补体等物质的协同作用下，杀灭或破坏抗原物质，抗原使T细胞致敏后，可直接杀伤再次进入的抗原或带有抗原的靶细胞；也可通过抗原和致敏T细胞接触后释放的淋巴因子杀伤或破坏靶细胞。在抗原被清除的同时，致敏的和被选择的大量增殖的淋巴细胞，由于再次接触抗原而表现再次免疫应答，从而又一次增强了免疫效应。虽然抗体和致敏淋巴细胞在体内已经消失，但由于记忆细胞的存在，机体也能迅速地表现免疫应答，称为回忆免疫（recall immunity）。这是获得性免疫长期存在的原因。

（2）细胞免疫

细胞免疫（cellular immunity）是指T细胞在受到寄生虫抗原或有丝分裂原刺激后，分化、增殖、转化为致敏淋巴细胞所表现出来的免疫应答。这种免疫应答不能通过血清传递，只能通过致敏淋巴细胞传递，所以称细胞免疫。

1）巨噬细胞对抗原的处理。巨噬细胞具有捕捉抗原、处理抗原、贮存抗原并将抗原传递给淋巴细胞，使其活化等作用。巨噬细胞以吞噬（phagocytosis）、吞饮（pinocytosis）、被动吸附（passive adsorption）等方式捕捉抗原，巨噬细胞的表面相关抗体可特异性结合抗原，抗原被巨噬细胞摄取后，大部分（90%以上）被迅速分解，并失去免疫原性，小部分抗原残留在巨噬细胞表面而具有免疫原性；也有的被其吞入，贮存于巨噬细胞的特殊部位而免于被破坏，其后逐渐释放出来。

2）巨噬细胞传递抗原。巨噬细胞把抗原传递给T细胞，在大多数情况下是通过细胞表面直接接触来完成的。T细胞将巨噬细胞处理获得的抗原信息作为活化的第一信号，将巨噬细胞所产生的淋巴细胞活化因子（lymphocyte activation factor，LAF）作为活化的第二信号。T细胞接受上述两种信号之后，被激活转化为淋巴母细胞（lymphoblast）。

3）T细胞活化与细胞因子的产生。淋巴细胞受抗原作用后成为致敏淋巴细胞，继而母细胞分化，成为淋巴母细胞，最后转化为效应淋巴细胞（effector lymphocyte）。T细胞的各个亚群在识别了细胞上的抗原后，各自被选择性激活，它们有的成为调节体液免疫的辅助性T细胞（Th）和抑制性T细胞（Ts），有的产生淋巴因子，也有的表现为直接杀伤靶细胞，即细胞毒作用（cytotoxic effect），此类细胞称为杀伤性或细胞毒T细胞（cytotoxic T lymphocyte，CTL）。细胞因子（cytokine）是一类由免疫细胞产生的、具有广泛生物学活性的小分子肽，包括淋巴因子（lymphokine，LK）、单核因子（monokine）和白细胞介素（interleukin，IL），在免疫细胞的分化、免疫应答过程中具有重要的调节作用。除了免疫细胞，其他细胞如小胶质细胞（microglial cell）、成纤维细胞（fibroblast）、内皮细胞（endothelial cell）、肿瘤细胞（tumor cell）等也可以产生细胞因子。细胞因子可分为白细胞介素、集落刺激因子（colony stimulating factor，CSF）、干扰素（interferon，INF）、肿瘤坏死因子（tumor necrosis factor，TNF）、生长因子（growth factor，GF）、趋化因子家族（chemokine family）等。它们通过结合细胞表面的相应受体发挥抗病原、调节特异性免疫反应、刺激造血、促进血管的生成等生物学作用。

4）细胞免疫效应。在细胞免疫反应中，T细胞对免疫的形成起关键作用。抗原特异性T细胞可直接发挥效应功能，如细胞毒T细胞可直接裂解靶细胞。而抗原活化的T细胞可通过分泌细胞因子进一步作用于其他细胞群体，如β-肿瘤坏死因子（TNF-β）活化自然杀伤细胞（natural killer cell，NK cell）；也可通过细胞因子吸收和激活特异性效应细胞的功能和活性，从而将这些细胞转化为特异性免疫因素。细胞免疫对清除生活在抗原呈递细胞（antigen-presenting cell，APC）内的寄生虫有重要作用。在蠕虫感染时，抗原活化$CD4^{+}$Th2细胞，分泌细胞因子IL-4、IL-5、IL-13等，活化肥大细胞，富集和活化嗜碱性粒细胞（basophils）和嗜酸性粒细胞（eosinophils）。

（3）体液免疫

抗原激发B细胞产生抗体，以及体液抗体与相应抗原接触后引起一系列的抗原抗体反应，统称为体液免疫（humoral immunity）。

1）抗原的处理与呈递。寄生虫抗原可以多种形式结合于巨噬细胞、树突状细胞、B细胞等多种抗原呈递细胞的表面，如通过抗体的Fc受体（对免疫球蛋白Fc部分C端的受体）、补体C3b受体及B细胞表面的膜免疫球蛋白等。通过抗原呈递细胞（antigen-presenting cell，APC）的吞噬作用被摄取到细胞内，可溶性抗原可通过液相胞饮过程摄入。寄生虫蛋白抗原在APC内经过加工后的肽段与主要组织相容性复合物（major histocompatibility complex，MHC）分子连接形成多肽–MHC复合物，在APC表面表达。T细胞识别这种经加工处理的寄生虫抗原即多肽–MHC复合物的过程称为抗原呈递。寄生虫非蛋白类抗原，如多糖、糖脂和核酸等，不能形成抗原肽–MHC分子被呈递，但有些可诱导B细胞表面上细胞膜免疫球蛋白最大程度的交联，引起无需T细胞辅助的B细胞活化，直接产生体液免疫效应。由于许多寄生虫抗原为多糖类，机体在抵御外源性寄生虫感染中体液免疫起重要作用。

2）抗原与抗体结合。抗原分子中决定抗原特异性的特殊化学基团，称为抗原决定簇（antigenic determinant）或抗原表位（epitope）。寄生虫的抗原较大，故常含有较多的抗原决定簇，每个抗原决定簇均可与1个抗体分子结合。对于核酸（nucleic acid）或蛋白质（protein）而言，抗原决定簇是由抗原分子折叠形成的，通常由5 ～ 15个氨基酸残基或5 ～ 7个多糖残基或核苷酸组成。能与抗体分子结合的抗原表位的总数称为抗原结合价（antigenic valence）。蛋白质、核酸及复杂碳水化合物分子中可含有一些重复结构，每个复杂分子可出现多个相同的抗原决定簇，这种情况常被称为多价（multivalence）。寄生虫的磷脂或多糖类抗原、抗原决定簇经非共价键与抗体结合。抗体即为免疫球蛋白，基于理化特性和与抗原结合的方式不同，鱼的免疫球蛋白可分为IgM、IgD、IgZ和IgT等。

3）特异性抗体的效应机制。许多寄生虫感染激发非特异性高丙种球蛋白血症（non-specific hypergammaglobulinemia），其中多数可能是寄生虫释放了具有B细胞丝裂原作用物质。控制寄生虫感染的特异性抗体的效应机制包括：① 抗体自身或激活补体系统直接破坏寄生虫；② 抗体能促进巨噬细胞的吞噬作用；③ 补体参与后能再增强吞噬作用。这些效应由巨噬细胞上的Fc和C3受体介导，当巨噬细胞活化后，这些受体可增多。

4）抗体也参与抗体依赖的细胞毒作用。巨噬细胞、中性粒细胞和嗜酸性粒细胞等细胞毒性细胞（cytotoxic cell）通过Fc和C3受体（receptor）黏附至抗体覆盖的虫体上，并通过胞吐作用（exocytosis）将虫体杀死。

（4）体液免疫和细胞免疫协同作用

细胞免疫和体液免疫是相互联系且密切相关的，而且在较多情况下两者作用是协同的。一般认为，以嗜酸性粒细胞为主要效应细胞的ADCC在杀伤蠕虫中起重要作用。ADCC对寄生虫的作用需要特异性抗体结合于虫体，然后巨噬细胞和嗜酸性粒细胞等效应细胞通过Fc受体附着于抗体，通过两者的协同作用对虫体进行杀灭。例如，肠道线虫在感染宿主后，先刺激T细胞（主要为Th2细胞）应答产生IL–4、IL–5和IL–13等细胞因子，而后这些细胞因子分别诱导B细胞增殖产生IgE等抗体和黏膜肥大细胞增殖，导致虫体受到抗体和IgE致敏肥大细胞产物的联合损伤。同时巨噬细胞分泌TNF和IL–1等炎性分子，诱导杯状细胞增殖和引起黏液分泌增加，黏液包囊虫体而使它们被驱逐。

总之，抗寄生虫感染免疫产生较慢，并伴有活虫或死虫的持续存在，在抗原的刺激下虽能产生某种程度的抵抗力，但所产生的免疫力并不十分强，也不能持续很久（尤其是节肢动物和蠕虫）。这与许多细菌性、病毒性疾病所获得的免疫有所不同。

三、寄生虫感染的变态反应

寄生虫感染引起的变态反应是一种超敏反应，是免疫系统对再次进入的抗原做出的由过于强烈或不适当而导致组织器官损伤的一类免疫病理性反应。如果此反应过于激烈，则出现临床症状，甚至死亡，由此产生的疾病称为超敏反应性疾病。引起超敏反应的抗原物质称为变应原（allergen）。变应原的种类不同、动物个体的差异，变态反应发生的临床表现也各不相同。通常把超敏反应分为4种类型，其中属于速发型超敏反应（immediate hypersensitivity）的有3种类型，即Ⅰ型、Ⅱ型和Ⅲ型，均是由抗体导致的；Ⅳ型为细胞参与的迟发型超敏反应（delayed hypersensitivity）（图3–1）。在寄生虫感染中，有的寄生虫病可同时存在多型超敏反应，如曼氏血吸虫病（*Schistosome mansoni*），同时具有过敏反应型、免疫复合物型及T细胞型超敏反应型。

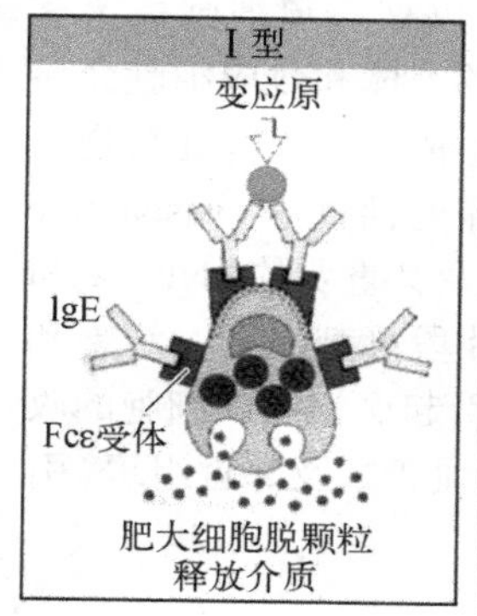

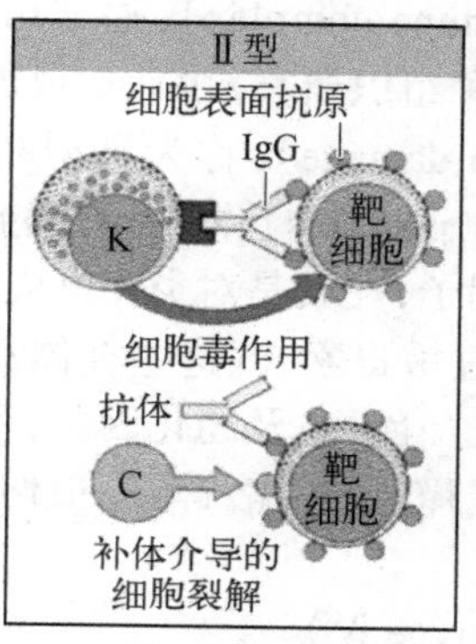

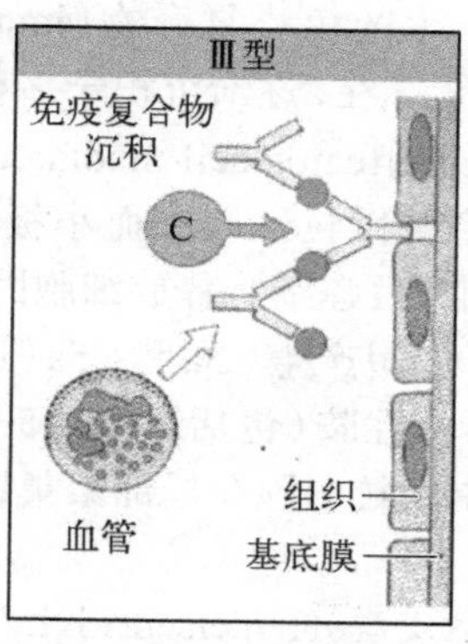

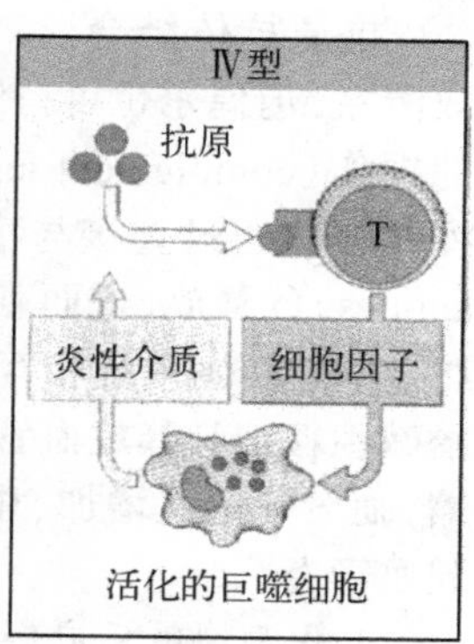

图3–1 四型免疫超敏反应机制示意图

1. Ⅰ型超敏反应（过敏反应型）（hypersensitivity-type Ⅰ）

Ⅰ型超敏反应主要见于蠕虫感染（helminthic infection）。蠕虫的变应原刺激机体产生反应素（主要是IgE，其次是IgG）。IgE结合于肥大细胞（mast cell）和嗜酸性粒细胞表面，当相同的变应原再次进入机体，与附着在细胞表面的IgE结合时，导致细胞出现脱颗粒现象，从颗粒中释放出组胺（histamine）、5–羟色胺（5–hydroxytryptamine，5–HT）、过敏的缓慢反应物质（slowly reacting substance of anaphylaxis，SRS-A）以及激肽（kinin）等介质。这些介质具有使平滑肌收缩、提高血管通透性、扩张血管以及增加腺体分泌的作用，从而使机体迅速出现局部或全身的过敏反应症状。在释放这些介质的同时，还释放嗜酸性粒细胞趋化因子（eosinophil chemotactic factor，ECF），动员并吸收嗜酸性粒细胞聚集，后者含有组胺酶（histaminase）、芳基硫酸酯酶（arylsulfatase）等物质，可以灭活过敏反应所产生的介质，控制或停止变态反应的发展。

动物被寄生虫感染后，当再次受到同种寄生虫感染时，有时导致原有寄生虫和新感染寄生虫被全部清除，这种现象称为“自愈”现象（self-cure phenomenon）。这种自愈现象不仅发生于同种寄生虫，有时也会导致不同种寄生虫的自愈。目前认为，“自愈”现象的机制是一种速发型超敏反应。

2. Ⅱ型超敏反应(细胞毒型)(hypersensitivity-type Ⅱ)

Ⅱ型超敏反应是抗体与附在宿主细胞膜上的抗原结合，如有补体参与作用，即引起细胞溶解。其损伤机制包括：① 细胞通过Fc和C3受体调理靶细胞，Ⅱ型超敏反应中，直接针对细胞表面或组织抗原的抗体通过和补体及多种效应细胞发生相互作用，对靶细胞造成损伤；② 细胞通过正常免疫效应分子的胞吐作用损伤靶细胞或组织，Ⅱ型超敏反应中中性粒细胞和巨噬细胞损伤靶细胞的机制是它们处理感染性病原体正常手段的反应。通常病原体被内化后遭到下列杀菌系统的攻击，如防御素(defensin)、活性氧(reactive oxygen)、活性氮代谢物(reactive nitrogen metabolite)、卤化物(halogenide)、改变的pH(altered pH)及其他影响代谢的物质。当靶物质太大，不能被吞噬时，颗粒和溶酶体成分则通过胞吐作用向致敏的靶物质释放。此过程中Fc和C3受体的交联可导致吞噬细胞的活化，从而引起活性氧中间产物的产生、磷脂酶A2的活化以及前列腺素(prostaglandin)和白三烯(leukotriene)的合成。

3. Ⅲ型超敏反应(免疫复合物型)(hypersensitivity-type Ⅲ)

抗原抗体结合所产生的免疫复合物(immune complex)，通常可以被吞噬细胞系统有效清除，但偶尔也可持续存在，逐渐沉积于多种组织器官，由此造成的补体和效应细胞介导的损伤(complement and effector cell-mediated damage)，称为Ⅲ型超敏反应。其机制是免疫复合物通过直接与嗜碱性粒细胞和血小板(platelets)作用，引起血管活性胺(vasoactive amines)的释放，进而刺激巨噬细胞释放细胞因子，尤其是对炎症反应及其重要的TNF-α 和IL-1；与补体系统相互作用产生C3a和C5a(过敏毒素)。这些补体片段可刺激肥大细胞和嗜碱性粒细胞释放血管活性胺(包括组胺和5-羟色胺)及趋化因子，引起血管内皮细胞的收缩，血管通透性增加、中性粒细胞在局部聚集，释放蛋白溶解酶，损伤血管壁及邻近组织，引起血管炎。

4. Ⅳ型超敏反应(迟发型)(hypersensitivity-type Ⅳ)

Ⅳ型超敏反应是T细胞介导的细胞免疫反应。经寄生虫抗原致敏的T细胞，当再次接触抗原时，出现分化、繁殖并释放细胞因子，在局部组织内形成以单核细胞为主的细胞浸润，聚集在小血管内和小血管周围，引起炎症反应。其机制可能是致敏淋巴细胞的表面上带有抗原样受体，当这些细胞与抗原接触时，即以某种未知的方式影响其他的淋巴细胞，使之移动到抗原出现部位。肉芽肿型超敏反应(granulomatous hypersensitivity)是Ⅳ型超敏反应的最重要的形式，如血居吸虫引起的红鳍东方鲀(*Takifugu rubripes*)的肝脏虫卵肉芽肿(egg granuloma)病变就是由虫卵在组织中沉积引起的免疫性疾病。

第三节　鱼类寄生虫的免疫逃逸

免疫逃逸(immume escape)是指寄生虫可以侵入免疫功能正常的宿主体内，并能逃避宿主的免疫效应，而在宿主体内定居、发育、繁殖和生存。在进化过程中，多数寄生虫能够与宿主建立相对稳定的寄生关系，使寄生虫能与宿主保持动态平衡，寄生虫才会存活下来。也就是说，寄生虫的毒力和危害不能过强以致杀死宿主，宿主也不能产生过于激烈的免疫反应而排出寄生虫，即寄生虫在进化过程中形成了一些免疫逃逸的对策，使其能够长期在宿主中生存。

免疫逃逸机制主要有如下几个方面。

一、组织学隔离

1. 免疫局限部位的寄生虫

宿主的一些器官如眼（eye）、脑（brain）、精巢（testicle）、胸腺（thymus）等，与机体的免疫系统相对隔离，不存在免疫反应，被称为免疫局限部位（immune limited area）。寄生在这些部位的寄生虫通常不受免疫作用。例如，寄生在鲤科鱼类眼球中的双穴吸虫囊蚴可以长期生存而不排出。

2. 细胞内寄生虫

由于宿主的免疫系统不能直接作用于细胞内的寄生虫，如果寄生虫的抗原不被呈递到感染细胞的外表面，那么免疫系统就不能识别感染细胞，因而细胞内的寄生虫往往能有效逃避宿主的免疫反应。例如，鱼类的微孢子虫是细胞内寄生虫，可以反复自体感染而免受宿主免疫细胞的攻击。

3. 被宿主包囊膜包裹的寄生虫

寄生虫在宿主组织内寄生时可被包囊膜所包裹着，这是寄生虫对宿主免疫反应的一种有效屏障。例如，鱼类的粘孢子虫常常会形成一个大大的包囊，机体的免疫系统无法作用于包囊内的寄生虫，所以囊内的寄生虫得以存活。

二、表面抗原的改变

虫体表面抗原的改变被认为是一些寄生虫最重要的免疫逃逸机制。

1. 寄生虫抗原的阶段性变化

寄生虫发育的一个重要特征是存在发育期的阶段性改变，甚至存在宿主的改变。不同发育阶段有不同的特异性抗原；即使在同一发育阶段，有些虫体抗原也可发生变化。例如，球虫在发育过程中有裂殖生殖（schizogony）阶段、配子生殖（gametogony）阶段和孢子生殖（sporogony）阶段，多子小瓜虫（*Ichthyophthirius multifiliis*）、刺激隐核虫（*Cryptocaryon irritans*）等有幼虫（theront）、滋养体（trophont）和包囊（tomont）期，不同发育阶段虫体本身的抗原性均可发生不同的变化，各个时期虫体的抗原成分各不相同。虫体发育的连续变化，无疑干扰了宿主免疫系统的免疫应答。

2. 抗原变异

某些寄生虫的表面抗原经常发生变异，不断形成新的变异体，使得机体已经存在的抗体无法对其识别。例如，锥虫虫体表面的糖蛋白不断更新，新变异体不断产生，总是与宿主特异性抗体的合成形成时间差。

3. 分子模拟与伪装

有些寄生虫体表面能表达与宿主组织抗原相似的成分，称为分子模拟（molecular mimicry）。有些寄生虫能将宿主的抗原分子镶嵌在虫体表面，或用宿主抗原包被，称为抗原伪装（antigen disguise）。例如，血居吸虫可吸收许多宿主抗原，所以宿主免疫系统不能把虫体作为侵入者识别出来。

4. 表膜脱落与更新

多数原虫和蠕虫具有脱落和更新表面抗原的能力，以逃避宿主的特异性免疫应答。实际上，抗原的脱落与抗原的变异是相互结合的。例如，锥虫的可变表面糖蛋白（variable surface glycoprotein，VSG）是处在一种不断脱落和变异过程中的，脱落下来的抗原中和了特异性抗体对虫体的作用。

三、抑制宿主的免疫应答

寄生虫能释放某些因子直接抑制宿主的免疫应答，如原虫(protozoa)、线虫(nematode)甚至昆虫(insect)感染均有免疫抑制现象，而且是一种主动的免疫抑制(active immunosuppression)。

1. 特异性B细胞克隆的耗竭

一些寄生虫感染往往诱发宿主产生高免疫球蛋白血症，即多克隆B细胞的激活，大量抗体产生，但却无明显的保护作用。B细胞的许多亚型受刺激而分裂，产生特异性的IgG和自身抗体，白细胞介素-2(IL-2)的分泌和受体表达遭到抑制，T细胞对正常信号耐受，使免疫系统耗竭，不能产生针对感染者的效应反应。因此，至感染晚期，虽有抗原刺激，B细胞也不能分泌抗体，说明多克隆B细胞的激活导致了能与抗原反应的特异性B细胞的耗竭，抑制了宿主的免疫应答，甚至出现继发性免疫缺陷(immunodeficiency)。例如，锥虫(trypanosome)分泌的某种物质能明显抑制宿主抗体和细胞介导的免疫反应。

2. 抑制性T细胞的激活

T细胞激活可抑制免疫活性细胞的分化和增殖。例如，感染锥虫后小鼠有特异性T细胞的激活，产生免疫抑制。

3. 虫源性淋巴细胞毒性因子

有些寄生虫的分泌排泄物中某些成分对淋巴细胞具有直接的毒性作用，或抑制淋巴细胞的激活。

4. 封闭抗体的产生

有些寄生虫抗原诱导的抗体可结合在虫体表面，不仅对宿主不产生保护作用，反而阻断保护性抗体与之结合，这类抗体称为封闭抗体(blocking antibody)。

四、释放可溶性抗原

宿主的循环系统中或非寄生性组织中存在寄生虫可溶性抗原，这种抗原有利于寄生虫的繁殖。过量可溶性抗原的释放，可通过一种称为免疫扩散(immunodiffusion)的过程而损害宿主应答。许多共有的表面抗原是借“GPI锚”(glyco-phosphatidy linositol, GPI anchor)嵌入寄生虫表膜的可溶性分子中，如多子小瓜虫等。

五、代谢抑制

有些寄生虫在其生活史的潜在期能保持静息状态，此时寄生虫代谢水平降低，减少刺激宿主免疫系统的功能抗原的产生，降低宿主对寄生虫的免疫反应，从而逃避宿主免疫系统对寄生虫的损伤。

第四节　抗鱼类寄生虫疫苗

一、抗寄生虫疫苗的类别

1)强毒虫苗。采用强毒虫苗免疫，即用少量强毒虫体接种于宿主体内，任其繁殖，使宿主产生带虫免疫。

2）弱毒虫苗。采用理化或人工传代使感染期虫体致弱，再接种于宿主体内，使之不能发育成熟或致病，但可使宿主产生抗感染的保护性免疫力。

3）分泌抗原苗。寄生虫的分泌物或代谢产物具有很强的抗原性。在具备相应的培养技术的前提下，可以从培养液中提取有效抗原来制备分泌抗原苗。

4）重组抗原苗。重组抗原苗是利用基因重组技术在异种生物[主要有大肠杆菌(*Escherichia coli*)、毕赤酵母(*Pichia pastoris*)、一些经过驯化或转化的真核细胞]体内合成大量的重组抗原，再经过必要的处理进而制备成免疫制剂（虫苗）。重组抗原苗可以弥补弱毒虫苗返祖，分泌抗原苗来源有限的不足。

5）核酸疫苗。即DNA疫苗，是把外源基因克隆到真核质粒表达载体上，然后将重组的质粒DNA直接注射到动物体内，使外源基因在活体内表达，产生的抗原激活机体的免疫系统，引发免疫反应。核酸免疫已成为预防和治疗感染性疾病的一种有希望的基因治疗方法。

二、鱼类寄生虫疫苗的研究现状和前景

鱼类感染某些寄生虫之后，会产生一定的免疫能力，具体表现为感染的鱼体对再次感染相同寄生虫时具有一定抗性，使感染强度（载虫量）降低、病程延长、死亡率减少等，表明鱼类寄生虫疫苗的开发具有可行性。然而，鱼类寄生虫的体外培养很困难，难以获得大量供给抗原的虫体，因此寄生虫疫苗的开发难度较大。目前，尚无任何商业化疫苗可应用于鱼类寄生虫病的防治，尽管一些鞭毛虫和纤毛虫的疫苗得到较详细的实验资料。以下是几种鱼类寄生虫疫苗的研究开发成果。

1. 鱼类寄生纤毛虫疫苗

多子小瓜虫感染淡水鱼后，宿主可以获得较好的免疫保护性（图3–2）。虹鳟（*Onchorynchus*

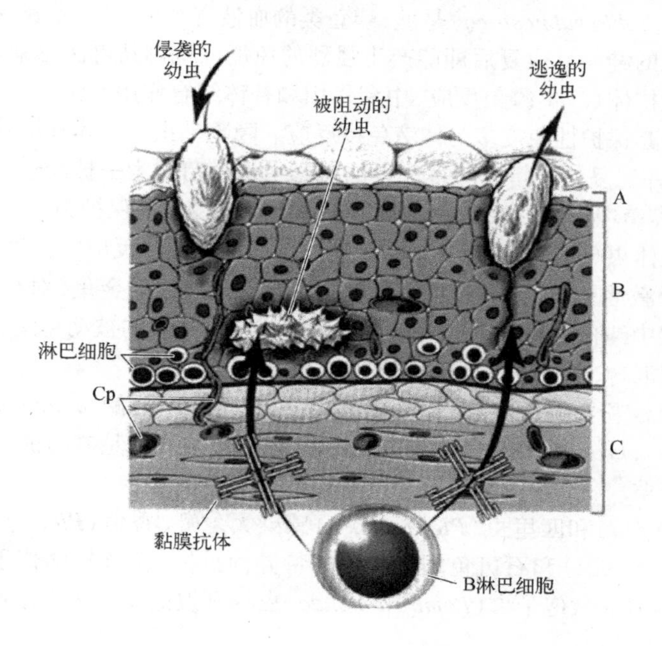

图3–2　多子小瓜虫产生免疫反应的机制
A. 表质膜；B. 表皮层；C. 皮下层；Lm. 淋巴细胞；Cp. 吞噬细胞

mykiss）在活疫苗（活虫的少量感染）或者灭活疫苗（小瓜虫幼虫经福尔马林杀死灭活）免疫后具有良好的保护率。除了多子小瓜虫感染能激活的非特异性细胞和体液因子之外，还能产生针对这种纤毛虫的特异性抗体，这种抗体能够凝集小瓜虫的纤毛，制止其运动，防止其再度感染，故将这种抗体称为阻动抗体，与其发生反应的抗原称为阻动抗原，血清中高浓度的阻动抗体是免疫系统对多子小瓜虫免疫应答的一个特征。活虫感染后，鱼体获得的免疫保护性强于死虫免疫的效果。此外，斑点叉尾鮰（*Ietalurus punetaus*）经皮肤感染活幼虫后，比经腹腔注射活幼虫的免疫效果好，且对不同血清型的多子小瓜虫能产生交叉免疫保护，这都说明了皮肤黏膜免疫的作用，但免疫保护性与血清中阻动抗体的滴度不完全呈正相关。

活的纤毛虫或灭活的虫体免疫后虽然产生免疫保护性，但缺乏连续的、标准化的寄生虫来源，使得发展商业疫苗困难重重。因此，人们又开展了对小瓜虫重组疫苗的研究，是基于四膜虫（*Tetrahymena termofila*）表达抗原的疫苗研究。

盾纤毛虫（*Scuticociliates*）对大菱鲆（*Scophthalmus maximus*）和日本牙鲆（*Paralichthyis olivaceus*）养殖造成严重影响，而且，该纤毛虫能够在体外连续培养，抗原来源可以保证，有望开发成疫苗。经盾纤毛虫感染后的牙鲆可以获得很好的免疫保护。用天然感染或灭活的虫体接种大菱鲆后，可以检测到明显的血清特异性抗体，并可获得对再次感染的保护力，激发免疫保护的是阻动抗原。通常纤毛虫的阻动抗原产生的阻动抗体主要起到驱赶虫体的作用，即虫体的免疫逃避机制。使用福尔马林灭活的三联苗（3个不同来源的分离株）与油佐剂制成的盾纤毛虫疫苗已在小范围使用。

刺激隐核虫对海水鱼类养殖危害很大，刺激隐核虫感染鲻（*Mugil cephalus*）、石斑鱼（*Epinephelus coioides*）、卵形鲳鲹（*Trachinotus ovatus*）等都会获得较好的保护率，有望开发新疫苗。

2. 鱼类鞭毛虫疫苗

鲑隐鞭虫（*Cryptobia salmositica*）是鲑、鳟鱼类的血液寄生虫，能引起鲑鱼的严重贫血和死亡。但感染隐鞭虫的鲑一旦康复后即能产生强烈的免疫以抵御其再次感染，自愈鱼的血清中能检测到的特异性抗体（产生凝集反应、中和作用和补体结合作用），通过经典途径激活补体，以裂解虫体，因此，其保护性免疫多为体液免疫反应。隐鞭毛虫能在体外培养，在MEM培养基上即能迅速增殖，并反复传代。实验室获得的减毒虫株疫苗即为一株经过数年反复传代致弱的，在大西洋鲑的养殖中应用效果良好，免疫一次即可获得2年的保护力。

鲤接种活的锥体虫（*Trypanoplasma* spp.）能产生适应性免疫反应并产生特异性抗体，该抗体可通过经典途径激活补体，以裂解虫体。锥体虫感染后康复的金鱼，对再次感染具有抗性。通过将从鲤的血清中纯化的IgM注射给金鱼可使其获得抗锥虫的被动免疫。用锥虫的分泌抗原与弗氏完全佐剂混合，免疫金鱼，可使其产生抗感染保护力。

反复感染眼点淀粉卵涡鞭虫（*Amyloodionium ocellatum*）后，鲈（*Lateolabrax japonicus*）和奥利亚罗非鱼（*Oreochromis aureus*）均能产生特异性抗体，并产生足够的抗感染能力。

3. 微孢子虫疫苗

用格留虫（*Glugea*）和匹里虫（*Pleistophora*）感染大菱鲆、香鱼（*Plecoglossus altivelis*）、日本鳗鲡（*Anguilla japonica*）和石斑鱼均能够获得特异性抗体，但该抗体似乎与免疫保护无直接关系。使用低毒力的微孢子虫（*Loma salmonae*）虫株开发的疫苗可以限制鳟中的微孢子虫鳃病。

4. 粘孢子虫疫苗

感染粘孢子虫后康复的大麻哈鱼（*Oncorhynchus keta*）具有一定抵御再感染的能力。已经发现感染脑粘体虫(*Myxobolus cerebralis*)、饼形碘泡虫(*Myxobolus artus*)和粘孢子虫(*Enteromyxum scophthalmi*)的鱼体能产生特异性抗体。大菱鲆感染粘孢子虫后也可产生特异性抗体,肠道和靶器官的Ig^{+}细胞数量增加,并获得免疫保护。

5. 海虱疫苗

海虱(*Lepeophtheirus salmonis*)是一种严重危害养殖鲑的体表寄生虫。养殖的大西洋鲑在自然感染海虱后,血清中能检测到特异性抗体。此外,海虱的提取物也会在大西洋鲑鱼体内产生特异性抗体;然而,当成鱼和成鱼前的阶段受到感染时,抗体并不能提供保护。但也有人证实得到部分保护的鲑将影响海虱的繁殖力和虫卵的孵化。有学者从海虱消化道组织分离鉴别出效应抗原,经表达的重组抗原可以作为亚单位疫苗的候选抗原。

总之,鱼类寄生虫免疫的基础研究仍较滞后,对于寄生虫功能性抗原还知之甚少,对鱼类感染寄生虫后获得保护性免疫反应的机制尚不清楚。同时,鱼类寄生虫几乎都不能体外培养,难以获得足够的疫苗用抗原。有关鱼类多子小瓜虫和隐鞭虫的免疫研究相对较为深入,但对于其保护性抗原的来源和生产也难以标准化。虽然盾纤毛虫可以体外培养,但商业疫苗所需的标准化技术仍难以突破。鱼类寄生虫的重组疫苗是一个具有希望的研发方向,具有很好的应用前景,但对于发现和筛选有效的抗原组分仍是一个很大挑战。

(李安兴　编写)

习　题

1. 寄生虫的抗原种类和特点是什么?

2. 鱼类寄生虫引起宿主的细胞免疫和体液免疫反应的机制、类型和特征是什么? 对免疫防控研究有什么指导意义?

3. 鱼类对抗寄生虫感染的免疫反应主要表现在哪些方面? 寄生虫逃避宿主的免疫反应和免疫监视主要表现在哪些方面?

4. 简述鱼类寄生虫疫苗的研究进展。

参 考 文 献

柏建山.2007.石斑鱼对刺激隐核虫幼虫、胞囊和滋养体免疫反应的比较研究//中国水产学会.2007年中国水产学会学术年会暨水产微生态调控技术论坛论文摘要汇编.中国水产学会:2.

但学明,李安兴,林小涛,等.2008.卵形鲳鲹对刺激隐核虫的免疫应答和免疫保护研究.水生生物学报,(01):13–18.

李国清.2006.兽医寄生虫学(中英双语).北京:中国农业大学出版社.

罗晓春.2008.石斑鱼经浸泡或注射免疫后对刺激隐核虫感染的保护性实验//广东省动物学会.第五届广东、湖南、江西、湖北四省动物学学术研讨会论文摘要汇编.广东省动物学会:1.

乔玮,李言伟,李安兴.2012.斜带石斑鱼*TLR3*基因的克隆及其在刺激隐核虫感染时的表达分析.水生生物学报,36(03):385–392.

Akira S, Uematsu S, Takeuchi O. 2006. Pathogen recognition and innate immunity. Cell Reports, 124: 783–801.

Alexander JB, Ingram GA. 1992. Noncellular nonspecific defence mechanisms of fish. Ann. Rev. Fish Dis, 2: 249–279.

Alvarez-Pellitero P. 2008.Fish immunity and parasite infections: from innate immunity to immunoprophylactic prospects. Vet Immunol Immunopathol, 126: 171–198.

Bai JS, Xie MQ, Zhu XQ, et al. 2008.Comparative studies on the immunogenicity of theronts, tomonts and trophonts of *Cryptocaryon irritans* in grouper. Parasitology Research, 102: 307–313.

Bartholomew JL. 1998. Host resistance to infection by the myxosporean parasite *Ceratomyxa shasta*: a review. J. Aquat. Anim. Health, 10: 112–120.

Boshra H, Li J, Sunyer JO. 2006. Recent advances on the complement system of teleost fish. Fish Shellfish Immunol, 20: 239–262.

Bowden TJ, Cook P, Rombout JHMW. 2005. Development and function of the thymus in teleosts. Fish Shellfish Immunol, 19: 413–427.

Buchmann K, Lindenstrøm T, Bresciani J, 2001. Defence mechanisms against parasites in fish and the prospect for vaccines. Acta Parasitol. 46: 71–81.

Buchmann K, Lindenstrøm T. 2002. Interactions between monogenean parasites and their fish hosts. Int. J. Parasitol, 32: 309–319.

Buchmann K. 2000. Antiparasitic immune mechanisms in teleost fish: a two-edged sword? Bull. Eur. Ass. Fish Pathol, 20: 48–59.

Buchmann K. 2001. Lectins in fish skin: do they play a role in host-monogenean interactions? J. Helminthol, 75: 227–231.

Carroll MC. 2004. The complement system in B cell regulation. Mol. Immunol, 41: 141–146.

Dan XM, Zhang TW, Li YW, et al. 2013. Immune responses and immune-related gene expression profile in orange-spotted grouper after immunization with *Cryptocaryon irritans* vaccine. Fish Shellfish Immunol, 34: 885–891.

Dan XM, Zhong ZP, Li YW, et al. 2013.Cloning and expression analysis of grouper (*Epinephelus coioides*) M-CSFR gene post *Cryptocaryon irritans* infection and distribution of M-CSFR(+) cells. Fish Shellfish Immunol, 35: 240–248.

Dickerson HW, Clark TG. 1996. Immune response of fishes to ciliates.Ann. Rev. Fish Dis, 6: 107–120.

Dixon B, Stet RJM. 2001. The relationship between major histocompatibility receptors and innate immunity in teleost fish. Dev. Comp. Immunol, 25: 683–699.

Gazinelli RT, Denkers EY. 2006. Protozoan encounters with Toll-like receptor signaling pathways: implications for host parasitism. Nat. Rev. Immunol, 6: 895–906.

Hawlisch H, Köhl J. 2006. Complement and Toll-like receptors: key regulators of adaptive immune responses. Mol. Immunol, 43: 13–21.

James ER, Green DR. 2004. Manipulation of apoptosis in the host-parasite interaction. Trends Parasitol, 20: 280–287.

Janeway CA, Medzhitov R. 2002. Innate immune recognition. Ann. Rev. Immunol, 20: 197–216.

Jones SRM. 2001. The occurrence and mechanisms of innate immunity against parasites in fish. Dev. Comp. Immunol, 25: 841–852.

Katzenback BA, Plouffe DA, Haddad G, et al. 2008. Administration of recombinant parasite b-tubulin to goldfish (*Carassius auratus* L.) confers partial protection against challenge infection with *Trypanosoma danilewskyi* Laveran and Mesnil 1904. Vet. Parasitol,151: 36–45.

Lee EH, Kim KH. 2008. Can the surface immobilization antigens of *Philasterides dicentrarchi* (Ciliophora: Scuticociliatida) be used as target antigens to develop vaccines in cultured fish? Fish Shellfish Immunol, 24: 142–146.

Li YW, Dan XM, Zhang TW, et al. 2011. Immune-related genes expression profile in orange-spotted grouper during exposure to *Cryptocaryon irritans*. Parasite Immunology, 33: 679–987.

Li YW, Luo XC, Dan XM, et al. 2011.Orange-spotted grouper (*Epinephelus coioides*) TLR2, MyD88 and IL-1beta involved in anti-*Cryptocaryon irritans* response. Fish Shellfish Immunol, 30: 1230–1240.

Li YW, Luo XC, Dan XM, et al. 2012. Molecular cloning of orange-spotted grouper (*Epinephelus coioides*) TLR21 and expression analysis post *Cryptocaryon irritans* infection. Fish Shellfish Immunol, 32: 476–481.

Li ZX, Li YW, Xu S, et al. 2017. Grouper (*Epinephelus coioides*) TCR signaling pathway was involved in response against *Cryptocaryon irritans* infection. Fish Shellfish Immunol, 64: 176–184.

Luo XC, Xie MQ, Zhu XQ, et al. 2007. Protective immunity in grouper (*Epinephelus coioides*) following exposure to or injection with *Cryptocaryon irritans*. Fish Shellfish Immunol, 22: 427–432.

Luo XC, Xie MQ, Zhu XQ, et al. 2010. Some characteristics of host-parasite relationship for *Cryptocaryon irritans* isolated from South China. Parasitology research, 102: 1269–1275.

Rubio-Godoy M, Porter R, Tinsley RC. 2004. Evidence of complementmediated killing of *Discocotyle sagittata* (Platyhelminthes, Monogenea) oncomiracidia. Fish Shellfish Immunol, 17, 95–103.

Secombes CJ, Chappell LH. 1996. Fish immune responses to experimental and natural infection with helminth parasites. Ann. Rev. Fish Dis, 6: 167–177.

Silva-Barrios S, Smans M, Duerr CU, et al. 2016.Innate immune B cell activation by Leishmania donovani exacerbates disease and mediates hypergammaglobulinemia. Cell Reports, 15: 2427–2437.

Sitja'-Bobadilla A. 2008. Living off a fish: a trade-off between parasites and the immune system. Fish Shellfish Immunol, 25: 358–372.

Sommerset I, Krossøy B, Biering E, et al. 2005. Vaccines for fish in aquaculture. Exp. Rev. Vac, 4: 89–101.

Tonheim TC, Bøgwald J, Dalmo RA. 2008. What happens to the DNA vaccines in fish? a review of the current knowledge. Fish Shellfish Immunol, 25: 1–18.

Wang FH, Xie MQ, Li AX. 2010. A novel protein isolated from the serum of rabbitfish (*Siganus oramin*) is lethal to *Cryptocaryon irritans*. Fish Shellfish Immunol, 29: 32–41.

Yin F, Gao Q, Tang B, et al. 2016.Transcriptome and analysis on the complement and coagulation cascades pathway of large yellow croaker (*Larimichthys crocea*) to ciliate ectoparasite *Cryptocaryon irritans* infection. Fish Shellfish Immunol, 50: 127–141.

Yin F, Gong H, Ke Q, et al. 2015. Stress, antioxidant defence and mucosal immune responses of the large yellow croaker *Pseudosciaena crocea* challenged with *Cryptocaryon irritans*. Fish Shellfish Immunol, 47: 344–351.

Yin F, Gong Q, Li Y, et al. 2014. Effects of *Cryptocaryon irritans* infection on the survival, feeding, respiratory rate and ionic regulation of the marbled rockfish *Sebastiscus marmoratus*. Parasitology, 141: 279–286.

第四章　鱼类寄生虫生态学

导读

本章介绍鱼类寄生虫生态学的基本概念和原理，包括鱼类寄生虫的生活史策略、寄生虫与宿主的关系、寄生虫区系、种群和群落特点以及它们与环境的相互关系。通过本章的学习，可以让学生掌握鱼类寄生虫生态学研究的概念，清楚它们适应寄生生活的策略和与环境关系的基本规律。

本章学习要点

1. 鱼类寄生虫生态学研究的基本概念。
2. 鱼类寄生虫区系与环境的关系。
3. 鱼类寄生虫主要类群的生活史策略。
4. 鱼类寄生虫种群和群落动态的基本特点。

第一节　鱼类寄生虫生态学的基本概念

寄生虫生态学是研究寄生虫与寄生虫、寄生虫与宿主、寄生虫与环境之间关系的科学。寄生虫生态学研究虽然是生态学的研究内容，但因为涉及寄生虫与宿主之间的特殊关系，相关研究具有与普通生态学研究不同的内容和科学术语，弄清楚这些研究术语的定义及特定的生物学意义是明白寄生虫生态学的基础。除了寄生虫在宿主的寄生部位的特殊性以外，鱼类寄生虫生态学的术语与寄生虫生态学研究的术语基本是通用的（Bush et al., 1997）。

一、寄生虫感染的概念

1）感染率（prevalence）：在一个宿主种群中，感染了寄生虫的宿主数量占宿主总数的比值，通常用百分比表示。

2）感染强度（intensity）：在内种群（宿主个体水平的寄生虫种群）水平的感染强度就是有感染的宿主的寄生虫数量，如图4–1所示，第一排的第2、3个宿主的感染强度分别是2虫/宿主、1虫/宿主。在组分种群水平（基于宿主种群水平的寄生虫感染量）的感染强度是指有寄生虫感染的宿主所携带某种寄生虫的数量范围，如图4–1所示，寄生虫1、2的感染强度分别为1～5虫/宿主、1～2虫/宿主。

3）平均感染强度（mean intensity）：指在一个宿主种群中，感染寄生虫的总数与感染了该寄生虫的宿主数量的比值。如图4–1所示，两种寄生虫的平均感染强度分别为2.0虫/宿主和1.5虫/宿主。

二、寄生虫种群

1）内种群（infrapopulation）：指将单个宿主个体作为寄生虫的生境，其中一种寄生虫的集合。如图4–1中第二排的第二个宿主上的5个寄生虫个体组成的种群为一内种群。

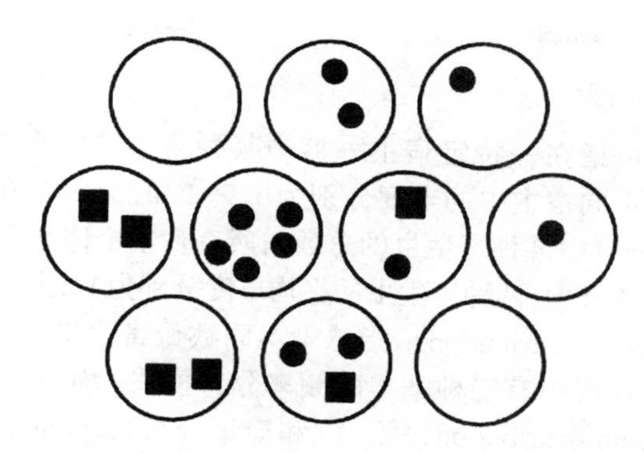

图4–1　同一生境10个宿主个体感染两种寄生虫的图解(引自Bush et al.,1997)
图中大圆代表宿主,其内的实心小圆和方图代表不同种类的两种寄生虫

2)组分种群(component population):指将一种宿主的种群作为寄生虫的生境,其中一种寄生虫的集合。在图4–1中,由实心圆代表的12个寄生虫组成的群体以及由实心方块代表的6个寄生虫个体组成的群体。又如寄生在一个湖泊的草鱼中的头槽绦虫(成虫期)的种群数量。

3)总种群(suprapopulation):指一个生态系统中一种寄生虫(含所有发育期)在不同宿主的所有个体的集合。如图4–2所示,寄生复殖吸虫在一个生境中的总种群由自由生活的毛蚴、在多种第一中间宿主的胞蚴、释放到水体的尾蚴、多种第二中间宿主的囊蚴以及在多种终末宿主的成虫组成。

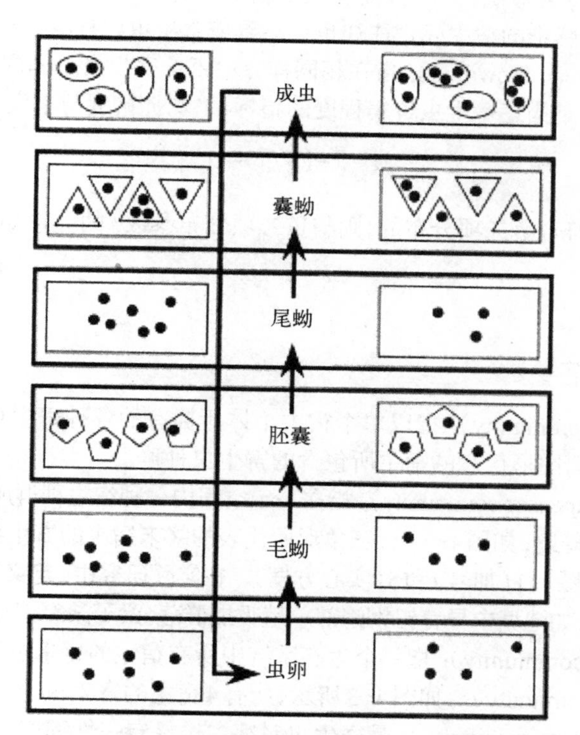

图4–2　复殖吸虫总种群的组成(仿Bush et al.,1997)
实心圆点代表寄生虫个体,圆圈、三角形和五角形分别代表成虫、囊蚴和胞蚴所寄生的宿主,
大方框代表不同发育时期,其中的小方框代表同生境的不同宿主

三、寄生虫种群参数

1）丰度（abundance）：指在一特定宿主种群中某种寄生虫的个体数量，在图4-1中，实心小圆代表的寄生虫在不同宿主中的丰度分别为0、2、1、0、5、1、1、0、2、0；平均丰度（mean abundance）即某个宿主种群中某种寄生虫的总数与所有宿主个体数量（包括没有被寄生虫感染的宿主）的比值。在图4-1中，两种寄生虫的平均丰度分别为1.2虫/宿主和0.6虫/宿主。

2）频率分布（frequency distribution）：指感染不同数量寄生虫的宿主在宿主种群中所占的比例。寄生虫在宿主种群中有三种基本的频率分布模式：均匀分布（uniform distribution, $S^2/\bar{x}=1$）、随机分布（random distribution, $S^2/\bar{x}<1$）和聚集分布（aggregation or overdispersion, $S^2/\bar{x}>1$）。这里S^2是寄生虫调查样本的方差，$\bar{x}$是样本的均值，n是样本数，计算方法如下。

$$S^2=\frac{\sum x_i^2-(\sum \bar{x})^2/n}{n-1} \qquad \bar{x}=\frac{\sum x_i}{n}$$

式中，x_i为第i个宿主样本的寄生虫数目（i=1，2，3…n）。

3）聚集强度（degree of aggregation）：是衡量寄生虫种群在宿主种群中聚集分布程度的指标，通常用负二项分布来描述聚集分布，而负二项分布中的参数k值可用来描述聚集程度。聚集分布的生物学意义是表示寄生虫集中分布在宿主种群的少量个体中，即大多数宿主不感染或仅感染少量的寄生虫，大部分的寄生虫寄生于少数宿主内，这种聚集型分布一方面可使寄生虫对宿主种群的危害降到最低，另一方面有大量宿主因为感染少量寄生虫而存活也保证寄生虫种群的存在，因为高感染的宿主死亡往往也会导致该寄生虫内种群灭亡。

4）平均拥挤度（mean crowding）：指在相同样方中每个寄生虫个体周围所有的其他同种寄生虫个体的平均数量，是描述寄生虫聚集程度的指标，平均拥挤度与丰度及方差的关系如下。

$$M^*=\bar{x}+(S^2/\bar{x}-1)$$

如果种群分布是符合负二项分布的，则与负二项分布参数k的关系如下。

$$M^*=\bar{x}+\bar{x}/k$$

四、寄生虫群落参数

1）内群落（infracommunity）：指以单个宿主个体所拥有的各种寄生虫种群的集合。例如，图4-3中每个空心几何图形代表的宿主所包含的寄生虫种群。

2）组分群落（component community）：指在一定空间内一种宿主种群所有的寄生虫种群的集合。该定义使用得较普遍，如图4-3中，三角形所代表的终末宿主的寄生虫群落由三种组成，个体数分别为1（实心圆圈）、1（加号）和5（实心方框）。在实际研究中，定义寄生虫群落时，通常还要有宿主生境的限定，如池塘中异育银鲫鳃部单殖吸虫群落、梁子湖鳜消化道寄生蠕虫群落等。

3）总群落（supracommunity）：指一个生态系统中所有宿主的寄生虫种群的集合，也称为组合群落（compound community）。如图4-3所示，所有4宿主的寄生虫为3种。

4）宿主特异性（host specificity）：是寄生虫对宿主选择专一性程度的描述。宿主特异性低的寄生虫（host generalists）可广泛地寄生于一系列亲缘关系较远的宿主，而宿主特异性强的寄生虫（host specialists）通常只寄生于一种宿主或者亲缘关系很近的宿主种类。

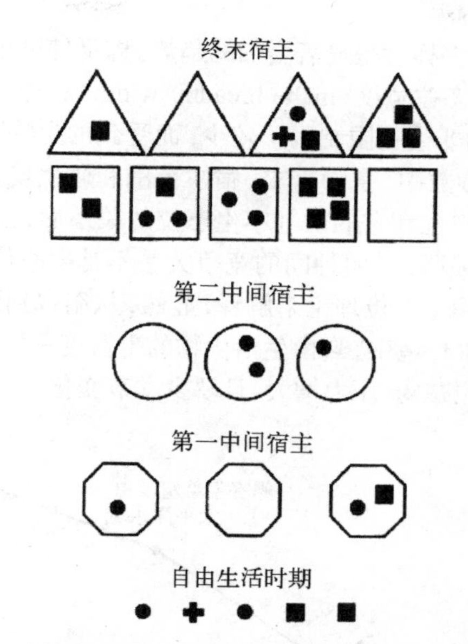

图4-3　同一生境寄生虫群落组成的模式图(引自Bush et al.,1997)
大的几何图形代表宿主,同样形状图代表同种的宿主,小的实心图形代表寄生虫,
同样性状表示同种寄生虫(其中加号表示无需中间宿主的寄生虫)

5)群落的物种丰富度(species richness):指寄生虫群落中寄生虫物种数目的多少,常用单位生境(宿主个体、宿主种群和特定生境)的寄生虫物种数(species number)来描述。

6)群落多样性:是描述群落复杂程度的指标,包含物种多样性和个体数量多样性。和普通生态学中度量多样性的指数一样,寄生虫生态学也常用Shannon指数($H'=(\sum p_i \ln p_i$, p_i为第i种寄生虫的数量与所有寄生虫数量的比值)和Brillouin指数($H=(\ln N-\sum \ln ni)/N$, n_i为第i种寄生虫的数量,N为内群落中寄生虫个体数量的总和)。

7)优势种(dominant species):在寄生虫群落中,数量占优势的寄生虫种,常用Berger-Parker指数($BP=N_{max}/N$, N是内群落或组分群落中所有寄生虫个体数量的总和,N_{max}是感染丰度最大的一种寄生虫数量)描述。

8)物种均匀度(evenness):指寄生虫群落中全部物种个体数量的分配状况,反映的是各种寄生虫数量分配的均匀程度。常用Pielou指数($E=H/\ln S$, H是上述多样性指数,S是群落中寄生虫种类)来衡量。

第二节　鱼类寄生虫的区系

作为动物地理区系的组成部分,在地球上的不同地理区域,分布有不同的鱼类寄生虫区系,海洋环境、河口环境、湖泊河流、高山水体以至于极地水域生活的鱼类都有鱼类寄生虫寄生,但是在不同的生境,鱼类区系的组成、鱼类寄生虫的区系组成也都有很大的差别,鱼类寄生虫区系的形成主要与水体的纬度、鱼类区系组成及水体的局部环境因子有关。

一、地理因子

分布在不同纬度和海洋深度的鱼类,有着不同的寄生虫区系组成和物种丰富度。从地球的两极到赤道，寄生虫群落的多样性呈显著增加的趋势，即低纬度地域的寄生虫物种丰富度更高（图4–4），这与寄生虫的生态位宽度（niche breadth/ width）和种间相互作用的强度有关。在这些低纬度地区，物种受到的非生物限制因子较少，而受到的生物限制因子较多，如种间的相互作用；在寄生虫生态位的参数中，食物需求、宿主范围和微生境是最重要的。Rohde（1993）在研究了海洋鱼类寄生虫多样性和它们的基本生态位的关系后，发现海水鱼类寄生虫群落中的物种数量与生态位无明显关联，说明种间的竞争关系不是生态位宽度的决定因素。低纬度地区的物种丰富度高并不能用生态位理论来解释，显然，从温带到两极，在宿主内还有较多的空生态位可用。在海水和淡水环境中，自由生活生物的丰富度一般随着深度增加而降低，因为在深水环境中，温度降低、光照减弱、压力增大，且缺少季节变化。

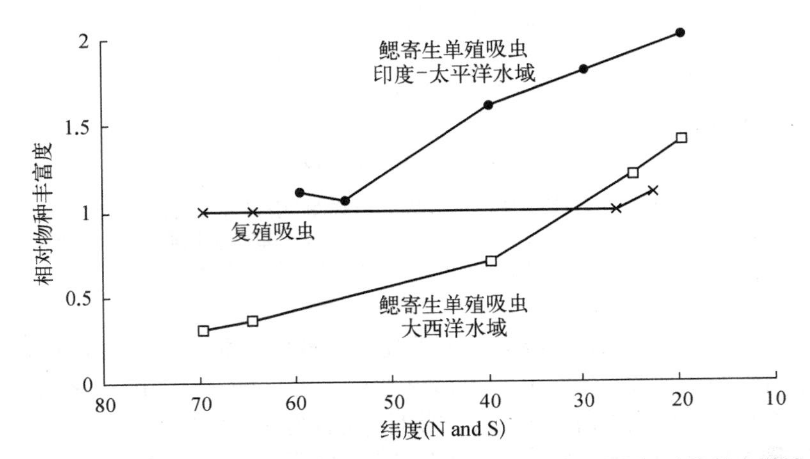

图4–4　不同纬度地区海洋硬骨鱼类单殖吸虫和复殖吸虫的相对物种多样性（每种宿主的寄生虫物种数）（引自Rhode，1993）

二、环境因子

寄生虫的传播与中间宿主和终末宿主的种类密切相关，而这些宿主与水体环境因子息息相关。富营养的环境中，寄生虫群落的多样性一般比较高，因为富营养的系统是开放的，为水生、陆生动物的生活提供更多的机会，营养丰富的湖泊中有更多的肉食性鸟类，鸟类通过摄食螺类、鱼类等一些寄生虫的中间宿主，增加寄生虫的传播机会，而贫营养的系统中则相反。捕食–被捕食关系是决定寄生虫群落的重要因素。另外，在富营养的水体中，节肢动物、软体动物更丰富，这些中间宿主可促进寄生虫生活史的完成，增加鱼类感染寄生虫的机会，增加寄生虫群落的多样性。

水体理化因子对鱼类寄生虫群落多样性的影响是复杂的。Goater等（2005）调查了7个湖泊中1种鲑寄生蠕虫的群落结构与一系列的理化因子关系，结果发现，仅水体透明度和总磷含量是主要的影响因子，认为同水体生产力相关的理化特征如水体透明度和总磷含量，是影响鱼类寄生蠕虫组分群落结构的重要因子。水体的酸碱度也影响寄生虫群落的丰富度，随着pH的降低，寄生虫物种的丰富度降低（Marcogliese & Cone, 1998）。

水体中的化学污染物可能会限制一些寄生虫在中间宿主的分布，从而影响寄生虫群落的多样性，Valtonen等（1997）发现在受到化学污染的湖泊中，鱼类中河蚌瓣钩幼虫和复殖吸虫的感染率都较低，可能是污染导致了软体动物群落的衰落。在污染的湖泊中，宿主特异寄生虫的种类和数量都显著下降，而宿主广谱寄生虫的种类和数量则升高（Dušek et al., 1998）。

三、宿主因子

大多数鱼类寄生虫的生活史进程是靠宿主营养传递推进的，即通过中间宿主被摄食向上一级宿主转移。一般来说，肉食性鱼类的寄生蠕虫群落的物种丰富度一般比植食性鱼类的高，宿主的营养水平越高，寄生虫多样性越高（Esch et al., 1988）。杂食性鱼类虽然处在中等营养级水平，它们也可通过摄食一些无脊椎动物中间宿主感染寄生虫，所以寄生虫多样性也比较高（图4–5）。

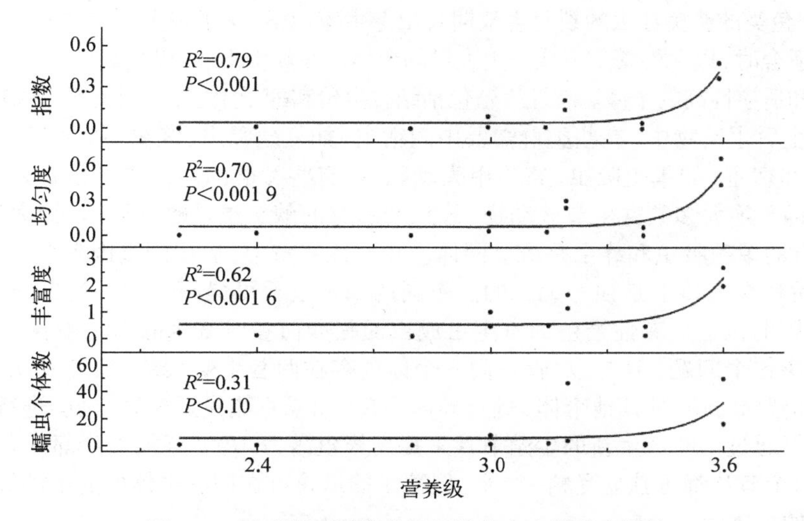

图4–5 梁子湖不同营养级鱼类寄生虫群落多样性

土著鱼类的寄生蠕虫物种丰富度通常比引进鱼类的高（Pérez-Ponce León et al., 2000），而且寄生虫群落多样性与鱼类引进的时间呈正相关关系。由于环境的改变，引进鱼类的一些特异性高的寄生虫会丢失，而一些广谱寄生虫因适应环境的能力较强，可以存活并建立种群。有研究发现，鲤在其分布的中心地带——长江中下游湖泊，肠道寄生蠕虫物种丰富度较高，而在引进地云南地区的水域却显示出较低的物种丰富度（Nie, 1996; Nie et al., 1999）。

野生鱼类与养殖鱼类的寄生虫群落结构也不一样，野生鱼类寄生虫群落的物种丰富度一般较高，主要是因为养殖水体中其他鱼类和软体动物的种类、数量较少，所以影响那些需要中间宿主的寄生虫的种群建立。另外，养殖水体环境往往受到较多的人为干扰，导致一些寄生虫种类的减少。但养殖鱼类寄生虫群落的优势物种较明显，因为养殖鱼类的密度更大，寄生虫更容易重复感染和交互感染，因此常有寄生虫暴发引起鱼病的情况。

第三节 鱼类寄生虫的生活史策略

寄生虫的生活史与自由生活生物在很多方面是相似的，基本包括繁殖产生后代，以及不同发育期幼虫的释放、寻找宿主和成熟。在很多自由生活生物中，这些过程的完成与其他生物无关，而对于寄生虫来说，其生活史完成必须要依靠宿主。寄生虫通常都在终末宿主体外或体内繁殖，很多类群的寄生虫后代的扩散和传播必须依赖其他生物（宿主），感染期幼虫找到合适宿主是寄生虫生活史关键的一步。

寄生虫成功完成其生活史，并繁殖和传播才能保证其种群和基因库的延续，寄生虫常拥有高繁殖力（与同类的自由生活物种相比）。有的类群（如复殖吸虫）在发育过程中的无性繁殖、虫卵或幼虫的结构特化以及寄生后可改变宿主行为以至于容易被寄生虫的下一寄主吞食，这些都对寄生虫完成生活史有重要作用。

一、鱼类寄生虫的高繁殖力

鱼类寄生原生动物有多种多样的生殖方式，无性生殖有二分裂（如鱼波豆虫、锥体虫）、多分裂（如寄生于鱼类的艾美球虫的裂殖生殖期）、出芽生殖（如寄生于许多鱼类的毛管虫）等，它们往往在环境适合时，以无性繁殖方式产生大量的个体。在环境不适合时，则进行有性繁殖，产生遗传多样性和适应性高的个体。有性生殖包括结合生殖和配子生殖（张剑英等，1999）。

鱼类寄生后生动物中，有些类群需要中间宿主（如复殖吸虫、绦虫、线虫、棘头虫等），有些不需要中间宿主（如单殖吸虫、寄生甲壳动物）。有些类群的生活史过程有无性繁殖阶段（如复殖吸虫）。绝大多数寄生节肢动物、线虫和所有的棘头虫是雌雄异体，而大多数寄生复殖吸虫、所有的单殖吸虫和绦虫是雌雄同体。在有性繁殖中，后代的基因来自父本和母本的结合，这些后代在遗传上是独一无二的。不同的繁殖过程可提高一些寄生虫的生物潜能和保持它们基因的机会。有性繁殖的寄生虫成虫面临如何在所寄生的宿主中找到配偶，雌雄同体可以解决这个问题，但是，尽管在同一个体内存在两套生殖系统，研究发现大多数雌雄同体的个体仍要寻找同种其他个体，进行异体受精，如果不能找到配偶，则会进行自体受精。大多数绦虫可通过不断产生新的生殖节片来提高繁殖潜力，每个妊娠节片都具有雌、雄两套生殖器官，每个节片都可独立受精、产卵，但精子的运输可在同一虫体内的不同妊娠节片间，也可在不同的虫体间。

寄生虫由于自由生活时间短和运动能力受限，其后代找到合适宿主的概率很低，它们在形态和生理上发生了特异性适应，比如绦虫和棘头虫的消化系统退化，生殖系统高度发达，高繁殖力可以补偿生活史中幼虫在寻找宿主过程中的极大损失。有关寄生虫繁殖行为和繁殖潜能的研究表明，相对于同分类类群中自由生活的物种，营寄生生活的类群有更高的繁殖潜能。Jennings和Calow（1975）研究显示，自由生活的扁形动物比寄生生活的扁形动物具有更高的能量存储，但更少的产卵量。例如，自由生活的涡虫产很少的卵，但寄生性涡虫（*Kronborgia caridicola*）一个个体一生可以产超过100万的卵（表4–1）。

表4–1　自由生活和寄生生活扁形动物繁殖力的比较（引自Rhode，1993）

	单个个体一生产卵量	幼虫期的无性繁殖量
涡虫（自由生活）	10	×1
单殖吸虫（外寄生）	1 000	×1
复殖吸虫（内寄生）	10 000 000	×≥1 000
绦虫（内寄生）	10 000 000	×≥（1～1 000）

另外，原生动物寄生虫、复殖吸虫在软体动物内的幼虫期及一些绦虫的幼虫期可进行无性繁殖。无性繁殖不需要生殖细胞的参与，由母体分裂形成，所产生的后代同母本的遗传是相同的。从理论上说，无性繁殖在稳定、有利的环境中更能显示其优势，因为这样可以成功地保持基因型。原生动物寄生虫的无性繁殖一般为简单的二分裂，或者为多分裂，而复殖吸虫的毛蚴感染软体动物后，形成包囊，通过无性繁殖方式，产生大量的雷蚴；一些绦虫在中间宿主中的幼虫期也是无性繁殖。

正因为寄生虫幼虫较高的死亡率和宿主体内丰富的营养供给，高繁殖力被认为是寄生虫的一个主要特征，而且寄生虫的无性繁殖策略可进一步确认寄生虫是高效的繁殖机器。从进化观点看，由于感染期幼虫在传播过程中的严重丢失，通常认为寄生虫的繁殖力会朝着更大的产卵量方向进化，高的繁殖力可弥补那些损失，保证一些后代完成生活史。

二、鱼类寄生虫对宿主的行为调节

寄生虫的寄生可通过机械损伤或化学干扰来改变宿主的行为。寄生虫寄生诱导的宿主行为改变有助于增强寄生虫自身的适应性和生存。寄生虫可以改变宿主的运动行为和繁殖行为，尤其是那些生活史需要多个宿主的寄生虫，它们会改变中间宿主的行为，导致这些中间宿主更容易被终末宿主捕食，有助于寄生虫传播或完成生活史。Dobben（1952）最早提出了寄生虫调节被感染宿主鱼类行为的概念，他发现感染舌状绦虫裂头蚴的鱼在终末宿主鸬鹚的食物中所占的比例大大高于未感染的鱼类，也就是有感染绦虫裂头蚴的鱼更容易被终末宿主——食鱼鸟类捕获。随后，有大量的有关鱼类寄生虫改变宿主行为的报道，表明被寄生虫感染的鱼类在鱼群中表现出离群、游泳迟缓或者仅在水体表层活动等行为异常，导致它们更容易引起捕食者注意或捕食，对于自然条件下感染率很低的寄生虫而言，稍微增加被感染中间宿主被终末宿主捕食的机会都能促进寄生虫完成生活史（Barber et al., 2000）。

需要中间宿主的鱼类寄生虫中，改变宿主行为的最典型的例子是复殖吸虫、复口吸虫（*Diplostomum spathaceum*）。复口吸虫的成虫寄生于鸥鸟，卵随鸟粪进入水体中，孵化出毛蚴，钻入椎实螺中发育形成胞蚴和大量尾蚴。鱼被尾蚴感染后，尾蚴经肌肉进入循环系统或神经系统到眼球水晶体寄生，尾蚴到达水晶体后，逐步发育成囊蚴，囊蚴逐渐积累，使鱼的眼球开始浑浊，逐渐成乳白色，形成白内障，严重感染的病鱼眼球脱落成瞎眼，结果，被感染的鱼更容易被终末宿主鸟类捕食，囊蚴因此成功进入终末宿主，进一步发育成熟，从而完成其生活史（Mikheev,2011）。

不需要中间宿主的鱼类寄生虫，如寄生甲壳动物和单殖吸虫等，它们生活史中没有必要更换宿主，但是它们对宿主的行为也有调节作用，以利于它们在宿主之间横向传播及个体间接触、交配和繁殖。例如，鱼类寄生甲壳动物鲤鲺（*Argulus foliaceus*）感染虹鳟幼鱼后，可使其由领地行为（即个体间的距离较远）明显转变为集群行为，并显著降低其打斗性，而宿主集群后更有利于鲤鲺的繁殖交配（Bandilla et al., 2005）。

三、鱼类寄生虫的传播与扩散策略

传播（transmission）是指寄生虫感染宿主，不管这个宿主是否已经感染相同的或者不同的寄生虫。扩散（dispersal）是指寄生虫从感染的起始地点向其他地方迁移，蔓延开去。扩散可避免种内过度拥挤，减少种内竞争。

寄生虫的传播通常是在自由生活的感染期完成的，成功感染的前提是易感宿主和感染期幼虫的相遇，而它们的相遇机会取决于易感宿主密度、感染期寄生虫密度以及它们的空间分布。关于缩小膜壳绦虫（*Hymenolepis diminuta*）感染中间宿主面粉甲虫（*Tribolium confusum*）的研究结果表明：增加感染源虫卵的密度、分布的聚集程度、卵与面粉甲虫的接触时间以及宿主面粉甲虫的密度都会在一定程度上增加绦虫在面粉甲虫中的感染丰度，然后逐渐达到一个饱和丰度（Keymer & Anderson, 1979; Keymer, 1982）。

传播分为主动传播和被动传播，主动传播需要消耗能量。包括两种方式，一种是寄生虫幼虫主动移动到一个可离开宿主的地方，另一种是幼虫移动到一个宿主容易出现并能被其摄食的地方。寄生虫不同类群和不同生活阶段，其移动形式是不同的，原生动物寄生虫的移动器官通常只在专性寄生期出现，在自由生活阶段是没有的。但是，鱼类的外部寄生虫多子小瓜虫是一个例外，虽然从鱼体释放出来的小瓜虫滋养体几乎没有游泳能力，很快就沉入水底，或黏附在水生植物上，并形成包囊，经过一系列的二分裂，产生成千的长有丰富纤毛的掠食体，可主动游向鱼体，并依靠头上的穿刺腺钻入宿主鱼的皮肤和鳃。寄生蠕虫在几个不同的自由生活期都可以主动传播，如单殖吸虫的纤毛幼虫、绦虫的钩球蚴、复殖吸虫的毛蚴和尾蚴，但它们的生命很短，最长的也只有几十小时。被动传播主要是指寄生虫的感染期（虫卵、胞囊、在宿主体内的蠕虫幼虫）随附着的介质或寄主的运动而被动地带向易感宿主，从而导致感染的传播过程（即扩散）。被动传播和扩散通常不消耗能量，如鱼类寄生三代虫是一种主要依靠宿主接触来传播的单殖吸虫，它是研究疾病传播的模式病原。

目前，关于疾病的传播主要有两种理论：密度制约（density-dependence）和频率制约（frequency-dependance）。根据经典简单的疾病传播方程 $dI/dt=\beta SI/(S+I)$，β 是传播系数，S 是易感宿主的数量，I 是已感染的宿主的数量（McCallum et al., 2001），t 是时间，疾病的传播与种群中易感宿主和已感染宿主的数量都相关，且当两者数量相等时，传播是最快的。病原的传播除了与易感宿主和已感染宿主密切相关外，还取决于宿主间的接触频率 c（contact rate），$c=k[N(t)^{(1-q)}/A]$，$N(t)$ 为宿主种群大小，A 为宿主所占面积，q 为在宿主种群中增加一个宿主后对平均接触率贡献的重要性，当宿主种群密度较小时（当 $q=0$ 时），病原的传播是密度制约的；而当宿主种群密度足够大时（当 $q=1$ 时），则是频率制约的传播（Zhou et al., 2017）；介于其间（当 $0<q<1$ 时）的接触率则是非线性变化的。

扩散往往不是随机的，而是有目的地寻找宿主，即使是被动的扩散，幼虫通常也会有特化的适应机制，使它们更容易接近宿主或者被宿主碰到。比如依靠被动扩散的幼虫虽然不能随心所欲地移动，但是很多都有很强的适应能力，能使自己扩散到一个微环境，在这里很容易找到宿主，如鱼类寄生绦虫卵的沉浮性、棘头虫和许多单殖吸虫卵表面的细丝，这些物理和形态方面的适应都可提高虫卵被宿主吞噬的机会，促进寄生虫的传播。寄生虫还有一个传播策略，即通过提供宿主营养来增加被摄食的机会，如有些绦虫的卵大而厚实，营养丰富，容易被中间宿主摄食。

虽然寄生虫自己的移动能力和移动范围有限，但其宿主较强的运动能力，可以使其在较大的地理范围内转移或扩散其分布范围。寄生虫的传播和扩散主要是依靠媒介、中间宿主或者转续宿主（paratenic host）的移动。

人类活动对鱼类寄生虫的扩散有重要影响，20世纪50年代以来，鱼类的长距离引种变得十分频繁，鱼类寄生虫可以随着宿主的引种扩散到新的地区，并在所到地区以原有的宿主或在当地新宿主建立种群。鳡头槽绦虫［*Schyzocotyle* (*Bothriocephalus*) *acheilognathi*］的自然宿主和地理起源是亚洲鲤科鱼类（阿穆尔河的草鱼），为了控制水草，亚洲鲤科鱼类被引入欧洲，寄生虫通过伴随引种（co-introduced），由于当地有合适的中间宿主，它迅速在当地养殖和野生鱼群中建群和传播扩散，导致种群大暴发。在墨西哥，有隶属于5目7科26属49种土著鱼类被这种绦虫寄生（Salgado-Maldonado, 2003）。现在这种绦虫几乎在除澳大利亚以外的其他大陆都有分布。

第四节　鱼类寄生虫与宿主种群的相互作用

寄生虫与宿主之间的相互作用是一场不停止的“战争”。寄生虫总是努力进入宿主并利用宿主的资源、食物、空间，甚至操控宿主的行为使自己“驶向”成熟的方向。反过来，宿主会使用各种方法干扰、驱逐甚至杀死寄生虫。在这场“战争”中，彼此的伤亡是不可避免的，这种伤亡表现为彼此种群数量的降低或调节。但是在自然界中，这种持续相互作用的结果往往是彼此的妥协，表现为寄生虫对宿主的负面作用的减少和宿主对寄生虫的容忍，是它们长期相互作用和协同进化的结果。寄生虫和宿主种群的相互作用主要表现在以下几个方面。

一、鱼类寄生虫对宿主种群数量的调节

寄生虫对宿主种群的调节就是随着寄生虫寄生或寄生虫种群密度的增加，减少宿主的存活并降低其繁殖力，最终导致寄生虫种群数量降低。

寄生虫密度依赖的宿主种群调节往往很难观察，主要的结果和观点是基于理论模型研究（Anderson, 1978）。Crofton（1971）建立一个数学模型来定量描述寄生虫与宿主的动态关系，并认为寄生虫的致病性是影响寄生关系最重要的因素，May（1977）、Anderson和May（1978）对该模型进行了改进，他们都认为寄生虫聚集分布和捕食–被捕食的作用可促进宿主–寄生虫关系的稳定性。但寄生虫在宿主内的频率分布–聚集分布不是一个调节因子，而是其他因素（如宿主食性、年龄和免疫力等）影响的结果。同时，寄生虫密度制约引起的宿主死亡和宿主繁殖力下降也会影响寄生虫的聚集分布程度，因此，通过研究寄生虫的聚集分布可推测寄生虫对宿主种群的调节。有研究发现，寄生虫感染丰度随着宿主年龄或体长的增长而呈现凸形曲线，同时伴随着聚集度在老年宿主中下降，推测是老年宿主中高寄生虫感染的个体死亡的结果（Anderson & Gordon，1982）。

寄生虫的感染可引起宿主繁殖潜能的变化，它可以直接导致宿主产卵能力的下降，如寄生于螺的一种原圆线虫（*Elaphostrongylus rangiferi*）。尽管寄生虫一般不会导致宿主繁殖能力的完全丧失，但是损害往往是永久性的，极少数宿主在寄生虫消失后，还可以恢复产卵能力。寄生虫引起的宿主产卵能力的降低与宿主感染寄生虫的数量呈正相关关系，寄生虫数量越多，产卵能力下降得越多。寄生虫引起宿主繁殖能力的下降不同于寄生虫引起的宿主死亡，它并不直接导致寄生虫的大量丢失。寄生虫对宿主繁殖力的影响也与其聚集程度相关。当寄生虫的聚集程度较低（如随机分布），而寄生对宿主繁殖能力的作用又很大时，大多数宿主的繁殖能力将受到影响，从而影响到宿主种群的稳定和增长；当寄生虫聚集程度较高时，繁殖能力受到影响的只是少数宿主个体，这样就不至于造成宿主种群繁殖力的大范围波动，从而可以对宿主种群产生稳定的调节作用，如通常在宿主中呈高度聚集分布的甲壳动物寄生虫就表现出这一模式。

在自然状态下，寄生虫能否引起宿主的死亡一直是个争论的焦点，特别是致病性较弱的终末宿主中的肠道寄生虫。Skorping（1985）和Lanciani（1975）的实验研究表明，寄生虫能引起

宿主存活率的降低，在自然状态下寄生虫引起的宿主死亡虽然可以直接观察到，许多野外调查数据也表明寄生虫可引起宿主死亡。最具有说服力的证据是鲑三代虫（*Gyrodactylus salaris*）通过鲑鱼苗由瑞典引种带入挪威后的生态事件，这种单殖吸虫在挪威的扩散，导致了挪威45条河流的野生鲑鱼数量急剧下降（Peeler et al., 2006）。

二、鱼类寄生虫与宿主种群的协同进化

协同进化（coevolution）是指两个相互作用的物种相互适应（coadaptation），在进化过程中彼此在遗传结构上调整和改变。在宿主–寄生虫协同进化也可能导致物种形成（speciation）。物种发生有三种方式：异域物种形成（allopatric speciation），即在不同地点，由地理隔离而导致生殖隔离，从而产生新物种；异种同域物种形成（alloxenic sympatric speciation），由新宿主侵入而引起宿主–寄生虫的共同进化；同种同域物种形成（synxenic sympatric speciation），是宿主种群内分离的结果。

宿主–寄生虫协同进化的结果受到广泛的争论。20世纪60年代，寄生虫学家认为，寄生虫几乎没有危害，宿主–寄生虫的相互作用都是朝着共生（commensalism）的方向进化的，支持这个观点的证据是，寄生虫在它们通常的宿主中的致病性低于新引入宿主中的，高致病性的寄生虫逐渐进化成非致病性的。但也有观点认为，寄生虫是高致病性的，敌对的宿主–寄生虫关系在协同进化过程中，要么一方或者两者都灭亡，要么朝着缓和关系的方向进化。随着生态、进化和种群遗传研究的发展，这些观点逐渐被改变，即协同进化的结果既包括从有害到共生，也可以从共生到高度敌对。

协同进化的结果是拮抗作用（antagonism）还是互利共生（mutualism），主要取决于寄生虫的传播和繁殖模式。如果寄生虫直接在宿主内大量繁殖，宿主的繁殖将受到有害影响，宿主的死亡也将减少寄生虫感染其他宿主的机会；如果寄生虫依靠媒介或中间宿主传播，因为寄生导致宿主较低的移动性会增加宿主被感染的机会，而寄生虫大量繁殖可增加中间宿主获得幼虫感染的数量。因此，宿主移动性的降低有利于寄生虫的传播，这些寄生虫的致病性通常较低，如果寄生虫的传播不受宿主移动性的影响，寄生虫一般具有较高的致病性（Ewald, 1995）。垂直传播（vertical transmission，指从宿主直接传播到宿主子代）则支持进化朝着共生的方向发展，因为寄生虫的存活完全取决于宿主的存活。

第五节　鱼类寄生虫的种群生态学

寄生虫的种群生态学是寄生虫生态学研究的关键问题之一，直接关系到寄生虫种群的发展动态和进化历程。其研究内容主要包括寄生虫的种群数量、空间分布、与非生物环境以及与宿主的相互关系。

一、鱼类寄生虫在宿主种群中的分布模式

寄生虫在宿主种群中的频率分布模式有三种类型：均匀分布、随机分布和聚集分布。聚集分布是鱼类寄生虫频率分布较普遍的分布模式，聚集分布的生物学意义是，大多数宿主不感染或感染少量的寄生虫，大量的寄生虫寄生于少数宿主内，使寄生虫对宿主种群的危害减到最小。寄生虫的聚集分布受各种因素的影响，如宿主对寄生虫的易感性和免疫反应的差异，寄生虫在宿主体内的直接繁殖等。另外，宿主行为的异质性和感染期寄生虫在空间上的聚集

分布可以引起寄生虫在宿主种群中高度的聚集分布；而寄生虫的死亡、密度制约、寄生虫引起的宿主死亡则是产生均匀分布的主要因子。根据这一理论，常通过统计和比较不同体长或年龄的宿主中寄生虫聚集度的变化，来推测寄生虫是否引起了宿主死亡。如果聚集度呈凸形曲线，则表明寄生虫感染引起了高感染或抵抗力弱的（如老龄）宿主死亡，从而导致聚集度下降（图4–6）。

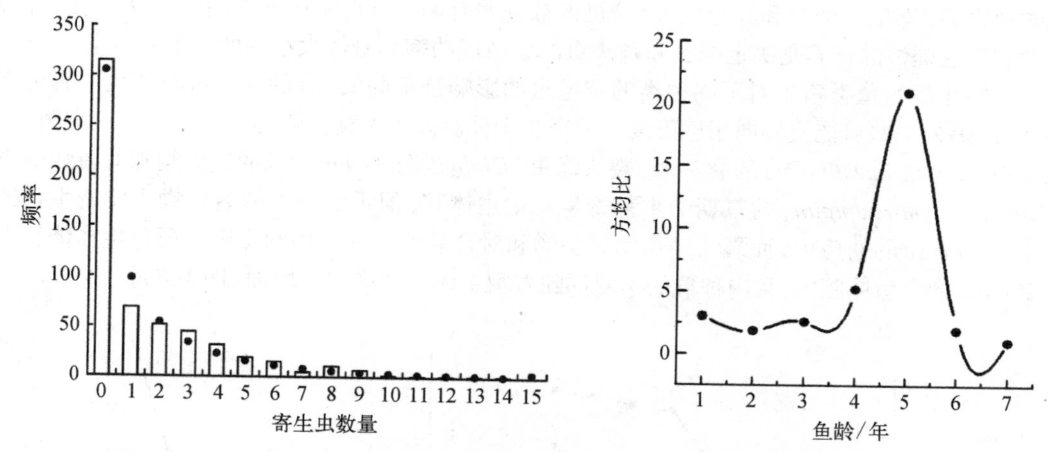

图4–6　黄颡鱼膀胱寄生复殖吸虫的频率分布（左）和肠道寄生恒河绦虫方均比在不同宿主年龄中的变化（右）（引自Li et al., 2005, 2010）

二、鱼类寄生虫种群与非生物因子的关系

鱼类内寄生虫（endoparasite）的自由生活时期，如小瓜虫和刺激隐核虫出胞囊的掠食体、复殖吸虫的毛蚴和尾蚴时期、许多裂头目绦虫的钩球蚴等，其生存直接受到非生物环境因子（如水温、盐度、pH等）的影响。鱼类外寄生虫（ectoparasite）如纤毛虫、单殖吸虫和寄生甲壳动物等更直接受外环境的影响，水生境中温度、盐度和水流等都是影响桡足类、单殖吸虫等体外寄生虫的重要因素；这些环境因子的合适程度对寄生虫的种群丰度起关键作用。复殖吸虫自由游泳的毛蚴具有寻找宿主的能力，影响这一行为的理化因子，都影响这种寄生虫的种群补充和流失。寻找宿主的主要诱导因素包括光和重力刺激，另外，一旦毛蚴游到它们的第一中间宿主附近，就会被螺类释放出的特定化学物质刺激，从而使它们找到并钻入这些宿主内，这些化学刺激物是一些简单的氨基酸和脂肪酸。

外部环境因子的变化，如光照的季节变化、生态演替、水体中的营养状况和污染、生态系统的稳定性等都会影响寄生虫种群的丰度、扩散和空间分布模式和季节动态。

三、鱼类寄生虫种群与宿主的关系

宿主被寄生后，给寄生虫提供了一个内部环境，虽然内部环境因子的变化没有外部环境因子那么大，但内部因子更复杂，寄生虫的宿主因子包括宿主行为、宿主和寄生虫的遗传、宿主的先天性和获得性免疫、同老化过程相关的个体发育以及宿主性别等。内部环境因子对寄生虫内种群的影响范围虽然没有外部环境因子那么大，但也会影响寄生虫种群的补充和流失，而且这些因子之间相互影响，关系错综复杂。

宿主的行为、年龄和性别都可影响一些寄生虫内种群的生物学特性，而这三个因子又有内在联系。这些影响寄生虫内种群的因子还与宿主的免疫系统，以及宿主与寄生虫的遗传密切相关，而宿主的遗传又直接影响着宿主的免疫力。

由于寄生虫种群对宿主有限资源的利用，寄生虫内种群的增长同样受到密度制约因素的影响。密度制约过程既可以通过对有限的空间和营养资源的竞争实现，也可以通过寄生虫引起的宿主反应作用于寄生虫的繁殖率和死亡率实现。多种密度制约过程（如寄生虫密度与其瞬时死亡率，寄生虫密度和其个体大小）已经被证明有调节种群密度的作用。研究表明：种群密度和宿主提供的营养是决定绦虫和棘头虫的繁殖成功率和身体大小的两个重要因子。

不同年龄的鱼类宿主对不同种类的寄生虫的影响是不同的，有的寄生虫在幼鱼中有更多的感染，另外一些可能更倾向于感染高龄的宿主个体。以青海湖裸鲤的几种寄生蠕虫为例，舌状绦虫（*Ligula intestinalis*）的裂头蚴、裂头绦虫（*Diphyllobothrium* sp.）的裂头蚴和对盲囊线虫（*Contracaecum rudolphii*）的三期幼虫都寄生在宿主体腔，但舌状绦虫的裂头蚴主要寄生在体长小于200mm的幼鱼中，而裂头绦虫的裂头蚴和对盲囊线虫的三期幼虫则主要寄生在体长大于200mm的大鱼体腔内，且内种群的丰度都随着宿主体长的增加而增加（图4–7）。

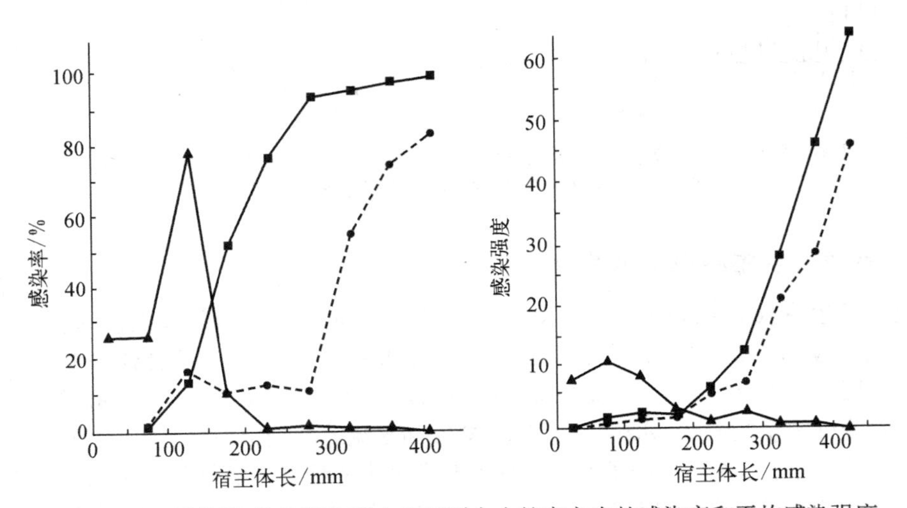

图4–7　青海湖裸鲤体腔寄生蠕虫在不同大小的宿主中的感染率和平均感染强度（引自杨廷宝和廖祥华，1999）

实心三角连线代表舌状绦虫，实心方图连线代表裂头绦虫，实心圆连接的线代表对盲囊线虫

鱼类寄生虫表现出明显的宿主性别倾向的报道不是很多，Poulin（1996）基于文献资料对41种鱼类的65种寄生蠕虫在雌性和雄性宿主中的感染率进行了比较和统计分析，没有发现显著的差异。但确实有些鱼类寄生虫有明显的宿主性别选择，Paling（1965）曾报道，单殖吸虫（*Discocotyle sagittata*）在5～7龄的雄性鲑鱼（*Salmon trutta*）比同龄雌鱼有更高的感染。

四、鱼类寄生虫种群的季节动态

种群动态（population dynamics）是指寄生虫的感染（如感染率、平均感染强度、丰度和聚集强度等）在时空上的变化。在空间上主要是指同种寄生虫在不同地区的相同宿主种群上感染的差异，在时间上表现为不同年份和不同月份间的波动。不同年份间的寄生虫种群动态主要是指由年际环境变化而引起寄生虫种群的丰度变化；而寄生虫种群不同月份间的动态，称为季节动态（seasonal dynamics）或季节发生（seasonal occurrence），是寄生虫种群为了适应水温季节变化而出现的消长。

季节动态是鱼类寄生虫比较普遍的特征，是许多内部和外部因子共同作用的结果。水温不仅可以直接影响鱼类寄生虫的感染和存活，还可通过其他一些间接因素，如宿主的摄食强度、免疫水平以及寄生虫的发育等影响寄生虫的种群。鱼类是低等的变温脊椎动物，如果该地区的水温季节变化比较明显，鱼类寄生虫种群很容易受到水温的影响，所以很多鱼类寄生虫的感染表现出很强的季节性。由于各类寄生虫的生活史不同，有的需要中间宿主（如复殖吸虫、绦虫、线虫和棘头虫），有的类群不需要（如许多原生动物寄生虫、单殖吸虫和寄生甲壳动物），因此鱼类寄生虫不同类群以及不同种类的季节变化各有不同（Chubb, 1979, 1980, 1982）。

以鱼类寄生单殖吸虫为例，因其大部分为卵生，仅少数为卵胎生。生活史中不需要更换中间宿主，水中自由生活的幼虫遇到合适的宿主，就附着上去，一般寄生于皮肤和鳃。单殖吸虫的繁殖力是随着水温升高而增强的（Gelnar, 1987），孵化速率也是随水温升高而增加的（夏晓勤等，1996），而且水温的升高会使宿主活动能力增强，导致其与水中自由游动的单殖吸虫幼虫的接触机会增加，进而增加寄生虫的感染丰度。一般认为，水温是单殖吸虫季节发生的主要因素（Chubb, 1977; Koskivaara et al., 1991）。但并不是在水温高的季节感染就最高，因为每种虫有自己适宜的温度范围，而且随着温度的提高，鱼类的免疫水平也会提高，后者会抑制寄生虫的感染。比如寄生于草鱼鳃的鳃片指环虫（*Dactylogyrus lamellatus*）的感染强度高峰一般发生在春季，在水温适宜的秋季也有一个小的感染高峰（图4–8）。

对于生活史需要中间宿主的鱼类寄生蠕虫，如复殖吸虫的中间宿主一般为腹足类，绦虫的中间宿主一般为桡足类，中间宿主的季节变化也是影响这些寄生虫季节动态的重要因素。

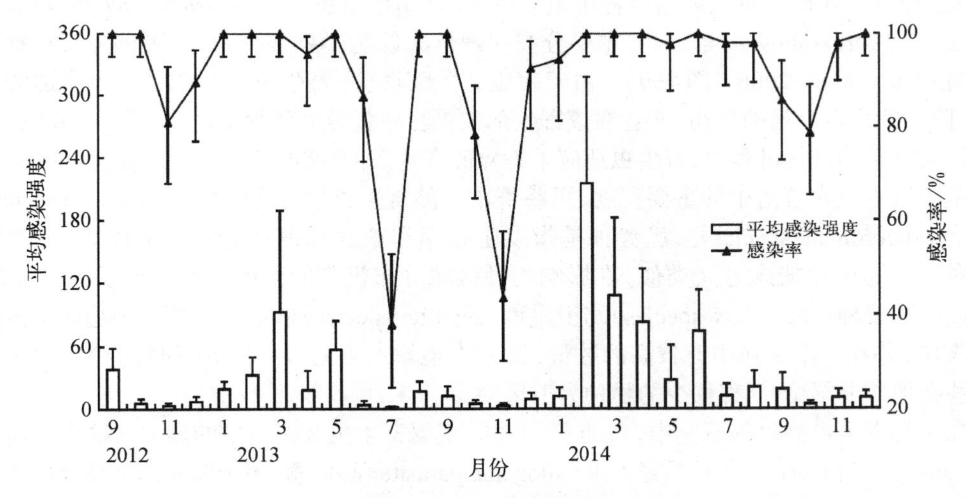

图4–8　草鱼鳃部寄生鳃片指环虫的季节动态（平均感染强度和感染率）（引自 Yang et al., 2016）

第六节　鱼类寄生虫的群落生态学

在宿主不同层次（个体、种群和群落水平）研究寄生虫群落生态学为揭示寄生虫如何组合和相互作用构成不同的群落结构提供了很好的研究材料和方法，是寄生虫生态学研究的中心问题之一，鱼类寄生群落生态学主要研究的问题包括寄生虫群落的组成、寄生虫群落结构及其影响因素。

一、鱼类寄生虫群落的组成

根据组成群落的寄生虫种的宿主特异性（host specificity），将寄生虫分为两类，即宿主广谱的寄生虫（host generalist）和宿主特异的寄生虫（host specialist）。宿主广谱的寄生虫可广泛地寄生于一系列亲缘关系较远的宿主中，而宿主特异的寄生虫通常只寄生于一种宿主或者亲缘关系较近的几种宿主。广谱和特异都是针对寄生虫的某一特定的生活阶段而言，因为有些寄生虫在中间宿主阶段是宿主特异的，而在终末宿主阶段是宿主广谱的，如日本血吸虫（*Schistosoma japonicum*）的毛蚴只寄生于湖北钉螺（*Oncomelania hupensis*），而其成虫可寄生在广泛的哺乳动物中。另外，如果寄生虫（可发育期）虽然能在很广谱的宿主中寄生，但只能在一种或少数几种宿主中有较高的感染率和丰度，并发育成熟，那么该寄生虫也属于宿主特异的寄生虫，因为在其他宿主出现可能只是偶然感染。

那么到底是什么因素影响寄生虫的宿主范围？首先肯定是寄生虫的系统发生（phylogeny），即现存宿主特异性高的寄生虫都来自远古的祖先，它们寄生于一个或一组特定的宿主，能更好地利用和竞争宿主资源，因而得以保存其特异性。而宿主广谱的寄生虫由于竞争不过宿主特异的寄生虫，通过开拓更多的宿主种类来繁衍后代，它们对恶劣的外界环境的适应能力更强。

寄生虫除了对宿主种类有选择外，在宿主中的寄生部位也有选择性，即位点特异性（site selection）。例如，鱼类粘孢子虫有的种类寄生在表皮，有的寄生在心脏，有的寄生在肝脏，有的寄生在鳃部，单殖吸虫大多寄生在鱼类的鳃和鳍条，而且不同的种类寄生在鳃部的位置也有选择。又如，寄生在褐蓝子鱼鳃的两种单殖吸虫，蓝子鱼四叉虫（*Tetrancistrum nebulosi*）和马氏多唇虫（*Polylabris mamaevi*），前者主要分布在鳃丝的近端（靠近鳃弓），后者则分布在鳃丝远端位置（Yang et al., 2006）（图4–9）。由于宿主的免疫反应，寄生虫总是想找一个合适的寄生部位，降低宿主对自己的损伤，或者在该寄生部位更容易获得生存所需要的资源，如食物、溶氧等。因此在长期进化过程中，寄生虫适应了特异的寄生部位，增加了生存的适合度（fitness）。

基于寄生虫在群落中的重要程度，可将群落中的寄生虫分为优势种（dominant species）和从属种（subordinate species）。优势种是指发生频率和丰度都很高的寄生虫种类，反之则为从属种。与这两个概念意义类似，在影响物种区域分布机制的假说中又提出了核心种（core species）、次要种（secondary species）与卫星种（satellite species）的概念。核心种趋向于占据大部分斑块，并在一个斑块中有较高的数量；那些在地域上常见，局部稀少的物种为次要种；还有一些在地域上罕见、局部稀少的物种为卫星种。

在鱼类寄生虫群落的研究中，Esch等（1988）根据寄生虫开拓宿主的能力又提出了同源寄生虫（autogenic parasite）和异源寄生虫（allogenic parasite）的概念，用于解释寄生蠕虫在淡水鱼类中的建群和传播模式。同源寄生虫是指在鱼类中成熟的寄生虫，如寄生草鱼肠道，并能发育成熟的鷠头槽绦虫；而以鱼类为中间宿主，在鸟类、哺乳动物中成熟的寄生虫为异源寄生虫，如寄生于多种鲤科鱼类的舌状绦虫裂头蚴，它在鸥鸟肠道发育成熟。异源寄生虫比同源寄生虫具有更强的扩散、建群和传播能力。

二、鱼类寄生虫的群落特征及其影响因素

鱼类寄生虫的群落特征一般从物种组成、多样性、优势度三个方面来定量描述，群落间的

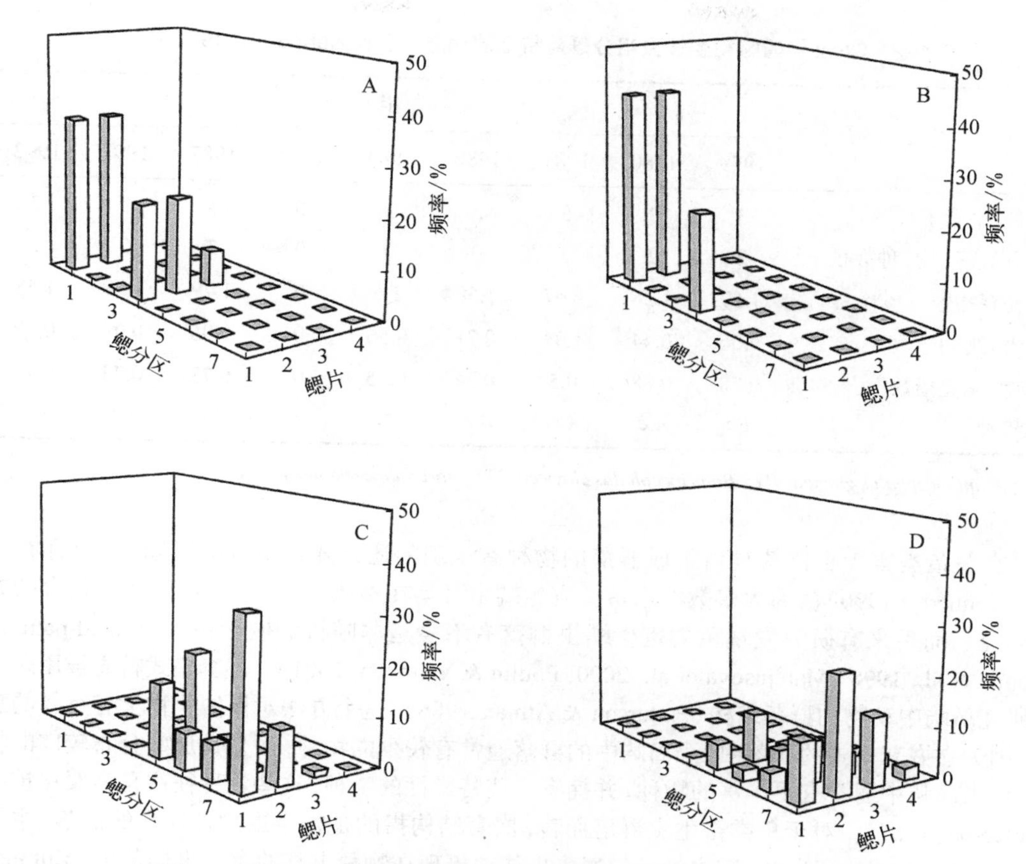

图4–9　褐蓝子鱼寄生单殖吸虫在鳃上的分布（引自Yang et al., 2006）

A. 马氏多唇虫在野生蓝子鱼鳃上的分布；B. 马氏多唇虫在网箱养殖蓝子鱼鳃的分布；C. 蓝子鱼四叉虫在野生蓝子鱼鳃的分布，D. 蓝子鱼四叉虫在网箱养殖蓝子鱼鳃的分布；1、3代表远离鳃弓的鳃丝区域，5、7代表近鳃弓的区域

比较则用相似性描述。寄生虫的物种丰富度通常与生境面积呈正相关，因为生境面积越大，鱼类种类越多，则寄生虫种类越多，而且更大的宿主种群中的寄生虫灭绝概率更低，但是不同类型的水体间（如湖泊、河流、河口等）的寄生虫群落差异是由其他因素引起；宿主的个体大小、食性、生理和免疫等特性对寄生虫群落的物种丰富度有重要影响，寄生虫的竞争能力和种群大小也是影响寄生虫群落特征的因素。另外，历史和生态因素也影响着寄生虫群落的物种丰富度，如宿主和寄生虫的系统发生关系、宿主的地理分布、水体盐度，还有一些人为的因素，如水体富营养化、污染和生境破碎化（habitat fragmentation）等。

生境破碎化是由于自然因素和人类活动的干扰（disturbance），使原本连续分布的大块自然生境被分割成许多面积较小的生境斑块的过程（Wilcox et al., 1986）。生境破碎化造成的隔离会影响物种的扩散和建群（Haila, 2002），同时因生境面积不断减少，种群的规模变小，增加了近亲繁殖和遗传漂变的机会，从而降低种群的遗传多样性。Kennedy（1993）调查了一个受到人类活动严重干扰和破坏的河流中鳗鲡的寄生虫，通过13年的研究，发现一种棘头虫（*Acanthocephalus clavula*）刚开始的感染率为63%，5年后没有发现该虫，而8年后又发现这种棘头虫，感染率只有1%。该研究也是有关鱼类寄生虫的群落动态进行的长期研究，发现鱼类寄生虫群落的各项指标在前6年都经历下降，后面又有逐渐的恢复，几乎到了开始的水平（表4–2）。

表 4-2 Clyst 河鳗鲡寄生蠕虫组分群落特征的动态（引自 Kennedy，1993）

群落特征	年								
	1979	1980	1981	1982	1983	1984	1987	1991	1992
物种(总数)	3	3	3	3	2	0	8	9	7
组分群落(物)种数目	2	2	3	0	0	0	3	2	2
辛普森指数	1.57	1.28	2.67	1.68	1.6	0	1.79	1.79	1.58
香农-维纳指数	0.66	0.44	1.04	0.71	0.56	0	0.96	0.99	0.79
伯克-帕克指数	0.78	0.88	0.5	0.74	0.75	0	0.73	0.74	0.78
优势种*	*A.c.*	*A.c.*	*A.c.*	*A.c.*	*B.c.*	—	*P.t.*	*P.t.*	*P.t.*

**A.c., Acanthocephalus clavula; B.c., Bothriocephalus claviceps; P.t., Paraquimperia tenerrima.*

有关鱼类寄生虫群落是由组成群落的物种有组织的还是随机组合的问题，一直存在争论。Kennedy（1990）认为大多数淡水鱼类寄生蠕虫群落在本质上是孤立的，以随机集合的方式存在。而后来有研究发现鱼类寄生蠕虫群落有不少是非随机的嵌套模式（nested pattern）（Rohde et al., 1998；Matějusová et al., 2000; Poulin & Valtonen, 2001）。嵌套模式首先被用来定量研究岛屿中动物的群落结构（Patterson & Atmar, 1986），这个方法对保护生物学有重要的意义，因为在嵌套模式的群落中，小岛屿中的群落通常有较少的物种，而且是那些分布较广的物种，而大岛屿中通常有更丰富的物种，并拥有一些特异性的物种，这些物种往往是需要保护的（Patterson, 1987）。对于鱼类寄生虫群落而言，嵌套结构指的是寄生虫物种较少的群落，主要是一些宿主广谱的寄生虫，宿主特异的寄生虫往往出现在物种丰富的寄生虫群落中（Valtonen et al., 2001）。Kennedy（2009）在综述大量的相关研究后提出，宿主—寄生虫关系是一个不平衡的系统，尽管有些寄生虫群落是嵌套模式，但在时间和空间上是不稳定的，因此，寄生虫群落是不平衡、随机的集合。

（杨廷宝　李文祥　编写）

习　题

1. 区别寄生虫的感染强度、丰度和平均拥挤度的概念。
2. 论述影响鱼类寄生虫区系组成的因素。
3. 通过比较绦虫和复殖吸虫的生活史，论述它们生活史策略的共性。
4. 举例说明人类活动对鱼类寄生虫分布和扩散的影响。
5. 论述鱼类寄生虫与宿主的相互作用和协同进化的特点。
6. 鱼类寄生虫种群和群落动态的影响因素有哪些?

参 考 文 献

夏晓勤，聂品，姚卫建.1996.光照、温度及宿主黏液对河鲈锚首吸虫虫卵孵化的影响.水生生物学报，20：195-196.

杨廷宝，廖翔华.1999.青海湖裸鲤体腔寄生蠕虫群落研究.水生生物学报，23：134−140.

张剑英，邱兆祉，丁雪娟.1999.鱼类寄生虫与寄生虫病.北京：科学出版社：735.

Anderson RM, Gordon DM. 1982. Processes influencing the distribution of parasite numbers within host populations with special emphasis on parasite-induced host mortalities. Parasitology, 85: 373−398.

Anderson RM, Whitfield PJ, Dobson AP. 1978. Experimental studies of infection dynamics: infection of the definitive host by the cercariae of *Transversotrema patialense*. Parasitology, 77: 189−200.

Anderson RM. 1978. The regulation of host population growth by parasitic species. Parasitology, 76 (2): 119−157.

Bandilla M, Hakalahti T, Hudson PJ, et al. 2005. Aggregation of *Argulus coregoni* (Crustacea: Branchiura) on Rainbow Trout (oncorhynchus mykiss): A Consequence of Host Susceptibility or Exposure? Parasitology, 130: 1−8.

Barber I, Hoare D, Krause J. 2000. Effects of parasites on fish behaviour: a review and evolutionary perspective. rev. Fish Biol. Fish, 10: 131−165.

Bush AO, Lafferty KD, Lotz JM, et al. 1997. Parasitology meets ecology on its own terms: Margolis et al. revisited. Journal of Parasitology, 83(4): 575−583.

Chubb JC. 1977. Seasonal occurrence of helminths in freshwater fishes. Part 1. Monogenea. Advances in Parasitology, 15: 133−199.

Chubb JC. 1979. Seasonal occurrence of helminths in freshwater fishes. Part 2. Trematoda. Advances in Parasitology, 17: 141−313.

Chubb JC. 1980. Seasonal occurrence of helminths in freshwater fishes. Part 3. Larval Cestoda and Nematoda. Advances in Parasitology, 18: 1−120.

Chubb JC. 1982. Seasonal occurrence of helminths in freshwater fishes. Part 4. Adult Cestoda, Nematoda and Acanthocephala. Advances in Parasitology, 20: 1−292.

Crofton HD. 1971. A quantitative approach to parasitism. Parasitology, 62(2): 179−193.

Dobben WH. 1952. The food of the cormorant in the Netherlands. Ardea, 40: 1−63.

Dušeka L, Gelnarb M, Šebelovάb S. 1998. Biodiversity of parasites in a freshwater environment with respect to pollution: metazoan parasites of chub (*Leuciscus cephalus* L.) as a model for statistical evaluation. International Journal for Parasitology, 28: 1555−1571.

Esch GW, Kennedy CR, Bush AO, et al. 1988. Patterns in helminth communities in freshwater fish in Great Britain: alternative strategies for colonization. Parasitology, 96: 519−532.

Ewald PW. 1995. Response to (van Baalen and Sabelis). Trends Microbiol, 3: 416−417.

Gelnar M. 1987. Experimental verification of the effect of physical condition of *Gobio gobio* (L.) on the growth rate of micropopulations of *Gyrodactylus gobiensis* Glaser, 1974 (Monogenean). *Folia Parasitologia*, 34: 211−217.

Goater CP, Baldwin RE, Scrimgeour GJ. 2005. Physico-chemical determinants of helminth component community structure in whitefish (*Coregonus clupeaformes*) from adjacent lakes in Northern Alberta, Canada. Parasitology, 131: 713−722.

Haila YA. 2002. Conceptual genealogy of fragmentation research: from island biogeography to landscape ecology. Ecological Applications, 12: 321−334.

Jennings JB, Calow P. 1975. The relationship between high fecundity and the evolution of endoparasitism. Oecologia, 21: 109−115.

Kennedy CR. 1990. Helminth communities in freshwater fish: structured communities or stochastic assemblages? In Parasite Communities: Patterns and Processes. New York: Chapman & Hall: 131−156.

Kennedy CR. 1993. The dynamics of intestinal helminth communities in eels *Anguilla anguilla* in a small stream:

Long-term changes in richness and structure. Parasitology, 107: 71–78.

Kennedy CR. 2009. The ecology of parasites of freshwater fishes: the search for patterns. Parasitology, 136 (12): 1653–1662.

Keymer A. 1982. Density-dependent mechanisms in the regulation of intestinal helminth populations. Parasitology, 84: 573–587.

Keymer AE, Anderson RM. 1979. The dynamics of infection of *Tribolium confusum* by *Hymenolepis diminuta*: the influence of infective-stage density and spatial distribution. Parasitology, 79(2): 195–207.

Koskivaara M, Valtonen ET, Prost M. 1991. Seasonal occurance of gyrodactylid monogeneans on the roach (*Rutilus rutilus*) and variation between four lakes of deffering water quality in Finland. Aqua Fennica, 21: 41–55.

Lanciani C. 1975. Parasite-induced alterations of host reproduction and survival. Ecology, 56: 689–695.

Li WX, Wang GT, Yao WJ, et al. 2005. Seasonal dynamics and distribution of the digenean *Phyllodistomum pawlovskii* (Trematoda: Gorgoderidae) in the bullhead catfish *Pseudobagrus fulvidraco* in a lake of China. Journal of Parasitology, 91: 850–853.

Li WX, Wang GT, Yao WJ, et al. 2010. Frequency distribution and seasonal dynamics of intestinal helminths in the yellowhead catfish *Pelteobagrus fulvidraco* from Liangzi Lake, China. Comparative Parasitology, 77 (1): 31–36.

Marcogliese DJ, Cone DK. 1998. Comparison of richness and diversity of macroparasite communities among eels from Nova Scotia, the United Kingdom and Australia. Parasitology, 116: 73–83.

Matějusová I, Morand S, Gelnar M. 2000. Nestedness in assemblages of gyrodactylids (Monogenea: Gyrodactylidea) parasitising two species of cyprinid ± with reference to generalists and specialists. International Journal for Parasitology, 30: 1153–1158.

May RM. 1977. Dynamical aspects of host-parasite associations: Crofton's model revisited. Parasitology, 75(3): 259–276.

McCallum H, Barlow N, Hone J. 2001. How should pathogen transmission be modelled? Trends in Ecology & Evolution, 16: 295–300.

Mikheev VN, Pasternak AF, Taskinen J, et al. 2010. Parasite induced aggression and impaired contest ability in a fish host. Parasites Vectors, 3: 17–23.

Mikheev VN. 2011. Monoxenous and heteroxenous fish parasites manipulate the behavior of their hosts in different ways. Zhurnal Obshchei Biologii, 72(3): 183–197.

Nie P, Yao WJ, Gao Q, et al. 1999. Diversity of intestinal helminth communities of carp from six lakes in the flood plain of the Yangtze River, China. Journal of Fish Biology, 54: 171–180.

Nie P. 1996. Communities of intestinal helminths of carp, *Cyprinus carpio*, in highland lakes in Yunnan province of southwest China. Acta Parasitologica, 40: 148–151.

Paling JE. 1965. The population dynamics of the monogenean gill parasite *Discocotyle sagittata* Leuckart on Windermere trout, *Salmo trutta*. L. Parasitology, 55: 667–694.

Pasternak AF, Mikheev VN, Valtonen ET. 2006. Life History Characteristics of *Argulus foliaceus* L. (Crustacea: Branchiura) Populations in Central Finland. Ann. Zool. Fennici, 37: 25–35.

Patterson BD, Atmar W. 1986. Nested subsets and the structure of insular mammalian faunas and archipelagos. Biological Journal of the Linnean Society, 28: 65–82.

Patterson BD. 1987. The principle of nested subsets and its implications for biological conservation. Conservative Biology, 1: 323–334.

Peeler E, Thrush M, Paisley L, et al. 2006. An assessment of the risk of spreading the fish parasite *Gyrodactylus salaris* to uninfected territories in the European Union with the movement of live Atlantic salmon (*Salmo salar*) from coastal waters. Aquaculture, 258(1/2/3/4): 187–197.

Pérez-Ponce León G, Garciaa-Prieto L, Leoan-Reggagnon V, et al. 2000. Helminth communities of native and introduced fishes in Lake Pa'tzcuaro, Michoaca'n, Me'xico. Journal of Fish Biology, 57: 303–325.

Poulin R, Vatonen E T. 2001. Interspecific associations among larval helminths in fish. International Journal for Parasitology, 31: 1589–1596.

Poulin R. 1996. Sexual inequalities in helminth infections: a cost of being a male? The American Naturalist, 147 (2): 287–295.

Rhode K. 1993. Ecology of Marine Parasites. London: CAB Internaltional.

Rohde K, Worthen WB, Heap M, et al. 1998. Nestedness in assemblages of metazoan ecto-and endoparasites of marine fish. International Journal for Parasitology, 28(4): 543–549.

Salgado-Maldonado G, Pineda-López RF. 2003. The Asian fish tapeworm *Bothriocephalus acheilognathi*: a potential threat to native freshwater fish species in Mexico. Biological Invasions, 5: 261–268.

Skorping A. 1985. Parasite-induced reduction in host survival and fecundity: the effect of the nematodae *Elaphostrongylus rangiferi* on the snail intermediate host. Parasitology, 91: 555–562.

Valtonen ET, Pulkkinen K, Poulin R, et al. 2001. The structure of parasite component communities in brackish water fishes of the northeastern Baltic Sea. Parasitology, 122: 471–481.

Valtonen, ET, Holmes JC, Koskivaara M. 1997. Eutrophication, pollution, and fragmentation: Effects on parasite communities in roach (*Rutilus rutilus*) and perch (*Perca fluviatilis*) in four lakes in central Finland. Canadian Journal of Fisheries and Aquatic Sciences, 54(3): 572–585.

Wilcox DS, Mclellan CH, Dobson AP. 1986. Habitat fragmentation in the temperate zone. *In*: Soulé. Conservation Biology: The Science of Scarcity and Diversity. Sunderland Massachuretts: Sinauer Associates Inc: 257–285.

Yang BJ, Zou H, Zhou S, et al. 2016. Seasonal dynamics and spatial distribution of the *Dactylogyrus* species on the gills of grass carp (*Ctenopharyngodon idellus*) from a fish pond in Wuhan, China. Journal of Parasitology, 102: 507–513.

Yang TB, Liu JF, Gibson DI, et al. 2006. Spatial distributions of two species of monogeneans on the gills of *Siganus fuscescens* (Houttuyn) and their seasonal dynamics in caged versus wild-caught hosts. Journal of Parasitology, 92: 933–940.

Zhou S, Zou H, Wu SG, et al. 2017. Effects of goldfish (*Carassius auratus*) population size and body condition on the transmission of *Gyrodactylus kobayashii* (Monogenea). Parasitology, 144: 1221–1228.

第五章　鱼类寄生虫病流行病学

导读

本章主要阐述了鱼类寄生虫病流行的基本环节、特点和影响因素，以及鱼类寄生虫病的防控策略。通过本章的学习，可以对鱼类寄生虫病流行与控制有一个基本的了解，并为鱼类寄生虫病学研究提供参考。

本章学习要点

1. 鱼类寄生虫病流行病学的概念。
2. 鱼类寄生虫病流行的基本环节与特点。
3. 影响鱼类寄生虫病流行的因素。
4. 鱼类寄生虫病的防控策略。
5. 鱼类寄生虫耐药性的概念与控制措施。

鱼类寄生虫病流行病学（epidemiology of fish parasitic disease）是研究鱼类寄生虫病传播和流行规律的科学，即研究鱼类群体某种寄生虫病的发生原因和条件、传播途径、流行过程及其发展与终止的规律，以及以此采取预防、控制及扑灭措施的科学。调查和分析是鱼类寄生虫病流行病学研究的主要手段。调查是认识鱼类寄生虫病流行规律的感性阶段，主要是针对不同时间、不同地区、不同种类的鱼类，对鱼类寄生虫病的发病时间、感染率和感染强度等相关数据进行统计，旨在查明鱼类寄生虫病发生的状况，如疾病的分布、发生、发展的原因等。分析是认识鱼类寄生虫病流行规律的理性阶段，是将调查所获得的资料进行整理统计和甄别，找出其流行的规律性，并正确地解释这些规律，从而提出正确的防控方针及措施。

第一节　鱼类寄生虫病流行的基本环节

鱼类寄生虫病已经成为制约鱼类养殖健康持续发展的重要因素。鱼类寄生虫病流行过程是寄生虫完成生活史，从已寄生的宿主传播到新宿主的过程。鱼类寄生虫病的流行，必须具备三个基本条件，即传染源（source of infection）、传播途径（route of transmission）和宿主（host）。只有当这三个条件在某一养殖区域同时存在并相互关联时，才会导致鱼类寄生虫病的散发、地方性流行或大流行。因此，鱼类寄生虫病流行的基本条件不仅是研究鱼类寄生虫病流行规律的主要内容，还是预测和制订鱼类寄生虫病防治措施的主要依据。

一、传染源

传染源是指携带有寄生虫的病鱼、带虫者或被寄生虫感染的中间宿主、转续宿主、保虫宿主和媒介，如患有毛细线虫病（capillariaosis）的病鱼、感染了复殖吸虫的鸟类、携带华支睾吸虫（*Clonorchis sinensis*）的螺类，这些动物都是鱼类寄生虫病蔓延的重要因素，是鱼类寄生虫病重要的传染源。

二、传播途径

传播途径是指寄生虫离开传染源传播到宿主所经过的途径，是寄生虫感染宿主的门户。鱼类寄生虫的种类繁多，常通过不同方式不断地把某一发育阶段的寄生虫（虫卵、幼虫、虫体）排到外界环境中，污染水体、土壤、饵料等，然后经一定途径转移给宿主（图5–1）。寄生虫的传播途径大致可以分为两类：主动传播（initiative transmission）和被动传播（passive transmission）。

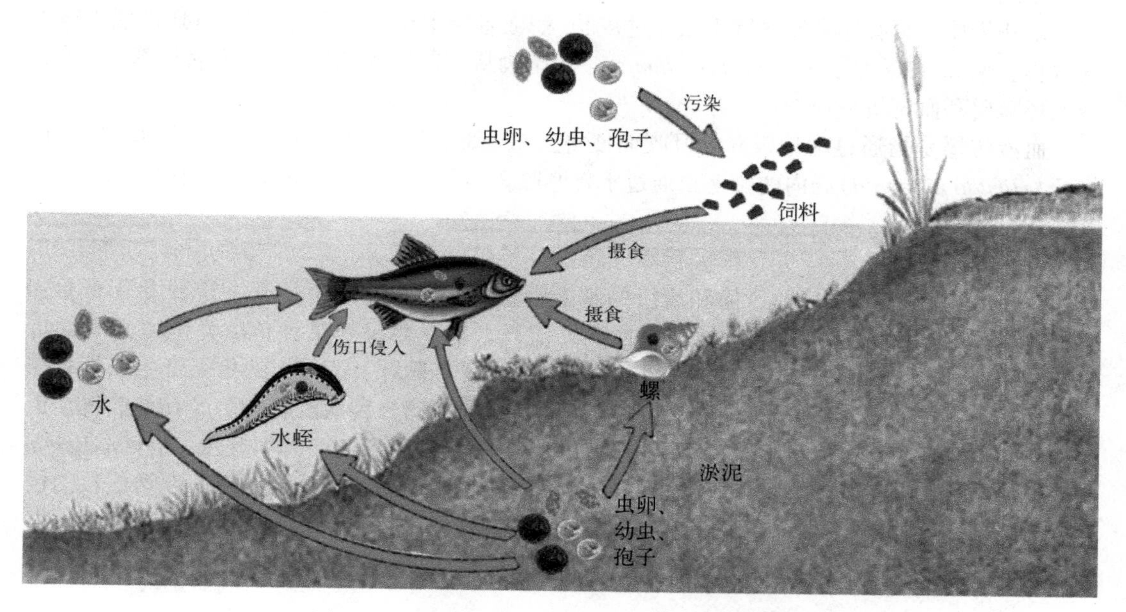

图5–1　鱼类寄生虫的常见传播方式（曹海鹏制）

1. 主动传播

主动传播的途径通常包括食物传播（food-borne transmission）、土壤传播（soil-borne transmission）、水源传播（water-borne transmission）和生物媒介传播（biological vehicle-borne transmission）4种方式。

食物传播是指鱼类吞食被寄生虫（如绦虫、线虫、吸虫）虫卵、幼虫或胞囊污染的饵料而感染寄生虫病的过程。大部分原生动物是大部分鱼类饵料，因此往往也是导致某些鱼类寄生虫病传播的重要途径。

土壤传播是指寄生虫从传染源排出后污染池塘底泥，通过底泥侵入新宿主的过程。乱扔被寄生虫感染的病鱼、死鱼，使很多鱼类寄生虫的虫卵或孢子保存在土壤、养殖底泥中，不仅具有很强的感染性，而且存活时间很长，导致鱼类寄生虫病传播的发生与流行。被寄生虫污染的土壤是鱼类寄生虫病蔓延的一个重要途径。

水源传播是指宿主接触被寄生虫污染的水体而感染寄生虫病的过程。鱼类依赖水而生存，因此不少鱼类寄生虫是通过水源来传播的。鱼类寄生虫的卵、侵袭性幼虫常分布在水中，随着流水进入养殖水体，导致鱼类寄生虫病的发生。因此，水源是鱼类寄生虫病传播的重要因素之一。

生物媒介传播是指一些寄生虫通过中间宿主或者终末宿主侵入宿主的过程。某些动物，如腹足类、桡足类、鸟类，是传播鱼类寄生虫病的重要因素。它们有些可作为鱼类寄生虫的中间宿主，有些可以作为鱼类寄生虫的终末宿主，而完成其生活史的全部阶段，因此它们在鱼类寄生虫病传播中起着重要的作用。

2. 被动传播

被动传播一般包括皮肤传播（skin-borne transmission）和血液传播（blood-borne transmission）两种方式。

皮肤传播即具有感染性的寄生虫通过皮肤、鳃或者鳍主动侵袭宿主，或通过伤口侵入宿主的过程。例如，双穴吸虫（*Diplostomulum* sp.）的尾蚴从鳃部钻入鱼体，使鳃血管堵塞，造成血液循环障碍和血管机械损伤。

血液传播是指通过动物媒介的叮咬而使寄生虫病原侵入宿主血液的过程。例如，寄生在水蛭（*Hirudo nipponia*）肠内的鞭毛虫通过水蛭叮咬鱼体而将其传播到鱼的血液中。

三、宿主

宿主是鱼类寄生虫病的传播和流行的基本因素。当鱼类寄生虫侵入一定数量具有易感性的宿主群时，则可引起某种鱼类寄生虫病的流行。宿主容易被某种鱼类寄生虫感染的特性，称为易感性（susceptibility）。一般情况下，每一种宿主只对一定种类的鱼类寄生虫具有易感性，同时易感性又受到宿主免疫系统、年龄、营养状况等诸多因素的影响。尤其是获得性免疫，它是影响宿主易感性最重要的因素。例如，鱼腹腔接种眼点淀粉卵涡鞭虫（*Amyloodinium ocellatum*）的浮游孢子会产生相应抗体，凝集眼点淀粉卵涡鞭虫，降低眼点淀粉卵涡鞭虫的侵染性（Woo，1997）。感染某种鱼类寄生虫而产生了免疫力的宿主，当该鱼类寄生虫从宿主体内清除时，这种免疫力也会逐渐消失，使宿主重新处于易感状态。

第二节　鱼类寄生虫病流行的特点

鱼类寄生虫病的流行过程及其影响因素十分复杂，因此其流行往往呈现不同的特点，如在时间上表现为季节性，在地域上表现为区域性，在寄生强度上表现为多寄生性，在传播上表现为自然疫源性，在流行上表现为散发性。

一、季节性

鱼类寄生虫病的流行具有明显的季节性。鱼类被寄生虫感染，在很大程度上受季节的影响。夏秋季由于水温高，是鱼类快速生长的季节，也是寄生虫繁殖高峰期，容易引起鱼类寄生虫病的流行，如夏秋季通常是吉陶单极虫（*Thelohanellus kitauei*）引起鲤（*Cyprinus carpio*）发病的高峰期。春冬季由于水温低，鱼类寄生虫种类少，除少数耐寒性种类外，其感染率及强度下降，但春冬季也是鱼体质较弱、易受伤害的季节，有些鱼类寄生虫也能够引起流行病，如小瓜虫病（ichthyophthiriasis）、锚头鳋病（sinergasiliasis）、嗜子宫线虫病（philometraiosis）等。

二、区域性

鱼类寄生虫病的流行与分布往往呈现明显的区域性，如我国鲤科鱼类车轮虫病

(trichodiniasis)分布集中于华东区、华南区、华西区。寄生虫的地理分布必然影响到鱼类寄生虫病的流行。寄生虫的地理分布称为寄生虫区系(parasitic fauna)。寄生虫区系的差异主要由寄生虫的生物学特性所决定，与宿主种群的分布、养殖环境条件等因素有关。一般来说，宿主种群的分布决定了与其相关的鱼类寄生虫的分布；鱼类寄生虫对养殖环境条件适应性的差异也决定了寄生虫区系。此外，放养密度、养殖管理水平、防病措施等人为因素对鱼类寄生虫病的区系也会产生很大影响，如一些养殖历史较长、鱼种来源复杂的老渔场或养殖防病意识较淡薄的新渔场，鱼类寄生虫病的发病率相对较高。

三、多寄生性

鱼类体内同时有两种以上寄生虫感染的现象称为多寄生现象(polyparasitism)。有些鱼类寄生虫的宿主谱很广，其宿主特异性相对较弱，能在多种宿主种群寄生，表现为多宿主适应性，如双穴吸虫可以感染包括青鱼(*Mylopharyngdon piceus*)、草鱼(*Ctenopharyngdon idellus*)、鲢(*Hypophthaimichthys molitrix*)、鳙(*Aristichthys mobilis*)、鲫(*Carassius auratus*)、鲤等主要经济鱼类在内的90余种鱼类。当多种寄生虫在鱼体上同时寄生时，一种寄生虫可以降低鱼体对其他寄生虫的免疫力，即产生了免疫抑制，从而提高了鱼类寄生虫病的发病率和死亡率。例如，石家庄井陉县某冷水鱼养殖场的鲟(*Acipenser* sp.)苗就曾被发现其鳃上同时感染了鱼居斜管虫(*Chilodonella piscicola*)、多子小瓜虫(*Ichthyophthirius multifiliis*)、筒形杯体虫(*Apiosoma cylindriformis*)、微孢子虫(*Microsporidium* sp.)和钩介幼虫(*Glochidium* sp.)5种寄生虫，尤其是微孢子虫，其对鲟苗的感染率高达70%，由此导致的死亡率也高达45%。

四、自然疫源性

自然疫源性(natural focus)是指鱼类寄生虫在自然界特定生态环境中对野生物种的传播，导致鱼类寄生虫病长期流行的属性。在河流、湖泊、水库等天然水体中，保虫宿主在鱼类寄生虫病的流行上具有重要的作用。有些寄生虫在鱼类以外的、称为保虫宿主的其他水生动物体内寄生，促使了鱼类寄生虫病的传播与流行。例如，椎实螺(*Lymnaea* sp.)作为默氏复口吸虫(*Diplostomum mergi*)的保虫宿主，易被额尔齐斯河的鳅科鱼类吞食而导致复口吸虫病(diplostomiasis)的流行。因此，默氏复口吸虫对额尔齐斯河鳅科鱼类具有较大的危害性，对额尔齐斯河鳅科鱼类的感染率大于60%，且感染强度极高，一尾新疆高原鳅(*Triphophysa strauchii*)双眼(眼球直径0.2cm)含虫量可高达357只。

五、散发性

鱼类寄生虫病在局部地区零星发生，其病例在发病时间和发病地点上没有明显的关系，称为散发(sporadic)。当宿主感染鱼类寄生虫后，只有少数寄生虫通过繁殖增加数量，而绝大多数寄生虫不增加数量，只是继续完成其个体发育，表现出宿主的带虫状况。在这种情况下，宿主体内或体表虽有寄生虫寄生，但由于寄生虫的寄生数量有限或机体的抵抗力较强，宿主在临床上不表现病理症状。例如，冬春季节，鳃隐鞭虫(*Cryptobia branchialis*)往往从草鱼鳃丝转移到鲢、鳙鳃耙上寄生，但鲢、鳙具有天然免疫力而不发病，而草鱼则出现消瘦、贫血现象。鱼类寄生虫病在慢性和隐性感染时，呈散发性。

第三节　影响鱼类寄生虫病流行的因素

鱼类对外界环境的变化和寄生虫的侵袭均具有一定的抵抗能力。因此，鱼类寄生虫病发生时不能孤立地考虑单一的因素，而要把外界环境和鱼体本身的内在因素紧密联系起来。也就是说，鱼类寄生虫病的传播与流行，不仅在于寄生虫病原，还在于宿主体内外的各种条件，因为即使寄生虫存在，但其他条件不适合，寄生虫病也不一定能发生。总的来说，除了寄生虫本身外，影响鱼类寄生虫病发生和流行的两个主要因素是宿主与环境。

一、宿主因素

宿主的状况对鱼类寄生虫的侵入、生活和繁殖至关重要，表现在对入侵的鱼类寄生虫产生一系列免疫反应，及时清除入侵的鱼类寄生虫，并具有抵抗再感染的能力或形成免疫耐受。鱼类对寄生虫的抵抗能力除了受鱼的种类、年龄、生活习性、健康状况等内在因素的影响外，还与放养密度、混养比例、饲养管理等外在因素相关。

1. 内在因素

当鱼类受寄生虫侵袭时，鱼类在种类、年龄、生活习性和健康状况等方面的不同会决定其对寄生虫感染耐受力的差异，决定鱼类寄生虫病是否发生、发展和流行。不同种类的鱼对寄生虫的易感性具有很大的差别，有些寄生虫甚至表现出极强的宿主专一性。例如，鳙指环虫(*Dactylogyrus aristichthys*)仅会感染鳙，对鳙的感染率可高达76.92%，感染强度最高可达705。鱼类寄生虫病的发生与否在不同年龄的鱼类中表现也不一样。10cm 以下的草鱼易受九江头槽绦虫(*Bothriocephalus gowkongensis*)感染，而超过10cm，感染率则下降，甚至消失；鲩内变形虫(*Entamoeba ctenopharyngodoni*)仅感染2 龄以上的大草鱼，而对1龄左右的小草鱼几乎不感染。此外，在鱼类寄生虫病流行时，同种鱼类因其健康情况和发育阶段的不同也表现出不同的抵抗力。一般说来，体质健壮者抗病力强，寄生虫的感染率低。

2. 外在因素

放养密度、混养比例、饲养管理等外在因素是影响鱼类寄生虫病发生的不可忽视的因素。饲养密度不合理和混养比例不当会造成缺氧和饲料利用率降低，从而引起鱼类生长快慢不均匀、大小悬殊，致使瘦小的鱼容易感染寄生虫而逐渐死亡，导致了鱼类对寄生虫病的易感性。鱼类寄生虫病的发生与饲养管理也有密切的关系。饲养管理工作的好坏，既直接影响到鱼类的生理状况和抗病力，也关系到鱼类寄生虫的消长。密度适中，搭配合理，管理精心，鱼类健康状况良好，其抗病力增强，寄生虫的感染及其发病概率就大为减少。反之，管理粗糙、过度扦捕、运输与操作不细、管理措施不合理、违反操作规程、检疫注意不够或未经检疫，都会加剧鱼类寄生虫病的传播与流行。

二、环境因素

环境条件虽然不是影响鱼类寄生虫病发生的首要条件，但它关系着鱼类寄生虫的分布、组成以及鱼类寄生虫病的发生、发展，能促使或阻止鱼类寄生虫病的流行。因此，关注这些因素，对预防和控制鱼类寄生虫病将会产生重要的作用。

1. 地域因素

大多数鱼类寄生虫的分布与地域环境的特征有关，不同地域的地理纬度、水流速度及养殖模式影响着鱼类寄生虫的多样性。在陕西关中地区，鲩肠袋虫（*Balantidium ctenopharyngodoi*）和车轮虫（*Trichodina* sp.）对草鱼的感染强度较高，在新疆喀什兰干水库，页形指环虫（*Dactylogyrus lamellatus*）和复口吸虫（*Diplostomum* sp.）囊蚴对草鱼的危害却较大。在华东区、华南区、华西区等鲤科鱼类养殖集中的地区，车轮虫对鲤科鱼类的感染率和感染强度相对较高，而在北方区与宁蒙区，车轮虫的感染率却相对较低。因此，鱼类寄生虫病的流行与地域因素有一定的关系。此外，地域环境中鱼类寄生虫的中间宿主、终末宿主的存在与否，也是决定鱼类寄生虫病流行的重要条件之一。例如，椎实螺和鸥鸟分别是双穴吸虫的中间宿主和终末宿主，因而双穴吸虫病（diplostomulumiasis）在鸥鸟和椎实螺较多的水域更为严重。

2. 季节因素

季节是鱼类寄生虫病流行的因素之一。它既影响了鱼类对寄生虫病的抵抗力，又影响了鱼类寄生虫的生长、繁殖和毒力大小。季节的变动与水温的变化有直接的关系。鱼类是变温动物，当夏秋季节水温较高时，鱼类及中间宿主的代谢与摄食能力增强，寄生虫的多样性也会增加，寄生虫对鱼类的感染强度呈增大趋势，尤其是在春末夏初等水温骤变的季节，鱼体的抗氧化能力和免疫防御能力下降，指环虫病（dactylogyriasis）、小瓜虫病等鱼类寄生虫病容易流行。水温对自由生活阶段的鱼类寄生虫幼虫与体外的鱼类寄生虫也具有直接的影响。例如，三代虫（*Gyrodactylus* sp.）的感染率和感染强度会随着水温的升高而增大，因此三代虫的发病率与季节紧密相关；而某些单殖吸虫如肠环虫（*Enterogyrus* sp.）的感染率和感染强度则在较低水温下较高。

3. 水质因素

水质与鱼类寄生虫病的流行也密切相关。一方面，水质会影响鱼类的健康状况及其对寄生虫的易感性。一般情况下水体越肥，鱼密度越大，鱼类寄生虫的种类和数量越多，寄生虫感染的概率也就越高。特别在溶解氧含量较低的水体中，鱼类对饲料的利用率低，鱼类体质差，对寄生虫感染的抵抗力弱，如车轮虫病等鱼类寄生虫病在恶劣的水质中，其发生率就较高。另一方面，水质还与寄生虫的繁殖、种群数量及其宿主的分布有关。在软水及咸淡水中，软体动物稀少或缺乏，因而限制了以其作为中间宿主的吸虫与棘头虫的群落，所以吸虫与棘头虫相对为少；在酸性腐殖质厚的水体或咸淡水中，嗜酸性卵涡鞭虫（*Oodinium acidophilum*）较多，引发打粉病的概率往往较高；在钙离子浓度低的湖泊中，复口吸虫的感染率少甚至不存在，但当钙离子含量增加时，复口吸虫的丰度会显著升高；在pH<5.4的区域中，鲑棘吻虫（*Echinorhynchus salmonis*）的丰度较高，而在pH>5.4，鳗鲡拟指环虫（*Pseudodactylogyrus anguillae*）、双穴吸虫的丰度较高（Marcogliese et al., 1996）。

第四节 鱼类寄生虫病的防控策略

鱼类寄生虫种类繁多，其生物学特性各有不同，再加上养殖鱼类的饲养管理和地区分布的差异，因而鱼类寄生虫病的防控较为复杂。但不管情况如何，坚持贯彻“预防为主，防重于治”的方针是防控鱼类寄生虫病的基本原则。如前所述，鱼类寄生虫病流行与传染源、传播途径和宿主等密切相关，因此，鱼类寄生虫病的防控策略的制定应充分考虑导致其流行的三个重要因素，即控制传染源、切断传染途径和提高宿主的抗病力，以有效地控制鱼类寄生虫病的发生。

预防与治疗鱼类寄生虫病的主要技术措施包括生态防治（ecological control）、免疫防治（immunological control）和药物防治（medical treatment）。将生态防治、免疫防治、药物防治结合，进行综合防控，是控制鱼类寄生虫病发生的有意义的措施。

一、生态防治

鱼类寄生虫病的生态防治是根据寄生虫的消长规律，环境动态变化的原因，鱼类的生理特点、生态习性，以及鱼类、环境和寄生虫之间的关系，采取某些相应的措施控制鱼类寄生虫病发生的防治方法。生态防治在鱼类寄生虫病防治上与免疫防治、药物防治相辅相成、相得益彰，是鱼类寄生虫病防治的一个有效手段。

1. 生态防治的原理

在漫长、复杂的演变过程中，鱼类逐渐形成了抵御寄生虫侵袭的防御系统，即固有免疫系统和获得性免疫系统。生态防治鱼类寄生虫病就是依据鱼类自身防御系统的抗寄生虫原理，人为调控鱼类、寄生虫和水体环境三者之间的关系，改善鱼类赖以生存的水域环境，诱导鱼类启动自身防御系统，增强抗寄生虫感染的能力，有效抑制寄生虫的侵袭，促进鱼类健康生长。

2. 生态防治的措施

任何鱼类寄生虫病的发生，都是由于外界环境的各种致病因素和机体自身反应特性在一定条件下相互作用的结果。因此，在养殖生产上一般通过对养殖系统结构、机体功能及寄生虫生物量等进行调控以控制鱼类寄生虫病的发生和蔓延。

（1）多品种混养、轮养

多品种混养（polyculture）是基于各养殖品种所居的不同生态位，利用生物之间的共生互利关系，在主养某一品种的同时合理搭配兼养其他一种或多个品种的混合养殖模式。轮养（rotational culture）是基于鱼类具有“种的免疫性”，在同一水体中的不同年份或同一年的不同时期进行不同鱼类的轮流养殖。长期生产实践发现，在河蟹（*Eriocheir sinesis*）养殖池内混养少量食用鱼，可以控制池水肥度，有效地抑制聚缩虫（*Zoothamnium* sp.）、累枝虫（*Epistylis* sp.）等寄生虫的繁殖，促进河蟹蜕壳生长；通过每隔一年将草鱼和青鱼换养，使青鱼艾美虫失去原有的宿主，能够较好地预防青鱼艾美虫病（eimeriasis）。

（2）增强鱼体对环境的适应力和耐受力

根据谢尔福德耐性定律（Shelford's law of tolerance），当某种鱼类的某个生态因子不是处于最适度的状况时，机体对另一些生态因子的耐性就会下降。以鱼类白点病为例，多子小瓜虫引起的鱼类白点病常发生在初春、梅雨、初秋等气温变化大的季节。显然，水温的陡变造成了鱼类的不适，抗病力下降，在水温陡降回升过程中，多子小瓜虫大量繁殖，从而暴发白点病。因此，增强鱼体对环境的适应力和耐受力是鱼类寄生虫病生态防治的一个措施。在生产上通过加强饲养管理、调节水质等措施提高鱼体对环境的适应力和耐受力。

（3）控制寄生虫的生物量

任何鱼类寄生虫病的发生，都与感染鱼类寄生虫的生物量息息相关。用生态学的方法对寄生虫生物量进行控制，可有效地防止鱼类寄生虫病的发生。调控鱼类寄生虫生物量的措施主要包括三个方面：① 减少和清除养殖水域中鱼类寄生虫的传染源；② 调控鱼类寄生虫赖以生存的各种理化因子；③ 利用生物种间的竞争关系控制鱼类寄生虫的生物量。例如，池塘施用生石灰杀灭隐藏在淤泥、水中的寄生虫；根据多子小瓜虫生活的适宜水温和耐盐差等特性，利用工业余热、地热等资源将池水升温，或用海水（盐度1以上）处理鱼体；将具有杂食性罗非鱼混养在鱼池中控制锚头鳋（*Lernaea* sp.）的繁殖等。

二、免疫防治

鱼类寄生虫病的免疫防治是利用鱼类自身具有的特异性与非特异性免疫功能，通过疫苗、免疫增强剂等使机体获得或增强免疫机能、预防鱼类寄生虫病发生的方法。鱼类自身免疫水平存在差异，免疫力弱的通常易被寄生虫病原感染而发病，免疫力强的则可以依靠自身的免疫防御系统消除寄生虫病原而阻止寄生虫病的发生。

1. 疫苗

鱼类寄生虫疫苗（fish parasite vaccine）是一种生物制品，通过注射、浸泡、口服等方式接种到鱼体上，使鱼体对寄生虫感染具有一定抗感染的免疫力。

目前，鱼类寄生虫疫苗研究主要涉及两个方向：全虫疫苗（whole parasite vaccine）和基因工程疫苗（engineering vaccine）。全虫疫苗是直接用活体寄生虫或经甲醛灭活、冷冻处理的寄生虫全虫制备的疫苗。全虫疫苗通过接种使鱼类获得免疫保护效果已经得到了证实。刺激隐核虫（*Cryptocaryon irritans*）灭活全虫疫苗已在实验室证明对金鲳（*Trachinotus ovatus*）、石斑鱼（*Epinephelus* sp.）等海水鱼类有较好的抗刺激隐核虫感染的保护作用，相对保护率可达到80%，有效保护期可长达半年；多子小瓜虫的活体成虫疫苗、幼虫灭活疫苗、成虫灭活疫苗、成虫冻融疫苗和成虫纤毛膜蛋白疫苗也被实验证实能够使免疫鱼产生制动离体小瓜虫幼体的免疫血清和黏液；鲑（*Oncorhynchus* spp.）隐鞭虫病减毒活疫苗对鲑幼鱼和成鱼可达至少2年抗隐鞭虫病（cryptobiasis）的感染保护力。基因工程疫苗是利用基因重组技术在表达载体内合成大量的蛋白质（重组抗原），再经过对重组蛋白质的处理而制成的疫苗。目前有潜在应用价值的基因工程疫苗有多子小瓜虫重组抑动抗原疫苗，它对鳗鲡（*Anguilla japonica*）抗多子小瓜虫感染的相对保护率可达62.6%。

由于鱼类寄生虫的形态结构和生活史极为复杂，其功能性抗原的制备和批量生产较为困难，鱼类寄生虫疫苗的开发十分缓慢，目前均停留于实验室研究阶段，如多子小瓜虫疫苗、刺激隐核虫疫苗、鳋病疫苗、鲑隐鞭虫病疫苗、单殖吸虫疫苗、大菱鲆盾纤虫疫苗等。对于鱼类寄生虫疫苗走向商品化应用，需要解决的问题主要表现在：① 安全性，要防止疫苗的返祖；② 免疫保护效果；③ 使用成本。

2. 免疫增强剂

免疫增强剂（immunostimulant），又称免疫促进剂，是具有促进或诱发鱼体防御反应、增强机体抗病能力的一类物质。目前已被证实有100多种物质具有免疫增强作用，这些免疫增强剂根据其功能的不同主要分为两大类：增强非特异性免疫功能和增强由免疫诱导的特异性免疫功能。对鱼类而言，免疫增强剂主要通过增强非特异性免疫应答而发挥作用，如促进补体、凝集素、蛋白酶、促肾上腺皮质激素等非特异性体液成分的合成，活化巨噬细胞、非特异性细胞毒性细胞、嗜中性粒细胞的吞噬功能，同时也能提高鱼体IgM抗体水平，增强鱼类特异性免疫应答水平。

有望商品化的鱼类抗寄生虫免疫增强剂主要有以下几种。

1）糖类，如甲壳素、壳聚糖。投喂1%甲壳素或壳聚糖可以显著提高褐石斑鱼（*Epinephelus bruneus*）血清蛋白含量、α2–巨球蛋白含量、呼吸爆发活力以及吞噬活性、补体活性、抗蛋白酶活性、溶菌酶活性、过氧化物酶活性，使盾纤虫（*Philasterides dicentrarchi*）感染造成的褐石斑鱼死亡率从85%降低至30%～40%（Harikrishnan et al., 2012）。

2）人工合成类，如左旋咪唑。在饲料中添加300mg/kg的盐酸左旋咪唑可以显著降低线虫(*Rondonia rondoni*)对鳞肥脂鲤(*Piaractus mesopotamicus*)的感染率(Pahor-Filho et al., 2017)。

3)生物活性因子类,如牛乳铁蛋白。口服牛乳铁蛋白能够使真鲷(*Pagrosomus major*)增加血液中粒细胞和淋巴细胞的数量,提高自身黏液的分泌,增强对刺激隐核虫的抵抗力(Kakuta et al., 1996)。

4)营养因子类,如不饱和脂肪酸。口服二十二碳六烯酸(DHA)/二十碳五烯酸(EPA)能够显著提高大黄鱼(*Larmichthys crocea*)血清溶血酶活性,使刺激隐核虫对大黄鱼的自然感染率从80.8%降低至58.8%(Zuo et al., 2012)。

5)动植物提取物,如精油、大蒜粉。在40mg/L薄荷精油中浸浴10min,每天1次,连续3d,尼罗罗非鱼(*Oreochromis niloticus*)抗嗜丽鱼虫(*Cichlidogyrus* sp.)感染的保护率可以提高16倍(Oliveira Hashimoto et al., 2016);饲料中添加10%和20%的大蒜粉投喂孔雀鱼(*Poecilia reticulata*),指环虫的感染率和感染强度均显著降低(Fridman et al., 2014)。

鱼类抗寄生虫免疫增强剂尚存在以下问题:① 作用机制;② 使用方法,是否需要连续使用或多次使用的间隔时间,在不同鱼类中的用量;③ 是否需要或可以与鱼类寄生虫疫苗联合使用,以增强鱼类寄生虫疫苗的免疫效果。近年来,通过多来源、多途径的方式研制开发低毒、高效、速效、长效的新型抗寄生虫免疫增强剂已经成为鱼类寄生虫病防治研究的趋势。

三、药物防治

鱼类寄生虫病的药物防治是利用杀虫驱虫药物及其制剂控制鱼类寄生虫与寄生虫病的方法。杀虫驱虫药物通常是指通过泼洒、药浴或内服,杀死或驱除体外或体内寄生虫以及杀灭水体中有害无脊椎动物的药物。根据其药理作用和寄生虫种类的不同,主要包括抗鱼类寄生原生动物类药物(fish antiprotozoaldrug)、驱杀鱼类寄生蠕虫类药物(fish anthelminticdrug)和驱杀鱼类寄生甲壳动物药物(fish anti-parasitic crustacea drug)。

1. 抗鱼类寄生原生动物类药物

根据给药途径的不同,抗寄生原生动物类药物分为外用药和内服药。外用药主要是杀灭寄生于鱼类鳃和体表的各种原生动物,如重金属盐类杀虫剂;内服药主要是驱杀寄生于鱼类体内实质性器官的原生动物,多用于早期原生动物寄生虫病的预防。

常用的水产用抗寄生原生动物类药物主要有:硫酸锌粉、硫酸锌三氯异氰尿酸粉、硫酸铜硫酸亚铁粉、盐酸氯苯胍粉、地克珠利预混剂。这些抗寄生原生动物类药物的药理作用有以下几点。① 抑制虫体内某些酶类物质的活性。例如,硫酸铜中的铜离子能够与虫体蛋白结合形成络合物(螯合物),破坏虫体内的氧化还原酶系统(如巯基醇)的活性。② 干扰虫体的代谢与蛋白质合成。例如,硫酸锌中的锌离子通过沉淀虫体蛋白,形成极薄的蛋白膜,阻碍虫体的代谢及蛋白质合成而起到杀虫作用。③ 干扰虫体细胞膜的转运功能。例如,氯苯胍可使虫体内的线粒体离子转运发生障碍,使虫体蛋白凝结。

此外,仙鹤草、青蒿、苦楝、草果、鸦胆子、常山、百部、贯众、槟榔、鹤虱和苦参等一些中草药也具有抗寄生原生动物的作用,如青蒿末、百部贯众散、川楝陈皮散、雷丸槟榔散、苍术香连散、驱虫散、苦参末、雷丸槟榔散。

2. 驱杀鱼类寄生蠕虫类药物

驱杀鱼类寄生蠕虫类药物是用于消灭寄生于鱼类体内外蠕虫的一类药物。有些蠕虫可以寄生在鱼类的皮肤、鳃、鳍等体外组织，如指环虫、三代虫；有些蠕虫可以寄生在鱼类的实质性器官内，如双穴吸虫、九江头槽绦虫。因此，抗蠕虫类药物的给药途径主要是内服和外用。

常用的驱杀鱼类寄生蠕虫的药物有：甲苯咪唑溶液、复方甲苯咪唑粉、吡喹酮预混剂、阿苯达唑粉、复方阿苯达唑粉、敌百虫溶液、精制敌百虫粉、阿维菌素溶液、伊维菌素溶液、盐酸左旋咪唑片。它们的作用机制包括以下三方面：① 抑制虫体内某些酶的活性。例如，敌百虫通过抑制虫体的胆碱酯酶活性，使其失去水解乙酰胆碱能力，致使虫体内乙酰胆碱积聚，继而导致虫体死亡。② 干扰虫体的代谢。例如，吡喹酮能够使虫体表膜去极化而阻断糖代谢，也可抑制虫体核酸与蛋白质的合成，致使虫体死亡。③ 影响神经肌肉系统的正常功能。例如，阿维菌素通过与虫体的神经–肌肉突触的特定位点结合，引起突触后膜谷氨酸控制的氯离子通道开放，增加细胞膜对氯离子的通透性，导致神经元休止电位的超级化，使正常的动作电位不能释放，神经传导受阻，最终引起虫体麻痹死亡。

驱杀鱼类寄生蠕虫的中草药比较多，如黄花烟草、牵牛子、曼陀罗、博落回、鸦胆子、木通、槟榔、重楼、鸦胆子和七叶树种皮等，单味制剂和成方制剂有川楝陈皮散、驱虫散、苦参末等。

3. 驱杀鱼类寄生甲壳动物药物

驱杀鱼类寄生甲壳动物药物是指杀灭鱼类寄生甲壳动物的一类药物，常用的有：高效氯氰菊酯溶液、氰戊菊酯溶液、溴氰菊酯溶液、辛硫磷溶液、敌百虫溶液、精制敌百虫粉。这些药物主要作用机制包括两方面：① 抑制虫体内某些酶的活性。例如，辛硫磷通过抑制虫体的胆碱酯酶活性而破坏正常的神经传导，引起虫体死亡。② 引起虫体神经细胞膜钠离子通道功能异常。例如，氯氰菊酯接触寄生虫后选择性作用于虫体神经细胞膜上的钠离子通道，造成钠离子持续内流，引起虫体过度兴奋、痉挛，最后麻痹而死。

驱杀鱼类寄生甲壳动物药物不仅对寄生于鱼类体表的虫体有杀灭作用，而且对鱼类也有一定的毒性作用。因此，在选药、使用剂量、使用次数等方面都应注意。驱杀鱼类寄生甲壳动物药物的中草药制剂主要有苦参末、雷丸槟榔散等。

4. 鱼类寄生虫耐药性及其防控措施

寄生虫耐药性（drug resistance of parasite）是指经药物作用后虫株产生对药物敏感性下降的现象。鱼类寄生虫耐药性的产生是虫株在大剂量药物作用下出现的一种适应性反应，是生理性的和（或）遗传性的。寄生虫耐药性的产生不仅直接影响了鱼类寄生虫病的治疗效果，而且对及时发现和控制鱼类寄生虫病也产生了不利影响。因此，控制寄生虫耐药性的产生是提高鱼类寄生虫病防治的一个重要措施。

鱼类寄生虫耐药性的防控措施主要有：① 贯彻以综合预防为主的方针，彻底清塘，重视苗种消毒，加强饲养管理；② 加快鱼类寄生虫疫苗、免疫增强剂、中草药制剂等安全高效的杀虫驱虫药物的研发速度，以替代抗鱼类寄生虫药物使用的强度和频度；③ 科学合理用药，如轮换用药，配伍用药；④ 加强生态防控，有效改善水质，合理搭配混养，改善鱼类等水生动物的生态环境，控制鱼类寄生虫病的发生；⑤ 加强安全用药的监管和指导，做好安全用药技术的宣传与推广工作，积极推动杀虫驱虫药物处方制度的实施；⑥ 加强抗鱼类寄生虫药物的研发，开发出“三效”（高效、速效、长效）、“三小”（毒性小、副作用小、用量小）的新型药物。

（曹海鹏　编写）

习　题

1. 试分析某种鱼类寄生虫病的流行趋势，并提出其预测预报方法。

2. 某苗种场培育期欧洲鳗苗小瓜虫病流行，试分析其流行原因。

3. 简述某种鱼类寄生虫疫苗的制备方法及其安全性与有效性的评价方法。

4. 试举出某种鱼类寄生虫耐药性现状，并解释耐药性产生的原因与机制。

5. 您对鱼类寄生虫病的防治现状与趋势有何具体看法。

6. 江苏盐城某养殖户为治疗异育银鲫寄生虫病，按说明书描述的方法拌饲投喂阿维菌素后，寒潮天气来临，第二天大部分异育银鲫死亡，试述其死亡原因。

参考文献

de Oliveira Hashimoto GS, Neto FM, Ruiz ML, et al. 2016. Essential oils of *Lippia sidoides* and *Mentha piperita* against monogenean parasites and their influence on the hematology of Nile tilapia. Aquaculture, 450: 182−186.

Fridman S, Sinai T, Zilberg D. 2014. Efficacy of garlic based treatments against monogenean parasites infecting the guppy [*Poecilia reticulata* (Peters)]. Veterinary Parasitology, 203: 51−58.

Harikrishnan R, Kim JS, Balasundarm C, et al. 2012. Dietary supplementation with chitin and chitosan on haematology and innate immune response in *Epinephelus bruneus* against *Philasterides dicentrarchi*. Experimental Parasitology, 131: 116−124.

Kakuta I, Kurokura H, Nakamura H, et al. 1996. Enhancement of the nonspecific defense activity of the skin mucus of red sea bream by oral administration of bovine lactoferrin. Suisanzoshoku, 44: 197−202.

Marcogliese DJ, Cone DK. 1996. On the distribution and abundance of eel parasites in Nova Scotia: influence of pH. Journal of Parasitology, 82(3): 389−399.

Pahor-Filho E, Júnior JP, Pilarski F, et al. 2017. Levamisole reduces parasitic infection in juvenile pacu (*Piaractus mesopotamicus*). Aquaculture, 470: 123−128.

Woo PT. 1997. Immunization against parasitic diseases of fish. Developments in Biological Standardization, 90(4): 233−241.

Wu Z, Ling F, Song C, et al. 2017. Effects of oral administration of whole plants of *Artemisia annua* on *Ichthyophthirius multifiliis* and *Aeromonas hydrophila* after parasitism by *I. multifiliis*. Parasitology Research, 116 (1) : 91−97.

Zuo R, Ai Q, Mai K, et al. 2012. Effects of dietary docosahexaenoic to eicosapentaenoic acid ratio (DHA/EPA) on growth, nonspecific immunity, expression of some immune related genes and disease resistance of large yellow croaker (*Larmichthys crocea*) following natural infestation of parasites (*Cryptocaryon irritans*). Aquaculture, 334−337: 101−109..

第六章　鱼类寄生虫学的实验技术

导读

鱼类寄生虫学实验技术既是鱼类寄生虫研究的手段，也是学习鱼类寄生虫学的重要方法。本章重点介绍鱼类寄生虫检查、标本采集和制备、体外培养等基本技术，以及鱼类寄生虫耐药性检测等新技术在鱼类寄生虫学中的应用，使读者对鱼类寄生虫的基本研究方法、鱼类寄生虫病原的诊断和防治有全面的了解。

本章学习要点

1. 鱼类寄生虫标本的采集和制作的基本方法。
2. 鱼类寄生虫病的诊断。
3. 鱼类寄生虫体外培养的基本方法以及存在的问题和解决途径。
4. 鱼类寄生虫耐药性检测的主要方法。
5. 新技术在鱼类寄生虫学中应用前景的展望。

鱼类寄生虫学实验技术主要是针对寄生虫的鉴定及其对鱼类寄生虫病的诊断和防治。鱼类寄生虫学的一些新技术、新方法大多尚处于实验室阶段，目前关于鱼类寄生虫的鉴定及其疾病的诊断大多仍采用形态学鉴定。由于鱼类寄生虫种类繁多、不同类群形态大小差异很大，即使是同一种寄生虫在不同的发育阶段，其形态也有较大的区别，因此鱼类寄生虫病的诊断不仅需要确定病原种类和数量，而且还要对临床症状、流行病学特征、病理变化等进行综合分析，才能作出准确的判断。

第一节　鱼类寄生虫标本的采集和检查

一般来说，鱼类寄生虫病在症状方面没有较明显的特异性，较难依据临床症状和剖检作出确切的判断。因此鱼类寄生虫病的诊断在很大程度上依赖于实验室对寄生虫的检查，通过各种方法从被检水生动物的病料（如体表、鳃部黏液、肠道内容物、血液、腹腔液以及相关的实质性器官等）中寻找虫卵、虫体或虫体碎片，根据所发现的病原特征鉴定其种类，根据其数量确定感染强度。

正确地采集、保存寄生虫的标本，对所采集的寄生虫进行鉴定，是鱼类寄生虫学的基本实验技术。

一、鱼类寄生虫采集、检查的基本原则

鱼类寄生虫标本采集和检查，要考虑以下方面。

1）现场情况。需调查了解养殖水体的水源、水温、酸碱度、水色、溶氧、氨氮等化学和物理指标；鱼群的活动情况；感染或发病的情况（症状、感染率、发病率、死亡率等）；流行病学情况；如果已采用了相应处理措施的，还要调查所采取的措施及其结果。

2）用于采集标本的鱼类等水生动物，应是活泼或刚刚死亡的。死亡太久，寄生虫会离开宿主而影响检查结果和对疾病的诊断。鱼类等水生动物标本应保持表面湿润，因为标本一经干燥，部分病症就会自行消失，病原也难以识别。

3）所采集的样品的数量应满足于该病发病率下进行疾病诊断所需的最少数量，以保证结果的可靠性和代表性，常根据发病率的情况采集样品，一般在150尾左右。

4）样品采集后应低温冷藏运输，保持组织的完整性，防止样品腐败变质；样品较大不便运输时，可采集感染、病变的器官样品，并需保证各器官的完整性，避免各器官之间病原的相互污染，并保持湿润，避免干燥，或者用合适的固定液现场固定样本。

5）对采集的样品做好标签或标记，并做好详细的样本记录。

二、鱼类寄生虫的检查

鱼类寄生虫的检查主要有肉眼检查和显微镜检查。

肉眼检查是一种初步、基本的检查方法。有些鱼类被寄生虫寄生后，会使有关部位出现一些病理变化，如形成胞囊、引起竖鳞、出现白点等。根据肉眼检查所发现的一些明显症状，可作出初步的判断；有些比较大的寄生虫还可通过肉眼进行初步的辨认，如寄生于鱼鳃的中华鳋（*Sinergasilus* spp.），寄生于鱼体胸鳍基部的鱼怪（*Ichthyoxenus* spp.）等。

显微镜检查是在显微镜或解剖镜下，对患病水生动物的皮肤、鳃、肝脏、肠道以及脑等器官进行检查，常称为镜检。主要有湿抹片法、压片法、涂片法和组织切片法。

湿抹片法，又称水浸片法，是最常用的一种方法，该方法是将受检组织或样品（如鳃丝、体表溃疡处等）放置于滴有少量清水（或海水）的载玻片上，用镊子将其分散，盖上盖玻片压平后观察，玻片上的组织样品不要放得太多、太厚和相互重叠。

压片法是将小块的柔软组织（如肝胰脏、肌肉、肠壁等）放在载玻片上，用另一块载玻片轻压使其成一透明薄片，或用盖玻片加压做成血片后进行观察。该方法无需在载玻片上滴上清水。

涂片法适用于黏性样品的检查，如检查血液、虾类肝胰腺中的寄生虫。该方法的操作是：将新鲜的液体样品一滴滴在洁净的载玻片的右端，然后用一干净磨过边的载玻片，斜置于液体样品的中点或其前端，使其边缘与液体样品成45°，可以相接，以均匀、适宜的速度徐徐向左推进。涂毕将其置于空气中晾干后观察。

组织切片法是寄生虫形态学观察的主要方法，可原位呈现寄生虫的形态。该方法包括取材、固定、洗涤和脱水、透明、浸蜡、包埋、切片与粘片、脱蜡、染色等步骤，标本经染色、封片后可长期保存。为了对寄生虫的形态结构进行精确观察，还可对寄生虫标本经超薄切片后进行扫描电镜或透射电镜观察。

鱼类寄生虫的检查顺序是按照先体外、后体内的步骤进行。

对于寄生虫病原的准确计数也是寄生虫检查的一个重要内容。鱼类寄生虫病诊断，除了确定寄生虫的种类外，还与所寄生的寄生虫数量密切相关，只有寄生的数量达到一定的强度时，才会使鱼类等水生动物患病，否则会导致误诊。寄生虫计数也是确定感染强度的一个重要依据。对于一些较大的寄生虫（如蠕虫等）可采用虫卵计数法，所采用的主要方法有麦克马斯特法（McMaster's method）、斯陶尔氏法（Stoll's methord）等，按每克组织中的虫卵数（eggs per gram, EPG）来粗略推断水生动物体内该寄生虫的感染强度；对于原生动物等单细胞生物，其虫体计数可借鉴寄生虫卵的计数方法。

此外，各种寄生虫的虫卵和虫体常有恒定的大小，因此使用测微器测定虫卵和虫体的大小，是鉴定寄生虫种类的一个依据，也常用于寄生虫的检查。

三、鱼类寄生虫标本的采集和保存

不同的寄生虫，不同发育阶段，不同部位，鱼类寄生虫样品采集和保存方式均有所不同。以下分别就寄生原虫（原生动物）、寄生蠕虫、寄生甲壳动物样品采集、处理的一般方法进行概述，读者可根据需要参考其他文献对其进行详细了解。

1. 寄生原虫

鱼类寄生性原虫种类很多，因为不同的原虫在寄主体内（或体表）的寄生部位不同，因此标本的采集有所差异，但标本的制作和保存方法基本相同。血液中的原虫可从鳃动脉或心脏采用涂片的方法采集，感染脏器中的原虫用感染动物的脏器（如皮肤、肌肉、鳃、肠道、肝等）组织触片。涂片后常用的固定液有何氏液（用于固定鞭毛虫等）、4% ～ 5%福尔马林（用于固定粘孢子虫的孢子或胞囊）、肖氏液（用于固定纤毛虫、变形虫等）、葡翁氏液（用于固定作切片的病变组织等）、2.5%的戊二醛溶液（用于固定球虫卵囊等），固定后经过染色可制成玻片标本。为了长期保存，可用二甲苯逐级透明后用光学树脂胶封片。

2. 寄生蠕虫

寄生蠕虫一般包括吸虫、绦虫、线虫、棘头以及蛭类等。

吸虫一般在解剖镜下采集虫体，洗净使其松弛后的虫体用70%的乙醇、巴氏液或10%的福尔马林等固定24h。若要观察其形态结构，可制成整体染色标本或切片标本。

绦虫和棘头虫从寄生部位分离时务必保证其虫体的完整性，尤其是头节（棘头虫的吻）部分不可失落，其处理与吸虫基本相似。大型绦虫可将头节和成熟节片分别固定，常用的固定液有F.A.A、70%的乙醇、5%的福尔马林。绦虫蚴或病理标本可直接浸入到10%的福尔马林中固定保存。

线虫一般用70%的乙醇固定。将固定液加热至70℃左右后将虫体放入其中，将其烫直；冷却后再移入70%的乙醇或5% ～ 10%的甘油乙醇中保存。小型线虫可直接用巴氏液固定保存。线虫不需染色，一般用甘油透明后观察，观察后移置10%的甘油乙醇中保存。

棘头虫在固定前需在清水中浸浴24h，将吻部污物充分渗出。用于固定的固定液有布翁氏液、70%的乙醇、F.A.A等。

蛭类固定前应先将其麻醉，使其适当伸展而不扭曲。固定液有葡翁氏液、福尔马林等。保存虫体上的色素，常用1% ～ 2%福尔马林固定。

3. 寄生甲壳动物

采集寄生甲壳动物时要小心将其埋入感染动物组织中的附肢或头部分离出来，不要弄断虫体，并在固定前充分将虫体前部清洗干净。根据不同的需求选择不同的固定液，如进行形态学观察和鉴定用，可选择5%福尔马林固定，然后用聚乙烯醇封片；观察肌肉系统，可用甘油乙醇固定；病理切片，用布翁氏液或70%的乙醇固定。标本可经过染色、脱水、封片后可长期保存。

第二节　鱼类寄生虫的体外培养

寄生虫的体外培养（cultivation of parasites *in vitro*）是人工模拟宿主的体内生理环境，使虫体在宿主体外完成其生活史中某一阶段或全部生长发育的一种方法。该技术不仅可维持寄生虫在体外长期存活，而且也能使虫体在离开宿主的情况下完成发育甚至整个生活史。寄生虫体外培养技术是鱼类寄生虫学的一个重要研究方法，它为体外研究寄生虫生物学、生理学、生物化学、免疫学、遗传学以及抗寄生虫药物筛选等提供了重要的手段和平台，尤其对维持虫体生存的必要条件和寄生虫与宿主的关系，寄生虫的分类，生长发育和形态发生动态过程，生理生化和致病机制，驱杀虫药物的研究与筛选，疫苗的研究与制备等具有独特的意义。

一、体外培养的基本条件

1. 培养基

合适的培养基是寄生虫体外生长增殖最关键的条件。培养基不仅提供寄生虫营养和促使寄生虫生长增殖的基础物质，而且还能提供培养寄生虫生长和繁殖的生存环境。培养基的种类繁多，不同的虫体需要不同的培养基，即使是同一种虫体也会因培养的目的不同而选择不同的培养基。培养基可根据其形态可分为固体培养基、半固体培养基和液体培养基。目前有较多的市售培养基作为基础培养基用于寄生虫的培养，如RPMI-1640、199、EMEM（Eagle' s minimum essential medium）、DMEM等。大多数寄生虫培养基中都需要添加血清。血清是寄生虫培养基中最重要的成分之一，含有寄生虫生长所需的多种生长因子和其他营养成分。例如，小瓜虫幼虫在稀释度为1 ∶ 1的含鳗血清的EMEM液体培养基中，虫体存活时间可长达22d。此外，组织匀浆物、组织细胞也可以作为寄生虫体外培养的培养基，如鲫碘泡虫（*Myxobolus carassii*）以胖头鳡肌肉细胞（FHM）或鲫肌肉匀浆液为生长载体均能实现体外培养。

2. 培养条件

温度是影响寄生虫生长发育的必要条件，对寄生虫具有显著的影响。寄生虫不同于恒温动物，不具有快速调节并保持体温的能力。因此，寄生虫的体温极易受到周围环境温度变化的影响。只有在合适的温度范围内，才能保证寄生虫获得较快的生长发育速度和旺盛的生命动力。如果温度过低或者过高，都会导致其行为异常，延缓生长发育速度，甚至造成死亡。此外，盐度对海水寄生虫的体外培养的影响也较大，盐度过大细胞退缩而亡，盐度过小可能致生物细胞吸水破裂，如牡蛎包纳米虫（*Bonamia ostreae*）以牡蛎组织匀浆物为培养基，4℃条件下的最佳培养盐度为15。

气体相的组成可影响寄生虫生长的微环境，在寄生虫培养时常考虑气体相的组成。一般常用的气体相是含5% CO_2的空气，当培养条件要求较高时，所需的气体相由5% CO_2、2% CO_2和93% N_2组成。

3. 无菌无毒的培养环境

无菌无毒的操作和培养环境是保证寄生虫在体外培养成功的重要条件。体外培养的寄生虫由于缺乏对微生物和有毒物的防御能力，容易被微生物或有毒物质污染，或者自身代谢物质积累，可导致寄生虫死亡。因此，培养虫体达到一定密度后，及时更换培养基（液），清除培养环境中的有毒有害的代谢产物对寄生虫的体外培养十分重要。对于液体培养基，其更换时间一般为1 ～ 3d。

4. 支持细胞

有些寄生虫的培养需要支持细胞，如原虫的培养体系等。不同的虫种或虫株偏好不同的支持细胞，需要通过实验选择适合培养虫种的支持细胞及其适宜接种密度与利用时间。源于自然宿主或实验动物宿主的细胞，特别是价廉、来源丰富、易于制备的同种或异种血清的细胞系是优先考虑的对象。

二、体外培养的方法

由于鱼类寄生虫生活史的复杂性和多变性，绝大多数鱼类寄生虫的体外培养技术尚未建立，而且不同类型（或虫种）的鱼类寄生虫的体外培养方法也有较大的区别，因此鱼类寄生虫的培养方法繁多，千差万别。下面仅就原虫和蠕虫的培养方法进行简单的概述。

1. 寄生原虫的体外培养

原虫是单细胞动物，大多需要在其他动物细胞或组织内生存和发育，因此原虫的体外培养常与一种或几种其他细胞一起培养，称为混合培养，这种培养方式是通过宿主组织或细胞的培养实现的；但也有少数原虫可以在没有代谢能力的生物细胞参与下培养，称为纯培养。具体来说，原虫的培养方法有：① 细胞单层培养，包括原代细胞单层培养和传代细胞单层培养；② 细胞悬浮培养，包括静置悬浮培养、搅拌过滤培养和人工悬浮培养；③ 红细胞体外培养，包括静置培养和悬浮培养；④ 鸡坯培养等。

绝大多数鱼类寄生虫的体外培养均采用组织培养技术，如寄生于大菱鲆（*Scophthalmus maximus*）的鱼波豆虫（*Ichthyobodo necator*）在1%鱼鳃组织匀浆上清培养液（FG培养液）中的培养，刺激隐核虫（*Cryptocaryon irritans*）幼虫在含L−15与胎牛血清的液体培养基中培养，鲫碘泡虫在含鲫肌肉匀浆液、5%胎牛血清的DMEM培养基中的培养。也有的利用鲫鳍条细胞、鲫肌肉细胞、胖头鳜肌肉细胞等细胞系培养鱼类寄生虫，如鲫碘泡虫等。

2. 寄生蠕虫的体外培养

蠕虫的体外培养比较复杂和困难，这是因为蠕虫的种类很多，生活史也较复杂，有些虫种在不同的发育过程中还需要不同的中间宿主。由于不同的发育阶段宿主、寄生部位以及相应的营养代谢的不同，其所需要的培养环境和营养成分也会不同，因此蠕虫的人工培养，无论是全过程培养，还是其中一个阶段的培养，都要根据各自特点确定相应的培养方式和条件。目前蠕虫的培养大都是分阶段独立进行的，如吸虫的培养是根据虫卵、毛蚴、胞蚴、囊蚴、尾蚴、童虫、成虫等不同发育阶段进行培养，只有少数虫种能完成几个阶段的连续培养，如日本血吸虫（*Schistosoma japonicum*）从尾蚴到雌雄合胞并产出卵，经体外培养完成蠕虫全部生活史的培养还较鲜见，吸虫尤为如此。

三、体外培养的历史、现状与展望

寄生虫的体外培养起始于18世纪。Frisch（1734）首先用河水培养坚实裂头虫（*Schistocephalus solidus*）使其存活了2d，开创了寄生虫体外培养的先河。但其发展速度却十分缓慢，大多数研究仅是维持虫体的存活。真正的寄生虫体外培养是以Novy和MacNeal（1903）用血琼脂培养基，成功培养布氏锥虫（*Trypanosoma brucei*）为标志。此后，随着细胞和组织培养技术的改进和蓬勃发展，以及寄生虫体外培养在抗体工程、基因工程、细胞工程等生物学领域的广泛应用，逐步建立了比较完善的寄生虫体外培养系统。

尽管寄生虫体外培养技术有很多优点，推动了诸多的研究领域的发展，并且取得了显著的成绩，但是仍然存在着一些需要解决的问题：① 能进行体外培养的寄生虫仍较有限，尤其是那些体积较大的蠕虫；② 仅有极少数寄生虫的体外培养可完成全部生活史，而在大多情况下只能对寄生虫的某一个或几个阶段进行体外培养；③ 体外培养自动化、半自动化程度还比较低，且培养过程比较复杂；④ 寄生虫体外培养的应用还有较大的局限性。因此寄生虫体外培养的工作还应致力于更多新种类的培养，并且加大对虫体生存环境生理生化的研究力度，探寻更适宜的培养条件，使寄生虫培养程序简单化、方法标准化，使该项技术成为实验室寄生虫学研究的有力手段。

第三节　鱼类寄生虫耐药性检测

寄生虫的耐药性，一般是指寄生虫与抗寄生虫药物多次接触后，对其药物的敏感性下降甚至消失，以致使抗寄生虫药物对寄生虫的疗效下降甚至无效的一种现象。寄生虫的耐药性具有遗传性。寄生虫耐药性的出现直接影响着寄生虫病的治疗效果，并给寄生虫病的控制带来困难。因此及时发现和控制寄生虫的耐药性是保证抗寄生虫药物有效性的基础，也对抗寄生虫药物的正确选择与使用、减少预防性用药和亚剂量无效用药、保障用药安全具有十分重要的意义。对于寄生虫的耐药性检测可以通过活体试验和离体试验进行，常以使用某一驱（杀）虫药物后寄生虫的存活率或者在这种药物持续性驱（杀）虫的保护期内寄生虫的减少率来表示，也可以通过一个种群内耐药性虫株的比例（群体优势），或者在体内外试验中能使50%群体受到影响的药物浓度或剂量（LC_{50}）进行定量。

一、寄生虫耐药性的体内检测方法

1. 动物剖检试验

动物剖检试验（animal anatomy test）是评价寄生虫耐药性最有效的检测方法，但也是费力、费时、使用动物最多的检测方法。该方法是对人工或自然感染寄生虫的动物使用抗寄生虫药物驱（杀）虫后，剖检动物检查残存于动物体内的虫体（或虫卵）数，并与不给药对照组进行比较，计算驱（杀）虫率；通过比较该药物首次使用的效果，以评价该寄生虫是否对该药物具有耐药性。根据农业部颁布的《渔药临床试验技术规范》的评价标准，如果抗寄生虫药物的有效率低于60%，则说明抗寄生虫药物无效或寄生虫对该药物已产生耐药性。

2. 虫卵数减少试验

虫卵数减少试验（egg count reduction test）是通过计算用药前后动物粪便中虫卵数的变化来评价耐药性，是寄生虫耐药性检测的经典方法。该方法是对人工或自然感染寄生虫的动物使用抗寄生虫药物驱（杀）虫后，采集并检查动物粪便中排出的虫卵数，与不用药的对照组比较，计算虫卵减少百分率和95%可信限，评价寄生虫是否具有耐药性。如果虫卵平均减少百分率低于95%以及95%可信限低于90%，则说明该寄生虫对该药物已产生耐药性。由于粪便虫卵计数受寄生虫类型、寄主类型、药物、检测时间等因素影响较大，因此该方法存在一定的缺陷，耐药性检测可能出现假阳性或假阴性结果。

二、寄生虫耐药性的体外检测方法

1. 虫卵孵化试验

虫卵孵化试验（egg hatch assay）是通过体外测定虫卵及幼虫对抗寄生虫药物的耐受力来评价耐药性的。该方法采用新鲜虫卵或经过孵化已形成胚胎化的虫卵测定对可溶解的抗寄生虫药物的耐药性，以敏感的无耐药性同种虫卵作对照，计算能使50%的虫卵不能孵化或幼虫致死的最小药物浓度（LC_{50}）。如果采用新鲜虫卵，耐药性指数（耐药虫株与敏感虫株的LC_{50}的比值）为10以上时，则说明该寄生虫对该药物已产生耐药性；如果采用已胚胎化的虫卵，耐药性指数为5以上时，则说明该寄生虫对该药物已产生耐药性。

2. 幼虫活力试验

幼虫活力试验（larval motility test）是通过药物作用对幼虫活力的改变来检测寄生虫的耐药性。该试验有幼虫麻痹试验、微量活动测定仪测定法、力传感器测定法三种方法。幼虫麻痹试验是将感染性幼虫放入各种浓度的抗寄生虫药液中，一段时间后有显微镜观察运动正常与麻痹幼虫的数量，以50%幼虫麻痹的药物浓度作为耐药性指标。该方法简便，但对结果观察时的主观性强。微量活动测定仪测定法是将感染性幼虫放入各种浓度的抗寄生虫药液中，用微量活动仪定时测量虫体细微活动，并量化活力指数，分析被测虫株与敏感性虫株的活力差异来确定是否具有耐药性。其方法可避免观察时的主观性，但对有些抗寄生虫药物耐药性的检测不灵敏。力传感器测定法是将成虫暴露于或向其体腔内注入乙酰胆碱类抗寄生虫药物，用力传感器测量虫体纵肌收缩的强度，以引起纵肌收缩的最小药物浓度来确定寄生虫的耐药性。该方法检测结果相对客观，但操作麻烦。

3. 幼虫发育试验

幼虫发育试验（larval development test）是将虫卵放在含有抗寄生虫药物的培养基中，使其发育至第3期幼虫，若第3期幼虫发育率显著下降，或低于50%的药物浓度作为耐药性指标。该方法简便，并能同时检测寄生虫对多种抗寄生虫药物的耐药性，可用于对寄生虫种群耐药性的大规模普查。

4. 微管蛋白结合试验

微管蛋白结合试验（tubulin binding assay）是测定氚标记的苯并咪唑类药物与寄生虫的微管蛋白集合量来确定寄生虫的耐药性。该试验从寄生虫中抽提并配制粗制蛋白的浓度，然后用放射性标记的苯并咪唑类与之结合，测定与微管蛋白结合的药物量，以敏感指数（结合到待测虫体样品上的药物量与结合到标准敏感虫体微管蛋白上的药物量的比值）作为耐药性指标。该方法快速，稳定性好，无显著改变结合作用的关键阶段，结果准确，实用性强，已成为一种常规的检测方法。

5. 生化分析试验

生化分析试验（biochemical analysis assay）是测定耐药性虫株和敏感性虫株某些酶活性的变化来衡量耐药性。所测定的酶有延胡索酸盐酶、氯化乙酰胆碱酯酶、苹果酸酶、非专性酶、胃蛋白酶等。该方法经济、快速、灵敏性高，但尚未成熟。生化分析试验有以下几种方法：① 根据酶谱分析酶的多形性及其差异的同工酶谱分析法；② 根据比色计测量酶与底物反应所产生颜色变化分析酶活性的分析法；③ 根据测定底物降解速度以反映酶的活性的分析法。

6. PCR检测法

PCR检测法（polymerase chain reaction assay）是基于特异性引物检测寄生虫耐药基因评价寄生虫耐药性的方法。该方法敏感性高、特异强，但前提是必须具备寄生虫各发育阶段对抗寄生虫药物易感性和耐药性的特异的DNA探针，因此探针的可靠性和有效性是决定该方法是否准确的关键。

第四节　现代生物技术在鱼类寄生虫学中的应用

20世纪70年代以后，现代生物学技术的进步对鱼类寄生虫学发展起到了重要的推动作用，尤其是核酸技术、蛋白质技术、染色体组型分析技术、同工酶技术、免疫学技术、体外培养技术、显微技术、电子计算机应用技术等在寄生虫学研究领域中的广泛应用，促使寄生虫学研究在多个方向得到了较快的发展，尤其在寄生虫种群遗传、致病机制以及综合控制等方面的理论与技术获得了较大的突破。

一、核酸技术

1. 以聚合酶链反应（PCR）技术为基础的多项技术

PCR技术是一种通过改变温度进行模板解链、引物和模板结合以及引物延伸的选择性体外扩增DNA或RNA片段的技术，该技术具有简单、快速、灵敏和特异的特点。在经典PCR技术的基础上又发展和形成了多重PCR（multiplex PCR）、实时定量PCR（real-time PCR）、套式PCR等各种不同的PCR技术。其中多重PCR是在一次性反应中加入多对引物，同时扩增一份DNA样品中不同序列的PCR过程，它为一些混合感染或形态学上相似而难以鉴别的鱼类寄生虫提供了准确的检测方法，如基于酶水解–多重PCR技术，准确、快速地检测和区分海水鱼类的简单异尖线虫（*Anisakis simplex*）和伪地新线虫（*Pseudoterranova decipiens*）（许旭等，2010）。实时定量PCR是在封闭的体系中完成扩增和测定，该技术在扩增后不需电泳，污染小、假阳性低，并克服了平台期效应，提高了检测的灵敏性和特异性，如检测虾肝肠胞虫（*Enterocytozoon hepatopenaei*）EHP的SYBR Green Ⅰ实时荧光定量PCR方法，其检测灵敏度是套式PCR的4倍（刘珍等，2016）。

随机扩增多态性（random amplified polymorphic DNA，RAPD）是利用随机引物对目的基因组DNA进行PCR扩增，产物经电泳分离后显色，分析扩增产物DNA片段的多态性，以此反应基因组相应片段由于碱基发生缺失、插入、突变、重排等所引发的DNA多态性，是一种基因分析方法（Willianms et al., 1990; Welsh et al., 1990）。该方法简便、快速、检测成本低，可作为基因标志鉴别鱼类寄生虫的种、株、型，构建世系发育树状图以及用于耐药性研究。

聚合酶链反应连接的限制性片段长度多态性（PCR linked restriction fragment length polymorphism，PCR-RFLP）是用一对特异引物或相对特异引物以基因某一段序列进行PCR扩增，再将扩增引产物用一种或数种限制性内切酶消化，然后将限制性片段用琼脂糖凝胶电冰分离检测的RFLP改进技术。该技术简单、成本较低，广泛应用于鱼类寄生虫的分类鉴定及发育关系探索。Leiro等（2000）通过RFLP分析了三种鱼寄生微孢子虫的SSU rDNA，阐明了三者之间的系统发育关系；杜春霞（2008）对黄海海域鱼类的785个寄生异尖属（*Anisakis*）线虫幼虫进行了PCR-RFLP分析，揭示了该海域鱼类寄生异尖属线虫幼虫有派氏异尖线虫（*A. pegrefii*）、典型异尖线虫（*A. typical*）以及派氏异尖线虫（*A. pegrefii*）与简单异尖线虫（*A. simplex sensu stricto*）杂交体三个基因型。

此外还有用于鱼类寄生虫遗传图谱的构建、多样性和繁殖行为研究、疾病诊断的扩增片段长度多态性技术（amplified fragment length polymorphism，AFLP），高效鉴定和克隆分离差异表达基因的抑制差减技术（suppression subtraction hybridization, SSH）等。

2. DNA探针技术

DNA探针技术（DNA probe technique），又称分子杂交技术，是利用DNA分子的变性、复性以及碱基互补配对的高精确性，对鱼类寄生虫某一特异性DNA序列进行探查的技术。该技术是用DNA探针与待测的非标记单链DNA（或RNA）按碱基顺序互补结合，以氢键将2条单链连接而形成标记DNA-DNA（或DNA-RNA）的双链杂交分子，将未与探针配对结合的洗去后用放射自显影或酶检测等检测系统测定杂交反应结果。DNA探针技术以其独特的敏感性、高特异性，操作简单、迅速，已在鱼类寄生虫病的诊断以及寄生虫的分类中广泛应用。例如，采用沿岸单孢子虫（*Haplosporidium costale*）的DNA探针SSO1318对长牡蛎（*Ostrea gigas thunberg*）血淋巴液中的沿岸单孢子虫的检测（王中卫等，2010）等。

3. DNA序列分析技术（DNA sequencing）

该技术对精确分析基因序列的变异和基因功能的鉴定具有重要的意义，已应用于鱼类寄生虫基因组计划中。

4. RNA干扰技术（RNAi）

该技术发展迅速，已是分子生物学一个热门领域，应用于鱼类寄生虫学功能基因组学、基因功能和疾病的防治研究中。

二、蛋白质技术

1. 蛋白质组学技术

蛋白质组学技术（proteomics technique）是研究细胞内基因所表达的全部蛋白质组成及其活动规律的技术，主要包括蛋白质组分分离技术、蛋白质组分鉴定技术、利用生物信息学方法进行蛋白质结构、功能预测技术等。通过该技术可从蛋白质水平研究认识寄生虫活动的机制及其所导致的疾病发生的分子机制。

2. 噬菌体展示技术

噬菌体展示技术（phage display technology）是以丝状噬菌体为载体，用分子克隆的方法将外源性基因插入噬菌体衣壳蛋白（pⅢ、pⅧ等）基因中，制备有扩增能力的且能在表面表达外源性蛋白质或短肽的融合噬菌体，最终获得具有特异结合性质的蛋白质或多肽，是实现基因克隆化的一种重要的分子生物学技术。噬菌体展示技术为鱼类寄生虫抗原或抗体的表位分析及疾病的诊断、预防和治疗提供了一个重要的手段。

3. 双杂交技术

双杂交技术（two hybrid system）是基于真核细胞转录因子的结构特性，分别为DNA结合域（DB）和转录组激活域（AD）同“诱饵”蛋白（X）和“猎饵”蛋白（Y）形成融合蛋白，并在真核细胞中同时表达的技术。该技术为分析和鉴定复杂蛋白质相互作用提供了一种强有力的方法。自Fiesds和Song（1989）建立双杂交技术后，该技术得到了不断的发展和完善，目前已有酵母单杂交、三杂交、负选择双杂交、哺乳动物细胞双杂交以及大规模双杂交系统等一系列相关技术。

此外，关于蛋白质技术还有揭示蛋白质生物学功能和作用机制、寄生虫和宿主蛋白质分子相互作用机制的蛋白质晶体结构分析技术，揭示鱼类寄生虫病发生发展的分子机制和探索有效治疗方法的蛋白质芯片（protein chip）技术等。

三、染色体组型分析技术

染色体组型分析技术（karyotype analysis）是将待测细胞的染色体依照该生物固有的染色体形态结构特征，按照一定的规定，人为地对其进行配对、编号和分组，并进行形态分析的技术，它是细胞遗传学发展的一个重要里程碑。染色体组型（karyotype）通常以染色体的数目和形态来表示。不同物种的染色体都有各自特定的、相对稳定的数目和形态结构（包括染色体长度、着丝点位置、臂比、随体大小等）特征，经染色或荧光标记，用光学或电化学显色设备显色，就可以清晰、直观地观察到染色体的具体形态结构，通过与其正常核型进行对比，以确定染色体是否出现异常（如缺失、重复和倒置）现象。染色体组型分析是在研究鱼类寄生虫种质资源、遗传等方面发挥了重要的作用。通过染色体组型分析技术确定了寄生于黄鳝（*Monopterus albus*）体腔内的胃瘤线虫（*Eustrongylides ignotus*）染色体数目（12条）、核型公式（$2n=12=10m+2sm$，5对常染色体和1对性染色体）、性别决定模式（XX-XY，其中X、Y和1～4号染色体为中着丝粒染色体，5号为亚中着丝粒染色体）以及染色体带型（特定的G-带），从而为胃瘤线虫的精准分类提供了遗传学证据（唐琳等，2012）。

四、免疫学技术

免疫学技术在鱼类寄生虫研究方面已有很大的发展，如抗原表位的研究方法、同工酶技术、杂交瘤技术、免疫荧光标记及相关技术、酶联免疫相关技术、免疫胶体金技术、免疫细胞分离鉴定技术等。其中同工酶技术和杂交瘤技术在鱼类寄生虫中已广泛应用。

1. 同工酶技术

同工酶技术（isozyme technique）是将同工酶电泳与酶活性特异性染色相结合的技术。同工酶是指能催化不同分子结构组成蛋白质的同一化学反应的一组酶，它可以反映生物的种或株之间的基因特征和差异性，同工酶技术为寄生虫的系统分类学、分子遗传学、分子进化学、发育生物学等提供了新的分析手段。郭虹等（1993）分析比较了虎纹蛙肌肉的曼氏迭宫绦虫幼虫裂头蚴与成虫的乳酸脱氢酶同工酶、酯酶同工酶及苹果酸脱氢酶存在的差异，揭示了曼氏迭宫绦虫在不同的发育时期代谢特点不同。此外，同工酶酶谱还可以用于寄生虫与宿主间关系的研究，为鉴定寄生虫媒介以及识别致病虫株提供了一种快速有效的手段。邓利荣等（2010）通过对新棘衣棘头虫（*Pallisentis celatus*）和黄鳝的肌肉、肝胰腺、肠道、脾脏、性腺、肾脏、心脏等组织中酯酶酶谱的分析，证实酯酶在新棘衣棘头虫和黄鳝各组织中均有明显的特异性表达，从而推测新棘衣棘头虫与黄鳝可能存在协同进化关系。

2. 杂交瘤技术

杂交瘤技术（hybridoma technique），又称单克隆抗体技术，是指将两个或两个以上细胞合并形成一个细胞，使不同来源的细胞核在同一细胞中得到表达的技术。Milstein和Kohler（1975）将骨髓瘤细胞与免疫的动物脾细胞融合，制备了能分泌针对某一特定抗原的高特异性的抗体——单克隆抗体，创建了杂交瘤技术。杂交瘤技术已经广泛用于鱼类寄生虫病的免疫学诊断，如利用抗血卵涡鞭虫（*Hematodinium* sp.）单克隆抗体建立的双抗体夹心ELISA方法，诊断三疣梭子蟹牛奶病（查智辉，2011）。此外，杂交瘤技术对提纯鱼类寄生虫抗原，阐明宿主与寄生虫的相互关系，制备抗寄生虫病疫苗具有较大的应用价值。

五、电子显微镜技术

电子显微镜技术（electron microscope）是利用电子束对样品放大成像的透射电子显微镜（Knoll & Rushn，1931）和扫描电子显微镜（Mullah，1942）对样品以高分辨率进行特征分析的技术。随着电子显微镜技术与免疫电镜、电镜组织化学、电镜酶组织化学、低温制样、电镜冷冻蚀刻、电镜X线显微分析、超高压电镜以及扫描探针等技术的结合，已广泛地在鱼类寄生虫学各个方面得到了广泛的运用，如寄生虫超微结构及其功能的阐明、寄生虫的分离与鉴定、寄生虫病的诊断、寄生虫与宿主的相互作用、寄生虫的凋亡、抗寄生虫药物作用机制、疫苗的研制与应用等。利用扫描电镜对鲢中华鳋（*Sinergasilus polycolpus*）、鲤中华鳋（*S. undulatus*）、大中华鳋(*S. major*)在形态上的细微差别进行阐述,为其分类提供了有力的主要依据。

六、电子计算机应用技术

电子计算机以其海量存储能力和高速运算性能已使很多工作从大量的书面资料和繁琐的人工计算中解放出来。数值分类学就是将数学理论借助电子计算机技术而应用于生物分类的一个重要分支,它将包括众多物种大量生物学特征在内的、任何属性的运筹分类单位,在很短的时间内根据其相似性程度进行全面的比较和聚类分析而得出准确的结论。这一技术还在寄生虫发育学、生态学、生物化学和分子生物学等方面得以广泛应用。电子计算机应用技术已经成为鱼类寄生虫分类鉴定的一个重要工具。黄翠琴(2004)应用计算机UPGMA统计分析软件绘制聚类图,揭示了福建罗源、福清、尤溪、建宁、龙岩、莆田、仙游等各地区寄生于欧洲鳗鲡体表的短钩拟指环虫(*Pseudodactylogyrus bini*)和鳗鲡拟指环虫(*P. anguillae*)存在着与地理环境基本一致的、不同程度的遗传差异。张斐(2014)利用计算机MEGA5.2软件阐明了在中国境内的额尔齐斯河中寄生于鱼消化道内的异肉科(Allocreadiidae)吸虫各属之间的系统发育关系。通过系统分类学资料建立鱼类寄生虫分类学资料数据库,将为物种检索、自动鉴定、分类信息贮取等提供了极大的方便利。

各种新技术在鱼类寄生虫学上的应用将会推动鱼类寄生虫学的纵深、快速发展。鱼类寄生虫学将会在一种难以想象的程度上为人类和社会做出巨大的贡献。

(杨先乐　编写)

习　题

1. 某年5月,一池塘养殖的银鲫体表出现一些白色的胞囊,造成大量死亡,初步判断由寄生虫感染引起。采取什么方法对该池塘银鲫所患的疾病进行确诊?

2. 鉴定鱼类寄生虫有哪些方法和手段?

3. 对于鱼类寄生虫离体培养所面临的困难,您有哪些看法或想法?

4. 阐述鱼类寄生虫耐药性检测的意义。

5. DNA探针技术、PCR技术已广泛地应用于各种病原的检测和鉴定中。如果应用于鱼类寄生虫病的检测,这些技术在应用中有些什么不同处或特别值得关注的地方。

参 考 文 献

白广星.1989.线虫的体外培养.中国兽医杂志,(10):53–56.

贝霍夫斯卡娅–巴甫洛夫斯卡娅.1955.鱼类寄生虫学研究方法.中国科学院水生生物研究所菱湖鱼病工作站译.北京:科学出版社.4–49.

陈佩惠,周述龙.1995.医学寄生虫病体外培养.北京:科学出版社.

邓利荣,胡宝庆,谢彦海,等.2010.新棘衣棘头虫及黄鳝组织酯酶同工酶分析.南昌大学学报(理科版),(03):284–288.

郭虹,吕刚,林琼莲,等.1993.曼氏迭宫绦虫成虫及裂头蚴3种同工酶电泳分析.中国人兽共患病杂志,(01):12–13+2.

黄翠琴.2004.福建欧洲鳗鲡拟指环虫生物学特性研究和SSR-PCR分析.福州:福建农林大学硕士学位论文.

刘珍，张庆利，万晓媛，等.2016.虾肝肠胞虫（Enterocytozoon hepatopenaei）实时荧光定量PCR检测方法的建立及对虾样品的检测.渔业科学进展，(02)：119–126.

马悦.2016.鲫碘泡虫的分离鉴定及体外培养技术研究.长春：吉林农业大学硕士学位论文.

索勋，杨晓野.2005.高级寄生虫学试验指导.北京：中国农业出版社.

唐琳，王文彬，曾伯平，等.2012.黄鳝体内寄生胃瘤线虫的染色体核型及G–带分析.动物学杂志，(04)：68–73.

汪世平，蒋明森，吴忠道，等.2004.医学寄生虫学.北京：高等教育出版社：1–20.

王中卫，吕昕，梁玉波.2010.大连太平洋牡蛎体内寄生虫：沿岸单孢子虫检测.海洋环境科学，(03)：342–345.

许旭，黄维义，隋建新，等.2010.海产鱼类中异尖线虫酶消化检测技术的研究与应用.中国海洋大学学报（自然科学版），(03)：105–110.

张剑英，邱兆征，丁雪娟，等.1999.鱼类寄生虫学.北京：科学出版社：3–13.

周晓农，林矫矫，胡薇，等.2005.寄生虫学发展特点与趋势.中国寄生虫学与寄生虫病杂志，23（5）：1349–1352.

诸欣平，苏川.2013.人体寄生虫学.第8版.北京：人民卫生出版社：1–12.

Hoole D. 1985. The *in vitro* culture and tegumental dynamics of the plerocercoid of *Ligula interstilis* (Cestoda: Pseudophyllidea). Int. J. Parasit. 15(6): 601–608.

Malmberg G. 1982. On evolutionary processes istinalis Monogenea, though basically a less traditionally viewpoint. In Parasites: Their World and Ours (Editted by Mettrick D. F. & Desser S. S.), Amsterdam: Eisevier Biomedical press: 198–202.

Schmidt GD, Roberts LS. 1981. Foundations of Parasitology. St. Louis: The C. V. Mosby Company.

Taler AER, Baker JR. 1978. Methods of cultivating parasites *in vitro*. Academic press, 65(3): 370.

第七章　鱼类寄生原生动物学

导读

原生动物(protozoa)是动物界中最原始、最低等的一类真核单细胞(unicellular)动物的泛称或集合名词。从系统发生上讲,它是一个非单源起源的混合体。

鱼类寄生原生动物学(fish parasitic protozoology)是研究寄生水产养殖动物的原生动物的生物学、生态学、致病机制、实验诊断、流行规律和防治控制技术的科学。

本章学习要点

1. 认识鱼类寄生原生动物的形态特征、生活史和分类位置。
2. 正确鉴定和认识鱼类主要的原生动物病原体及其危害性。

第一节　鱼类寄生原生动物学概论

解析鱼类寄生原生动物学的概念,首先要了解什么是原生动物。本节内容就从认识原生动物,理解原生动物学,继而认识寄生于以鱼类为主的水产养殖动物的原生动物病原体,掌握鱼类寄生原生动物学概念。

一、形态

早在1818年,德国的动物学和古生物学家Goldfuss(1782～1848)首次使用希腊语拼缀而成protozoa这个名词:proto(最初的),zoa(动物),意指最初级动物,汉语译成原生动物,是最原始、最低等的单细胞(unicellular)的动物,通常译为原生动物。我们现在已知道地球上最早出现的生物并非原生动物,而是原核生物,包括古细菌。

从形态上看,原生动物是单一的细胞,然而从生理上看,它具有维持生命和持续后代所必需的一切很复杂的功能,如行动、营养、呼吸、排泄、生殖等,这些功能由细胞内特化的各种胞器(organella)来承担,因此,它是一个复杂的、高度集中的生命单位,是一个完整的有机体。通俗地说,一个细胞,一条生命。

大多数原生动物都要用显微镜才能观察到。一种寄生在血液中的原生动物*Anaplasma*,体积很小,只占红细胞的1/10～1/6。在淡水中常能见到的旋口虫(*Spirostomum*)可达3mm长,肉眼能见。新生代时期的一种有孔虫化石,叫货币虫(*Nummulites*),有19cm长。有一种胶丝虫也被真菌学家称为粘菌类(Slime molds)的,叫*Physarum polycephalum*,由于细胞间能分丝彼此连接,其覆盖面积可达5.54m^2,最大深度至1mm,可称为目前发现的最大标本(Hausmann & Hülsmann,1996)。

相对于多细胞的"后生动物(metazoa)",原生动物的共同结构特征如下。

单细胞　原生动物是世界上最原始、最低等的单细胞动物,它既具有一般细胞的基本结构(细胞膜、细胞质、细胞核等);又具有一般动物的各种生理机能(运动、营养、呼吸、排泄、繁殖、应激等)。

具有特殊的细胞器 原生动物具有一般动物细胞所没有的特殊细胞器（如胞口、胞咽、伸缩泡、鞭毛等），表现类似高等动物的各种生活机能，如运动、消化排泄、感应等。

运动方式 通过各自具有的鞭毛、纤毛、伪足等来完成。

营养方式 主要有三种方式：光合营养（phototrophy）、吞噬营养（phagotrophy）和渗透营养（osmotrophy）。原生动物的呼吸主要是通过体表直接与周围的水环境进行的，并通过体表和伸缩泡（contractile vacuole）排出部分代谢废物。

生殖方式 多种多样，分为无性生殖和有性生殖。

无性生殖有4种方式，包括二裂（有纵二分裂和横二分裂两种）、复分裂、出芽、质裂等。

有性生殖包括配子生殖（同配生殖、异配生殖）、接合生殖（纤毛虫特有的）等。

根据超微结构和分子生物学的研究结果，认为目前所称的原生动物和它所划定的范畴不是一个单系的（monophyletic）或是同系的（holophyletic）分类单元，它更多的是并系的（paraphyletic），甚至是多系的（polyphyletic）集合群。因此，无法从系统发育和分类上给出原生动物正确的定义，而只能根据它们是单细胞的、有核膜组织的核的、大多数要在显微镜下才能观察到的、异营养型的、小的有机体而把它们归纳在一起，在某种程度上说，原生动物范畴的划分代表了人为的集合物。本章介绍的内容还是传统意义上的原生动物（图7–1）。

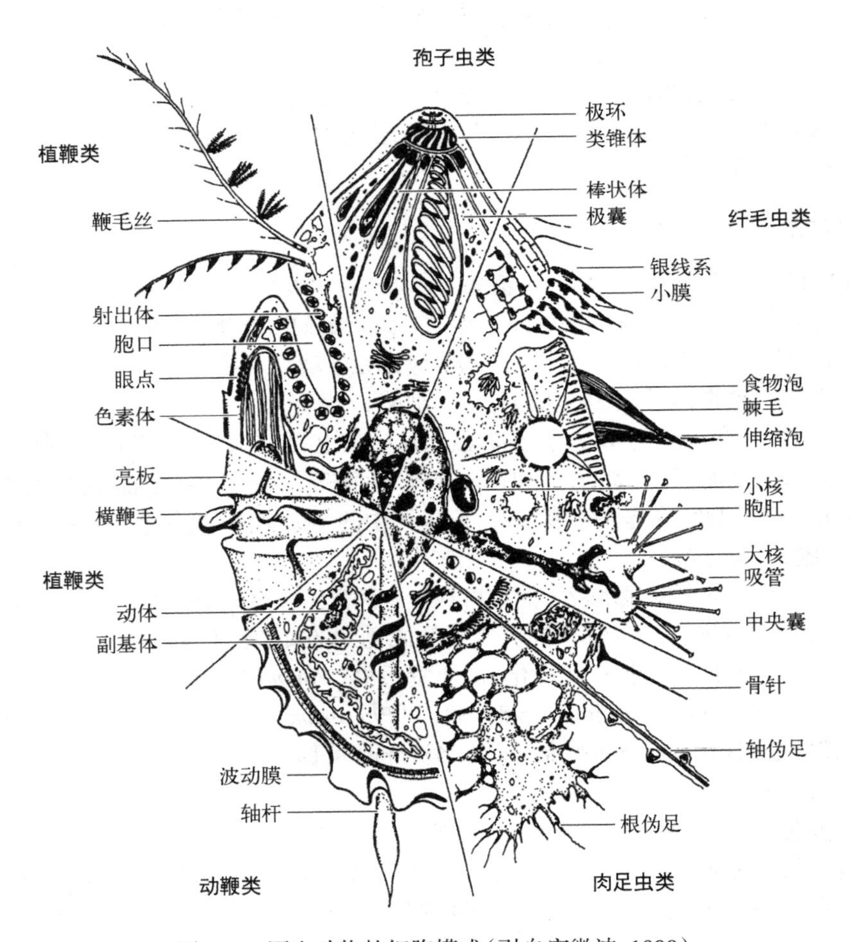

图7–1 原生动物的细胞模式（引自宋微波，1999）

二、原生动物的多样性

原生动物在地球上分布极为广泛。海洋、江、河、湖、池、山泉、溪流、苔藓、沼泽、临时积水、冰山、雪山、盐池、土壤、树叶上的水珠，只要有水的地方如其他动物的黏液、血液中都有原生动物。在空气中即使没有水滴，也有原生动物的孢囊。Farmer（1980）报道每立方米空气中约有2个肾形虫（一种纤毛虫）的孢囊。除空气传播外，水中、陆上的各种生物如昆虫、鱼类、两栖动物、爬行动物、鸟类在活动时都能传布原生动物，可以说到处都有原生动物，从这个意义上讲，原生动物的多样性是多么五彩缤纷，要弄清楚它是多么不易。

Cairns（1988）估计现在地球上生物种类有500万～3 000万种之多，目前已鉴定的种类仅有170万种。Corliss（1982）进行了详细调查，全世界已报道的纯原生动物（不包括原生动物、藻类兼性以及原生动物、真菌兼性）种类为63 616种。一般估计全世界已报道的纯原生动物种类为6.8万种，其中50%以上是化石，如有孔虫目（Foraminifera）、放射虫目（Radiolaria）。这些化石群区系对确定地质年代，寻找石油资源十分有用。其余的50%为已知的现存种类，情形如表7–1所示。

表7–1 现存的原生动物种类（引自沈蕴芬和汪建国，1999）

类　群	自由生活	寄生生活	合　计
鞭毛虫	5 100种	1 800种	6 900种
肉足虫	11 300种 （其中有孔虫4 600种）	250种	11 550种
孢子虫		5 600种	5 600种
纤毛虫	4 700种	2 500种	7 200种
合　计	21 100种	10 150种	31 250种

估计在淡水中自由生活的原生动物为5 000～6 000种。

Corliss在该文中提出还有50%的隐性阶元（cryptic taxa）尚未发现，因此最保守的估计地球上纯原生动物种类有13.6万种，其中淡水自由生活的原生动物为1万～1.2万种。由于环境的恶化，物种正在不断消失，每年约有1.75万动植物种类将永远消失，50年后地球物种将会灭绝一半（Cairns，1988）。照此比例纯原生动物每年将有700种正在消失。

三、鱼类寄生原生动物学的定义及其研究范围

原生动物学（protozoology）是一门独立的学科，在生物学和人类经济生活中都有着重要的地位和意义。根据Margulis和Wittaker（1970）提出生物进化的五界系统学说，原生动物、藻类和低等真菌构成真核生物中原始的原生生物界。20世纪七八十年代兴起的内共生论（endosymbiosis）认为原生动物是真核生物的祖先，而藻类起源于原始的、除细胞核外没有其他任何胞器的变形虫——一种假设的、尚待寻找的原生动物祖先。真核生物是如何起源的问题至今未能解决，很重要的原因是对原生动物的多样性、进化和系统发育还研究得不够，无法提供确凿的证据。

原生动物分布甚广，只要含一点点水分，就会有原生动物生活其中，即使在空气中也有它

的孢囊。它不仅分布在海水、淡水、咸淡水、盐水、土壤、冰雪中，还可以寄生在各种生物体内。寄生原生动物对人与家畜及水产养殖动物的危害早已为人熟知，如6种热带病中由原生动物引起的就占三种——疟疾病、锥虫病和利什曼病。水产养殖动物的鞭毛虫病、粘孢子虫病、纤毛虫病等重要的致病寄生虫均属原生动物类。原生动物的经济意义不容忽视。化石类群，如有孔虫和放射虫对确定地质年代，寻找石油资源十分有用。土壤和水生态系中原生动物是最底层的消费者，在物质和能量循环中是重要的环节。作为单细胞生物，对外界环境变化十分灵敏，因此它是污水处理和水质监测中的指示生物。

300多年前17世纪下半叶，荷兰科学家列文虎克（Antony van Leeuwenhoek，1632 ～ 1723）用自制的放大镜第一个看到了自由生活和寄生的原生动物（图7–2）。300年后，原生动物分类学家可以根据他当时所画的点线图和描述鉴定出约10个属。如果说19世纪只是研究原生动物分类，20世纪已发展到研究原生动物的细胞生物学、进化和系统学、遗传学、生态学、海洋微体古生物学和寄生原生动物学，21世纪则在上述领域中已全面应用了最先进的生物技术，进入了分子生物学时代。

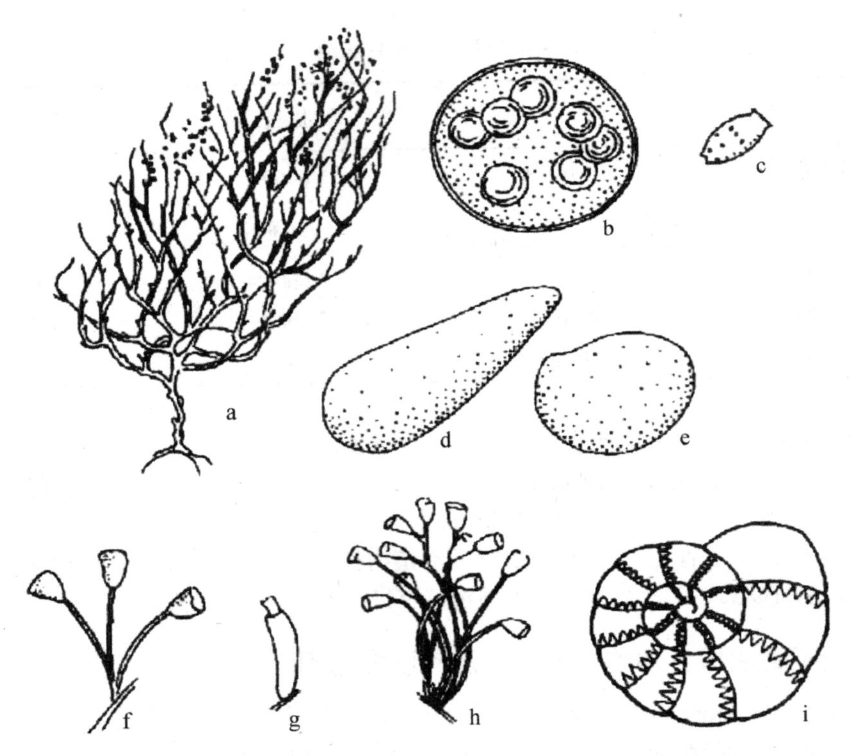

图7–2　列文虎克在300多年前首次描绘的各种原生动物（引自沈蕴芬和汪建国，1999）

a. 植物花虫（*Anthophysis vegetans*）；b. 团藻虫（*Volvox*）；c. 板壳虫（*Coleps*）；d. 蛙片虫（*Opalina*）；e. 肠袋虫（*Balantidium*）；f. 钟虫（*Vorticella*）；g. 靴纤虫（*Cothurnia*）；h. 独缩虫（*Carchesium*）；i. 企虫（*Elphidium*）（仿Corliss，1975；图注中的学名为后人所订）

中国研究原生动物学的创始人和先驱者是王家楫院士（1898 ～ 1976）、张作人教授（1900 ～ 1991）、倪达书教授（1907 ～ 1992）、陈阅增教授（1915 ～ 1996）和沈韫芬院士（1933 ～ 2006），他们在原生动物分类学、形态学、细胞生物学方面都颇有建树，曾为我国培养了一批优秀的原生动物学人才。

鱼类寄生原生动物学（fish parasitic protozoology）是鱼病学（ichthyopathology）和鱼类寄生虫学（fish parasitology）的交叉学科。

鱼病学是研究鱼类等水产养殖动物疾病发生的原因、病理变化、流行规律以及诊断、预防和治疗方法的学科。研究水产养殖动物病害的病原生物学（pathogen biology）、流行病学（epidemiology）、病理生理学（pathophysiology）和健康养殖学（healthy aquaculture）等的综合性学科，它阐明病害的发生、发展规律及其致病机制，并通过生态、免疫和药物等综合防治技术，对病害实施有效的预防和控制。

鱼类寄生虫学是研究寄生于水产养殖动物的寄生虫的生物学、生态学、致病机制、实验诊断、流行规律和防治控制技术的科学。基本内容包括寄生虫病的病原生物学、症状学、病理解剖学、诊断学、治疗学、药理药物学和免疫学等方面。

鱼类寄生原生动物学是研究寄生于水产养殖动物的原生动物的形态学、分类及命名、生态学、致病机制、流行病学、实验诊断和防治控制技术的科学。

鱼类寄生原生动物学的研究范围，与鱼类寄生虫学同步，在20世纪就向微观研究与宏观研究两方面发展。借助于电子显微镜、X射线衍射等现代物理学技术，在细胞生物学和分子生物学方面也取得了很大的进展。分子生物学中划时代的核酶的发现，就是在原生动物四膜虫研究中做出的。宏观方面则随着环境问题日益突出，也从水产养殖动物与养殖环境因子（如温度、溶解氧、H2、N、P等）关系发展到研究寄生原生动物群落与综合环境因子的关系。结合池塘、湖泊等水产养殖生态系统的多样性，研究鱼类寄生原生动物群落多样性及其种类组成的规律。从生物群落出发，研究鱼类寄生原生动物和宿主之间的识别、相互关系和协同进化。鱼类寄生原生动物学也与数学、地学、化学、环境科学等学科互相交叉。

四、分类

原生动物种类多，庞杂且可供借鉴的化石资料少，其起源和演化研究难度尤其大。随着科学技术的发展而有不同的论点，至今仍然未取得令人满意的原生动物起源和演化谱系学说。因而其分类系统也就很难取得共识。本书采用已为我国原生动物学家所接受的Levine等（1980）原生动物分类系统。为让读者了解鱼类寄生原生动物的概貌，能从本章中查知各门类典型种类的形态特征，而这些特征大多是能在光学显微镜下所察知的，这也是保留Levine等原生动物分类系统（表7–2）的重要原因。

表7–2　原生动物分类系统（Levine et al.，1980）

原生动物界（Kingdom Protozoa Goldfuss，1818 von Siebold，1846）
一、肉鞭门（Phylum Sarcomastigophora　Honigberg & Balamuth，1963）
（一）鞭毛亚门（Subphlum Mastigophora　Diesing，1866）
1. 植鞭毛纲（Class Phytomastigophorea　Calkins，1909）
2. 动鞭毛纲（Class Zoomastigophorea　Calkins，1909）
（1）领鞭目（Order Choanoflagellida　Kent，1880）
（2）动基体目（Order Kinetoplastida　Honigberg，1963 emend，Vickerman，1976）

（续表）

(3)原滴虫目(Order Proteromonadida　Grassé,1925 emend.Vickerman,1976)
(4)曲滴虫目(Order Retortamonadida　Grassé,1952)
(5)双滴虫目(Order Diplomonadida　Wenyon,1926)
(6)锐滴虫目(Order Oxymonadida　Grasse,1952)
(7)毛滴虫目(Order Trichomonadida　Kirby,1947)
(8)超鞭虫目(Order Hypermastigida　Grasse & Foa,1911)
(二)蛙片虫亚门(Subphylum Opalinata　Corliss & Balamuth,1963)
1. 蛙片纲(Class Opalinatea　Wenyon,1926)
(1)蛙片虫目(Order Opalinida　Poche,1913)
(三)肉足亚门(Subphlum Sarcodina　Schmarda,1871)
二、盘蜷门(Phylum Labyrinthomorpha　Levine et al.,1980)
三、顶复门(Phylum Apicomplexa　Levine,1970)
1. 帕金纲(Class Perkinsea　Levine,1978)
(1)帕金目(Class Perkinsida　Levine,1978)
2. 孢子虫纲(Class Sporozoasida　Leuckart,1879)
簇虫亚纲(Subclass Gregarinasina　Dufour,1828)
(1)原簇虫目(Order Archigregarinida　Grassé,1953)
(2)真簇虫目(Order Eugregarinida　Léger,1900)
(3)新簇虫目(Order Neogregarinida　Grassé,1953)
球虫亚纲(Subclass Coccidia　Leuckart,1879)
(1)拟球虫目(Order Agamococcidiida　Levine,1979)
(2)原球虫目(Order Protococcidiida　Kheisin,1956)
(3)真球虫目(Order Eucoccidiida　Léger & Duboscq,1910)
焦虫亚纲(Subclass Piroplasmia　Levine,1961)
(1)焦虫目(Order Piroplasmida　Wenyon,1926)
四、微孢子门(Phylum Microspora　Sprague,1977)
1. 两型孢子纲(Class Rudimicrosporea　Sprague,1977)
(1)异形目(Order Metchnikovellida　Vivier,1977)
2. 微孢子纲(Class Microsporea　Corliss & Levine,1963)
(1)小孢子目(Order Minisporida　Sprague,1972)
(2)微孢子目(Order Microsporida　Balbiani,1882)
五、奇异孢子门(Phylum Ascetospora　Sprague,1978)
1. 星孢子纲(Class Stellatosporea　Sprague,1978)
(1)内生孢子目(Order Occlusosporida　Perkins,in Sprague,1978)
(2)孔盖孢子目(Order Balanosporida　Sprague,1978)
2. 无孔孢子纲(Class Paramyxea　Levine,in Sprague,1979)
(1)无孔孢子目(Order Paramyxida　Chatton,1911)
六、粘体门(Phylum Myxozoa　Grassé,1970)
1. 粘孢子纲(Class Myxosporea　Bütschli,1881)

（续表）

(1)双壳目(Order Bivalvulida Shulman,1959)
(2)多壳目(Order Multivalvulida Shulman,1959)
2. 放射孢子纲(Class Actinosporea Noble,1980)
放射孢子亚纲(Subclass Actinomyxia Stolc,1899)
(1) 放射孢子目(Order Actinomyxida Levine et al.,1980)
七、纤毛门(Phylum Ciliophora Doffein,1901)
1. 毛基片纲(Class Kinetofragminophora De Puytorac et al.,1901)
裸口亚纲(Subclass Gymnostomata Bütschli,1889)
(1)前口目(Order Prostomatida Schewiakoff,1896)
(2)侧口目(Order Pleurostomatida Schewiakoff,1896)
(3)原纤目(Order Primociliatida Corliss,1974)
(4)核残迹目(Order Karyorelictida Corliss,1974)
前庭亚纲(Subclass Vestibuliferia De Puytorac et al.,1974)
(1)毛口目(Order Trichostomatida Bütschli,1889)
(2)内毛目(Order Entodiniomorphida Reichenow,1929)
(3)肾形目(Order Colpodida De Puytorac et al.,1974)
下口亚纲(Subclass Hypostomatia Schewiakoff,1896)
(1)合膜目(Order Synhymeniida De Puytorac et al.,1974)
(2)篮口目(Order Nassuilida Jankowski,1967)
(3)管口目(Order Cyrtophorida Faure-Fremiet,in Corliss,1956)
(4)漏斗目(Order Chonotrichida Wallengren,1895)
(5)吻毛目(Order Rhynchodida Chatton & Lwoff,1939)
(6)后口目(Order Apostomatida Chatton & Lwoff,1939)
吸管亚纲(Subclass Suctoria Claparede & Lachmann,1858)
(1)吸管虫目(Order Suctorida Claparede & Lachmann,1858)
2. 寡膜纲(Class Oligohymenophorea De Puytorac et al.,1974)
膜口亚纲(SubclassHymenostomatia Delage & Herouard,1896)
(1)膜口目(Order Hymenostomatida Delage & Herouard,1896)
(2)盾纤目(Order Scuticociliatida Small,1967)
(3)无口目(Order Astomada Schewiakoff,1896)
缘毛亚纲(Subclass Peritrichia Stein,1859)
(1)缘毛目(Order Peritrichida Stein,1859)
3. 多膜纲(Class Polymenophorea Jankowski,1967)
旋毛亚纲(Subclass Spirotrichia Bütschli,1889)
(1)异毛目(Order Heterotrichida Stein,1859)
(2)齿口目(Order Odontostomatida Sawaya,1940)
(3)寡毛目(Order Oligotrichida Bütschli,1887)
(4)腹毛目(Order Hypotrichida Stein,1859)

对生物的分类，一般都是根据不完整的资料得出的推测性结果，因此这种生物分类往往都带有人为因素，它不可能如实地，而只能部分地或偶然地反映出生物类群之间的系统关系。对原生动物的分类也不例外。原生动物可能是一个多系统的类群，它们不是一个自然类群。仅仅是由于原生动物是一类单细胞的真核类生物体，它们在细胞结构组成上的基本特征表现出相互间的一定联系，因此在分类上把它们放在一起。1980年原生动物分类系统，将原生动物作为原生生物界中的一个亚界。如果采用传统的分类方法，将原生动物看作动物界中的一个亚界也未尝不可（Lee et al.，1985）。惠特克（1977）也认为，按五界说将原生动物分成几个门的分类，将原生动物作为动物界中的一个门来处理的分类，所起作用应该是等同的。前者主要分类单元为门，后者则是以亚门和超纲表示。前一分类方法对原生动物处理的优点在于可能从总的方面较好地反映出原生动物这一大类群在生物界中的进化位置。

第二节　鱼类寄生鞭毛虫

一、概况

鞭毛虫（flagellate）是一类以鞭毛作为运动或黏附细胞器的原生动物，多数种类表膜坚韧，能维持一定体型。鞭毛既是运动器官也是分类的重要依据，从一根到多根，一般由前端生出。营养方式三种：一是自养性营养，即体内有色素体，能进行光合作用自己产生营养，如衣滴虫；二是腐生性营养，借体表渗透作用摄取周围环境中呈溶解状态的有机物，如锥虫；三是动物性营养，以胞口等摄取或吞噬外界固体食物，如变形虫。大部分种类营自由生活，少数种类营寄生生活，也有部分种类既可寄生生活也可自由生活。分布范围极为广泛，自由生活种类在淡水、海水和潮湿土壤中均能发现，寄生生活种类可以寄生于所有脊椎动物如锥虫、利什曼原虫、毛滴虫等。

鞭毛虫种类超过2 000种。与水产养殖动物病害相关的大部分种类属于动鞭毛纲，少数种类属于植鞭毛纲，能寄生于水生动物的体外如鳃、皮肤和体内如血液、肠道、输尿管、胆管等各组织器官，不同种类的致病机制及危害程度不一致。本文将分述锥虫、隐鞭虫等主要致病鞭毛虫。

二、锥虫

1. 锥虫的生物学特征

（1）形态

锥虫是一类主要营寄生生活的原生动物，其大小通常只有10～100μm，在显微镜下观察，活体呈蛇形运动，成熟期大部分呈“S”形，具有细胞核、动基体及一根由后端向前延伸的鞭毛等细胞器，衡量其大小可用体长（BL）、体宽（BW）、胞核长（NL）、胞核宽（NW）、自由鞭毛长度（FF）、后端到动核的距离（PK）、动核到胞核中心的距离（KN）、后端到胞核中心的距离（PN）、胞核中心到前端的距离（NA）、全长（包括自由鞭毛）（*L*）、胞核参数（评定胞核在细胞中的位置）（NI=PN/NA）、动核参数（评定动核在细胞中的位置）（KI=PN/KN）及鞭毛参数（评定鞭毛在全长中的比例）（FI=*L*/FF）等13个可度量形态特征值，锥虫模式图如图7–3所示。

锥虫的外表面具有三层单位膜包围着的表膜（pellicle）。表膜覆盖了包括鞭毛囊和鞭毛的整个身体表面，厚度均匀，7～9nm。单位膜的外层具有更密集的电子层，通常比内层稍厚。单位膜的外层另有一层外套膜包裹着鞭毛和虫体表膜，是一层表面变异糖蛋白结构，厚度

9 ～ 10nm，用于逃避宿主的免疫作用。在单位膜下面有一层纵向排列的外周微管，平行穿过虫体，起着骨架的支撑作用。

锥虫的单根鞭毛起源于虫体后端的鞭毛囊，沿着身体表面向前延伸，与虫体表膜相连形成波动膜。波动膜是锥虫最显著的形态特点，由鞭毛的运动牵动表膜扭曲而形成，像是细胞质的边缘或鳍，呈波浪状。鞭毛具有常见的9+2微管模型结构，即9对双联体微管包围着1对中心微管，中心微管呈螺旋状，具有收缩功能，鞭毛的运动主要通过中心微管的收缩完成。

动核是至今发现的最大核外DNA储存库，又称**动基体**。锥虫有一个大而明显的动核，位于身体后端，呈长椭圆形或杆状，由两层线粒体膜包裹，内含浓缩的纤维环状的DNA，这些环DNA成"O"形有规律紧凑地排列在一起。细胞核一般是长椭圆形，位于身体中部靠近前端的位置。动核和细胞核的形状、大小及在虫体中所处位置是形态分类的重要参数。线粒体与外周微管平行排列，相互独立、间隔不等距离的排列在虫体的外周。线粒体的存在很好地解释了在光学显微镜下观察到的所谓的条痕或者"myonemes"的结构。从功能上说，外周线粒体的功能可能是与寄主血液供氧器官保持紧密的联系。此外，虫体的细胞质还有许多光滑的小泡和有内含物的小泡、A髓磷脂、游离的核糖体等结构。

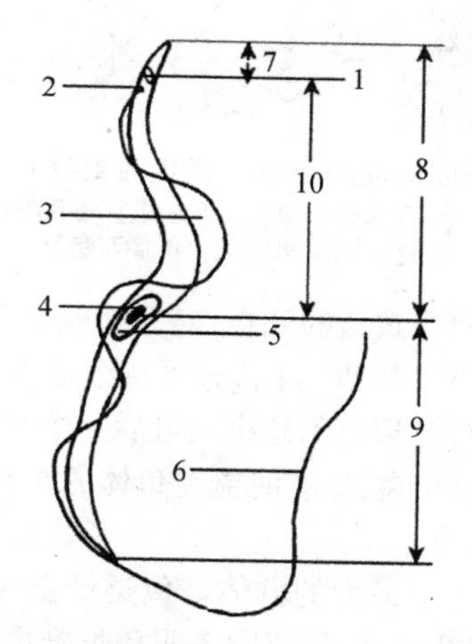

图7–3　锥虫模式图（引自顾泽茂，2007）

1. 动核；2. 生毛体；3. 波动膜；4. 核仁；5. 细胞核；6. 自由鞭毛；7. 身体后端到动核的距离（PK）；8. 身体后端到胞核中的距离（PN）；9. 身体端到胞核中心的距离（NA）；10. 动核与胞核之间的距离（KN）

（2）生活史

锥虫的生活史需要经历脊椎动物宿主和无脊椎动物宿主两个阶段。哺乳类、鸟类和一些两栖类、爬行类的锥虫中间宿主一般为吸血节肢动物，如舌蝇，通过叮咬、吸血而传播；而鱼类和部分两栖类、爬行类的锥虫中间宿主一般为水蛭。生活史中一般存在无鞭毛体（amastigote）、前鞭毛体（promastigote）、上鞭毛体（epimastigote）和锥鞭毛体（trypomastigote）等几种不同形体。

鱼类锥虫的生活史比较复杂（图7–4），中间宿主为水蛭，水蛭经过叮咬与吸血将锥虫传播到鱼体，一般需经历潜伏期、发展期、感染期和稳定期等几个过程。锥虫随水蛭吸血感染鱼体后，首先经历一个**潜伏期**（2 ～ 9d），这一时期在鱼的外周血中并不能观察到虫体。随后进入**发展期**，这一时（数天至数周），在这一时期锥虫进行二分裂，鱼的外周血中可以观察到大量鞭

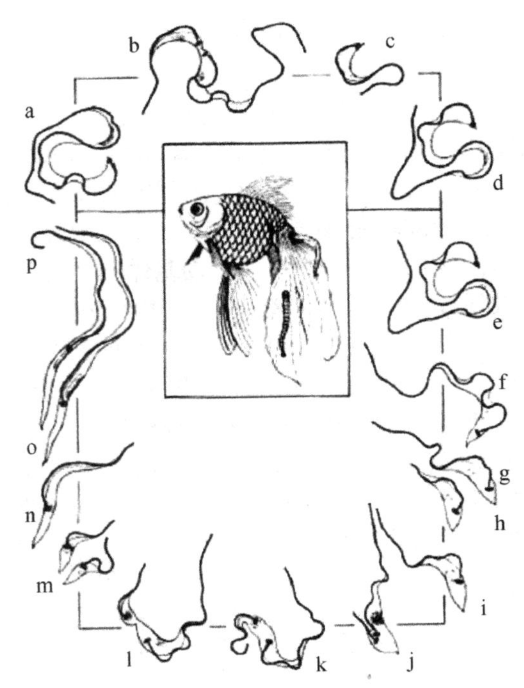

图7–4　鲫锥体虫（*Trypanosoma carassii*）的生活史（引自Lom & Dykova，1992）

a～d. 血液型，在b中为非对等分裂；e～p. 在水蛭中繁殖，变为外上鞭毛体i、j～n为非对等分裂过程；o，p. 为转变的长体型，是锥虫成虫期的前期，与a相似，在这一期由水蛭吸血传播至鱼体

毛虫的纤细体型，虫体大量增殖而导致鱼的死亡，特别是幼鱼阶段。生活史的第三个阶段是**慢性感染期**，在这一阶段锥虫数量逐渐减少，此状态可持续数周或者一直处于这种状态，常能观察到锥虫的成虫期，没有虫体进行分裂。到感染的最后一个时期，鱼体外周血中完全不存在锥虫，而且整个鱼体似乎也没有锥虫存在，但有时能在鱼体的头肾、假鳃或视网膜上发现虫体。

2. 主要病原体及其引起的疾病

鱼类锥虫有200余种，是锥虫中最大的群体。鱼类锥虫大部分被假设了严格的宿主特异性，依据"一个寄主一个种的模式"命名，但研究表明鱼类锥虫并没有严格的宿主特异性。

鳜锥体虫病（trypanosomiasis）

病原体　鳜锥虫（*Trypanosoma siniperca* Chang，1964）。虫体长而窄，前后两端尖细。身体长度（BL）为27.14～34.56μm，平均值为28.06μm，体宽（BW）为1.24～1.98μm，平均值为1.57μm。自由鞭毛（FF）长度为10.31～11.98μm，平均值为11.42μm。波动膜（MM）比较发达，其宽度为0.5～0.8μm。细胞质中有一些空泡和着色很深的颗粒。细胞核长椭圆形，通常位于身体的中部或者中部偏前端方向长度（NL）为3.65～4.28μm，胞核宽（NW）为1.21～1.78μm。胞核参数（NI）为0.91～1.56，平均值为1.27。动核相对较大，椭圆形，大小为0.50μm×0.61μm。动核通常处于身体后端，动核参数为（KI）1.08～1.19，平均值为1.1（图7–5。）

病症　感染后鳜鱼未见明显病变。

流行与危害　一般网箱养殖或池塘专养感染率较低，野生或套养鳜鱼感染率较高，可以达到77.8%，但感染强度一般不高。

防治　杀灭传播锥体虫的吸血水蛭。

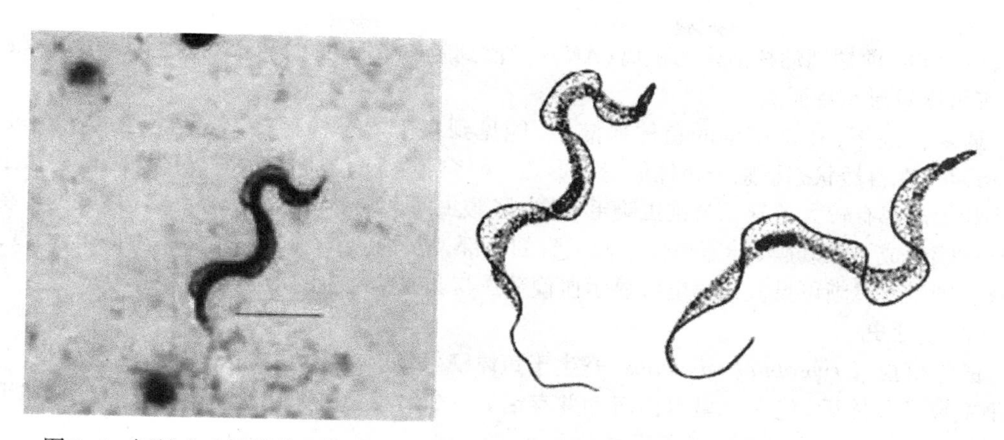

图7-5　鳜锥虫血液锥鞭毛期吉姆萨染色的光学显微镜照片及素描图（引自顾泽茂，2007）

三、隐鞭虫

1. 隐鞭虫的生物学特征

隐鞭虫隶属于动基体目隐鞭虫科，是一类世界分布性的、主要寄生于水生动物的寄生鞭毛虫。目前报道隐鞭虫有70余种，主要寄生于鳃、消化道和血液中，一般情况下，血隐鞭虫的传播需要水蛭吸血才能完成，生活史比较复杂；而非血隐鞭虫可不需要媒介而直接传播。

（1）形态

隐鞭虫体型较长，前端较宽，后端教尖，形状从卵圆形到带状均有。两根鞭毛起源于前端，前鞭毛是自由鞭毛，后鞭毛沿身体黏附延伸到后端，形成后鞭毛，动核卵圆形，稍有延长，位于身体前端，通常毗邻胞核（图7-6）。

血隐鞭虫是隐鞭虫属的最大群体，在中国发现的血鞭毛虫，常与锥虫同时寄生，形成交叉感染。形态特征与有相似之处，也是一类单细胞动物寄生虫，大小通常10～200μm，需要借助显微镜才能观察到，身体呈扭曲状运动，可以变形，成熟期大部分呈半月形，具有细胞核、动基体及前后两根鞭毛等细胞器，具有体长（BL）、体宽（BW）、胞核长（NL）、胞核宽（NW）、自由鞭

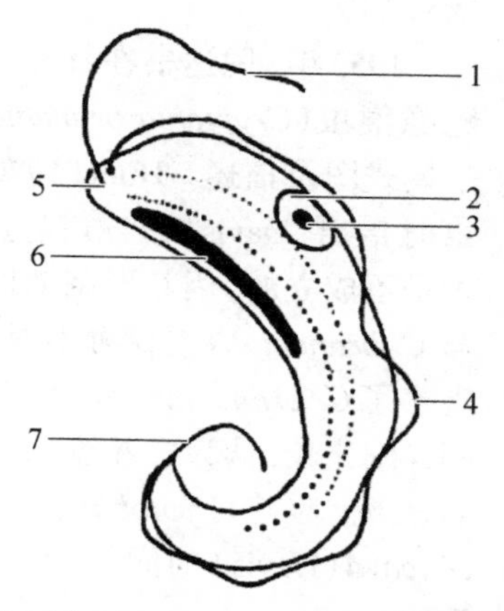

图7-6　隐鞭虫模式图（引自湖北省水生生物研究所，1973）
1. 前鞭毛；2. 细胞核；3. 核内体；4. 波动膜；5. 生毛体；6. 动核；7. 后鞭毛

毛长度(FF)、前端到动核前段的距离(AK)、前段到胞核中心的距离(AN)、全长(包前后鞭毛)(*L*)等可度量形态特征值。

通常情况下，在被感染的鱼体血液中，能见到多个形态种存在，科氏隐鞭虫(*Cryptobia catostomi*)在自然状态下感染鱼体的三种形态。研究还发现，不同温度和pH条件下，隐鞭虫的大小和形态都有较大差异。与锥虫鞭毛一样，隐鞭虫两个鞭毛均起源于鞭毛囊，后鞭毛环绕身体与质膜形成了波动膜，伸缩泡位于鞭毛囊的基部，里面包含了电子密度稠密的极丝物质，收缩丝和舒张丝清晰可见。扫描电镜显示血鞭毛虫与非血鞭毛虫的形态结构非常一致。

(2)生活史

鳃隐鞭虫(*Cryptobia branchialis*)寄生于鱼体鳃部，能导致草鱼鱼苗和鱼种病害发生，当鳃隐鞭虫离开鱼体后，能在水里自由游动并存活1～2d，若寻找不到新的宿主就会死亡或形成包囊。

其他种类如寄生于海水鱼类消化道的 *Cryptobia stilbia* 等也被认为是直接传播的。然而Khan和Noble发现寄生于圆鳍鱼内脏的*Cryptobia dahli*可能以甲壳类、环节动物、水母等为中间宿主，因为圆鳍鱼以无脊椎动物和小鱼为食。*Cryptobia iubilans*也是通过食物或者同类残杀的途径传播进入鱼体肠道。这些寄生虫能在20℃水体中存活4h。

(3)分类

一般情况下，血隐鞭虫的传播需要水蛭吸血才能完成，生活史比较复杂，而非血隐鞭虫可不需媒介直接传播。因此，鉴于生活史、寄生部位、致病机制及危害性的差异，我们将二者分为非血鞭毛虫和血鞭毛虫。

隐鞭虫属(*Cryptobia* Leidy)隶属于动基体纲动基体目隐鞭虫科。已报道和命名的隐鞭虫超过70多种，其中6种寄生在体表和鳃、7种寄生在消化道，其余大部分种类寄生在血液，我国见报道的有近20种。

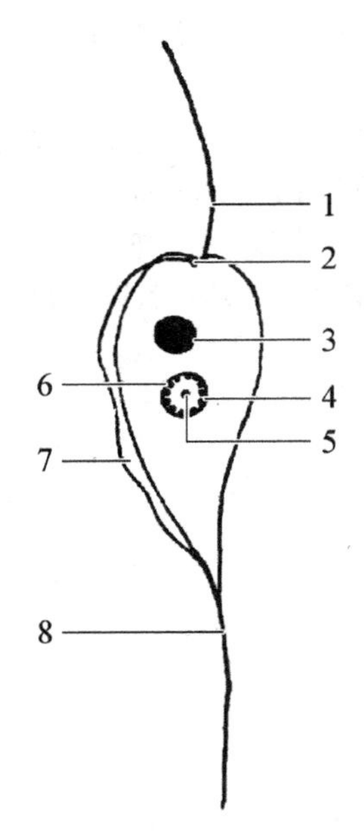

图7–7　鳃隐鞭虫(模式图)(引自湖北省水生生物研究所，1973)
1. 前鞭毛；2. 生毛体；3. 动核；4. 细胞核；5. 核内体；6. 染色质粒；7. 波动膜；8. 后鞭毛

2. 主要病原体及其引起的疾病

鳃隐鞭虫病(cryptobiasis)

病原体　鳃隐鞭虫[*Cryptobia concava*(Davis)Nie, 1992]。

Syn: *C. branchialis* Nie, 1955; *Bodomonas concava* Davis, 1947

1953年，倪达书在江苏无锡的草鱼鳃上发现而定名了鳃隐鞭虫(*Cryptobia branchialis*)，陈启鎏采用并正式发表了模式图及描述。Hunt(1970)在研究金鱼皮肤和鳃上鞭毛虫时指出，Davis(1947)描述的*Bodomonas concava* 新属新种是不成立的，因其形态结构完全符合*Cryptobia*，并认为它与 *C. branchialis* 是两种不同的隐鞭虫。李连祥、倪达书重新观察了*C. branchialis* 标本(图7–7)，并与Davis的原文和原图详细比较，认为二者基本一致，没有种的区别，按照动物命名法规，应将*Cryptobia branchialis* Nie, 1955作为*Cryptobia concava*(Davis)的同物异名。中文名已用惯几十年，保留不改。

症状　病鱼鳃部无明显的病症，只是表现黏液较多。当鳃隐鞭虫大量侵袭鱼鳃时，能破坏鳃丝上皮和产生凝血酶，使鳃小片血管堵塞，黏液增多，严重时可出现呼吸困难，不摄食，离群独游或靠近岸边不面，体色暗黑，鱼体消瘦，以致死亡。但要确诊，还得借助显微镜来检查。离开组织的虫体在玻璃片上不断地扭动前进，波动膜的起伏摆动尤为明显。固着在鳃组织上的虫体不断地摆动，寄生多时，在高倍显微镜的视野下能发现几十个甚至上百个虫体，即可诊断为此病。

流行与危害　鳃隐鞭虫于夏秋季节使草鱼鱼种发病，大量虫体寄生的草鱼鳃丝前半部，以后鞭毛黏附鳃丝，虫体做左右摇动，有时多个虫体聚集在一起形成花瓣状。大量虫体密集于鳃丝周围，寄主分泌大量黏液，覆盖在鳃组织表面，从而使呼吸困难，窒息而死。被寄生的鱼，常离群独游水面或靠近岸边，体色发黑，不久即死亡。

鳃隐鞭虫病于20世纪50年代，广泛出现于江苏、浙江、广东等地的养鱼区。特别是当年夏花草鱼受害最重，常导致全池死光，为当时养鱼区最严重的鱼病之一。目前养殖防病技术得到改善，20世纪70年代中期，此病已不似以往严重，但仍为夏花草鱼的常见病原体。

鳃隐鞭虫除在草鱼上寄生外，寄主很广泛，一般的淡水鱼上均能寄生，但通常数量不多，流行季节为5～10月，7～9月最易发生。冬春二季在密养的鲢、鳙鱼体上常大量出现，但并不发病，此种现象有人称其为传感者，未有实验证实。

鳃隐鞭虫对寄主鱼的危害，Lom（1980）提出不同看法，他从电镜切片中看到虫体的后鞭毛和寄主鳃组织上皮细胞间有10nm的距离，并未对鳃上皮细胞膜有破坏作用。他认为是非致病性的和体外共生者。李连祥和倪达书也从电镜切片中观察到，虫体并没有插入胞质内和胞质间。但从20世纪50年代草鱼发病及死亡情况来看，患病鱼的鳃上，除有少量车轮虫和指环虫外，就是大量的鳃隐鞭虫，要完全排除为非病者，尚需由实验来检验。

防治

1）彻底清塘消毒，保持池水洁净，并不时注入适量的新水。

2）养鱼放养密度适当。曾在20世纪50年代大量发病，和放养过度密集有关。

3）发病时可用0.7mg/L硫酸铜和硫酸亚铁5 ∶ 2合剂全池遍洒，效果很好。

4）鱼种放养前用8mg/L硫酸铜溶液浸洗20～30min。治疗用0.7mg/L的硫酸铜与硫酸亚铁合剂全池遍洒。

第三节　鱼类寄生肉足虫

一、肉足虫的生物学特征

肉足虫（*Sarcodina* Schmarda, 1871）的主要特征为：具有伪足或运动性原生质流，并以此为运动摄食胞器；无鞭毛或鞭毛只存在于一定的发育阶段；细胞常分化为明显的外质和内质，内质包括凝胶质和溶胶质；虫体裸露或具有石灰质或几丁质外壳，或有矽质的骨骼；生殖方式为二分裂生殖，有的种类进行有性生殖，形成有鞭毛的或阿米巴样的配子；多营自由生活。

1. 形态

肉足虫中许多种类的体形是不固定的，可不断伸出伪足，伪足伸出的方向代表身体临时的前端。包含有流动的细胞质，这种伪足称为叶状伪足。在光学显微镜下，虫体可以明显地分成无色透明的外质和具有颗粒不透明的内质，内质中含有伸缩泡、食物泡及大小不等的颗粒物质。此外，有的种类可以在其质膜外形成不同形状的外壳或内壳，根据壳体的来源可以分为两类：一类是完全由虫体自身分泌几丁质或硅质成分而形成的壳。另一类是壳体来源除了自身分泌的几丁质成分外，还从环境中黏附砂粒和硅藻空壳等外来物质。砂壳虫细胞表面可分泌黏液，并黏着细砂粒，构成砂质壳；表壳虫由细胞质分泌几丁质，构成几丁质外壳；有孔虫类由细胞质分泌碳酸钙，形成单室或多室的钙质壳；这种钙质壳排列成各种形态；磷壳虫的壳覆盖有内部分泌构成的硅质鳞片，鳞片在有机质壳面排列成一定的模式（图7–8）。还有的种类可以向体外伸出长的骨针，如放射虫类。放射虫虫体包括硬的骨骼部分和软的细胞质部分。骨骼部分对细胞质起支撑和保护作用，呈星型、球型、海绵型、贝壳型等多种形状。骨骼的粗细与环境有关，一般在海洋表层的骨骼结构精细，深海的骨骼粗大。细胞质部分结构复杂，内含物很多，可分为外质和内质，内外质之间有一膜状物把内质包围起来形成中央囊。

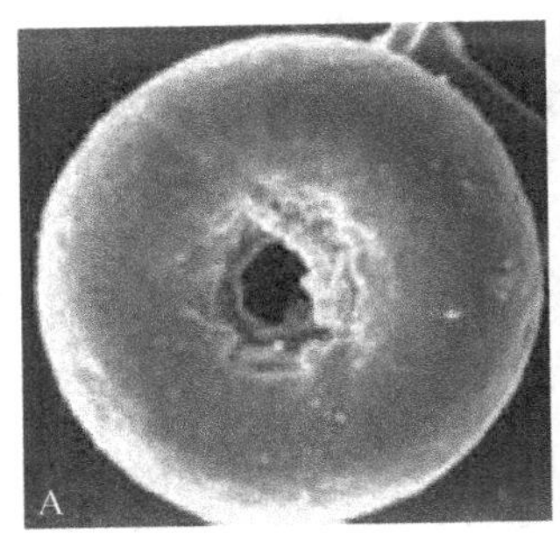

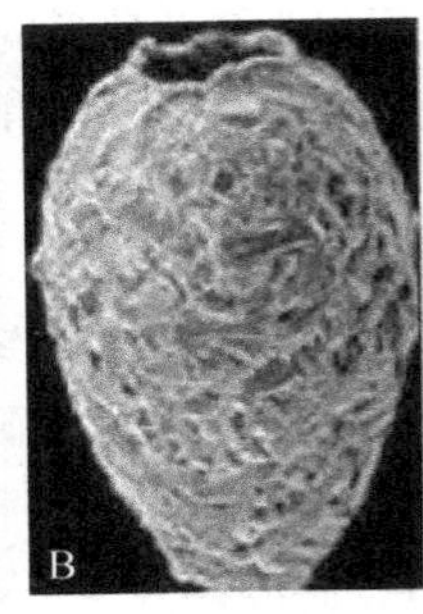

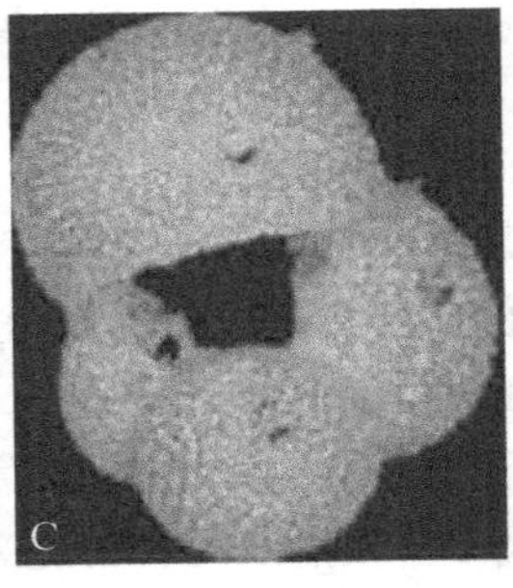

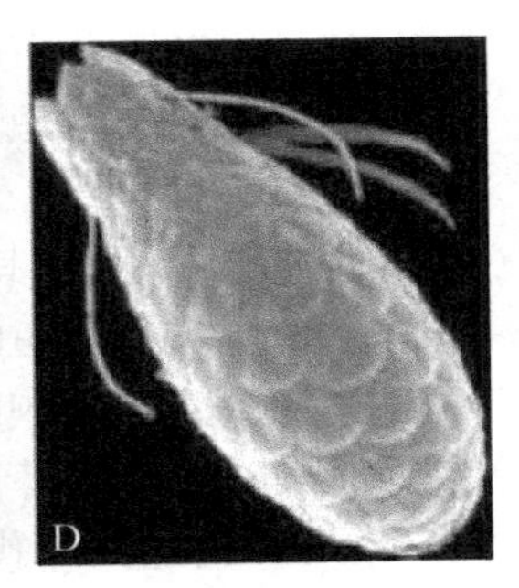

图7–8　扫描电镜下有壳肉足虫的壳体形态

A. 表壳虫；B. 砂壳虫；C. 有孔虫；D. 磷壳虫

（A引自Qin，2013；B、D引自Gomaa，2013；C引自Marr，2013）

伪足的形态也有不同：变形虫的叶状伪足，是由外质与内质共同形成；一些有壳变形虫类如磷壳虫的伪足细长，末端尖，仅由外质构成，称丝状伪足；有孔虫类的根状伪足也细长如丝，但随后伪足又分支，分支再相互连接形成网状或根状；太阳虫类及放射虫类的伪足细长，内有一束微管构成轴杆，起支持作用，伪足的表面是一薄层原生质，常黏着些颗粒，可缩短，所以轴杆不是骨骼结构，这种伪足称为轴状伪足（图7–9）。

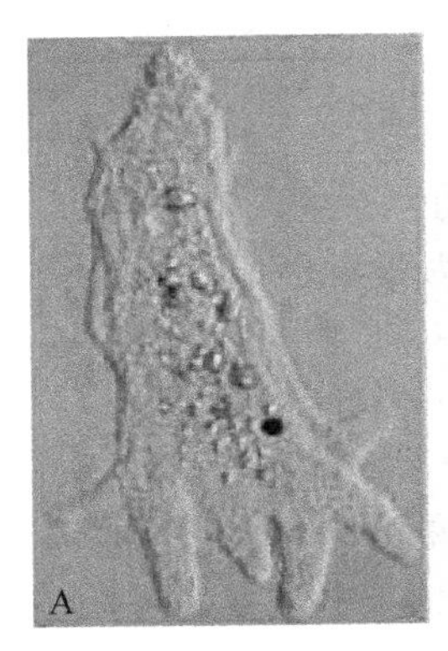

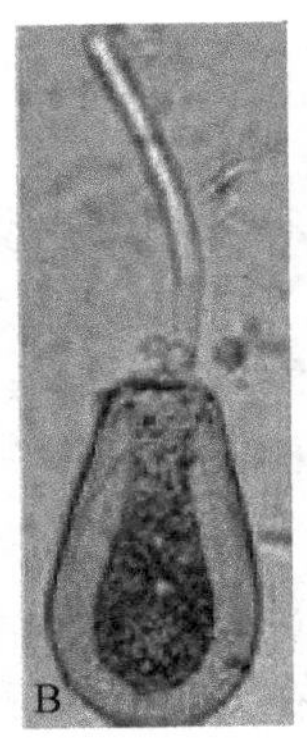

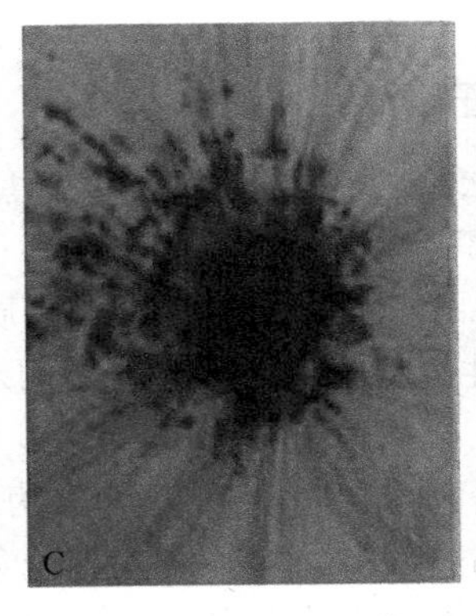

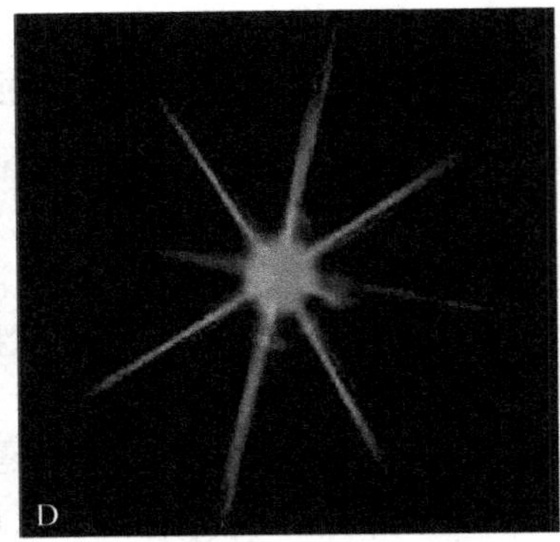

图7–9　肉足虫的几类伪足

A. 叶状伪足；B. 丝状伪足；C. 根状伪足；D. 轴状伪足

其形态根据生活史各期的变化分为营养体期、胞囊前期和胞囊期（图7–10）。

营养期　活的营养体呈灰色，叶状的伪足不断伸缩，缓慢地行动。胞质分内外两层。内质较浓密，有细小空泡；外质透明。细胞核圆形，核膜内缘密布一层排列整齐的染色质粒，在染色质粒和核仁之间可见到细小的网状丝。

胞囊期　营养体遇到不良环境条件时，表现为伪足消失，身体变圆。随后虫体分泌一层薄膜，把身体包裹起来形成胞囊。胞囊形成后，胞核进行两次分裂，形成4个大小相等的胞核。胞囊内还有1～6根呈短棒状或不大规则的拟染色质，常常集中于淀粉泡附近。

固定和染色标本，营养体大小为11～16μm，胞囊直径为8～10μm。

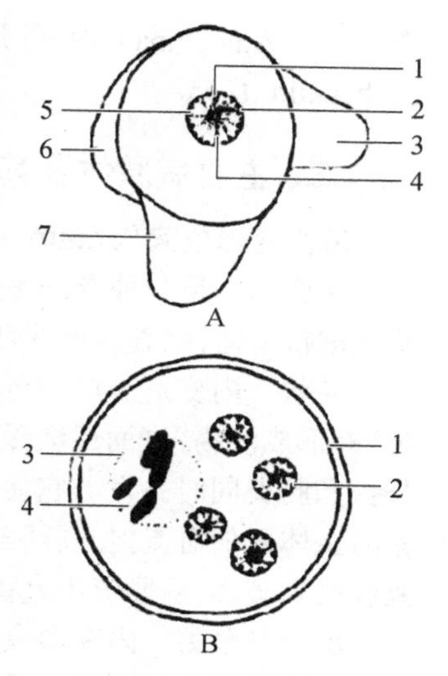

图7–10　鲩内变形虫（模式图）

A. 营养体：1. 胞核；2. 核内体；3, 6, 7. 伪足；4. 非染色质丝；5. 染色质粒。B. 胞囊：1. 胞囊膜；2. 胞核；3. 动物淀粉泡；4. 拟染色质体

2. 生活史

肉足虫的运动主要是依靠伪足的变形运动进行。对于伪足的运动机制目前仍未完全搞清楚。一般认为，肉足虫变形运动时，内质从半液态的溶胶转化为半固态的凝胶，凝胶有收缩性，它对溶胶产生微压，于是溶胶便向最薄的地方流去，并形成伪足。因此伪足像收缩的凝胶管，溶胶受到压力被迫向管子流去，溶胶达到凝胶管前端接近表膜处就向外分开转化为凝胶，在后部收缩的凝胶又转化为新的溶胶。如此不断重复，溶胶不断地向前流动，身体后部就不断缩小，结果伪足便增大而形成身体的主要部分，同时前面又不断形成新的伪足。近来的研究表明，肌动蛋白、肌球蛋白是变形运动的分子基础。因此，变形运动机制类似于肌肉收缩，即肌动蛋白丝在肌球蛋白丝上的滑动形成的（顾福康，1991）。

无性生殖是肉足虫的主要生殖方式，主要行二分裂（图7–11）或多分裂。不同种类分裂的方式有所不同。裸露变形虫的无性生殖就是细胞的有丝分裂。例如，大变形虫，分裂开始时，伪足收回，细胞质在很大程度上失去透明度，细胞呈椭圆形，随着细胞核分裂后，变形虫以横分裂轴的两端为两极，在两极形成大伪足，逐渐朝两端分裂为两个细胞，产生两个子变形虫。

3. 分类

鲩内变形虫（*Entamoeba ctenopharyngodoni* Chen, 1955）隶属于根足总纲（Rhizopodina）

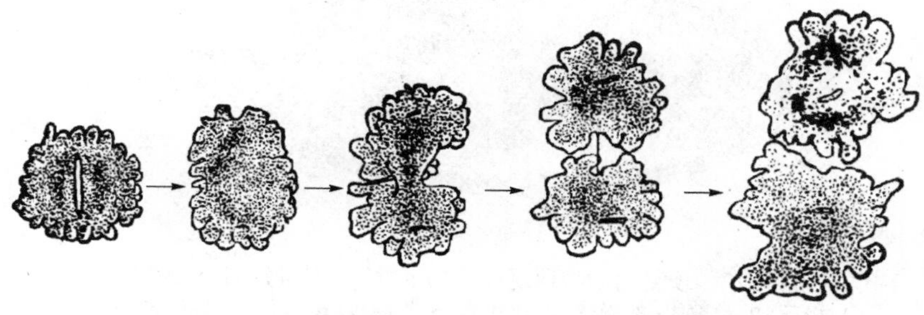

图7–11　大变形虫的二分裂（引自Grell, 1973）

变形目(Amoebina)内变形虫科(Entamoebidae)内变形虫属(*Entamoeba* Casagrandi et Barbagallo, 1895)。

二、主要病原体及其引起的疾病

鲩内变形虫病(entamoebasis)

病原体 是一种专性寄生虫,到目前为止,仅在草鱼中发现。其生活史只需一个寄主,靠胞囊进行传播,胞囊为鱼吞食而致使鱼患病。

症状 内变形虫的营养体寄生在鲩成鱼的后肠,严重时肠黏膜充血脱落,引起卡他性肠炎,并形成溃疡,进而逐渐深入黏膜下层,然后向四周发展而形成脓肿。此病常与六鞭毛虫、肠袋虫和肠炎同时并发。它能分泌溶解酶,溶解组织,通过伪足的机械作用穿入肠黏膜组织,严重时虫体可随血流侵入肝脏或其他器官,在这些部位繁殖造成损害。病原体侵入数目较多,肠黏膜遭到破坏,后肠流出乳黄色黏液,但肛门不呈现红肿症状。

流行与危害 内变形虫病在全国各地养鱼场均有发现。流行季节为6～9月,常与细菌性肠炎同时暴发流行病。主要危害2龄以上的草鱼,与鱼体免疫力低下有关。

防治 加强养殖水体管理和增强鱼体免疫力是该病害防控的最佳措施,如早期发现感染,可使用吡咯酮类药物内服控制病害。

第四节 鱼类寄生孢子虫

一、生物学特征

孢子虫是具有一种独特结构的细胞器即顶复体的寄生原生动物,故又称顶复动物,顶复体是其感染宿主细胞的重要胞器。鱼类的孢子虫一般为细胞内寄生,多为两宿主生活史,通过运动的、蠕虫状的子孢子(sporozoite)感染宿主,往往子孢子被特殊的外壳包被形成卵囊以抵御外界不良环境。

1. 形态

顶复体(图7–12)多见于生活史中感染阶段虫体的前端,如子孢子或裂殖子(merozoite),有时也可见于滋养体(trophozoite)。电镜下可见顶复体由多个细胞器组成,极环(polar ring)呈电子致密状,一到多个,位于虫体的前端;类锥体(conoid)在极环之内,

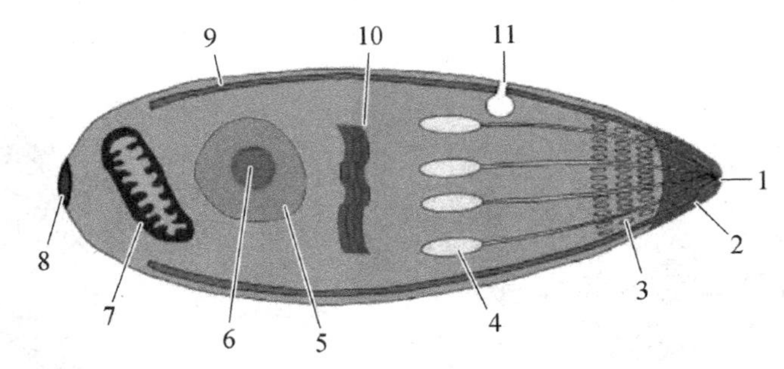

图7–12 顶复门动物顶复体结构示意图(引自Levine, 1973)
1. 极环;2. 类锥体;3. 微丝;4. 棒状体;5. 细胞核;6. 核仁;7. 线粒体;8. 后环;9. 膜下微观;10. 高尔基体;11. 微孔。

由许多呈螺旋状盘绕的微管组成，为一中空平头状的圆锥体结构，位于虫体的前端；棒状体(rhoptry)是若干从前端经类锥体往后延伸至核前沿的管状孢器，形似棒球棍，其功能不明，推测可能具有分泌蛋白酶、协助侵入宿主细胞的功能；微线体(microneme)位于棒状体周围，呈短杆状的电子致密胞器；膜下微管(subpellicular microtubules)，始于极环，由前向后延伸，其数目是重要分类特征之一，一般认为有运动和支持的功能。虫体具1细胞核，1核仁，核分裂为有丝分裂，减数分裂只在合子中进行一次，生活史中的各个主要时期为单倍体，具高尔基体、线粒体和内质网，线粒体具管状嵴(tubular cristae)；食物泡多以脂小体的形式存在，此外副糖原颗粒也常见于本门的某些种类。鞭毛仅见于运动的配子(gamete)，位于配子后端，数量变异较大，通常1～3根。

2. *生活史*

鱼类球虫的发育模式与温血动物球虫并无根本差异。艾美耳球虫和隐孢子虫的发育过程分为裂殖生殖时期(merogony)、配子生殖时期(gamogony)和孢子生殖时期(sporogony)。裂殖生殖开始于子孢子侵入宿主细胞，侵入的子孢子常外包纳虫空泡(parasitophorous vacuole)，位于宿主细胞质或细胞核中，侵入后子孢子变圆，开始分裂，成为裂殖体(meront)。

裂殖子(merozoite)或称营养子(trophozoite)形成于裂殖体中，释放的成熟裂殖子又侵染其他宿主细胞，形成二代、三代裂殖体。鱼类球虫裂殖子形态结构上和温血动物球虫也无显著差异，均具有易识别的核，类锥体和覆盖裂殖子的三层膜表皮(trimembranous pellicle)。表皮球虫纳虫空泡壁为一单层膜状结构，虫体孢质与宿主细胞间的良好代谢交换通过空泡突触来保证。而隐孢子虫(*Cryptosporidium*)的纳虫空泡为非完整型，由肠细胞微绒毛构成，仅在位于肠腔一端包裹裂殖体。配子生殖始于最后一代裂殖子分化为大配子体(macrogamont)和小配子体(microgamont)，大小配子(macro-and microgamete)分别发育于大小配子体内。小配子具一个核、线粒体、微管、顶端有一顶体(perforatorium)，多具鞭毛，但也有呈变形虫状的。多数种类的大配子发生于宿主上皮细胞的孢质顶部，超微结构显示大配子体孢质含有支链淀粉，脂粒及两类壁形成体(wall-forming body)。大小配子结合(受精)后形成结合子(zygote)，并分泌一层透明膜，把身体包围形卵囊。所以配子生殖是顶复门动物的有性生殖阶段，结合子是其生活史中唯一具有双倍体(2*n*)的阶段，合子形成后立刻进行减少分裂，又进入单倍体时期。孢子生殖是结合子在进行减数分裂之后所进行的分裂生殖，也是单倍体时期，合子在卵囊内经过多分裂形成许多孢子(spore)，每个孢子或者不分裂，或者再分裂成2、4或8个子孢子，而后卵囊破裂，子孢子逸出宿主进入水环境成为传播阶段。所以孢子生殖是鱼类顶复动物在有性生殖之后的无性生殖。鱼类球虫除隐孢子虫外，其卵囊结构非常相似(图7–13)。艾美耳球虫科(Eimeriidae)种类含2个孢子囊(sporocyst)，有时还包含1～2个极体(polar body)。每个孢子囊含两个子孢子和一个残体(residual body)。卵囊适应水栖环境，有一层薄而敏感的囊壁，无卵孔(micropyle)，囊壁厚度为3～200nm。而每个隐孢子虫卵囊含有4个裸露的子孢子和一个残体，其囊壁厚度尚无定论。孢子囊一般呈椭圆形、卵圆形或十二面

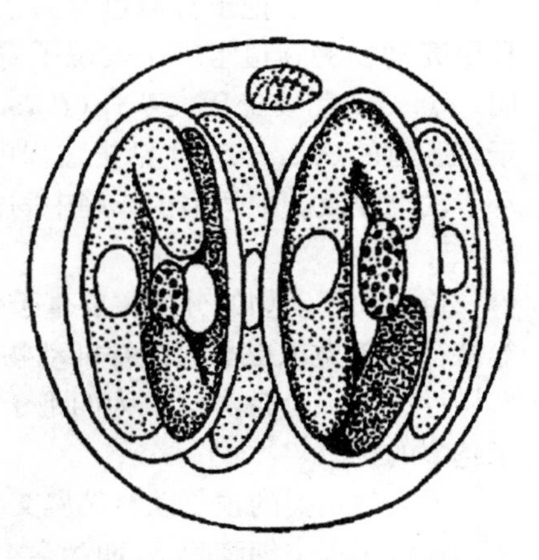

图7–13　鱼类球虫(*Goussia acipenseris*)卵囊模式图(引自Molnár，2006)

体，子孢子的释放模式是其重要的分类依据之一。孢子囊囊壁通常很薄，厚度30 ～ 500μm，两层居多，但较卵囊壁更耐受。孢子囊结构是鱼类球虫分属的重要依据之一，典型的艾美虫（*Eimera*）孢子囊有斯氏体（stieda body），而古西球虫（*Goussia*）孢子囊由两个大小一致的圆形或椭圆形或棺木形孢壳构成，通常缝线在光镜下不易观察。盖孢虫（*Calyptospora*）孢子囊尾端有一加厚的突起，其开口为一纵向的缝线，该缝线仅仅延伸至孢子囊前端1/3处；而晶孢虫（*Crystallospora*）孢子囊呈双塔形，开口于位于塔底的缝线。鱼类球虫的子孢子呈香蕉形、香肠形或逗号形，在孢子囊内呈头尾相连排列。而鱼类隐孢子虫子孢子并肩排列同向于孢子囊内，子孢子核位于胞体中间，光镜下易于辨认，类锥体位于子孢子前端，后端有时呈条纹状。孢子囊形成后即出现孢子囊残体，通常初期残体呈粒状，后期较致密，某些种存在特别大的残体，如*G. siliculiformis*、*G. degiustii*等。

寄生鱼类的阿德球虫的发育过程需经历裂殖生殖、配子生殖和孢子生殖三个阶段，但由于阿德球虫生活史涉及两个宿主，发育过程及各发育期形态与鱼类球虫存在某些差异。例如，大多阿德球虫在孢子生殖发生及成囊前两裂殖体会有一种特别的联合现象出现。血簇虫与西利亚氏球虫的裂殖生殖发生于水蛭或水生昆虫血液中，而黛氏球虫的裂殖生殖发生于宿主内脏器官细胞中。Khan（1972）首先通过人工感染方式描述了*Cyrilia unicinata*的发育过程，子孢子注入水蛭血液后，首先进入淋巴细胞、单核细胞、中性细胞或碱性细胞等免疫细胞，并在其内发开始裂殖生殖形成裂殖体、裂殖子。蠕虫状的裂殖子进入红细胞或白细胞后形成大小配子，随后两型配子联合，此时一般有一层薄膜包围。红细胞寄生的裂殖体及裂殖子一般呈香蕉状或新月状，大小4 ～ 5μm，而白细胞内的裂殖体可达到26μm。指状虫的发育过程目前还所知甚少，仅有红细胞内裂殖生殖和配子生殖部分时期虫体被观察到。Negma-Eldin（1998）用中间宿主水蛭感染鱼体，在感染的宿主中发现三种连续发生的裂殖生殖循环，第三个循环才生成裂殖子，最后变成配子体，配子体通常稍大于裂殖体。

鱼类艾美类球虫是单寄主（homoxenous）生活的，可直接感染宿主的，通过吞食或接触感染等方式始发感染，包括绝大多数肠道球虫如*G. iroquoina*、*G. subepthelialis*、*G. carpelli*、*E. vanasi*、*Cryptosporidium molnari*等。其大小配子体独立发育，小配子体产生数量众多具鞭毛的小配子，而大配子体只产生1个大配子，大小配子通过有性生殖进入孢子生殖期，形成卵囊、孢子囊及感染期子孢子。但也有为数不少的异主寄生的鱼类球虫。Landau等（1975）首次从一种甲壳动物的肠道组织中发现了寄生于*Gymnothorax moringa*的球虫子孢子。随后有研究表明*C. funduli*需要经历在草虾（*Palaemonetes pugio*）的发育阶段才能完成生活史周期。但寄生于鲤肠道的*G. carpelli*生活史过程可独自于宿主鱼体内完成，也可通过宿主鱼摄食感染的底栖环节动物完成。中间宿主或趋中间宿主在鱼类球虫的传播中的作用还需更多实验证据。

3. 分类

鱼类顶复动物的分类主要基于生活史模式、卵囊及孢子囊形态结构、孢子囊及子孢子数量等特征。鱼类球虫与温血脊椎动物球虫的最大区别在于其卵囊膜软且薄，表现出极大的形态多样性。大部分鱼类球虫为四孢子囊发育。随着分子系统学的引入，现行的球虫分类受到越来越多的挑战。

大多数鱼类的顶复动物都属艾美耳球虫亚目，分属检索表如下。

1. 位于宿主细胞膜下，卵囊含4个裸露子孢子（sporozoite），无孢子囊……………………………………………………………………………隐孢子虫属（*Cryptosporidium*）

子孢子发育于孢子囊内……………………………………………………………2

2. 专性异宿主生活史，孢子囊具有1至多个突起……………………盖孢虫属（*Calyptospora*）
　孢子囊不含突起……………………………………………………………………………3
3. 孢子囊含栓体，成点状、环状或长结状………………………………………………………4
　孢子囊不含栓体，但具有沿着纵向缝线的2瓣孢壳……………………古西亚虫属（*Goussia*）
4. 孢子囊呈结晶状，沿着横向缝线有两个六角形壳版，形成十二面体………………………………………………………………………………晶孢虫属（*Crystallospora*）
　孢子囊呈椭圆形或卵圆形，每个卵囊含4个孢子囊，每个孢子囊含2个子孢子……………………………………………………………………艾美耳属（*Eimeria*）
　每个卵囊内有两个孢子囊，每个孢子囊有4个子孢子…………………………等孢属（*Isopora*）

二、主要病原体及其引起的疾病

艾美耳球虫病（eimeriasis，球虫病 coccidiasis）

迄今，已报道了130余种鱼类艾美耳球虫，卵囊壁为一层薄的膜状结构，成壁体不易观察。大多鱼类艾美耳球虫在宿主体内产生形成子孢子，且许多种寄生于肠外组织。

病原体　艾美耳球虫（*Eimeria* Spp.）

大多数种类为单宿主生活史，某些中兼行异宿主生活史，每个卵囊包括4个孢子囊，每个孢子囊含2个子孢子，孢子囊壁光滑，具顶部开口，开口常有一环状或球形把手状的栓体塞子塞住，而在某些种类中，类似塞子结构（亚栓体）依附在孢子囊壁内表面；子孢子脱囊时，栓体分解，子孢子从开口释出。大多数种的生活史发育阶段（裂殖生殖和配子生殖）是在宿主细胞质深部进行的。我国报道了寄生于淡水鱼类的艾美耳球虫有30种左右，如黑龙江流域记载11种，辽河14种，湖北15种，广东及浙江4～5种。寄生在养殖鱼类的主要有青鱼艾美耳球虫（*E. mylopharyngodoni*）、住肠艾美耳球虫（*E. cheni*）、鲢鳙的鳙艾美耳球虫（*E. aristichthysi*）、中华艾美耳球虫（*E. sinensis*）及柳壕艾美耳球虫（*E. liuhaoensis*），鲤的鲤艾美耳球虫（*E. carpelli*）和海城艾美耳球虫（*E. haichengensis*），鲫的湖北艾美耳球虫（*E. hupehensis*），草鱼的船丁艾美耳球虫（*E. saurogobii*）及草鱼艾美耳球虫（*E. ctenopharyngodoni*）。国内研究较多的是青鱼艾美虫，其卵囊呈球形，直径12.3～13.9μm；孢子囊卵形，大小为（7.5～8）μm×（5.3～6.3）μm；子孢子为香蕉形，一端宽而钝圆，另一端较窄而尖细；子孢子残余体呈球形；裂殖生殖通常在肠道前端黏膜细胞中发生，严重感染时，也可在肝细胞中进行，在宿主鱼体内可能随血液传播，孢子发生常在宿主肠细胞中完成。

病症　严重感染的病鱼鳃瓣苍白，腹部膨大，肠前段的肠壁内有许多白色小结节，有时突出明显，有时不明显，肉眼可见病灶，肠管较正常粗2～3倍。结节是由卵囊聚群而成的，严重时肠壁溃烂穿孔，有时肠外壁也可形成结节状的病灶。病理切片显示，病鱼肠壁黏膜层、浆膜层，尤其是黏膜层的固有层发生严重病变，细胞坏死、脱落，肠壁发炎充血，形成溃疡，甚至肠穿孔。

流行与危害　主要感染1龄以上的青鱼，病鱼体黑，无食欲，直至死亡，危害严重。全国各主养区都有发现，但除青鱼外，尚未见有其他养殖鱼类暴发性流行该病，主要流行于江浙地区，流行期在4～7月，水温24～30℃。鱼类通过吞食感染性的卵囊始发感染。青鱼艾美虫及鲤艾美虫卵囊模式图见图7-14。

防治　目前，对养殖水体的清洁消毒被认为是有效防控鱼类球虫病发生的办法。

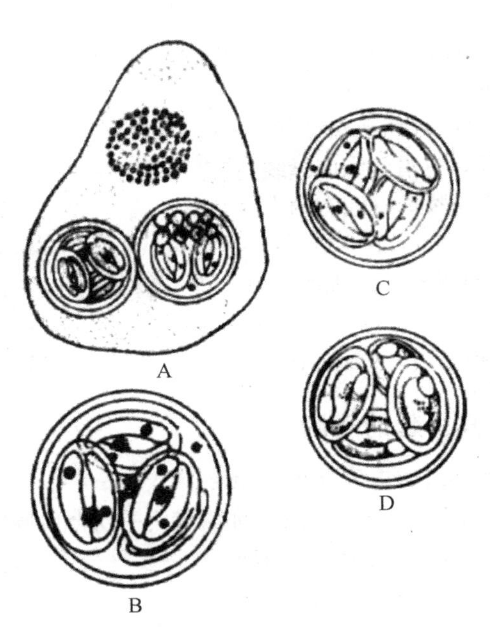

图7–14　鱼类艾美球虫模式图（引自湖北省水生生物研究所，1973）
A～C. 青鱼艾美球虫，A. 在宿主细胞中的两个成熟卵囊和发育中的小配子；B. 卵囊模式图；C. 成熟卵囊；D. 鲤艾美虫的成熟卵囊模式图

第五节　鱼类寄生微孢子虫

一、生物学特征

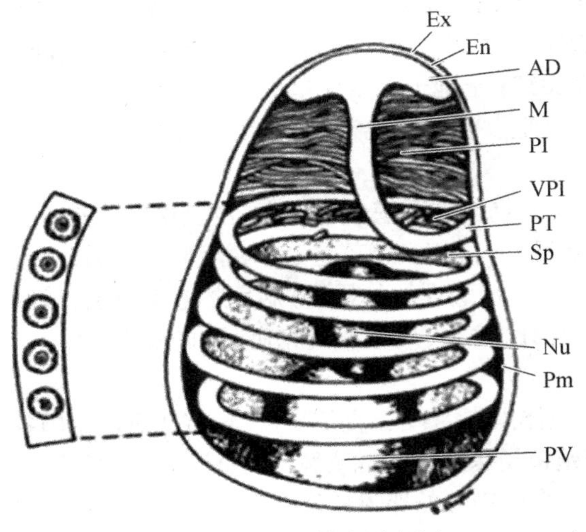

图7–15　微孢子虫成熟孢子模式图（引自Weiss，1999）
Ex. 外孢壁；En. 内孢壁；AD. 锚状盘；M. 极丝柄状部；PI. 层状极体；VPI. 泡状极体；PT. 极管；Sp. 孢质；Nu. 孢核；Pm. 质膜；PV. 后泡

1. 形态

微孢子虫为专性细胞内寄生真核生物，所有发育阶段均缺失线粒体等胞器，成熟孢子是其唯一能在宿主体外生存的生活史阶段。成熟孢子2～10μm长，大都为椭圆形或卵形，鱼类微孢子虫一般具有较其他陆生动物微孢子虫更大的后泡。复杂的挤出装置是微孢子虫最显著的特征，其主要结构包括锚状盘（anchoring disc）、极体（polaroplast）、极丝（polar filament）或极管（polar tube）、后泡（posterior vacuole）及孢壁（spore wall）。微孢子虫成熟孢子模式图见图7–15，锚状盘在孢子顶端，又称极帽（polar cap），其下方为层片状或分室状构造的极体，极丝为管状结构，基部较粗，称为柄状部（manubrium），固定在锚状盘上，向后延伸一段，沿内孢壁内

表面向后缠绕几圈直达后泡，大都鱼类极丝为同形极丝（isofilar），即除柄状部外，全长直径一致。孢壁常三层，内层为质膜，中层为内胞壁（endospore），主要由几丁质类构成，外层为外孢壁（exospore），由类蛋白质物质构成。常见鱼类微孢子虫孢子见图7–16。孢子形态及前孢子发育

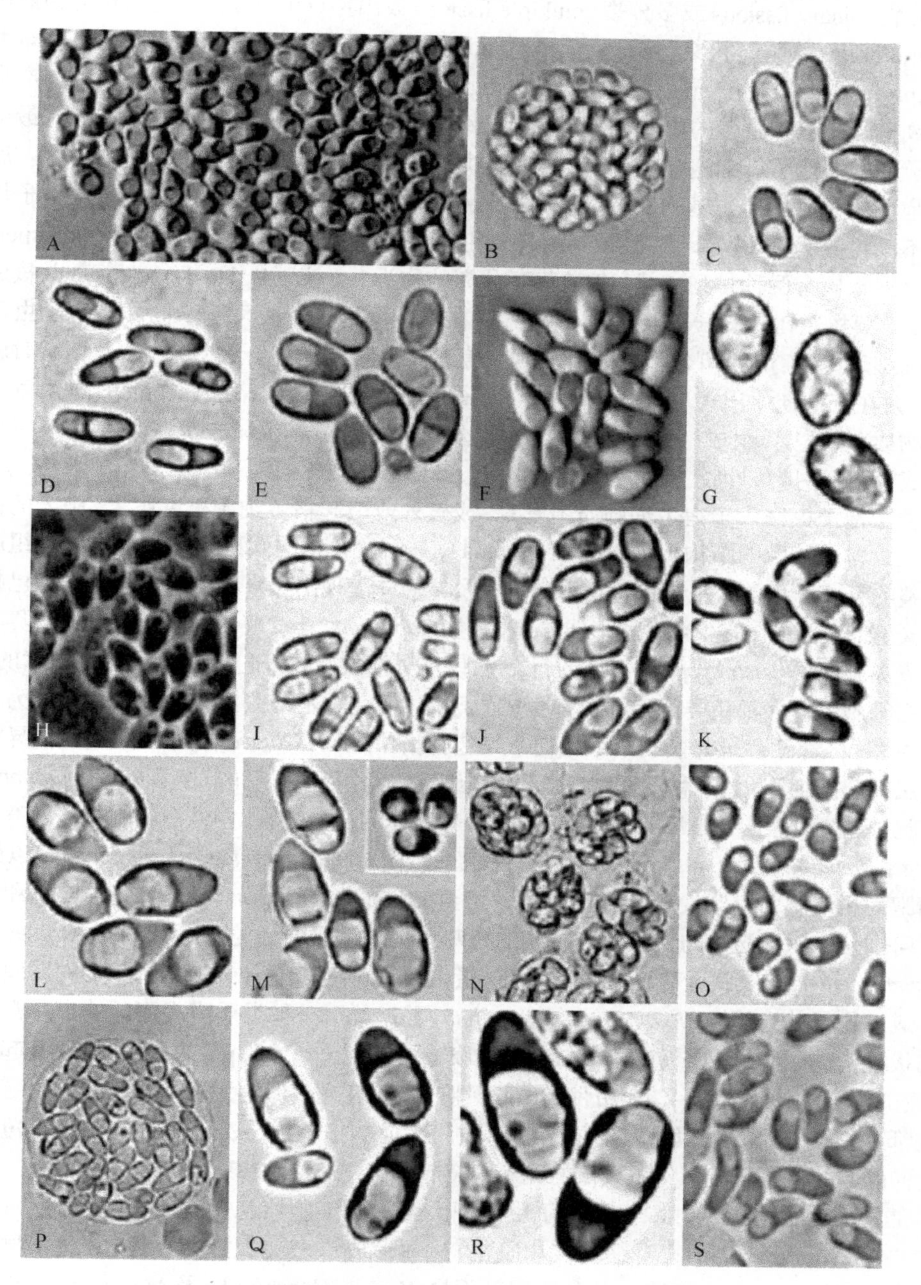

图7–16　鱼类微孢子虫孢子光镜图示（引自Dykova，2006）

A ～ C. *Glugea anomala*（B示孢子发育于孢子囊中）；D. *Glugea plecogloss*；E. *Glugea stephani*；F. *G atherinae*；G. *Ichthyosporidium giganteum*；H. *Tetramicra brevifilum*；I. *Glugea hertwigi*；J. *Glugea luciopercae*；K. *Pleistophora hippoglossoides*；L. *P. hyphessobryconis*；M, N. *Heterosporis schuberti*（图M中插入图为该种小孢子）；O. *Kabatana arthuri*；P, Q. *Ovipleistophora mirandellae*；R. *Pleistophora ovariae*；S. *Spraguea lophii*

各阶段形态是微孢子虫分类的重要依据。有些种类孢子挤出器原始或退化缺失。感染时，感染性孢质借助挤出装置，黏附在宿主细胞表面或侵入宿主细胞细胞质，开始其增殖发育阶段。通过裂体生殖生成大量的裂殖体（meront），裂殖体内内质网分化明显，行营养生长和增殖，增殖方式为二分裂（binary fission）或多分裂（multiple fission）或出芽（budding），出芽又可分为原质团分割（plasmotomy）和花瓣状芽殖（rosette-like budding）两类。裂殖体发育至一定阶段即生成产胞体（sporont）或多核的产孢原质团（sporogonial plasmodium），进入孢子生殖阶段。产胞体具有电子致密层外膜和较多的内质网，经一次或多次分裂形成孢子母细胞（sporoblast），最终生产成熟孢子。早期孢子母细胞电子致密外层膜增厚，并与质膜分离，在电镜下呈锯齿状。后期孢子母细胞可见明显的高尔基体和正在发育的极体和极丝。不同种类按产胞体生成孢子母细胞的数目不同可分为：双孢母型（disporous）、八孢母型（octosporous）和多孢母型（polysporous）。微孢子虫细胞核有两种排列方式：各核相互分离的称为“离核”（isolated nucleus），两核成对偶联的称为“藕核”（diplokaryon），核的排列方式在不同生活史阶段可能不同。微孢子虫可直接在宿主细胞质中发育，也可包在一层外膜内发育与宿主细胞质隔开，外膜在裂殖期有时就已形成，但多数在产孢期才出现。外膜分两类：① 寄生泡（parasitophorous vacuole），是由寄主细胞质中的物质（内质网）组成，常为球形；② 产孢囊（sporophorous vesicle），是由微孢子虫自身分泌物构成，可为非持久性膜，也可为持久性厚壁，外形多样。

鱼类微孢子虫嵌入于宿主细胞质中发育，或破外或引起宿主细胞极度肥大，肥大的宿主细胞和寄生虫构成特殊的结构，即异瘤体（xenoma），其中发育中的微孢子虫和宿主细胞组成了生理上完整的整体。鱼类微孢子虫各生活史阶段及异瘤体表现出丰富的结构多样性。在已报道的15属鱼类微孢子虫中，有少数种不形成异瘤体，如*Kabatana*，其发育各阶段无特殊的边界与宿主细胞质隔离开，而*Pleistohpora hyphessobryconis*仅仅早期裂殖体外包被一层无固定形状的、非整体的宿主细胞质。大都鱼类微孢子虫都生成异瘤体，但究竟是哪些鱼类细胞最后转化为异瘤体了解得不多，尽管已有研究表明白细胞通常是包括格留虫属（*Glugea*）、*Loma*及其他成异瘤体属微孢子虫的起源细胞，如迁移的间叶细胞、巨噬细胞或组织细胞是异常格留虫（*Glugea anomala*）的靶细胞，单核吞噬细胞是*Tetramicra brevifilum*异瘤体的起源细胞，中性白细胞是史蒂芬氏格留虫（*Glugea stephani*）及*Loma acerinae* 的靶细胞。然而*Loma salmonae*及*L. embiotocia*以鳃上的内皮细胞为靶细胞。完全发育的异瘤体最大可至13mm，如*G. atherinae*。演变的质膜和成纤维细胞反向排列构成异瘤体的支撑壁。质膜的特殊结构是重要的分类特征，如*Nosemoides tilapiae*及*N. brachydeuteri*的质膜上有一层薄的多糖–蛋白质复合物；*Microsporidium cotti*的质膜演变成绒毛形成一刷子状边缘；*Microgemma*、*Microfilum*及*Tetramicra*种类质膜表面延伸出非常长的汇合的网状结构；鱼孢虫属（*Ichthyosporidium*）质膜上大小为5μm × 0.3μm的指状突起，其起源于厚的、致密的纤维性的外质区；*Glugea*种类质膜具胞饮功能，或呈低的无规则的突起，或一致，或两种形式都存在且外被厚的紧密相对的由脱落质膜构成的细胞被层；*Loma*种类质膜上覆盖一层平滑延伸的厚的粒状无定形物质或低的无规则突起。

通常肥大的宿主细胞外围无微孢子虫。肥大细胞的细胞核起初位于一侧，后期可位于异瘤体中央，或位于其外围，甚至细胞核片段化，进而形成许多无规则的小块，并位于异瘤体外围。寄生虫各阶段在宿主细胞中的分布因种而异，*Loma*、*Nosemoides*及*Microgemma*种类虫体发育阶段相互无规则混在一起；*Glugea*各发育阶段成层分布，前孢子发育阶段位于异瘤体的外围，成熟孢子位于中央；*Spraguea*则是二倍体期位于中央，单倍体期位于边缘。不同种异瘤体的形式见图7–17。鱼类微孢子虫的发育受多种因素影响，如水温，如*G. plecoglossi*在水温低

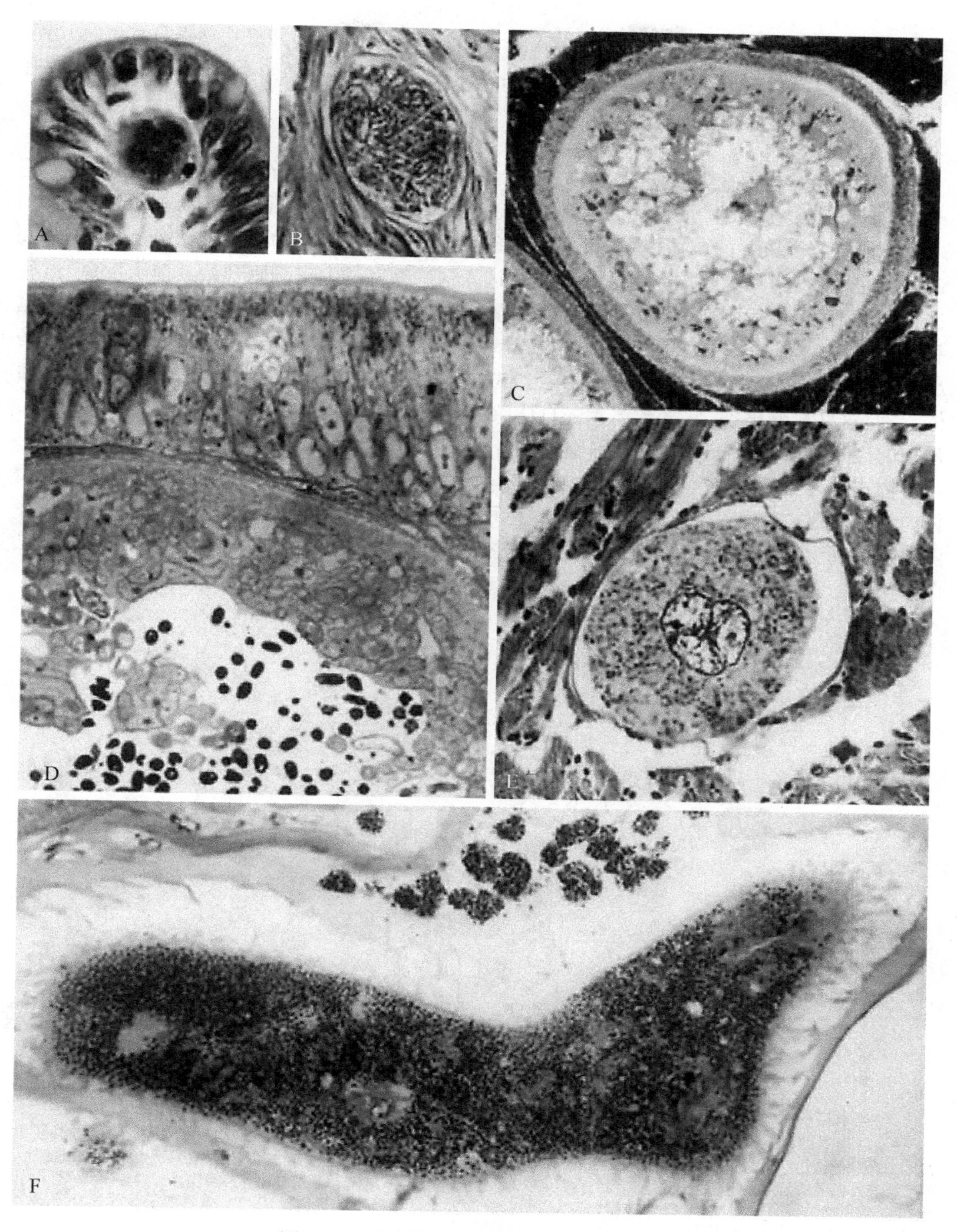

图7-17　异瘤体形式（引自Dykova，2006）

A. 肠道皮下结缔组织的*Glugea anomala*早期异瘤体（×480）；B. *G. plecoglossi*早期异瘤体，示深植于肠肌层的柱状裂殖体（×360）；C. *G. plecoglossi*成熟异瘤体，示外包一结缔组织层（×170）；D. *G. anomala*异瘤体结构，示前孢子发育期位于异瘤体外周，而致密染色的成熟孢子向中央区聚集（半薄切片，×890）；E. 典型的*Glugea* sp.小异瘤体，示服大的位于中央的未片段化的核（×380）；F. 肌肉组织中*Tetramicra brevifilum*异瘤体，示异瘤体外周许多绒毛及在肌纤维残体中释放于其他破裂异瘤体的成熟孢子

于16℃时，其发育几乎完全停滞，同样水温低于15℃，*G. stephani*不能成功感染宿主鱼，但当恢复到适宜温度后，停滞的发育会恢复正常。水温调控对工厂化养殖鱼类微孢子虫病的防控有一定价值。

2. 生活史

尽管无脊椎动物寄生微孢子虫有较复杂的生活史，但很长时间内鱼类微孢子虫被认为是单宿主经口直接传播的，最具代表的是寄生于鲑鳟鱼鳃部的*Loma salmonae*，Shaw等（1998）较系统地研究了该种的传播模式，证明宿主鱼吞食孢子是其主要的自然感染途径，孢子进入鱼体后在胃、幽门盲囊或前肠释放孢原质并进入这些器官的上皮细胞开始其孢子发育，然后进入血液循环，最后到达靶器官，即成熟孢子寄生的部位，这个过程一般需要2～3周，这也是心脏、脾脏、肾脏等器官发现前孢子（prespore）和孢子的原因。另外他们还认为鳃皮层是*L. salmonae*最佳生存部位，但如果感染方式变化或循环感染，其他器官皮层也能产生异瘤体，一旦这些异瘤破裂，将导致严重的自体感染（autoinfection）。感染性胚质迁移至鳃部后，最初的裂殖体常发现于内皮下层细胞或血管的柱状细胞。孢子生殖及异瘤体形成也发生于这些内皮下层细胞，成熟孢子最早在感染后4周就可检出，孢子常位于异瘤体的外周。异瘤体内常可看见许多宿主细胞核，最大异瘤体可达0.5mm，常出现于鳃小片及鳃丝血管中。伴随异瘤体的生长，感染后6周即可观察到宿主明显的炎性反应。*L. salmonae*生活史模式图见图7–18。

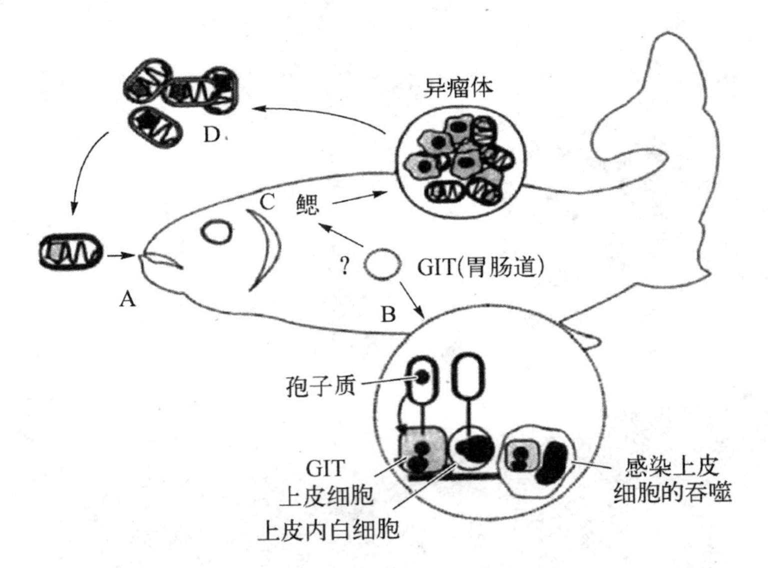

图7–18 *Loma salmonae*可能的生活史感染模式图（引自Rodriguez-Tovar et al.，2011）

A. 感染性孢子被易感性宿主吞食；B. 孢子在宿主胃肠道孵化，胃肠道环境中突然的pH改变激发了极管的外翻挤出，随后极管刺入宿主淋巴细胞、巨噬细胞或上皮细胞等的细胞膜中，而这些包含感染性胚质的细胞又被宿主白细胞所吞噬，并进入血液管，在这些细胞迁移至靶器官过程中，寄生虫经历裂体生殖；C. 最终寄生虫到达靶器官鳃，继续行裂体生殖直至完整的异瘤体形成，异瘤体破裂、成熟孢子释放激发了宿主严重的炎性反应；D. 成熟孢子释放入水环境，等到合适的宿主，开始新一轮感染

Nylund等（2010）实验证实*Paranucleospora theridion*的生活史需经历大西洋鲑（*Salmon salar*）及其体外寄生虫鲑虱（*Lepeophtheirus salmonis*）两宿主阶段，有性生殖发生于鲑虱，鱼类可能只是微孢子虫的偶遇宿主，大都数鱼类微孢子虫的终末宿主是这些无脊椎动物。

3. 分类

迄今已报道了微孢子虫160属，正式命名1 300余种，寄生鱼类的微孢子虫涉及15属200余种，很大一部分都是养殖或野生鱼类的重要病原体。光镜及电镜下观察到的孢子、异瘤体、裂殖期、孢子期生活史阶段及与宿主接触界面的形态结构及传播方式等是微孢子虫的主要分类依据。同时，分子数据，尤其是核糖体RNA基因序列也是微孢子虫分类的重要参考依据。自微孢子虫独立成门后，其分类系统历经变更，现在普遍认可的是Sprague等1992年根据生活史过程中是否出现双倍体期、寄生位置、宿主-寄生虫接触界面、孢子形态、裂体生殖及孢子生殖等特征修订的分类系统。

二、主要病原体及其引起的疾病

赤点石斑鱼格留虫病（glugeasis）

鱼类微孢子虫是水产养殖鱼类的一类重要寄生性病原体，迄今已报道的有200余种，但在我国由于研究力度不足等原因，仅涉及格留虫属、匹里虫属等少数几种。近年来，在海水重要养殖鱼类中微孢子虫病有加重的趋势，如真鲷微孢子虫病（未定种）、青斑肠道微孢子虫病（未定种）、石斑鱼格留虫病等。

病原体 石斑鱼格留虫（*Glugea epinephelusis*），寄生于赤点石斑鱼（*Epinephelus akaara*）的腹腔壁。异瘤体呈椭圆、圆形或不规则团块等状，圆形的直径为0.3 ～ 1.2cm，椭圆形和不规则的为0.6 ～ 1.4cm（图7-19A）。另外还发现两种类型的异瘤体，一种为手触柔软，壁较薄，内含物为乳白色液状物，其中含早期营养体、产孢体（sporont）及成熟孢子，成熟孢子位于胞囊中央，营养体位于外围，产孢体所含孢核很多，最多可达100余个；另一种手触坚硬，内含物呈乳白色块状，其中只含成熟孢子。新鲜孢子涂片发现，孢子卵形，前端稍窄，后端钝圆，活体标本孢子大小平均为5.5μm × 3.1μm［(4.6 ～ 7.2)μm × (2.8 ～ 3.5)μm］，福尔马林固定标本，大小平均为5.5μm × 2.9μm［(4.4 ～ 7.1)μm × (2.6 ～ 3.2)μm］。活体时孢子呈半透明状，不易看到极丝，福红染色的标本可辨别出孢子内有一与孢子纵轴成45°角环绕14 ～ 16圈的极丝。吉姆萨染色可清晰地看到孢子为单核，位于孢子后端，直径为0.8 ～ 1.1μm（图7-19B）。在细胞核下方有一椭圆形液泡，大小平均为1.1μm × 0.8μm。早期营养体近圆形，直径为4.5 ～ 7.0μm，吉姆萨染色显示为单核，随着营养体的继续发育，形状变得不规则，孢核反复分裂，形成多核原质

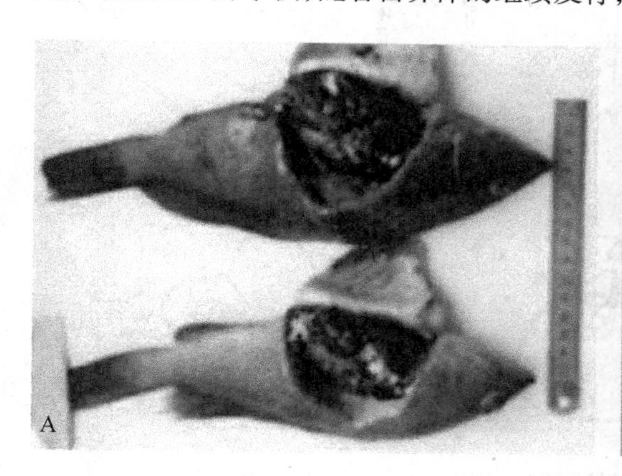

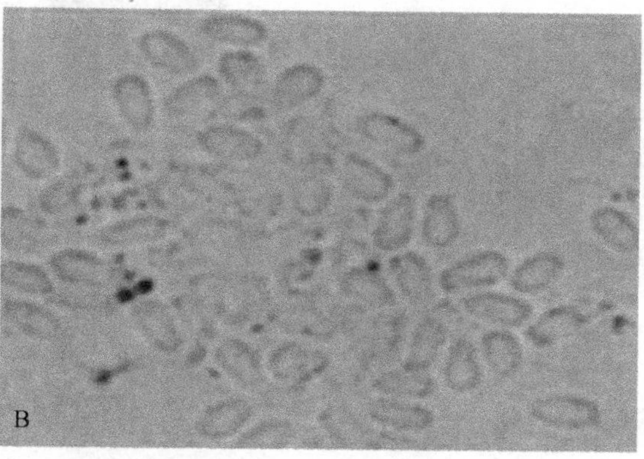

图7-19 赤点石斑鱼格留虫病

A. 感染石斑鱼格留虫（*Glugea epinephelusis*）的赤点石斑鱼（*Epinephelus akaara*）；B. 示腹腔大量黑色孢囊；光镜下石斑鱼格留虫孢子（× 400）

体，之后发育为产孢体，孢子的具体发育过程未观察到。

病症　患病鱼游动缓慢、食欲差、消瘦，腹部因大量异瘤体的出现而显膨大，体表、鳃未见任何出血等其他不良病症。病理不详。

流行与危害　主要发生于我国广东沿海石斑鱼网箱养殖区，感染率最高可达90%以上，感染多发生于200g以上的商品石斑鱼，故而危害较大。尚未见野生石斑鱼感染的报道。

防治　尚未有理想的防治方法的报道，养殖渔民根据经验采用抗球虫药物如地克利珠、盐酸氯苯胍等拌饵投喂有一定效果。

第六节　鱼类寄生粘孢子虫

一、生物学特征

1. 形态

粘孢子虫隶属粘体动物门（phylum Myxozoa Grasse，1970），故又称粘体动物（myxozoan）。粘孢子虫成熟孢子（myxospore）主要由壳瓣（valve）、孢质（sporoplasm）及极囊（polar capsule，内含极丝）三部分组成（图7–20）。

壳瓣、极囊数目、极囊的分布方式及壳瓣表面的装饰性结构是粘孢子虫纲属间重要的分类依据。壳瓣是由原生质发育分化为成壳瓣细胞，其退化失去细胞大部分结构，并几丁质化而形成的。壳瓣相连处为缝线（sutural line）。壳瓣大小因种而已，表面一般是光滑的，但有些种类表面有褶皱、雕纹或条；壳瓣数目是重要的分目依据，通常为2 ～ 12个；某些种类在壳瓣的后部又有长短、粗细不一的各种突起，或延伸而呈尾巴状结构，如尾孢虫、单尾虫等；还有一些种类，如武汉单极虫（*Thelohanellus wuhanensis*）壳瓣外还有一层黏液层包裹。孢子内通常含1

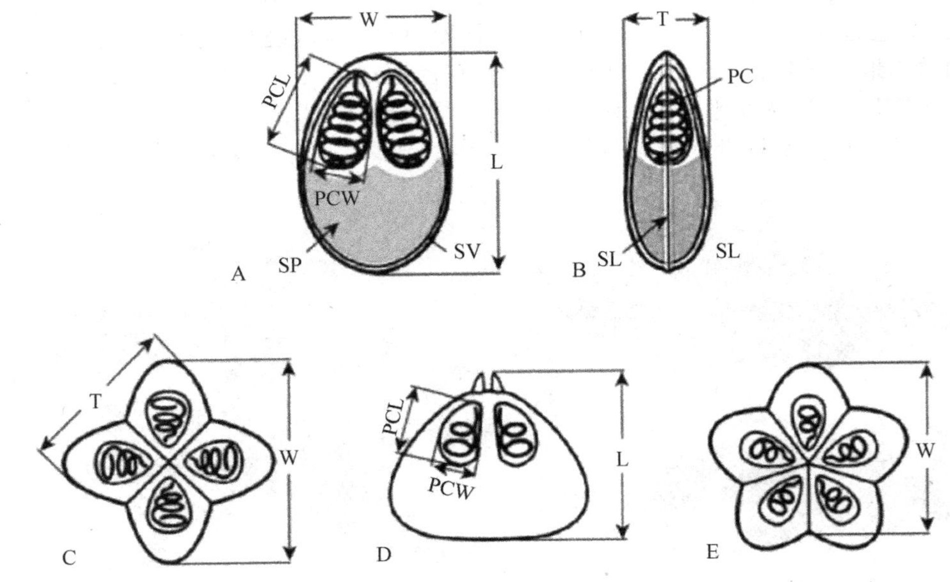

图7–20　粘孢子虫孢子结构模式图及测量方法（引自Yokoyama et al.，2012）

A. 双壳目孢子壳面观；B. 双壳目孢子腹面观；C，E. 多壳目孢子顶面观；D. 多壳目孢子侧面观；PC. 极囊；SP. 孢质；SV. 孢壳；SL. 缝线；L. 孢子长；W. 孢子宽；T. 孢子厚；PCL. 极囊长；PCW. 极囊宽

至多个极囊（polar capsule）。极囊通常呈梨形、瓶形或球形，通常位于孢子的一端，此端通常称为前端，而相对的一端为后端，也有极囊分别位于两端的，如两极虫等。极囊内有螺旋盘绕的极丝（polar filament），其盘绕圈数及方式是种间重要的分类特征。极丝前端有一开孔，在外界环境的刺激下，极丝从此孔伸出，壳瓣打开，释放感染性孢质。在极囊之下或中间有孢质（sporoplasm），一般具两个核及其他结构，如嗜碘泡（iodinophilous vacuole）。粘孢子大小通常为10 ～ 20μm，组织寄生的粘孢子虫常形成肉眼可见的孢囊原质团（plasmodia），而在腔隙器官如胆囊、膀胱寄生的粘孢子如角形虫则发育于腔体中。代表性属种粘孢子的孢子形态见图7–21。

粘孢子的发生起源与发育于无脊椎动物宿主（主要为底栖寡毛类、多毛类）的放射孢子虫（actinosporean）侵染宿主鱼鳃、皮肤或鳍黏液细胞后释放的孢质团。对虹鳟脑碘泡虫（*Myxobolus cerebralis*）孢子发生的研究显示，进入宿主鱼表皮层，初始阶段孢质细胞团致密，位于表皮细胞间，大小为2.0 ～ 2.5μm，孢质细胞呈电子致密状，彼此紧密相连，看似包裹于一个大细胞内，具有明显的核，核具致密的同源核质，细胞质较周围的基质致密得多。此外，这些孢质细胞含有数量不等的嗜锇体、内质网及电子致密线粒体。这些位于表皮细胞间的孢质团形成似假足状的突起物（图7–22）。感染后30min，大量单个三突放射孢子（建议用“**三叉放射孢子**”）孢质团发现于鳃、皮肤、尾鳍上皮细胞。1h后，孢质细胞中不仅有一致密的细胞团出现，而且形成很多小的细胞簇，位于上皮细胞内，但这些小细胞簇如何进入宿主细胞内尚不清楚，可能通过某种受体介导的吞噬或泡饮过程完成。每个细胞簇外包裹一个具异常大核的细胞。

感染的上皮细胞具一狭窄的细胞质边缘，其核被挤压至细胞质一侧（图7–23）。感染后2h，一些孢质团呈现有丝分裂末期结构，细胞拉长，包含两个位于细胞两极的深度染色区。此时，所有上皮细胞内的孢质团似乎为同步发育，分裂的孢质细胞外被一个大的含电子透明的细胞质基质，被侵染的宿主上皮细胞核被孢质团与原生质膜挤压。分裂的孢质团细胞子核为电子致密状，有丝分裂末期位于细胞反侧，其胞质可见明显的线粒体及内质网，内质网环绕一个子细胞核，产生包裹细胞的原生质膜。感染后7h，胞内的孢质细胞团呈现粘孢子虫的独特结构，即一个初级细胞包裹一个次级细胞（cell-in-cell complex），随后孢质原细胞团脱去外包的膜，直接与宿主细胞质接触。随着被侵染上皮细胞原生质膜破裂，虫体发育阶段释放于宿主细胞间，通常这一过程发生在感染后8h左右。

感染后2d，虫体发育阶段首次移行至宿主真皮层，此时寄生虫原质团通常包含20个以上细胞，每个细胞内含一个次级细胞，初级细胞与次级细胞孢质均呈电子致密状，内含自由核糖体及线粒体。其后，虫体原质团沿着宿主鱼外周神经系统进入中枢神经系统，尤其是脊髓背侧、脑的灰质区等部位，位于脊髓神经纤维之间与沿外周神经的发育阶段成伸长的纺锤状，大小约为6.5μm×1.5μm；而在从脊髓向延髓转换时期，虫体发育阶段呈圆形，直径约2.6μm，感染后14d直径达2.8 ～ 3.8μm，虫体原生质团外裹一层薄膜。感染后20d左右，虫体迁移至软骨发育，超微结构显示大的虫体原质团形成多个伪足状的结构深入周围的软骨组织，周围电子透明的软骨基质被虫体分解，可能是虫体分泌了某种酶的结果。随后寄生虫发育进入粘孢子孢子发育期（sporogonensis），包围在内部的细胞成为孢原细胞（sporogonic cell），接着发生泛泡子母细胞（pansporoblast），外面的包围细胞不再分裂，留在外面仅起包围作用。在内部孢原细胞随即进行连续分裂，并完成2个孢子母细胞（sporoblast）所必需的细胞数，包括2个壳瓣原细胞（valuogenic cell）、2个极囊原细胞（capsulogenic cell）及1个孢质细胞（sporoplasmic cell），它们最终分别发育为成熟孢子的孢壳、极囊与极丝及孢质。虹鳟脑碘泡虫孢子发生为非同步发育，导致形成一个二孢子的泛孢子母细胞，并最终发育成产胞体。一对壳瓣原细胞相连后，相对细

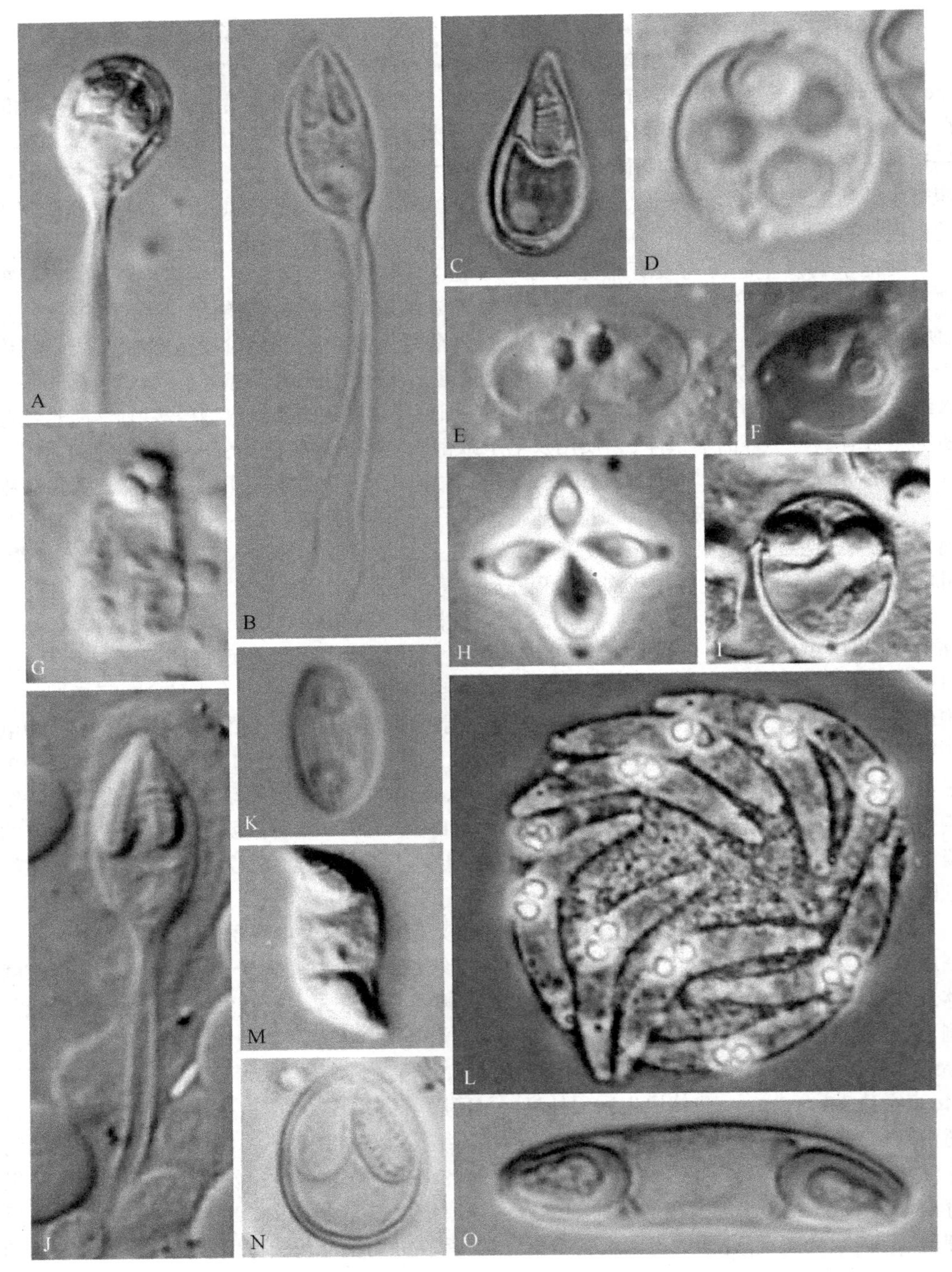

图7–21 粘孢子虫纲代表属形态粘孢子结构（引自Feist et al.,2006）

A,B. 尾孢虫（*Henneguya* sp.）;C. 单极虫（*Thelohanellus* sp.）;D. 四极虫（*Chloromyxum* sp.）;E. 薄壳虫（*Leptotheca* sp.）; F. 球孢虫（*Sphaerospora* sp.）; G. 小囊虫（*Parvicapusla* sp.）; H. 顾道虫（*Kudoa* sp.）; I. 粘原虫（*Myxoproteus* sp.）; J. 拟尾孢虫（*Myxobilatus* sp.）; K,M. 两极虫（*Myxidium* sp.）; L. 角形虫（*Ceratomyxa* sp.）; N. 碘泡虫（*Myxobolus* sp.）; O. 弧形虫（*Sphaeromyxa* sp.）

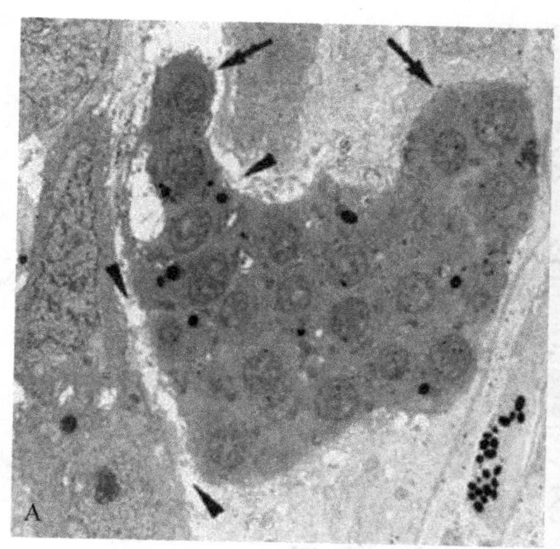

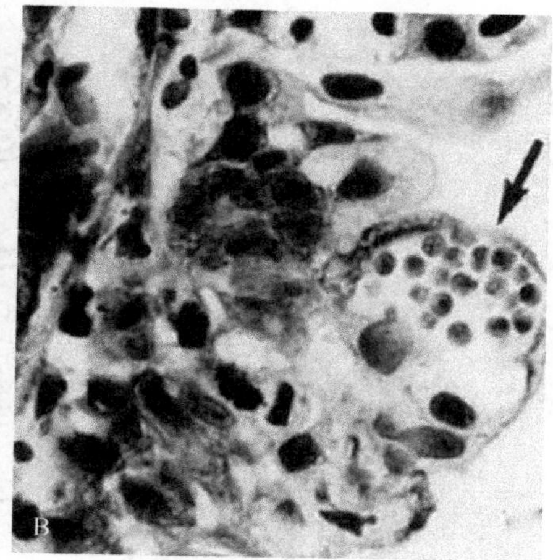

图 7–22　虹鳟脑碘泡虫(*Myxobolus cerebralis*)感染初始阶段形态结构(引自 El-Matbouli et al., 1995)
A. 示位于虹鳟上皮细胞间的三突放射孢子孢质团形成的似假足状突起(×2800); B. 侵入宿主鳃上皮细胞的三突放射孢子孢质(×700)

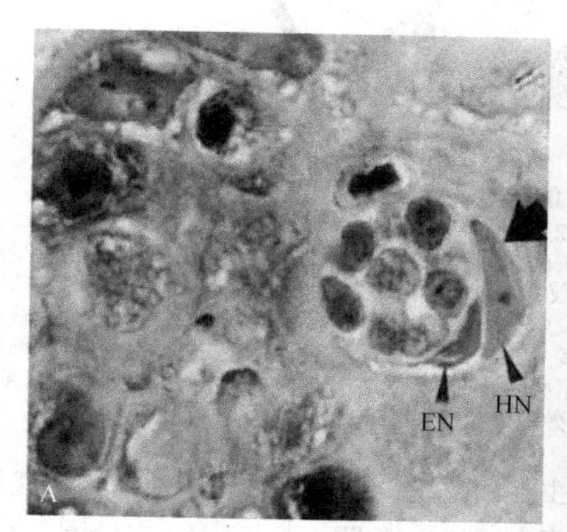

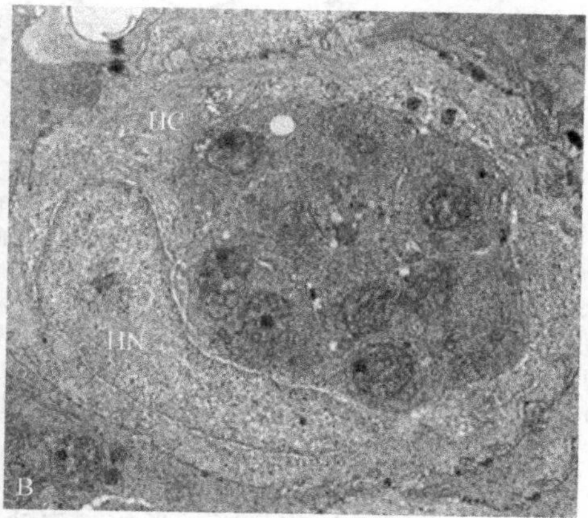

图 7–23　发育中的虹鳟碘泡虫超微结构图(引自 El-Matbouli et al., 1995)
A. 示感染的上皮细胞核被虫体原质团挤压到孢质一侧: EN. 包围细胞的细胞核 HN. 宿主细胞的细胞核(Giemsa 染色, ×1050)　B. 示感染的上皮细胞内超微结构,宿主细胞质边缘为电子透明区(×4400)

胞厚的突起被一连续的、具隔膜的结合物铰链在一起形成缝线与缝脊。随着粘孢子的成熟,壳瓣细胞形成一狭窄层围绕孢子质,胞器退化形成孢壳。两个极囊原细胞包围在壳瓣细胞中,每个极囊原细胞含一个极囊原基,其基部为圆形,窄的末端发育呈伸长的外管,极管内充满中等电子致密的物质。孢子成熟后期,极囊原基发育为成熟的极囊,内含组织精细的极丝,极丝一般缠绕 7 ～ 8 圈。孢子质双核,充满极下部整个空间,甚至极囊之间,孢子质内通常含数个电子致密体(孢质体, sporoplasmosome)。至此,虹鳟脑碘泡虫完成其在宿主鱼体内的整个发育过程,生成粘孢子。尽管不同的粘孢子虫对宿主鱼的侵染方式、发育及移行途径存在差异,但主要发育过程可总结如图 7–24 所示。

关于粘孢子虫发育过程中形成的细胞内细胞特殊结构——内细胞的形成机制,一直以来均认为是通过外围细胞内出芽(endogenous budding)的方式生成的,这一过程涉及外围细胞内质网包裹分裂的核,形成一新的质膜,最后包围并与外围细胞分隔,但最近的研究表明这一粘

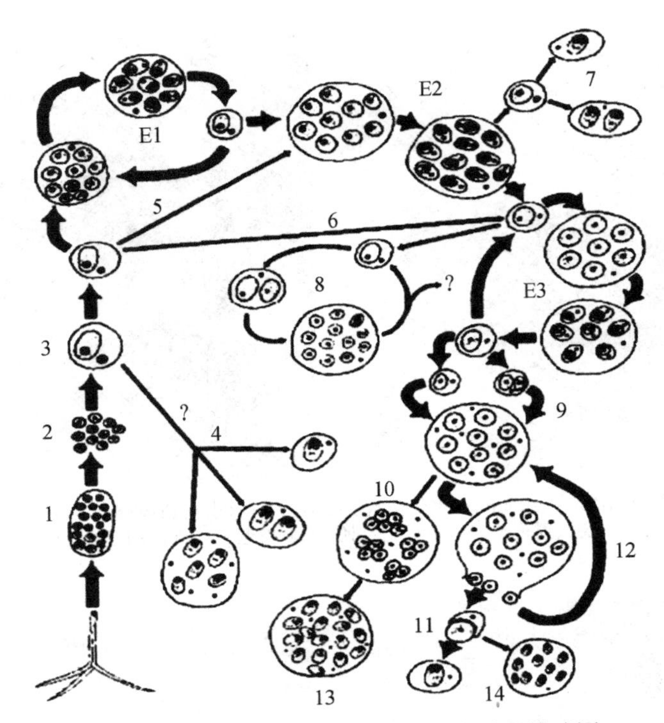

图7–24　粘体动物在宿主鱼体内发育路径模式图

1. 释放的放射孢子孢子质；2. 孢子质脱去细胞壁；3. 细胞内细胞结构；4. 可能存在多个发育路径，产生单或双或多胞型假原质团；内含次级细胞的初级细胞经历1次（E3）、2次（E2或E3）或三次（E1，E2或E3）前孢子增生期，生成大量次级细胞，甚至四级细胞；5. 具2增殖阶段（E2、E3）的发育路径；6. 仅有一个增殖期（E3）的发育路径；7. 仅有一个增殖期（E2）的发育路径；8. 肾脏球孢虫（*Sphaerospora renicola*）增殖期，发生于鳔，次级及四级细胞位于鳔壁中；9. 含大量核及次级细胞的孢子发生期原质团；10. 通过生殖细胞聚集开始孢子发生；11. 通过生成起源于包围孢子母细胞的外周细胞的泛孢子母细胞进行的孢子发生；12. 含有大量泛孢子母细胞的原质团形成的最终发育期，粘孢子；13. 通过聚集壳瓣细胞、极囊原细胞及孢子质细胞生成成熟孢子完成孢子发生；14. 成熟孢子释放入水体中，开始下一宿主感染阶段

孢子虫特殊细胞形成法则并非事实。对粘孢子虫在两宿主内的发育过程超微结构研究发现，细胞内细胞结构中的内细胞是通过类似刺孢动物内共生藻类的方式生成的，而外围细胞通过内化已存在的内细胞形成的细胞内细胞的特殊发育结构。

放射孢子（actinospores）（似乎没有放射孢子虫的这种虫体名称，而应该是粘孢子虫发育的一个阶段叫放射孢子）由无脊椎动物吞食环境中粘孢子发育而来，孢子呈三叉放射状，一般具3或6个孢壳，三个极囊，最多三个尾突（caudal process），但四放射孢子虫属（*Tetractinomyxon*）具4孢壳。极囊含极丝，但较粘孢子的极丝缠绕圈数要少得多。孢壳除保护孢体内感染性孢质外，还具有增加放射孢子虫浮力帮助放射孢子虫悬浮于水柱中的作用。每个尾突含1个核，长度从10μm（如新放射孢子虫等）至数百微米不等（如三突放射孢子虫、雷放射孢子虫等）。Lom等（1997）规范了放射孢子虫形态学特征的度量和描述。由于放射孢子虫已被证明是粘孢子虫在无脊椎动物宿主内的生活史阶段，故而放射孢子虫独立的分类地位已被取消，根据尾突的形状（直、弯曲或分支）、孢体下面出现柄（style）与否、是否形成孢子网、孢体中生殖细胞的数目及孢体、柄、极囊与尾突的度量学参数，已报道的放射孢子虫可分为18类群。我国对放射孢子虫的研究起步较晚，但可喜的是近年来陆续开展了几种危害严重的淡水鱼类粘孢子虫生活史研究，发现了雷放射孢子虫、三突放射孢子虫及桔瓣放射孢子虫等，丰富了我国粘孢子虫研究内容。放射孢子虫代表种类的形态见图7–25，模式图及度量规范方法见图7–26。

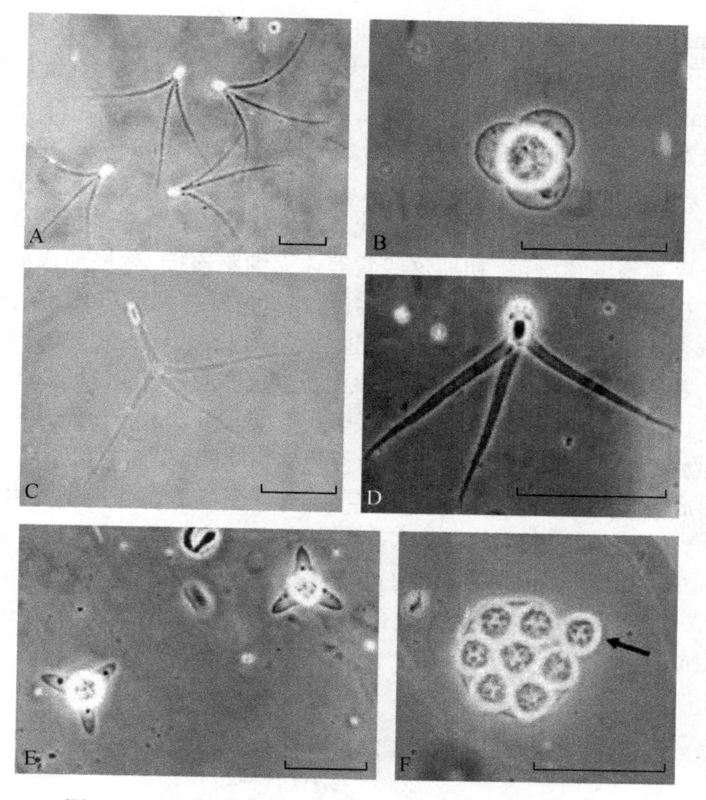

图7–25　放射孢子虫种类（引自Yokoyama et al.,2012）

A. 雷放射孢子虫（*Raabeia*）一类型；B. 新放射孢子虫（*Neoactinomyxum*）一类型；C. 三突放射孢子虫（*Triactinomyxon*）一类型；D. 棘放射孢子虫（*Echinactionmyxon*）一类型；E. 桔瓣放射孢子虫（*Aurantiactinomyxon*）一类型；F. 球形放射孢子虫（*Sphaeractinomyxon*）一类型，箭头所示为泛孢子囊内含8个放射孢子（A、C、D. 标尺为100μm，B、E、F. 标尺为50μm）

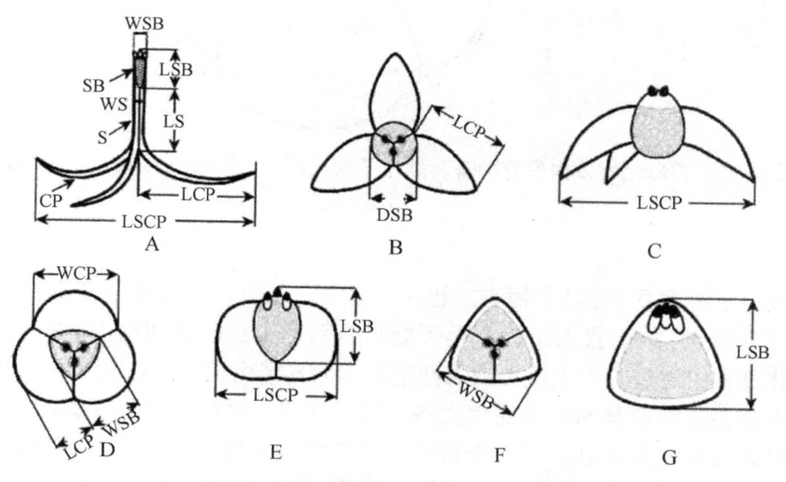

图7–26　主要放射孢子虫模式图及度量方法

A. 三突放射孢子虫（*Triactinomyxon*）；B. 桔瓣放射孢子虫（*Aurantiactinomyxon*）顶面观；C. 桔瓣放射孢子虫侧面观；D. 新放射孢子虫（*Neoactinomyxum*）顶面观；E. 新放射孢子虫侧面观；F. 中正四放射孢子虫（*Tetractinomyxon*）顶面观；G. 中正四放射孢子虫侧面观；SB. 孢体；LSB. 孢体长；WSB. 孢体宽；S. 柄；LS. 柄长；WS. 柄宽；CP. 尾突；LCP. 尾突长（不计弯曲）；LSCP. 尾突终点之间最大的跨度；PC. 极囊；DSB. 球状孢体直径

软孢子虫(malacosporeans)生活史同样涉及脊椎动物(鱼)及无脊椎动物(苔藓动物)两宿主,因而软孢子(malacospores)在两个宿主内的形态也有差异。发育于苔藓动物宿主的软孢子(bryozoanmalacospores),大小15 ～ 20μm,常为球形,表面无其他附属物,包含2个单倍体的孢质,4个成极囊细胞及8个孢壳细胞(图7–27)。孢壳含伸长的核、线粒体及脂质泡。也有报道称在一种苔藓虫(*Plumatella repens*)中发现蠕虫状的软孢子,呈球形,直径为17.7μm,其表面具外附属物。营养体以封闭的多细胞囊状或蠕虫状结构存在于苔藓动物体腔。最后营养体移行到宿主上皮细胞继续增殖,初期这些营养体无细胞连接,宽松地成群聚在一起。发育于鱼类的软孢子(fishmalacospores)迄今只有引起鲑鳟鱼肾肿大症(PKD)的苔藓鲑鱼丝囊虫(*Tetracapsuloides bryosalmonae*)成熟孢子的报道,大小为12μm × 7μm,含2个极囊,一个孢子质及4个孢壳细胞,极囊内有4 ～ 6圈极丝。鱼软孢子虫成熟的数量少,大部分为孢子发育前期。软孢子的发育模式与粘孢子–放射孢子的发育模式不同。鱼软孢子如何感染苔藓动物尚不清楚,侵染苔藓动物初期前囊状细胞聚合体位于苔藓动物体腔,早期的孢子囊悬浮于体腔液中,通过裂体生殖形成大量的星形细胞与孢子发生细胞,星形细胞包含孢子发生细胞进入孢子发育期,随后生成含极囊、孢壳及孢质的成熟苔藓软孢子虫。苔藓软孢子虫遇到适宜宿主鱼后,释放孢质,初始增殖期出现细胞内细胞结构,位于宿主鱼肾间质组织,随着发育的继续,虫体迁移至肾小管,形成S–T–成对细胞,最后进入孢子生殖期,生成成熟鱼软孢子,孢子具2个壳瓣,2个极囊及1个孢质。

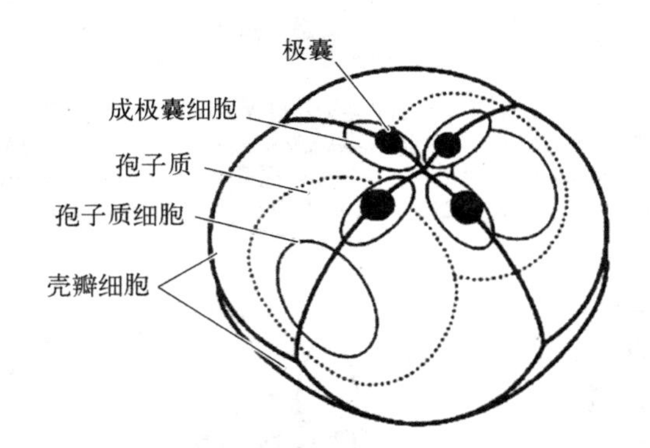

图7–27　苔藓动物体内发育的苔藓软孢子模式图(引自Yokoyama et al.,2012)

2. 生活史

粘孢子虫由于种类众多,其传播方式也呈多样化。另外由于粘孢子虫有性生殖发现于其无脊椎动物发育阶段,故而有人认为鱼类可能只是粘孢子虫的偶遇宿主(中间宿主或病原携带库),在进化过程中通过寄生于鱼类的无性生殖增大其繁衍、传播能力,而无脊椎动物才是粘孢子虫的终末宿主。鲑苔藓四囊虫在鱼类宿主仅形成极少数的成熟孢子,也支持了无脊椎动物为粘孢子虫天然宿主的观念。但由于长期以来鱼类几乎被认为是粘孢子虫的专性寄主,且由粘孢子虫引起的病害造成的经济、生态损失,粘孢子虫如何传播至鱼类依然是我们重点关注的,结合已有的文献报道,粘孢子虫传播至鱼类包括以下三种方式。

1)形成于无脊椎动物(寡毛类、多毛类等)的放射孢子虫侵染宿主鱼,绝大多数粘孢子虫纲种类采用这种方式感染鱼类,其传播模式图见图7–28。

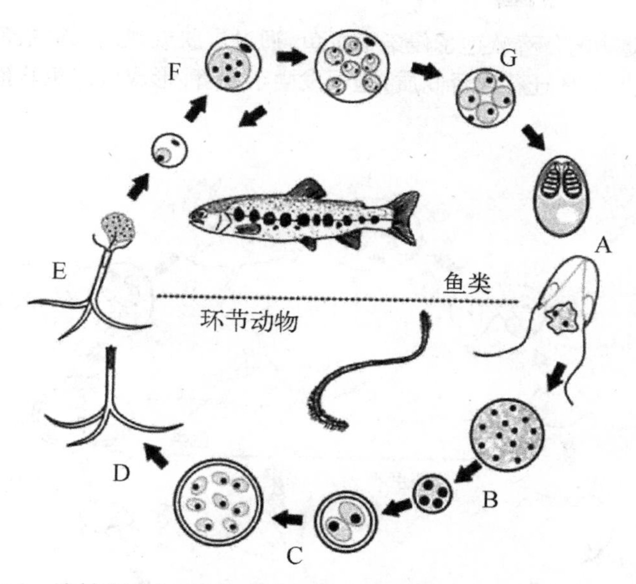

图 7–28　放射孢子虫感染鱼类发育模式图（引自 Yokoyama et al.，2012）
A. 粘孢子壳瓣打开，极丝释放锚定孢子于肠上皮细胞；B. 配子生殖期；C. 放射孢子虫期的孢子生殖期；D. 发育于泛孢子母细胞的放射孢子；E. 放射孢子接触宿主鱼皮肤或鳃，极丝挤出锚定孢子于皮肤黏液细胞，释放孢质；F. 以细胞内细胞方式的前孢子增殖期；G. 粘孢子期的孢子生殖

2）鱼–鱼水平传播模式，这种方式迄今只在肠粘孢子虫属（*Enteromyxum*）种类得到证实，包括*E. leei*、*E. scophthalmi*、*E. fugu*等。它们均发育于海水鱼类肠上皮组织，只形成极少数的成熟孢子，大量具感染力的发育阶段通过肠道排出进入水柱中，这些发育阶段被适宜宿主吞食后，移行至宿主肠道上皮组织，继续分裂增殖生成大量的感染性发育期虫体，再随粪便排出进入水体。有人认为这种鱼–鱼水平传播方式只发生于高密度养殖鱼类，因为只有在这种条件下才能保证感染期虫体快速传播至下一宿主，而肠粘孢子虫属种类的天然宿主依然是某种无脊椎动物，但这尚需进一步的实验证据，其传播模式图见图 7–29）。

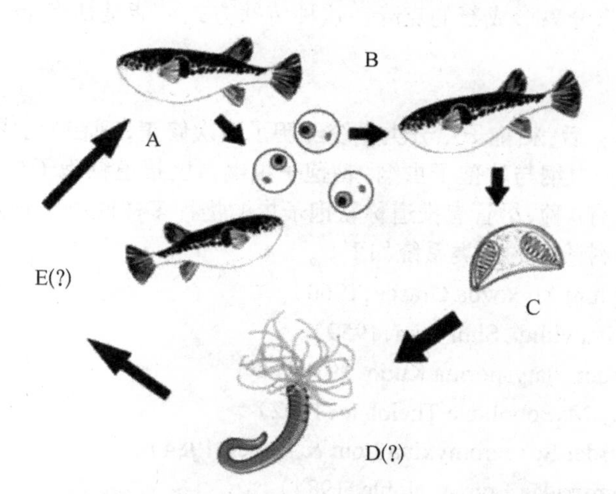

图 7–29　肠粘孢子虫鱼–鱼传播模式图（引自 Yokoyama et al.，2012）
A. 肠粘孢子发育于肠道，通过排泄孔释放入水体；B. 发育期通过吞食水平传播至其他鱼类；C. 成熟的肠粘孢子；D. 侵染未知的无脊椎动物；E. 可能的放射孢子虫

3）形成于苔藓动物的苔藓软孢子侵染宿主鱼，通过皮肤或鳃进入宿主鱼，孢质侵入宿主上皮组织，随后经过血液循环迁移入肾间质，孢子发生于肾管，形成成熟鱼软孢子虫，其传播模式图见图7–30。

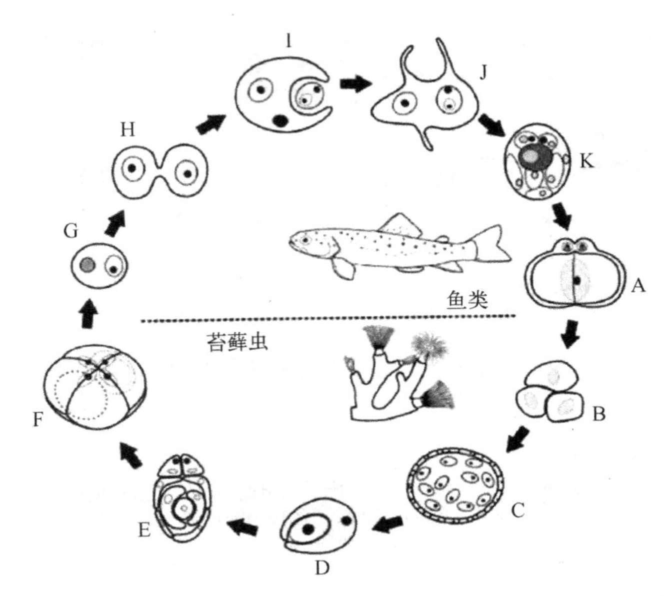

图7–30　软孢子虫感染鱼类模式图（引自Yokoyama et al.，2012）

A. 鱼类软孢子虫感染淡水苔藓动物；B. 位于苔藓动物体腔的前囊状细胞聚合体；C. 悬浮于苔藓动物腹腔液中的早期孢子囊；D. 星形细胞包围成孢子细胞；E. 具极囊原细胞、壳瓣细胞及孢质的成熟中苔藓软孢子虫；F. 成熟的苔藓软孢子虫感染宿主鱼；G. 位于肾间质的具初级细胞与次级细胞对的增殖期，此阶段通常与宿主吞噬细胞接触密切；H. 细胞对分裂生成2个细胞对；I. 一个细胞对包吞另一个细胞对形成一个S–T–细胞对；J. 位于肾小管的S–T–细胞对；K. 位于初级细胞的孢子发生（假原质团）

尽管放射孢子直接感染寡（多）毛类及苔藓软孢子直接感染苔藓动物尚未得到证实，但粘孢子虫在无脊椎动物之间的传播可通过其特有的无性生殖方式进行，如寡毛类断裂后生成新的个体，苔藓动物克隆分离形成新的克隆。这种传播方式可能是粘孢子虫在自然生境中的主要传播模式。

3. 分类

自粘孢子虫纲建立后，粘孢子虫分类系统经历了多次修正，现在为学界普遍接受的粘孢子虫分为两纲，即粘孢子虫纲与软孢子虫纲，粘孢子虫纲占已报道粘孢子虫的绝大多数，而软孢子虫纲迄今命名的只有4种，尽管有报道称软孢子虫的物种多样性由于研究力度的不足被严重低估。粘体动物门至科阶元的分类系统如下。

粘体动物门（Phylum Myxozoa Grasee，1960）

双壳目（Order Bivalvulida Shul'man，1959）

扁孢亚目（Suborder Platysporina Kudo，1919）

碘泡虫科（Family Myxobolidae Thelohan，1892）

弧形亚目（ Suborder Sphaeromyxina Lom & Nobel，1984）

弧形科（Sphaeromyxidae Lom & Noble，1984）

异孢亚目（Suborder Variisporina Lom & Nobel，1984）

翅孢科（Alatosporidae Shul'man et al.，1979）

奥巴虫科(Auerbachiidae Evdokimova, 1973)
角形虫科(Ceratomyxidae Thelohan, 1892)
四极科(Chloromyxidae Thelohan, 1892)
费缝科(Fabesporidae Naidenova & Zaika, 1969)
两极科(Myxidiidae Thelohan, 1892)
直缝科(Ortholineidae Lom & Noble, 1984)
细囊科(Parvicapsulidae Shul'man, 1959)
弯缝科(Sinuolineidae Shul'man, 1959)
球孢科(Sphaerosporidae Davis, 1917)
多壳目(Multivalvulida Shul'man, 1959)
顾道科(Kudoidae Meglitsch, 1947)
三囊科(Trilosporidae Shul'man, 1959)
软孢子纲(Malacosporea Canning, Curry, Feist, Longshaw & Okamura, 2000)
软孢壳目(Malacovalvulida Canning, Curry, Feist, Longshaw & Okamura, 2000)
囊孢子科(Saccosporidae Canning, Okamura & Curry, 1996)

由于粘体动物门粘孢子虫纲的各阶元的分类特征在陈启鎏和马成伦先生编著的《中国动物志 粘体动物门 粘孢子虫纲》、张剑英先生等编著的《鱼类寄生虫与寄生虫病》及Lom和Dykova(2006)撰写的综述中有详细的记述，故而本书只对我国研究较薄弱的软孢子虫纲及放射孢子虫的分类特征及检索表进行阐述。

二、主要病原体及其引起的疾病

尽管在自然生境中，大多数粘孢子虫在进化过程中与宿主形成了稳定的寄生虫-宿主相互关系，但水产养殖业的快速发展、养殖环境的改变、养殖品种品质的退化及渔业贸易的频繁等导致了鱼类病害频发，鱼类粘孢子虫病也日显突出。粘孢子虫几乎可寄生于鱼类的任何一个器官或者组织，使其寄生部位发生病变，粘孢子虫引起鱼类病变的常见器官或组织为神经系统(如脑部、脊椎等)、肠道、肾脏、膀胱、肌肉、心脏、鳃、喉部、皮肤等，表7-3列出迄今已报道的国内外几种危害较大的主要鱼类粘孢子虫疾病。

表7-3 粘孢子虫引起严重的淡水鱼病和海水鱼病

病原体	疾病名称或典型症状	宿主鱼
萨氏角形虫(*Ceratomyxa shasta*)	肠道角形虫病	鲑
鳟四极虫(*Chloromyxum truttae*)	胆囊肿大	鲑
鮰鱼尾孢子虫(*Henneguya ictaluri*)	鳃增生症(PGD)	斑点叉尾鮰
鲑精尾孢虫(*Henneguya salminicola*)	牛奶症	鲑
鲫霍氏虫(*Hoferellus carassii*)	肾肿大病(KED)	鲫
鳗两极虫(*Myxidium giardia*)	系统感染	鳗
饼形碘泡虫(*Myxobolus artus*)	肌肉碘泡虫病	鲤
脑碘泡虫(*Myxobolus cerebralis*)	旋转病	鲑

（续表）

病　原　体	疾病名称或典型症状	宿　主　鱼
鲤碘泡虫（*Myxobolus cyprinid*）	严重贫血	鲤
金鱼碘泡虫（*Myxobolus koi*）	鳃碘泡虫病	鲤
村上碘泡虫（*Myxobolus murakamii*）	瞌睡病	山女鳟
吴李碘泡虫（*Myxobolus wulii*）	鳃或肝胰脏巨大孢囊	鲫
假鳃小囊虫（*Parvicapsula pseudobranchicola*）	鳃丝炎症及坏死	鲑
戴科娃球孢虫（*Sphaerospora dykovae*）	鳔炎症（SBI）	鲤科鱼
苔藓鲑四囊虫（*Tetracapsuloides bryosalmonae*）	肾增生症（PKD）	鲑
光滑单极虫（*Thelohanellus hovorkai*）	出血单极虫病	鲤
武汉单极虫（*Thelohanellus wuhanensis*）	肤孢虫病	银鲫
吉陶单极虫（*Thelohanellus kitauei*）	肠单极虫病	鲤
瓶囊碘泡虫（*Myxobolus ampullicapulatus*）	喉孢子虫病	银鲫
丑陋圆形碘泡虫（*Myxobolus turpisrotundus*）	体表大量孢囊	银鲫
螺旋碘泡虫（*Myxobolus spirosulcatus*）	脑脊髓炎	黄尾鰤
李氏肠粘虫（*Enteromyxum leei*）	肠粘虫病或消瘦病	红鳍东方豚等
大菱肠粘虫（*Enteromyxum scophthalmi*）	肠粘虫病	大菱鲆
鲈尾孢虫（*Henneguya lateolabracis*）	心脏尾孢虫病	鲈鱼等
鲷尾孢虫（*Hennguya pagri*）	心脏尾孢虫病	鲷等
奄美库道虫（*Kudoa amamiensis*）	库道虫病	黄尾鰤
岩田库道虫（*Kudoa iwatai*）	多器官出现孢囊	海鲈、鲷等
鲭库道虫（*Kudoa thyrsites*）	肌肉液化症	鲑等
角形虫（*Ceratomyxa* sp.）	胆囊肿大	金鲳、石斑鱼
尾孢虫（*Henneguya* sp. ）	肠道大孢囊	金鲳
神经库道虫（*Kudoa neurophila*）	脑膜脑脊髓炎	条纹婢等

1. 鲑鱼旋转病（whirling diseases）

病原体　脑碘泡虫（*Myxobolus cerebralis*），成熟孢子寄生于鲑鱼，尤其是虹鳟的头部软骨及骨组织。孢子形态变异较大，通常孢子壳面观呈卵圆形或圆形，缝面观呈瓜子形，孢子大小为（7～10）μm×（7～10）μm，两个等大的极囊位于孢子前端，大小为（4～6）μm×（3～3.5）μm，含5～6圈极丝（图7–31B）。其寄生在无脊椎动物的发育阶段，虫体形成三叉放射孢子，正面观呈锚状，孢子体与尾突之间有长约150μm的柄，3个尾突等长，长约200μm，属大型放射孢子虫，孢质中含64个生殖细胞，外围一膜状结构，3个等大梨形极囊，内含缠绕数圈极丝，极丝释放后长度达170～180μm（图7–31C）。

病症　脑碘泡虫感染后病鱼出现尾巴黑色素化、体脊弯曲、昏眩追尾等症状（图7–31A），对养殖幼苗期鳟鱼（尤其是虹鳟）危害严重，造成了美国多个州的野生鲑鱼种群数量急剧下降。当虫体迁移至软骨组织发育并开始吞噬软骨细胞后，激发宿主严重的免疫反应，包括单核白细胞、吞噬细胞等多种免疫细胞出现于病灶部位，宿主的激烈免疫反应与虫体数量急剧增多取代

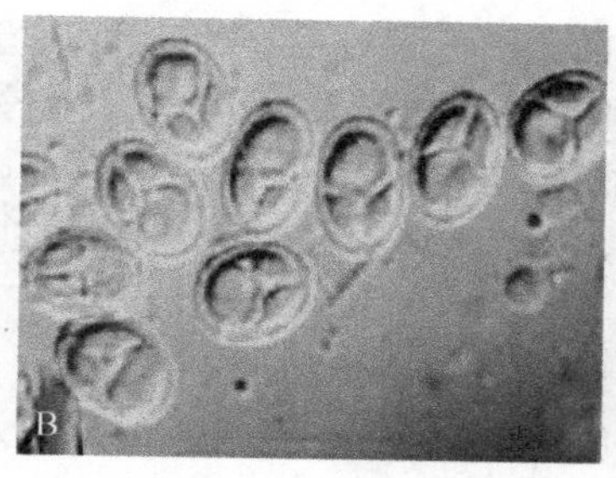
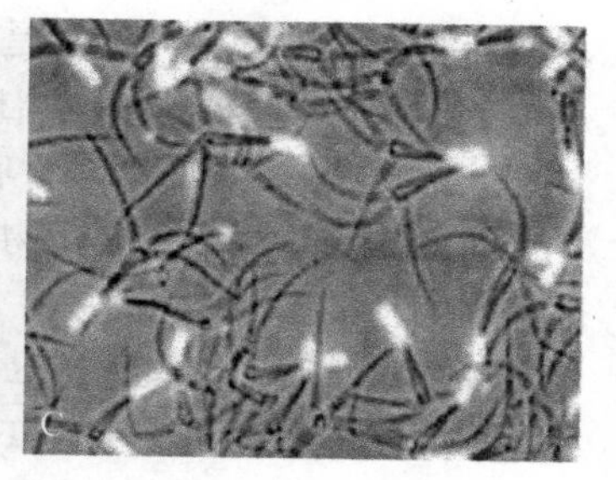

图7–31　脑碘泡虫（引自Gilbert et al.，2003）
A. 脑碘泡虫引起的虹鳟黑尾与弯体症状；B. 脑碘泡虫的粘孢子（×400）；C. 脑碘泡虫的三突放射孢子虫（×200）

宿主软骨组织并可能分泌某种酶裂解软骨，造成了病鱼脊椎骨的畸形及旋转症。

流行与危害　该病流行于北美、欧洲及日本等鲑鱼养殖区，自然水体中出现仅限于北美、北欧等地。该粘孢子虫被认为起源于中欧与东北亚，最初寄生于欧洲棕鳟，并不引起严重疾病，但随着易感宿主虹鳟从北美引入欧洲，感染的虹鳟又由于渔业贸易或其他因素进入北美地区后，病原得以大量增殖。随后，又随着渔业跨境贸易传播至非洲、大洋洲等地。

防治　烟曲霉素是一种可降低感染强度的鲑鱼疯狂病的药物，但并未得到FDA的批准，故目前暂无理想的防治药物。通过物理如过滤或紫外杀灭病原体及有效的隔离病原体的管理手段被认为是防范养殖鲑鱼疯狂病的可行办法，但对于野生感染鱼类此法可行性低。抗病品种的培育在北美地区得到很大的资助，但由于抗病机制未知，定向培育抗病品种还需相当长的时间。

2. 异育银鲫喉孢子虫病（maxoboliasis of allogynogenetic gibel carp）

病原体　瓶囊碘泡虫（*Myxobolus ampullicapulatus*）或洪湖碘泡虫（*M. honghuensis*）（病原分类存在争议），寄生于异育银鲫喉部。成熟粘孢子壳面观长梨形，前端尖细，后端钝圆，缝面观呈透镜状，大小约为17.9μm×9.1μm，2个极囊基本等大，梨形，占据孢子一半，大小约为8.8μm×3.2μm（图7–32B）。其无脊椎动物宿主及其对应放射孢子虫阶段尚未发现。

病症　感染早期，无明显症状。感染后期，病鱼整个喉部几乎被孢囊取代，出现明显厌食、游动缓慢、浮头及出血、坏死及炎性反应（图7–32A），死亡迅速，估计出现继发性细菌感染。

流行与危害　该病是近年来危害异育银鲫养殖业发展的主要因素之一，流行于江苏、湖北等地，尤其是江苏盐城异育银鲫主养区。通过我们大量的现场调查及PCR检测发现，流行于苏

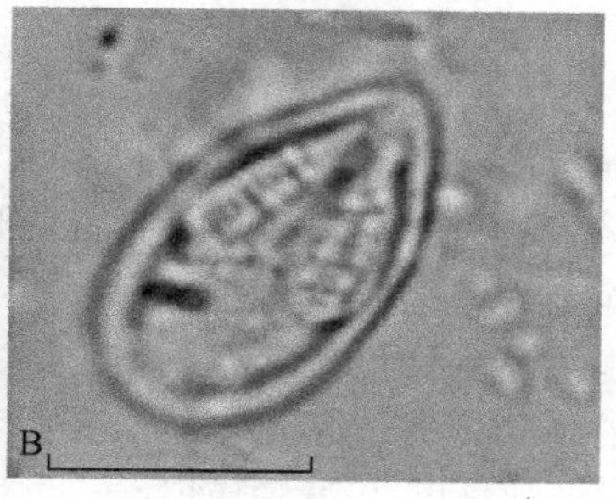

图7–32　异育银鲫喉孢子虫病
A. 患喉孢子虫病的异育银鲫喉部膨大、出血及挤压鳃部；B. 喉孢子虫病病原瓶囊碘泡虫或洪湖碘泡虫粘孢子壳面观（标尺15μm）

北的异育银鲫喉孢子虫病原是随鱼种传入的，当地低盐度环境适宜其可能的无脊椎动物宿主生长，使得该粘孢子虫能在当地完成生活史循环。一般发病季节为夏季6～7月或8～9月，估计放射孢子虫感染期为4月底至5月初。

防治 一些抗球虫类药物，如盐酸氯苯胍、地克利珠等在临床上有一定的效果，但给药时间决定了药物效果。

3. 异育银鲫丑陋圆形碘泡虫病（maxoboliasis）

病原体 丑陋圆形碘泡虫（*Myxobolus turpisrotundus*），过去很长时间认为其与寄生于欧洲鳊鱼鳃丝的圆形碘泡虫（*M. rotundus*）为同种，但根据组织趋向性及分子数据证明上述两种存在显著差异。成熟粘孢子寄生于鳃弓、咽部、吻部、鳃盖、背鳍、胸鳍、腹鳍、尾鳍、皮肤及肠壁等多个器官的皮下结缔组织内，形成大小不一、肉眼可见的孢囊，圆形，最大直径可达5.6mm。成熟粘孢子圆形，形态上与圆形碘泡虫几乎无差异，大小约为9.2μm × 8.2μm × 5.5μm（图7–33B）。其无脊椎动物宿主及其对应放射孢子虫阶段尚未发现。

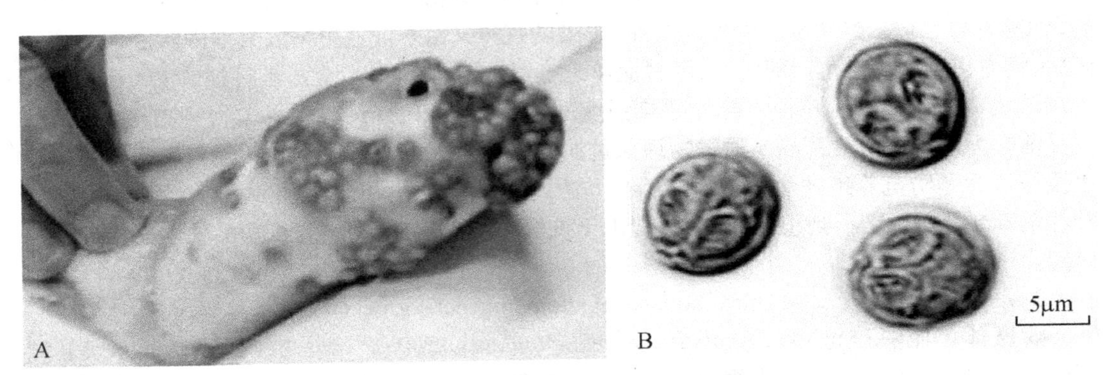

图7–33 异育银鲫丑陋圆形碘泡虫病

A. 感染丑陋圆形碘泡虫的异育银鲫体表出现大量似瘤状孢囊；B. 丑陋圆形碘孢虫的粘孢子壳面观

病症 由于体表，尤其是吻部、口腔、头部及鳍条等部位产生大量孢囊，严重影响了商品鱼的感观（图7–33A），尽管该病不直接导致宿主鱼死亡，但对休闲垂钓业影响甚大。病理切片显示，孢囊壁由三层结构构成，孢囊周围未见明显的炎性反应，但大孢囊压迫周围的血管，造成出血症状。但由于通常感染率较低，并不造成严重的经济损失。

流行与危害 在湖北地区每年5月初至次年4月均可发现孢囊，其后孢囊脱落，病灶愈合。感染最严重（以孢囊数计）出现于秋冬季。

防治

1）严格执行检疫制度。

2）必须清除池底过多淤泥，并用生石灰彻底消毒。

3）加强饲养管理，增强鱼体抵抗力。

4）全池遍洒晶体敌百虫，有预防作用，并可减轻鱼体表及鳃上寄生的粘孢子虫病。

5）寄生在肠道内的粘孢子虫病，用晶体敌百虫、盐酸环氯胍或盐酸左旋咪唑拌饲投喂，同时全池遍洒晶体敌百虫，可减轻病情。

6）发现病鱼应及时清除，煮熟后当饲料或深埋在远离水源的地方。

第七节　鱼类寄生纤毛虫

一、生物学特征

1. 形态

纤毛虫在结构上的显著特征有两个：一是其复杂的皮层结构，二是奇特的核双态现象。现结合其机能分述如下。

（1）皮层（cortex）

具有维持虫体形状相对稳定的作用，厚1～4μm。由表膜（pellicle）和下纤维系统（infraciliature）两部分组成。

表膜属于细胞膜，其下为一层由表膜泡（alveoli）组成的腔状膜系统。膜泡层外、内膜（outer and inner membranes of pellicular alveoli layer）紧贴质膜，并且与相邻的膜泡通过节点（alveolar junction）融为一体。表层胞质（epiplasm）位于表膜小泡下，与纵向微管带平行排列，有助于增强皮层的韧性。

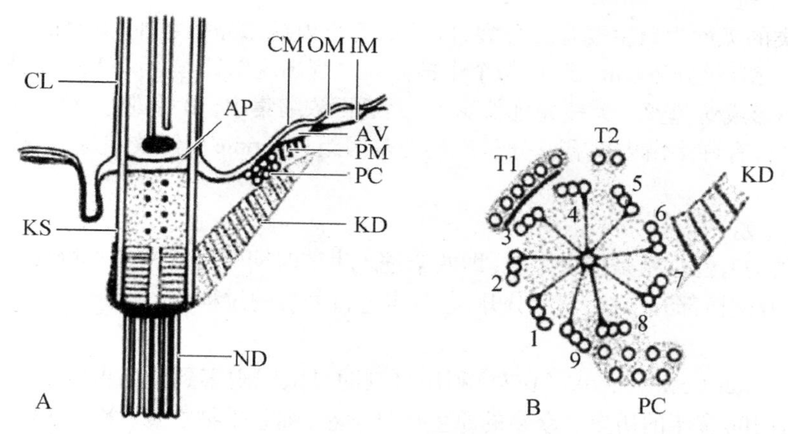

图7–34　鲩肠袋虫体动基系的模式图（示体表皮层的组分）（引自Li et al.，2012）

A. 纵切面示质膜（CM）、膜泡层外（OM）、内膜（IM）、表膜微管（PM），纤毛（CL）、基板（AP）、毛基体（KS）及其附属纤维结构：动纤丝（KD）、纤毛后微管（PC）、咽微丝（ND）；B. 毛基体基部的横切面，示毛基体及其附属纤维结构：动纤丝（KD）、纤毛后微管（PC）、Ⅰ、Ⅱ型横微管（T1、T2）

下纤维系统的基本构成单位是动基系（kinetid），是由毛基体（kinetosome）及其附属纤维结构：动纤丝（kinetodesmal fibril），纤毛后微管（postciliary microtubules），Ⅰ、Ⅱ型横微管（transverse microtubules Ⅰ、Ⅱ），咽微丝（nematodesmata）组成（图7–34）。纤毛是由典型的“9+2”微管纤维组成，基体位于外质中纤毛的基部。毛基体可联合形成单、双或复合结构，并与几个相连的附属纤维结构形成一个高级结构复合体，即单动基系（monokinetid）、双动基系（dikinetid）或复动基系（polykinetid）。体动基系的相应结构、组成及空间排布具有系统学上的重要性，各纲级阶元均有其典型构造。另外，动基系常彼此通过动纤丝、纤毛后微管相互联合在一起，呈现规则的纵向排布，为动基列（kinety）。较原始的纤毛虫，其纤毛是均匀地覆盖在整个身体表面；而较高等的类群，特定部位的多根纤毛常集簇或进一步组织化，形成功能上特化的胞器，如用于爬行和支撑的触毛（cirrus）、用于制造涡漩以收集或传送食物的小膜带（membranelle）。

（2）胞核（nucleus）

纤毛虫类都具有两种类型的细胞核：一至多个大核（macronucleus），一至数个小核（micronucleus）。大核的形状随种而异，可以通过DNA的复制而成为多倍体核，其中包括许多核仁，是RNA的合成场所，履行正常的细胞代谢和生理活动功能，故称营养核（vegetative nucleus）。小核一般呈球形，数目不定，为二倍体，与细胞的DNA合成有关，又称生殖核（reproduction nucleus）。它作为基因的贮存地，负责遗传物质的交换重组，并在有性生殖过程中由它产生大核。

纤毛虫其他一些常规细胞结构，如分化的内外胞质、高尔基体、线粒体、内质网以及一些种类中特有的射出体（extrusome）等，在此不一一详述。

2. 生活史

纤毛虫类在生活史过程中具有无性生殖及有性生殖两种生殖方式。有的种类可以无限地进行无性生殖而不需要有性生殖，而有的种类在进行一定代数的无性生殖之后必须进行有性生殖，否则该群落会衰退直至死亡。

（1）无性生殖

纤毛虫类的无性生殖主要是二分裂，除了缘毛目为纵二分裂之外，其余的均为横二分裂。生殖时，小核行有丝分裂（mitosis），每个小核分裂时都出现纺锤丝（spindle），大核行无丝分裂（amitosis），不形成纺锤丝。大核先延长膨大，然后再浓缩集中，最后进行分裂。由于大核是多倍体，其中包含有许多由内质有丝分裂产生的基因组（genome），但核本身的分裂不涉及染色体的改变。

（2）有性生殖

纤毛虫类的有性生殖是接合生殖，即两个进入生殖时期的虫体，各自进行核染色体的重组与核的分裂，并交换部分小核，然后分开，各自再进行分裂的过程。

3. 分类

自Antony van Leeuwenhoek（1674）利用自制的显微镜观察到纤毛虫以来，人类对这一类群的研究已有300多年的历史。众多的原生动物学家、细胞生物学家、寄生虫学家、生理学家、生态学家和分子生物学家等对纤毛虫的形态特征、细胞构造、生活史、生理生态和遗传基因等进行了深入探索。其中一个重要的目的就是了解和揭示这一类群的分类系统。

在我国，以沈蕴芬院士为主编，由中国原生动物学学会组织编著，科学出版社出版的《原生动物学》（1999）中采用的分类系统见表7–4。

表7–4 《原生动物学》（1999）的分类系统

纤毛门（Phylum Ciliop[hora Doffein，1901）

动基片纲（Class Kinetofragminophora De Puytorac et al.，1974）

裸口亚纲（Subclass Gymnostomata Butschli，1889）

前口目（Order Prostomatida Schewiakoff，1896）

侧口目（Order Pleurostomatida Schewiakoff，1896）

（续表）

原纤目（Order Primociliatida Corliss，1974）
核残迹目（Order Karyorelictida Corliss，1974）
前庭亚纲（Subclass Vestibuliferia De Puytorac et al.，1974）
毛口目（Order Trichostomatida Butschli，1889）
内毛目（Order Entodiniomorphida Reichenow，1929）
肾形目（Order Colpodida De Puytorac et al.，1974）
下口亚纲（Subclass Hypostomatia Schewiakoff，1896）
合膜目（Order Synhymeniida De Puytorac *et al.*，1974）
篮口目（Order Nassuilida Jankowski，1967）
管口目（Order Cyrtophorida Faure-Fremiet，in Corliss，1956）
漏斗目（Order Chonotrichida Wallengren，1895）
吻毛目（Order Rhynchodida Chatton et al.，1939）
后口目（Order Apostomatida Chatton & Lwoff，1939）
吸管亚纲（Subclass Suctoria Claparede and Lachmann，1858）
吸管虫目（Order Suctorida Claparede and Lachmann，1858）
寡膜纲（Class Oligohymenophorea de Puytorac et al.，1974）
膜口亚纲（SubclassHymenostomatia Delage and Herouard，1896）
膜口目（Order Hymenostomatida Delage and Herouard，1896）
盾纤目（Order Scuticociliatida Small，1967）
无口目（Order Astomata Schewiakoff，1896）
缘毛亚纲（Subclass Peritrichia Stein，1859）
缘毛目（Order Peritrichida Stein，1859）
多膜纲（Class Polymenophorea Jankowski，1967）
旋毛亚纲（Subclass Spirotrichia Butschli，1889）
异毛目（Order Heterotrichida Stein，1859）
齿口目（Order Odontostomatida Sawaya，1940）
寡毛目（Order Oligotrichida Butschli，1887）
下毛目（Order Hypotrichia Stein，1859）

二、主要病原体及其引起的疾病

鱼类寄生纤毛虫病的种类较多，这里主要以小瓜虫病、车轮虫病、固着类纤毛虫病和隐核虫病为例。

1. 小瓜虫病（ichthyophthiriasis）

小瓜虫病，又称白点病（white spote disease）。

病原体 多子小瓜虫（*Ichthyophthirius multifiis*），属动基片纲（Kinetofragminophorea）膜口亚纲（Hymenostomatia）膜口目（Hymenostomatida）凹口科（Ophryoglenglenidae）小瓜虫属（*Ichthyophthirius*）。

小瓜虫成虫（滋养体）卵圆形或球形，大小为（350 ～ 800）μm ×（300 ～ 500）μm，肉眼可见。全身密布短而均匀的纤毛，在腹面的近前端有一“6”字形的胞口；大核呈马蹄形或香肠形，小核圆形，紧贴在大核上；胞质外层有很多细小的伸缩泡，内质有大量食物粒（图7–35）。

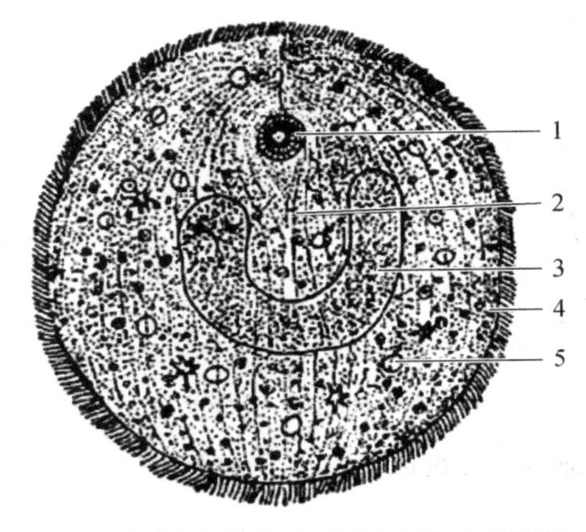

图7–35 多子小瓜虫滋养体模式图（引自倪达书和李连祥，1960）
1. 胞口；2. 毛基列；3. 大核；4. 食物粒；5. 伸缩泡

成虫成熟或由于客观原因（如宿主死亡等）离开宿主后在水中游动一段时间，沉到水底或其他固体物上，分泌一层透明薄膜，形成胞囊；然后在胞囊内经过数十次分裂可形成数百个幼虫。刚从胞囊内钻出来的幼虫（掠食体）呈圆筒形，不久就变成扁鞋底形，前端有一个乳突状的钻孔器。全身除密布短而均匀的纤毛外，在虫体后端还有一根粗长的尾毛。一个大的伸缩泡在虫体前半部；大核近圆形，多数在虫体的后方；小核球形，在虫体的前半部。“6”字形原始胞口尚未与内部相通，且在“6”字形的缺口处有一个卵形的反光体。大小为（33 ～ 54）μm ×（19 ～ 32）μm（图7–36）。小瓜虫的生活史见图7–37。

病症 多子小瓜虫是一种身体比较大，肉眼能见的原生动物纤毛虫，主要寄生在鱼类的皮肤、鳍、鳃、头、口腔及眼等部位，形成胞囊呈白色小点状，肉眼可见。严重时鱼体浑身可见小白点，故称白点病（图7–38）。它引起体表各组织充血，并同时伴有大量黏液，表皮糜烂、脱落，甚至蛀鳍、瞎眼；病鱼体色发黑、消瘦，游动异常；病情严重时，鱼体覆盖一层白色薄膜，病鱼游泳迟钝，漂游水面，有时也集群绕池，鱼体不断与其他物体摩擦，不久将成批死亡。

流行与危害 小瓜虫病多在初冬、春末发生，尤其在缺乏光照、低温、缺乏活饵的情况下易流行，是危害最严重的疾病，苗种期间感染率极高，尤其在鱼种下池初期体质未恢复或因管理

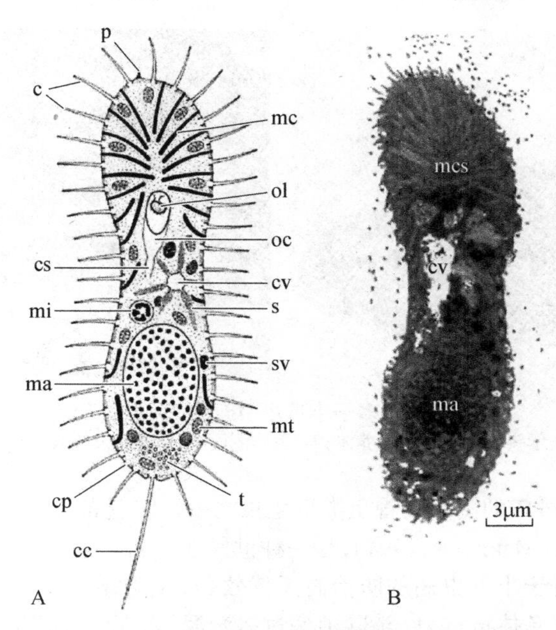

图 7–36　小瓜虫掠食体（引自 Matthews，2005）

A. 模式图；B. 水平剖面（虫体前端紧挨的粘囊）；c. 纤毛；cc. 尾鞭毛；cp. 胞肛；cs. 胞口；cv. 伸缩泡；ma. 大核；mc. 粘囊；mcs. 虫体前端紧挨的粘囊；mi. 小核；mt. 线粒体；oc. 口腔；ol. 利具昆氏细胞器；p. 顶体；s. 排泄膜；sv. 小型液泡

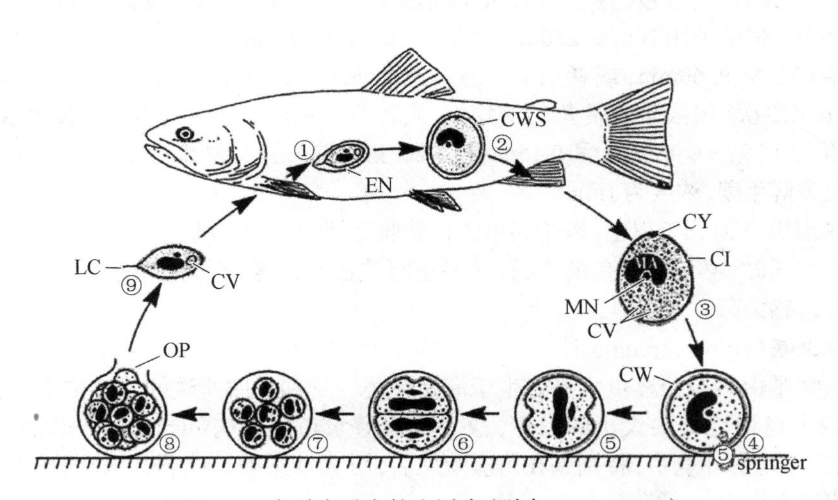

图 7–37　多子小瓜虫的生活史（引自 Heinz，2008）

① 掠食体钻入鱼类皮肤后被寄主组织包被（EN）；② 包被的掠食体发育成直径约 1mm 的滋养体，并在鱼类皮肤上形成出灰白色的包囊；③ 包囊破裂，含有大量伸缩泡的滋养体离开寄主自由游动，并沉降到池底后自身分泌一种凝胶状的包囊壁；④～⑧ 包囊在 1h 内形成并开始以横裂的方式繁殖，最后产生近 1 024 个，长度在 30 ～ 50μm 的梨形掠食体（掠食体只含有 1 个伸缩泡）；⑨ 包囊壁破裂释放掠食体，掠食体在 1d 内入侵鱼类皮肤，第二天仍没有成功钻入鱼类皮肤的掠食体将死亡；CI. 纤毛；CV. 伸缩泡；CW. 虫体自身形成的包囊壁；CWS. 鱼类皮肤形成的包囊壁；CY. 胞口；EN. 包被的掠食体；LC. 尾鞭毛；MA. 大核；MN. 小核；OP. 包囊裂口；SW. 掠食体

不当鱼体质较差时感染率极高。如环境条件适于此病，几天内可使鱼全死亡。小瓜虫的适宜水温为 15 ～ 25℃。目前，小瓜虫病不仅给草鱼、鲢、斑点叉尾鮰等几乎所有淡水养殖鱼类造成巨大的经济损失，还给观赏渔业造成相当程度的危害。另外，多子小瓜虫对鱼的种类及年龄均

图7–38 多子小瓜虫引起的"白点病"
A. 鱼体背面观，示头部小瓜虫的滋养体；B. 鱼体侧面观，示背鳍及体表上小瓜虫的滋养体

无严格选择性，是分布最广的淡水硬骨鱼类寄生虫之一。它遍布热带、亚热带和温带，从欧洲大陆向北延伸至北极圈（Matthews，1994），是一种世界性鱼病。

防治 因为目前对于小瓜虫病的防治尚无特效药，须遵循防重于治的原则，加强饲养管理，保持良好环境，增强鱼体抵抗力；清除池底过多淤泥，水泥池壁要经常进行洗刷，并用生石灰或漂白粉进行消毒；鱼下塘前应进行抽样检查。

1）药物治疗。用福尔马林治疗，当水温在10 ～ 15℃时，用1/5 000的药液，当水温在15℃以上时，用1/6 000的药液浸浴病鱼1h，或全池泼洒福尔马林，泼洒浓度为2.5mL/L。也可用冰醋酸浸泡治疗，病鱼可用200 ～ 250mg/L的冰醋酸浸泡15min，3d后重复一次。或者用1%的食盐水溶液浸洗病鱼60min，或者用亚甲基蓝全池泼洒，泼洒浓度为2 ～ 3mg/L，每隔3 ～ 4d泼洒1次，连用3次（仅限于观赏鱼的治疗）。或者分别用干辣椒和干生姜，各加水5kg，煮沸30min，浓度为0.35 ～ 0.45mg/L和0.15mg/L，然后兑水混匀全池泼洒。每天1次，连用2次。如果干生姜改为鲜生姜，浓度为1mg/L。

2）将水温提高到28℃以上，以达到虫体自动脱落而死亡的目的。

在治疗的同时，必须将养鱼的水槽、工具进行洗刷和消毒，否则附在上面的包囊进入适宜环境后又可再感染鱼。

2. 隐核虫病（cryptocaryoniosis）

隐核虫病是由刺激隐核虫大量寄生于海水鱼类的鳃和皮肤所致的烈性传染性疾病，因寄生部位呈现大量白色针尖大小的白点，故又称为海水鱼白点病（white spot disease of marine fish），在密集养殖的环境中，特别是在鱼应激之后，可大量感染，常引起大规模死亡，给海水鱼养殖业造成巨大损失。

病原体 刺激隐核虫（*Cryptocaryon irritans* Brown，1951）是一种寄生在热带、亚热带海水鱼类上的纤毛虫；刺激隐核虫也曾被称为"海水小瓜虫"。最早是Kerbert（1884）在星鲨（*Mustelus*）和角鲨（*Acanthias*）体内发现了一种与多子小瓜虫类似的虫体。Sikama（1938）描述了可以感染饲养于东京帝国大学渔业研究所水族馆中的45种以上海水鱼类的"与多子小瓜虫类似的纤毛类寄生虫"，并将这种病称为海水鱼类白点病。因为两种虫体存在诸多共性，早期学者认为这两种原虫之间应该有很近的亲缘关系，同属于膜口目（Hymenostomatida）凹口科（Ophryoglenglenidae）。

寄生在鱼体上的虫体为球形或卵圆形的滋养体。成熟的滋养体直径0.4 ～ 0.5mm，全身表面披有均匀一致的纤毛；虫体前端有一胞口。外部形态与寄生在淡水鱼上的多子小瓜虫很相似。主要区别是隐核虫的大核分隔成4个卵圆形团块（少数个体为5～8块），各团块间延长轴有丝状物相连呈马蹄状排列（图7–39）。小瓜虫的大核虽然也呈马蹄状，但不分隔成团块。另外，刺激隐核虫的细胞质较浓密，内有许多颗粒，透明度较低，在生活的虫体中大核一般不易看清；虫体的表膜较厚而硬，身体略小于小瓜虫。

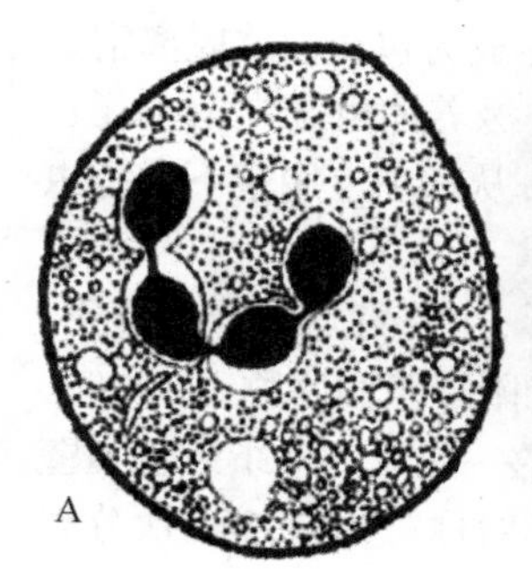

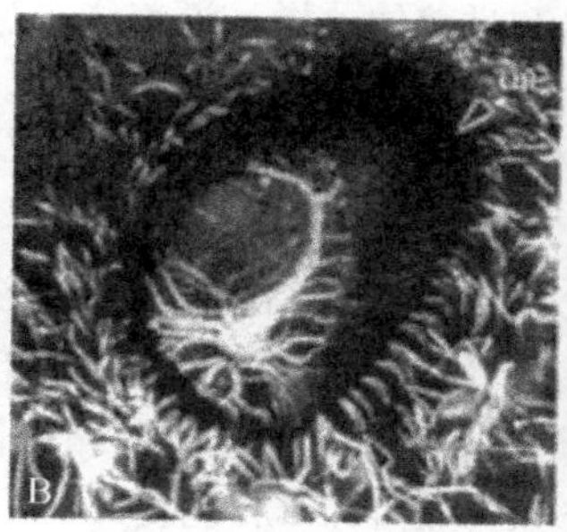

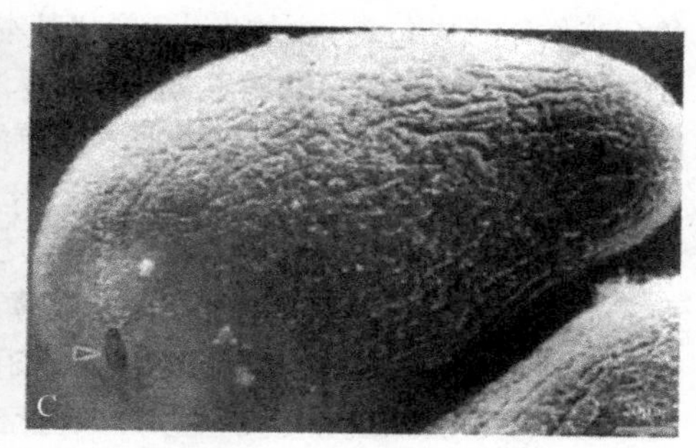

图7–39 刺激隐核虫模式图及扫描电镜照片（引自黄玮等，2005）
A. 虫体模式图，示隐核虫的大核分隔成4个卵圆形团块；B. 虫体扫描电镜照片，示胞口及口区纤毛；C. 虫体扫描电镜照片，示虫体形态及胞口（标尺为20μm）

刺激隐核虫的生活史与多子小瓜虫的生活史相似，是直接发育型（即不需要中间宿主），生活史分为：滋养体（trophont）、包囊前体（protomont）、包囊（tomont）、幼虫（theront）4个阶段（图7–40）。

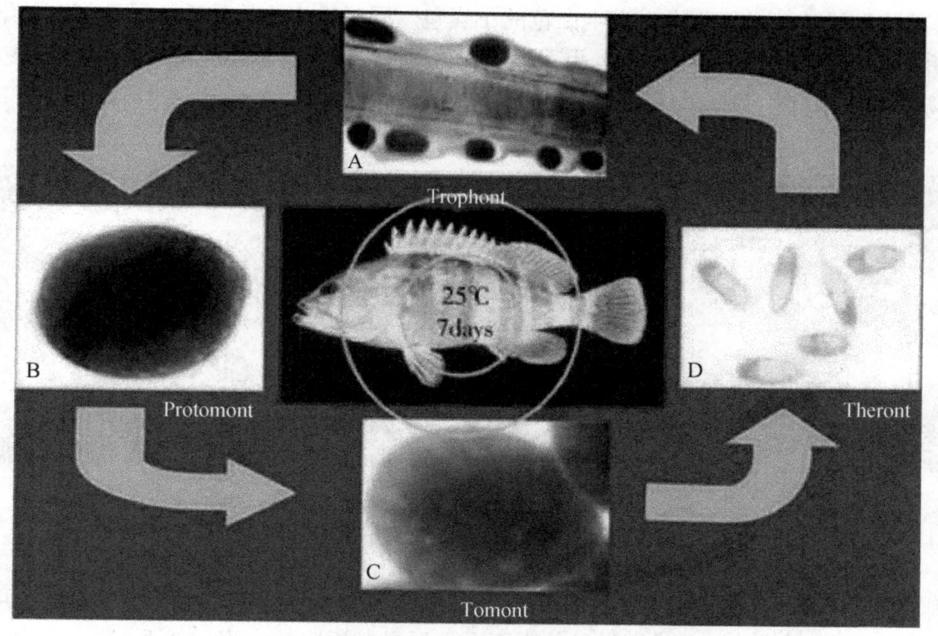

图7–40 刺激隐核虫的生活史（引自Dan et al.，2006）
A. 滋养体（trophont）；B. 包囊前体（protomont）；C. 包囊（tomont）；D. 幼虫（theront）

滋养体：指寄生在宿主上并不断生长的虫体，这时期虫体主要寄生在宿主体表、鳃；呈圆形、椭圆形或梨形，可变形，大小200 ～ 500μm。体表附有均匀的纤毛，运动缓慢，以宿主细胞为食。体纤毛基部纵行排列于皮层内陷的沟槽中。沟槽的前端始于围绕口器的口环，止于虫体后端。宿主鱼组织受到刺激后，形成白色膜将虫体包住，肉眼可见病鱼体表有许多小白点，生长期为2.5 ～ 4.5d，滋养体成熟后形成包囊前体，并自动从宿主上脱落下来。

包囊前体：此期间虫体脱离宿主，在水中自由活动，黏附到水底或池壁上等基质，通过自身的分泌作用形成包囊，虫体大小、形状基本和滋养体一样。滋养体成熟成为包囊前体脱离宿主的时间具有周期性，多数滋养体是在每天的黎明前的黑暗时期脱落。滋养体也会在宿主死亡后离开宿主变成包囊前体，即并非一定要滋养体成熟后才能离开宿主，从宿主上脱落下来是虫体的一种主动过程。

包囊：此期间包囊静止于水底，大小200 ～ 500μm，圆形或椭圆形，主要特点是纤毛退化，形成透明囊壁。包囊形成初期，囊壁很薄，囊壁外层黏滞，虫体借此能附着于固着物上；同时，包囊壁上还可以黏附很多杂物如碎屑、细菌等，或包囊彼此成团黏着在一起。约12h后包囊壁变厚，囊壁变得毛糙，黑色原生质和囊壁空隙明显。1.5d后包囊开始不对称二分裂，第1次分裂形成2个大小不一的细胞，1.5 ～ 3.5d后包囊内发育成快速游动的虫体。

幼虫：包囊进行无性繁殖，分裂形成许多小仔体即幼体，最后幼体破囊逸出，形成幼虫。幼虫遇到合适的宿主后营寄生生活，逐步发展成滋养体。

症状　寄生刺激隐核虫的病鱼初期背部、各鳍上先出现少量白色小点，鱼体因受刺激经常与池底、池壁摩擦、碰击，致使腹部及鳍多有伤痕。中、后期鱼体体表、鳃、鳍等感染部位出现许多细小的白点（图7–41）。病鱼开始出现呼吸困难，体表和鳃的黏液增多，游泳异常；感染处表皮状充血、鳃组织因贫血而呈粉红色；随后病原迅速传染，很快整个养殖区域的鱼都会受感染，严重时鱼体表皮覆盖一层白色薄膜。鱼体表的小白点是虫体在鱼体表皮上钻孔，鱼受刺激分泌大量黏液和伴随表皮细胞增生产生白色的小囊包。同时由于虫体的破坏导致细菌的继发性感染，出现体表发炎溃疡，鳍条缺损、开叉，眼白浊变瞎等病症。病鱼食欲不振或不吃食，身体瘦弱，游泳无力，呼吸困难，最终可能因窒息而死。

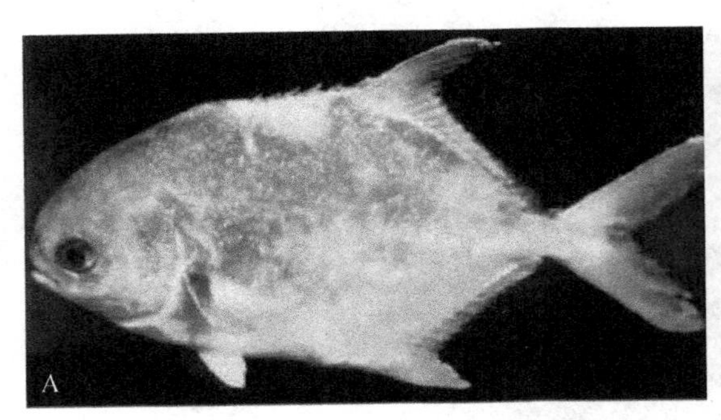

图7–41　刺激隐核虫的病鱼症状（引自但学明，2006）
A. 鲳体表寄生大量的刺激隐核虫滋养体；B. 鲳鳃部寄生大量的刺激隐核虫滋养体

刺激隐核虫病在发生的前期阶段，需要仔细观察方能发现病症。因为这一时期鱼群仅呈现不正常的游水，食欲减少，没有经验的人不会怀疑是刺激隐核虫病。然而，这一时期正是治疗的最好时期。如果不能及时治疗，鱼类将会因长期消瘦，最后窒息而死。该病可以在显微镜下镜检进行判断，首先将鳃片或皮肤小心取下一块，放在载玻片上，盖上盖玻片，并在其上用指头轻轻挤压一下，使其展开。然后放到低倍（4×10）显微镜下观察。如感染该病，可见该虫的胞囊在鳃丝或皮肤组织之间，呈黑褐色圆形或椭圆形。

流行与危害　刺激隐核虫病的流行季节为5～10月，高发期为夏、秋两季。虫体的最适繁殖水温为25℃左右，传染速度快、死亡率高，发病后1～2d内可全部死亡。在海水网箱养殖中，水体受污染、富营养化且水流缓慢、养殖密度过大情况下最易暴发。池塘放养中，常见于污染严重、流水率低的水池中。虫体无须中间宿主，靠胞囊及其幼虫传播。具有高致病性和高暴发性特征，一旦发病，难以控制。刺激隐核虫具有广泛的致病性，刺激隐核虫引起的白点病在大黄鱼育苗、养殖过程中已成为不可忽视的病害。刺激隐核虫几乎可以感染我国南方所有海水养殖鱼类，能引起石斑鱼50%以上的死率，黄鳍鲷75%的死亡率，给养殖者带来极大的威胁。

近些年来，随着养殖种类的增加和放养密度的提高，池塘和网箱养殖的鲈、鲻、梭鱼、真鲷、黑鲷、大黄鱼、石斑鱼、东方鲀、牙鲆等海水养殖鱼类都可被侵害。此病的发生与鱼类放养的密度过大有密切关系。此病流行地区广，无寄主专一性，几乎所有的硬骨鱼类都可被感染，但板鳃类具有抵抗力。

防治

预防措施：① 适宜的放养密度。隐核虫病的传播速度随着鱼类放养密度的增加而增大；② 发现疾病后及时治疗，并对病鱼隔离，病鱼池中的水不要流入其他鱼池中；③ 病死鱼及时捞出。因为病鱼死后有些隐核虫就离开鱼体，形成包囊进行增殖；④ 养鱼池放养前彻底洗刷，并用浓度大的漂白粉溶液或高锰酸钾溶液消毒，以杀灭槽壁上的包囊；⑤ 增加水的交换量，保持水质清洁。

治疗方法：① 0.3mg/L乙酸铜全池泼洒；② 1mg/L硫酸铜全池泼洒；③ 25mg/L福尔马林全池泼洒；④ 淡水浸洗病鱼3～15min（根据鱼的忍受程度）。

3. 车轮虫病（trichodiniasis）

病原体　车轮虫（*Trichodina* spp.）是一大类具有附着盘（adhesive disc）结构，且可自由运动的缘毛类纤毛虫，因其齿环做车轮般旋转运动而得名。在分类地位上车轮虫隶属寡膜纲（Class Oligohymenophora de Puytorac et al., 1974）缘毛亚纲（Peritrichia Stein, 1859）缘毛目（Peritrichida Stein, 1859）游走亚目（Mobilina Kahl, 1933）（图7–42）车轮虫科（Trichodinidae

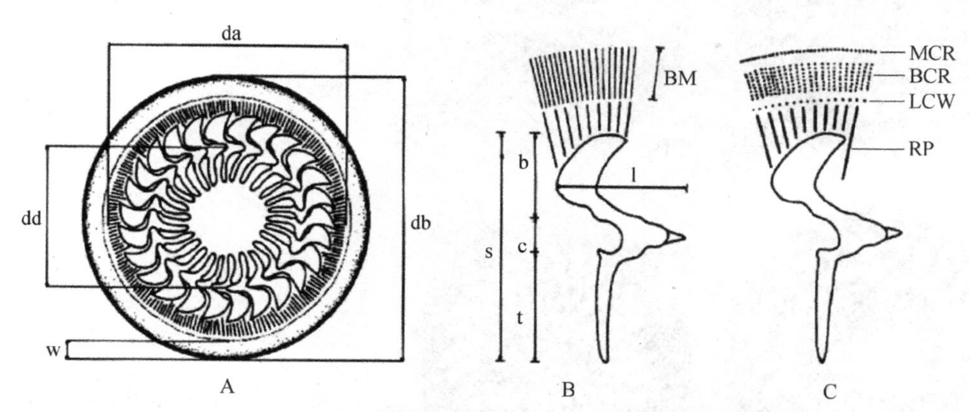

图7–42　游走亚目的附着盘及齿体统计特征（引自徐奎栋等，2003）

A. 附着盘；B. 齿体；C. 齿体外的辐线以及缘膜；b. 齿体长；BCR. 基毛环；BM. 缘膜；c. 齿锥宽；da. 附着盘直径；db. 虫体直径；dd. 齿环直径；i. 齿长；LCW. 运动纤毛环；MCR. 缘毛环；RP. 辐线；s. 齿体纵长；t. 齿体长；w. 缘膜宽

Claus, 1874)。迄今已发现10属共260多种车轮虫(Basson and Van As, 1989; Xu et al., 2000),在我国仅发现5属近80种车轮虫(陶燕飞和赵元莙,2006)。

车轮虫的主要特征表现如下(图7-43)。① 虫体呈圆筒状、高脚杯状、盘状或盔状等,顶部尖或平。② 口区:口围缘沿口面向左环绕,最后与胞口相通,下与前庭(vestibule)相接;口围缘绕体有90°~ 340°、360°~ 400°、2 ~ 3个360°等各种变化,其两侧各长一行纤毛。③ 核器:大核马蹄形、香肠状或块状,在身体中部;小核一般在大核一端的外边缘或前面。④ 反口区:在反口面具有后纤毛带(posterior girdle of cilia),由一系列整齐的集膜组成;后纤毛带上面有上缘纤毛,下面有下缘纤毛;下缘纤毛之后为一透明的缘膜(border membrane)。上、下缘纤毛和缘膜因种类不同,而缺乏其中一或两种结构。⑤ 附着盘:反口面观是平坦而中间凹入的附着盘(图7-44),其上最显著的结构是齿环(denticulating ring)和辐线环(striated ring)。齿环是

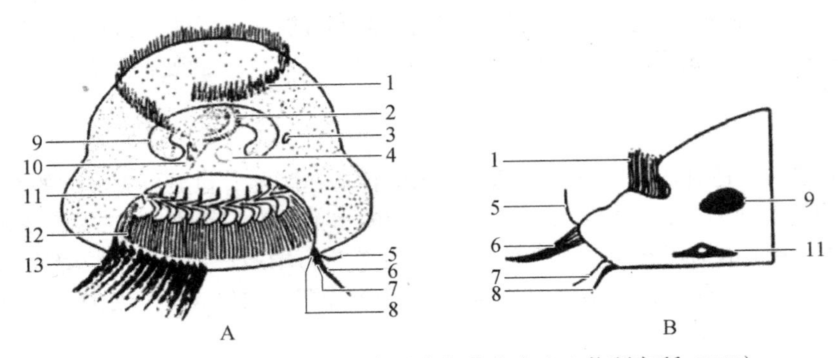

图7-43 车轮虫的主要构造(引自湖北省水生生物研究所,1973)

A. 侧面观(模式图); B. 纵切面观(半模式,只表示纵切面的1/2); 1. 口沟; 2. 胞口; 3. 小核; 4. 伸缩炮; 5. 上缘纤毛; 6. 后纤毛带; 7. 下缘纤毛; 8. 缘膜; 9. 大核; 10. 胞咽; 11. 齿环; 12. 辐线; 13. 后纤毛带

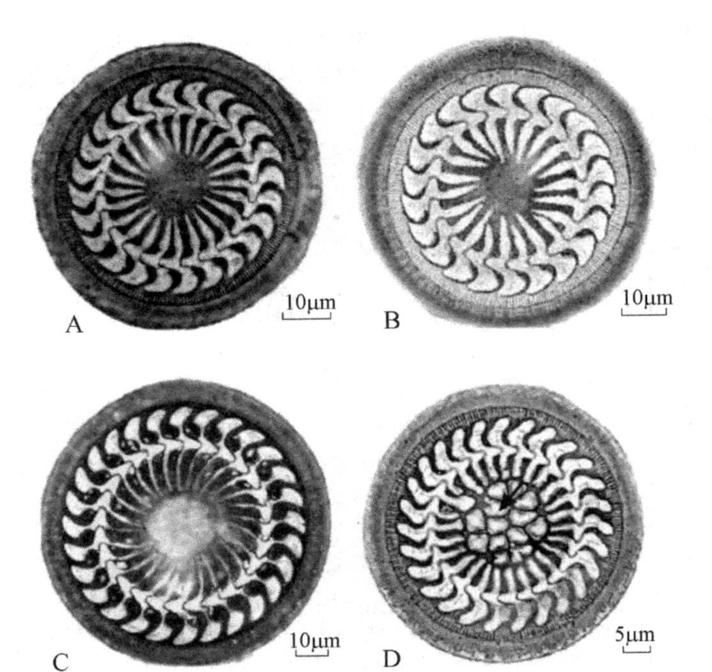

图7-44 车轮虫的附着盘结构图
(引自龚迎春,2007)

A. 异齿车轮虫; B. 鲫车轮虫; C. 显著车轮虫; D. 网状车轮虫

车轮虫科中最突出而又最固定的结构，也是种间鉴定和属间区分的重要依据。它由各种不同数目的齿体组成，每个齿体分为齿钩（blade）、齿锥（central part）和齿棘（thorn）三部分。

症状　寄生数目少时症状不明显，大量寄生时，由于它们的附着和来回滑动，刺激鳃丝大量分泌黏液，形成一层黏液层。引起鳃上皮增生，妨碍呼吸。临池观察，鱼苗可出现"白头白嘴"症状，或者成群绕池狂游，呈"跑马"症状。在鱼种期的幼鱼体色暗淡，失去光泽，食欲不振，消瘦，离群独游，鳃的上皮组织坏死，呼吸困难，最终衰弱而死。

流行与危害　车轮虫广泛寄生于淡海水鱼类、贝类、甲壳类、两栖类及一些无脊椎动物等的鳃、皮肤、鳍、膀胱、输尿管、生殖系统等部位，可导致宿主严重的组织病变（徐奎栋等，2000；Lom，1973），并给水产养殖业造成很大的危害与损失（陈英鸿，1964；黄琪琰，1993；Hoole et

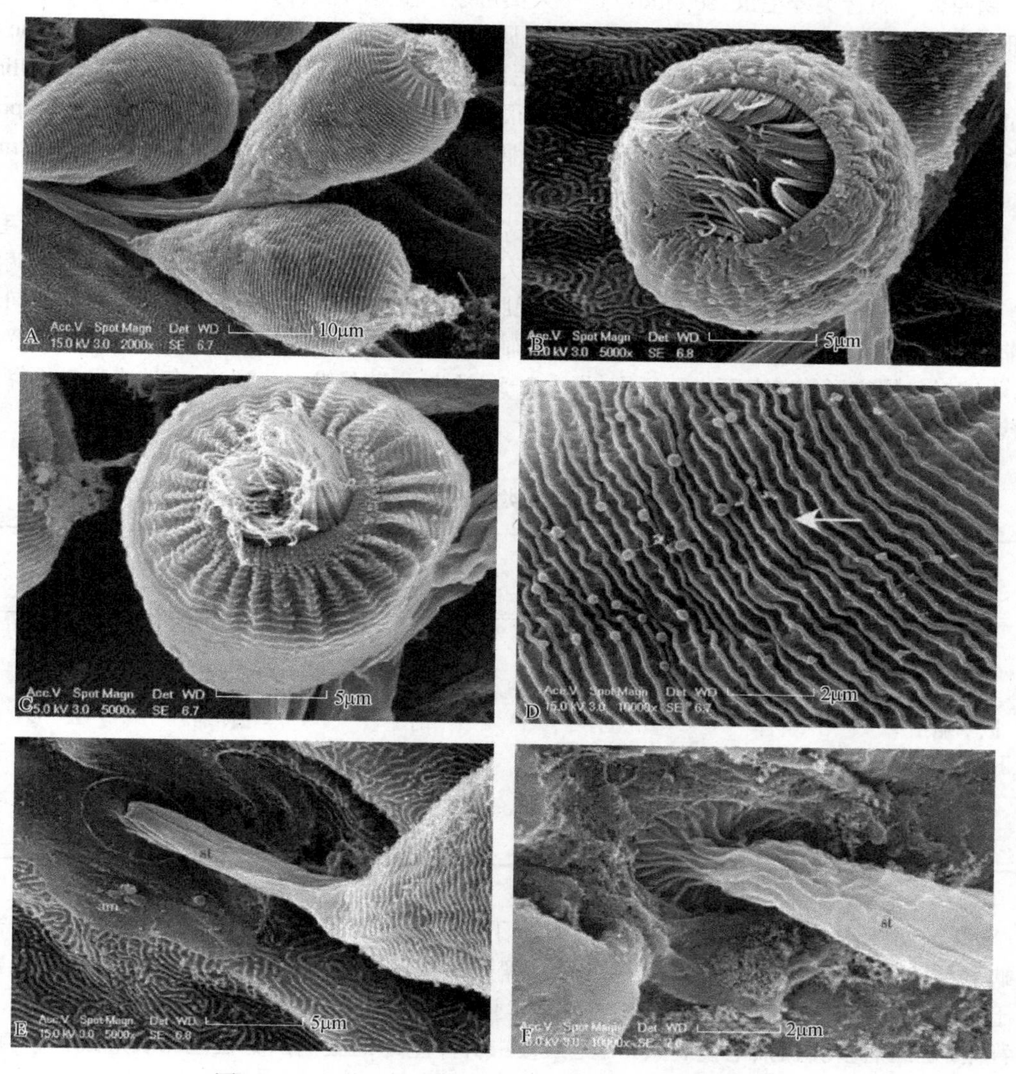

图7-45　珠蚌累枝虫扫描电镜照片（引自Li et al.，2012）

A. 虫体整体观，示累枝虫寄生在鱼体表面（标尺为10μm）；B. 伸展个员，示口围纤毛和口围唇（标尺为5μm）；C. 收缩个员（标尺为5μm）；D. 虫体表面观，示环纹和颗粒（标尺为2μm）；E. 体柄末端的固着盘和分泌的黏液（标尺为5μm）F. 体柄在鱼体表面造成的损伤（标尺为2μm）

al.,2001)。车轮虫病流行的高峰季节是5～8月,在鱼苗养成夏花鱼种的池塘容易发生。一般在池塘面积小、水较浅而又不易换水、水质较差、有机质含量较高且放养密度较大的情况下,容易造成此病的流行。离开鱼体的车轮虫能在水中自由生活1～2d,可直接侵袭新寄主,或随水流传播到其他水体。鱼池中的蝌蚪、水生甲壳动物、螺类和水昆虫都可能成为临时携带者。

防治 饲养鱼苗之前,应注意彻底清塘,以杀灭水中及底泥中的病原,鱼种则在入池前用8mg/L硫酸铜或3%食盐溶液浸洗20min。

治疗方法:① 可用硫酸铜和硫酸亚铁合剂(5:2)全池遍洒,使池水中的药物浓度达到0.7mg/L;② 可用硫酸锌溶解后全池遍洒,使池水中的药物浓度达到0.6mg/L。

4. 固着类纤毛虫病(sessilinasis)

病原体 固着类纤毛虫(sessilids)是一大类可以严重危害淡、海水养殖的鱼苗、鱼种及各种虾、蟹的卵、幼体和成体的缘毛类纤毛虫。属于寡膜纲(Oligohymenophorea de Puytorac et al.,1974)缘毛亚纲(Peritrichia Stein,1859)缘毛目(Peritrichida Stein,1859)固着亚目(Sessilina Kahl,1933)。固着类纤毛虫病的病原种类很多,最常见的种类有累枝虫(*Epistylis* spp.)(图7–45),其次是钟虫(*Vorticella* spp.)、聚缩虫(*Zoothamnium* spp.)、独缩虫(*Carchesium* spp.)、杯体虫(*Apiosoma* spp.)(图7–46)等。

每个虫体的构造大体相同,呈倒钟罩形或高脚杯形,前端形成盘状的口围盘,边缘有纤毛,里面有1口沟,虫体内有带形、马蹄形、椭圆形大核和1个小核,虫体后端有柄或无柄。有柄的种类,根据柄是否分支(单体或群体),柄内有无肌丝、肌丝在分支处是否相连(相连的群体同步伸缩,不相连的则个员单独伸缩),以及肌丝呈轴心排列,收缩时呈"Z"形,或肌丝沿柄内壁盘绕,收缩时呈螺旋形等特点而进行区别,见表7–5。无性生殖是纵二分裂法,有性生殖是不等配的接合生殖。这些纤毛虫借游泳体进行传播。

表7–5 常见固着类纤毛虫的主要区别

类　群	单体或群体	有无体柄	柄内有无肌丝	单独伸缩或群体同步伸缩	肌丝收缩形态
累枝虫	群体	有	无		
聚缩虫	群体	有	有	群体同步伸缩	"Z"形
拟单缩虫	群体	有	有	单独伸缩	"Z"形
单缩虫	群体	有	有	单独伸缩	螺旋形
钟虫	单体	有	有	单独伸缩	螺旋形
杯体虫	单体	无			

症状 患杯体虫病的鱼苗漂浮于水面,多于塘边或下风口处集群。游动吃力,身体失衡,做缺氧浮头状。鱼体发黑,仔细观察可见其鳃盖后缘略发红,鳍条残损。将病鱼去除鳃盖,置于解剖镜下,发现鳃部分泌有大量黏液,其上满覆虫体。体表和鳍处也多有虫体附着,尤以背鳍、尾鳍居多。扫描电镜观察,可见累枝虫群体基部的主柄固着在鱼体表形成一个直径15～20μm的圆盘,并再形成一个直径10～20μm的圆孔,主柄呈树根状从圆孔中央伸入,形成1根较粗的主根及许多细须状的侧根。固着类纤毛虫少量固着时,外表没有明显症状。但当大量固着时,病虾外观鳃区呈黄色或灰黑色;虾、蟹的体表有许多绒毛状物,反应迟钝,行动缓

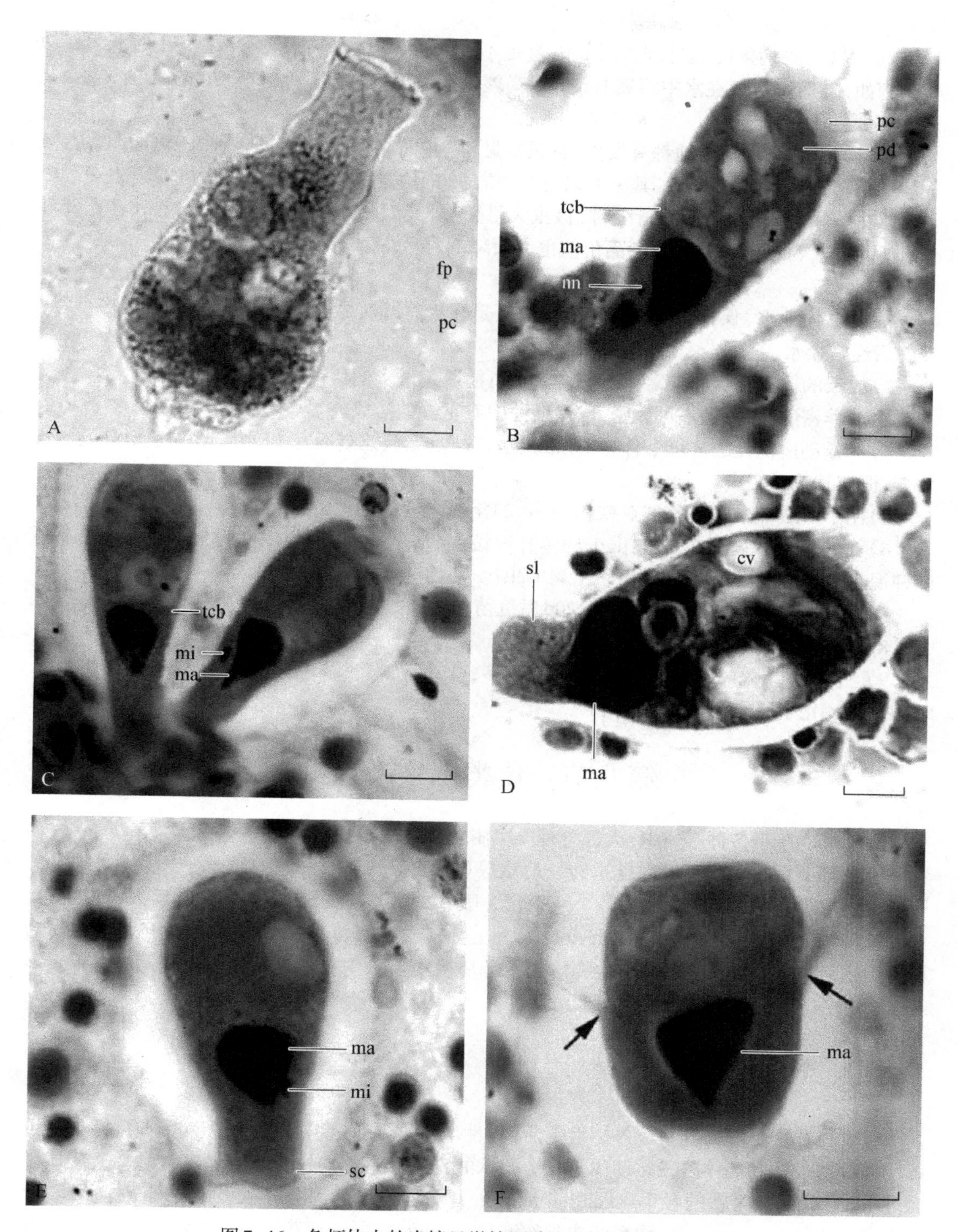

图7-46　鱼杯体虫的光镜显微镜照片（引自Li et al.，2008）

A. 中性红染色样品，示虫体发达的口围纤毛和食物粒（标尺为20μm）；B，C. 埃利希苏木精染色样品，示虫体一般形态、口围区、围口纤毛、横线毛带和核部（B图标尺10μm，C图标尺10μm）；D. 海氏苏木精染色样品，示伸缩泡、大核和体柄（标尺为10μm）E. 海氏苏木精染色样品，示虫体口围唇完全将口围纤毛及口围区缩进体内的情形，大小核依然清晰可见（标尺为10μm）；F. 埃利希苏木精染色样品，示游泳体（标尺为10μm）

慢，呼吸困难，将病蟹提起时，附肢吊垂，螯足不夹人，手摸体表和附肢有滑腻感；对低溶氧敏感。例如，健康褐对虾在水中溶氧1mg/L时尚能生存，而病虾在溶氧2.6～3.0mg/L时，就会窒息死亡。

流行与危害　全国各地都有发生，且很常见，危害海、淡水中养殖的各种虾、蟹的卵、幼体、成体和鱼苗、鱼种鳖、牛蛙等，其中尤以对虾、蟹的幼体危害为大。少量固着时一般危害不大；但当水中有机质含量多，换水量少时，该虫大量繁殖，充满鳃、附肢及体表各处，在水中溶氧较低时，可引起大批死亡，残存的商品价值也大大降低。

防治

1）经常换池水，保持水质清洁。具体做法是在放养以前尽量清除池底污物，并彻底消毒；放养后经常换水。

2）投喂的饲料要营养丰富，数量适宜，尽可能避免过多的残饵沉积在水底。

3）放养密度要适宜，不可太密，以保证池中有足够的溶氧。

4）尽量创造优良的环境条件，如经常换水，改善水质，控制适宜水温等，以加速对虾的生长发育，促使其及时蜕皮。

5）用甲醛或硫酸铜与硫酸亚铁粉（5 ∶ 2）溶液全池泼洒。

6）治疗可用浓度为0.5～1μg/L的苯扎溴铵（新洁尔灭）溶液与浓度为5～10μg/L的高锰酸钾混合液浸浴，经3h左右，即可杀灭聚缩虫。

7）生石灰每亩[①]100kg带水清塘，20d后进苗种。

8）苗种入池前先用200μg/L硫酸铜浸洗1h。

9）当池水老化时，即水中浮游生物不多，多变清或淡茶色时，每亩水深1m用生石灰15～20kg，化水后全池泼洒1次。

第八节　鱼类寄生吸管虫

吸管虫广布于各种水体中，大部分种类可附生于其他生物体表，如原生动物、藻类、软体动物、轮虫、环节动物、甲壳动物、昆虫、鱼、海龟等（Corliss，1979），一些种类也可寄生于马、犀牛、豚鼠、大象的肠内（Dovgal，2002）。一般情况，吸管虫对其宿主影响不大，但当其大量滋生时，对养殖动物则有相当大的危害（Johnson，1978）。另外，在富营养化水体中，吸管虫在原生动物群落中占较大比重，因此在污附生物研究及环境生物监测中也具有一定的研究意义（Gong et a1.，2005）。

一、生物学特征

1. 形态

吸管虫几乎全部为固附或外栖性生活，无性生殖主要通过出芽方式进行，因此生活史中可以明确分为成体和幼体阶段。幼体是自由游泳的，全身或部分被有纤毛，也称游泳体。成体没有纤毛，有许多吸管状的触手（suctorial tentacle），分布全身或部分。触手主要用于捕食，其顶部有突出小体（extrusome），称系缚式刺丝泡（haptocyst），可将捕获物抓住并吮吸，常以其他纤

① 1亩≈666.7m^2

毛虫或其他微型动物如轮虫等为食。尽管成体时没有纤毛，但体内和其他纤毛虫一样，仍有膜下纤毛系统。绝大多数是固着的种类，和缘毛目纤毛虫一样，也用本体后端的“帚胚”引伸的柄固着在其他水生生物或固体基质上，柄不能伸缩。

2. 生活史

该类群的生活史分为幼体和成体两部分，幼体（游泳体）可自由游动，全身或部分被有纤毛；成体纤毛退化，具有用以摄食的触手状吸管；多营固着生活，少数种类为浮游生活。无性生殖主要为出芽生殖（Corliss，1979；Dovgal，2002；Gong，1990；沈韫芬，1999；宋微波，1999）。从Ehrenberg（1833）年描述第一种吸管虫[结节壳吸管虫（*Acineta tuberosa*）]至今，已报道和描述了约400种吸管虫（Wright，1858；Claparède & Lachmann，1859；Kahl，1934；Curds，1985a，b，c，1986，1987；Matthes，1988）。

变异毛管虫的繁殖是采取内出芽方式。当虫体长到一定大小和周围环境条件适宜时，首先在成虫体表一部分的表皮（通常是在虫体前半部），向体内陷入，断裂，继而形成一条纤毛带。当内出芽生殖开始时，小核进行有丝分裂后，这时大核表现收缩成团，随后以芽生方式，或直接拉断。当小核分成两个，大核拉长时，陷入体内的纤毛带开始逐渐向大小核包裹，并连同母体的一部分细胞质形成初期的胚芽。以后随着胚芽的发育，大核和小核移入胚内，并重新长出一个伸缩泡，同时在胚芽中部出现7行纤毛纹着生密集的纤毛。成熟的胚芽在母体内不停转动，很快钻破母体的表皮，以挤出的方式，胚芽的胞核和胞质逐渐向外逸出。刚出来的幼虫呈圆形，扁平，碟状，在虫体的一端有一个像多子小瓜虫的圆锥状的钻孔器。当纤毛幼虫达到寄主鳃丝内适当的地方静止下来，长出短柄，以其固着在鳃丝上，以后纤毛消失，在身体前方长出一束吸管。

吸管虫的无性生殖主要为出芽生殖，有三种不同方式：① 在母体的体表出芽，细胞分裂是外出芽分裂；② 出芽发生于囊中，细胞分裂是内出芽分裂；③ 出芽也发生于囊中，细胞分裂开始时期在囊中，但完成分裂在囊外，外翻出去（图7–47）。

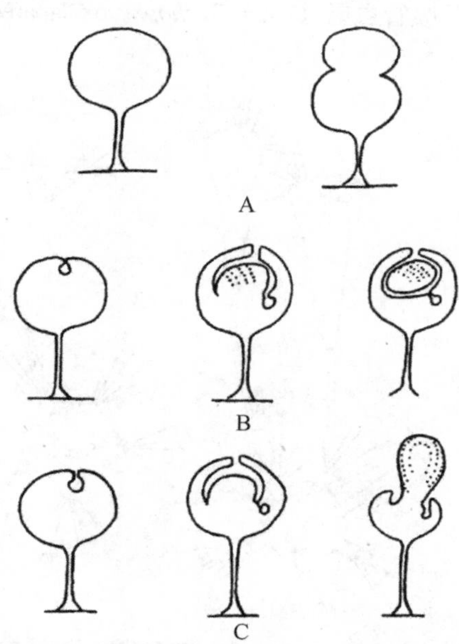

图7–47　吸管亚纲出芽生殖的三种方式
（引自Smill & Lynn，1985）
A. 外出芽分裂；B. 内出芽分裂；C. 内芽外翻分裂

3. 分类

吸管虫（suctorian）在分类上隶属于原生生物界、纤毛门、叶咽纲、吸管亚纲；是纤毛门中高度特化的一个类群。本亚纲只含一个目——吸管目（Suctorida Claparède & Lachmann，1858）。根据出芽生殖的三种不同方式，分为三个亚目：外生亚目（Exdogenina Collin，1912），在母体的体表出芽，细胞分裂是外出芽分裂（图7–48））；内生亚目（Endogenina Collin，1912），出芽发生于囊中，细胞分裂是内出芽分裂（图7–49）；外翻亚目（Evaginogenina Jankowski，1975），出芽也发生于囊中，细胞分裂是内芽外翻分裂（图7–50）。

外生亚目（Exdogenina Collin，1912）包括足吸管虫属（Genus *Podophrya* Ehrenberg，1838）（图7–48A、B）、球吸管虫属（Genus *Sphaerophrya* Claparede & Lachmann，1859）（图7–48C）、壶吸管虫属（Genus *Urnula* Claparede & Lachmann，1858 ～ 1859）（图7–48D）、似壳吸管虫属（Genus *Paracineta* Collin，1911）（图7–48E）。

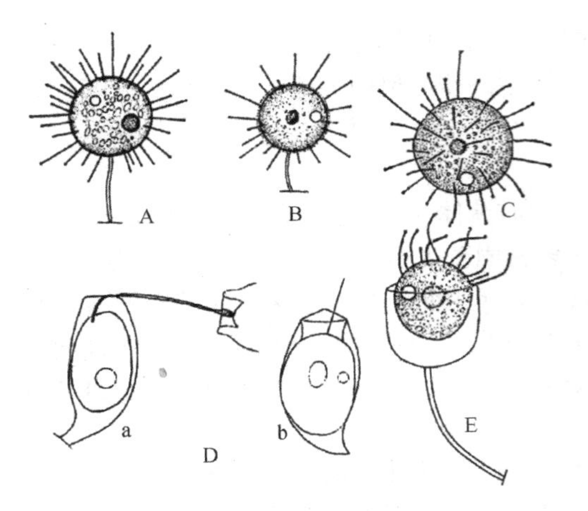

图7–48　外生亚目代表种类
（引自Matthes et al.,1988）
A. 固着足吸管虫（*Podophrya fixa*）; B. 胶衣足吸管虫（*Podophrya maupasi*）; C. 大球吸管虫（*Sphaerophrya magna*）; D. 累枝壶吸管虫（*Urnula epistylidis*）（a. 正在用触手吮吸圆盖虫的口盘，b. 未吮吸时的形状）; E. 尼泊尔似壳吸管虫（*Paracineta neapolitana*）

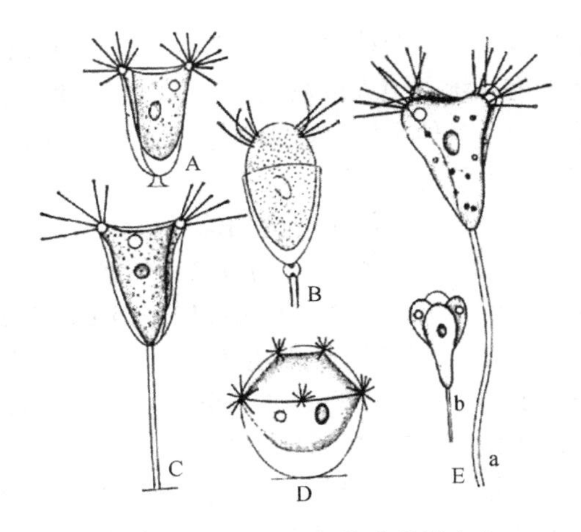

图7–49　内生亚目代表种类（1）
A. 粗壮壳吸管虫（*Acineta foetida*）; B. 乳头壳吸管虫（*Acineta Pupillifera*）; C. 结节壳吸管虫（*Acineta tuberosa*）; D. 球形管吸管虫（*Solenophrya inclusa*）; E. 四分锤吸管虫（*Tokophrya quadripatita*）（a. 伸展状态，b. 收缩状态）

内生亚目（Endogenina Collin，1912）包括壳吸管虫属（Genuss *Acineta* Ehrenberg，1833）（图7–49A ～ C）、贝吸管虫属（Genus *Conchacineta* Jankowski，1978）（图7–49）、管吸管虫属（Genus *Solenophrya* Claparède and Lachmann，1859）（图7–49D）、锤吸管虫属（Genus *Tokophrya* Butschli，1889）（图7–49E）、十字吸管虫属（Genus *Staurophrya* Zacharias，1893）（图7–50A ～ C）、毛吸管虫属（Genus *Trichophrya* Claparède and Lachmann，1859）（图7–50D）。

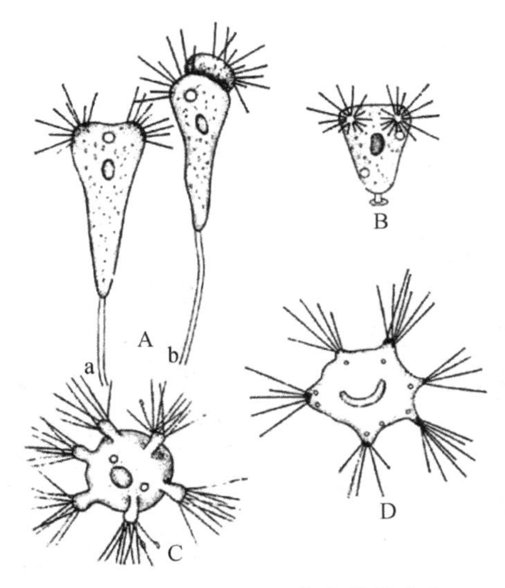

图7–50　内生亚目代表种类（2）
A. 浮萍锤吸管虫（*Tokophrya lemnarum*）（a. 正面观，b. 侧面观）B. 浸渍锤吸管虫（*Tokophrya infusionum*）C. 华丽十字吸管虫（*Staurophrya elegans*）D. 累枝毛吸管虫（*Trichophrya epistylidis*）

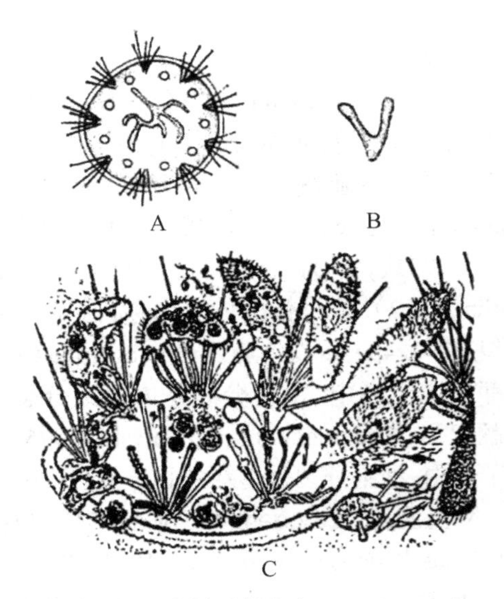

图7–51　艾氏放射吸管虫（*Heliophrya erharsi*）
（引自Corliss，1979）
A. 虫体的整体观　B. 大核的一种形态　C. 虫体在掠食草履虫

外翻亚目(Evaginogenida Jankowski,1975)包括放射吸管虫属(Genus *Heliophrya* Saedeleer and Tellies,1930)(图7–51)。

二、主要病原体及其引起的疾病

毛管虫病(trichophriasis)

病原体　目前,就草鱼鳃上已发现的毛管虫,有变异毛管虫(*Trichophrya variformis* Li,1985)、中华毛管虫(*Trichophrya sinensis* Chen,1955)、湖北毛管虫(*Trichophrya hupehensis* Chen & Hsieh,1964)三种毛管虫,隶属于吸管亚纲(Suctoria)吸管目(Suctorida)毛管科(Trichophryidae)毛管虫属(*Trichophrya*)。

虫体形状不定,有长形、卵形或圆形等。身体的一端具有1束放射状的吸管。但也有不只一端长有吸管的种类。吸管的末端膨大成球棒状。大核1个,呈棒状或香肠状,内有核内体。小核1个,在大核之侧。具伸缩泡3～5个。

1. 变异毛管虫(*Trichophrya variformis* Li,1985)(图7–52)

虫体活体淡黄色,体形易变化,身体前方部分细胞质像变形虫状涌向一方,时而又在另一处出现伪足状的细胞质,有时也看到虫体缓慢转动。多数个体没有吸管,而在中等或比较小的个体可见到6～8根,最多的不超过14根吸管。吸管簇生在虫体前端,吸管圆筒状,柔软,其末端做球形膨大。成虫和幼虫的表皮上,具有许多规则排列的颗粒,与纤毛纹的基粒很相似。虫体后方有一个锥形的固着柄,但在成虫期没有幼虫期明显。柄上无条纹、环纹和突起,与鳃丝接触处看到折光较强的交界线。虫体内具有许多呈圆球形的颗粒,有的大小不等,有的则均匀一致。大核圆形,卵形至长棒状,但多数为香肠状。小核圆球形,位于大核一侧。伸缩泡一个,位于近吸管发出的一端。固定标本长70(46～96)μm,宽34(19.2～42.0)μm,厚11～14μm。吸管长6.0～7.2μm,最长13.6μm。

(1)中华毛管虫(*Trichophrya sinensis* Chen,1955)(图7–53)

身体长卵形至不规则。在虫体前端生出一簇放射状吸管6～16根。大核粗棒状或香肠状。小核球形,位置不定。伸缩泡一个,位于大核前方。体内常有大量的大小和形状不一的食物粒。虫体长59.1(42.5～81.3)μm,宽27.6(15～43)μm;大核长27(16.3～38.8)μm,宽8.3(6.3～12.5)μm。胚芽侧面观为碟状扁平,正面观为圆形,纤毛带具有3～4行纤毛。成虫和幼虫都没有柄。

(2)湖北毛管虫(*Trichophrya hupehensis* Chen & Hsieh,1964)(图7–54)

身体卵形到不规则。吸管1～3簇,每簇有吸管3～11根。有时吸管遍布全身,但以2～3簇者最为普遍。大核为粗短的香肠状,一端比较膨大。小核球形,位置有所变动。一个伸缩泡,在大核前方。虫体长47.1(31.8～62.5)μm,宽29.3(17.5～56.3)μm;大核长19.9(7.5～27.5)μm,宽8.1(6.3～11.3)μm;小核直径2.5μm。

症状　毛管虫为体表寄生虫,肉眼可观察到活体的虫体,显微镜检查确定病原体。

毛管虫分布广泛,寄生于多种淡水鱼类的鳃和皮肤,并被认为可使鱼种致病。虫体大量贴附鳃小片上,破坏小鱼的鳃上皮细胞,妨碍宿主的呼吸,使鱼呼吸困难,上浮水面。病鱼体瘦弱,严重时,可引起死亡。

流行与危害　毛管虫病是草鱼鳃瓣病的一种,通常寄生在鳃小片上,有时偶尔也发现在夏花鱼种的鳍条上。当大量寄生时,虫体像蚯蚓状匍匐地贴在鳃小片上,破坏鳃的表皮组织,刺激鳃分泌大量的黏液,妨碍呼吸,严重时,影响鱼摄食,因而鱼体瘦弱,游动迟缓,久之死亡。例

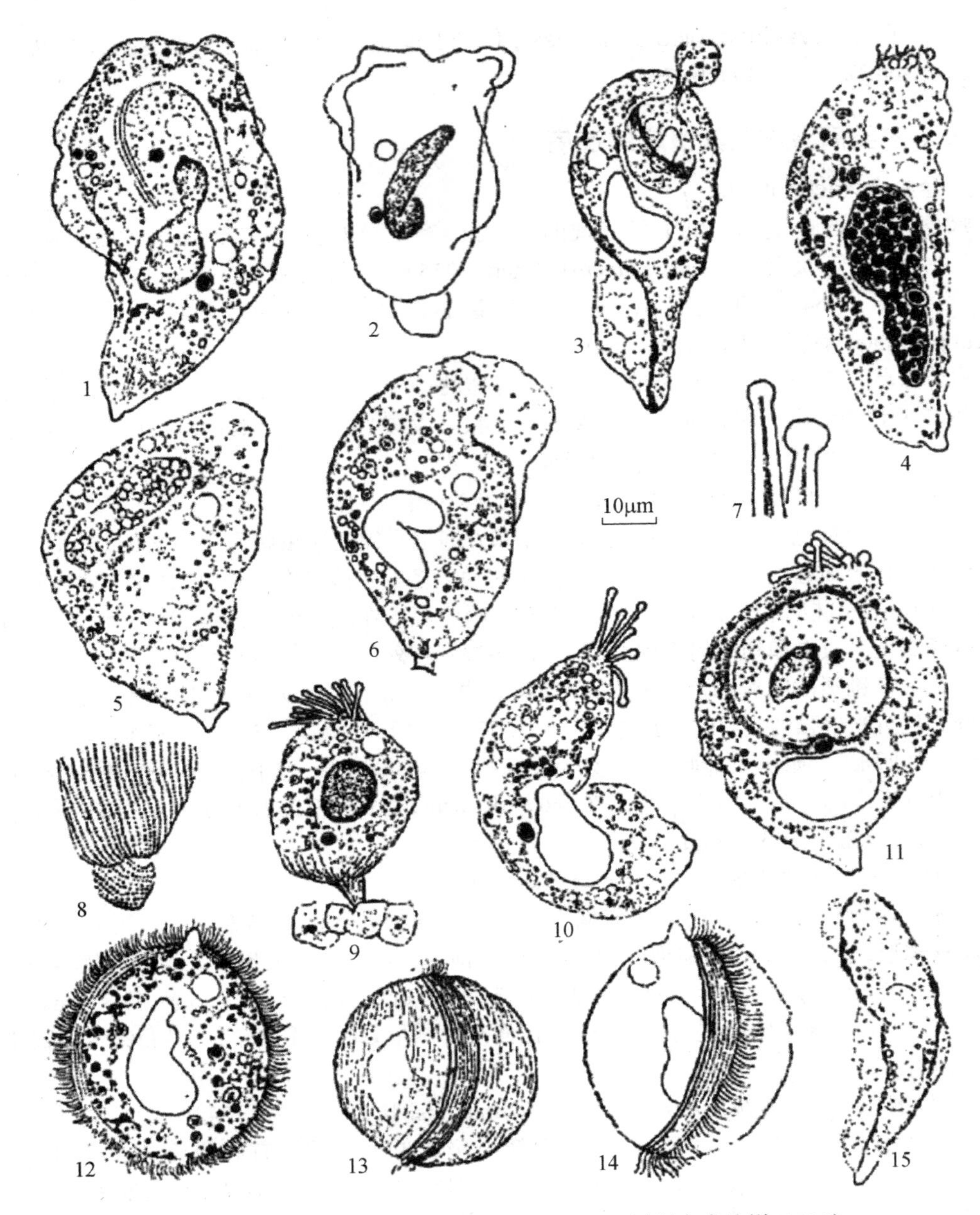

图7–52 变异毛管虫（*Trichophrya variformis*）（引自李连祥，1985）

1. 成虫，示虫体前方一部分细胞质做变形虫状的运动，后方圆锥状的短柄，表皮上规则排列的基粒以及正在分裂的大核、小核和初形成的纤毛带，活体标本；2. 成虫，示虫体前方部分变形虫状的伪足和虫体内部的结构，活体标本；3. 成虫，示一成熟的胚芽正在钻出母体，幼虫细胞质向外挤出的情形，福尔马林固定，甘油乙醇透明；4. 成虫，示虫体前方6根短的吸管，大核、小核的结构和所在位置以及虫体后方不明显的固着柄，福尔马林固定，甘油乙醇透明；5，6. 成虫，示虫体外形，固着柄和体内的结构，福尔马林固定，甘油乙醇透明；7. 吸管的一部分，示吸管末端呈球状膨大的情形，活体标本；8. 成虫体后的一部分，示表皮上有规则排列、类似纤毛纹的基拉，福尔马林固定，甘油乙醇透明；9. 早期阶段的幼虫，示其明显的固着柄、吸管、大核、小核，伸缩泡的位置及表皮上的基粒，苏木精染色；10. 成虫，示虫体的吸管，大、小核的位置以及体后不明显的固着柄，福尔马林固定，甘油乙醇透明；11. 成虫，示一个正在发育的胚芽，福尔马林固定，甘油乙醇透明；12. 幼虫，示虫体具有圆锥状的钻孔器，纤毛带以及大小核和伸缩泡的位置，苏木精染色；13. 幼虫，示表皮上除7行纤毛纹外，还有许多类似纤毛纹的条纹，苏木精染色；14. 幼虫，示虫体前方圆锥状钻孔器，7行纤毛纹和一行不着生纤毛条纹，福尔马林固定，甘油乙醇透明；15. 成虫的侧面观，示大核、伸缩泡的位置，福尔马林固定，甘油乙醇透明

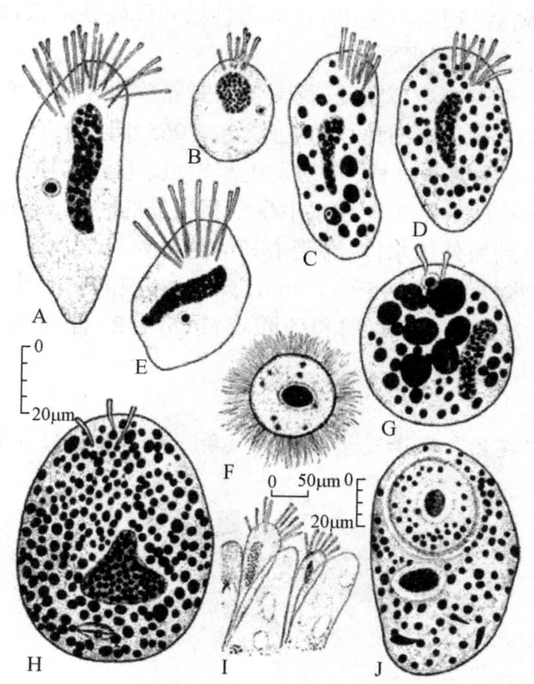

图 7–53　中华毛管虫（*Trichophrya sinensis*）（引自湖北省水生生物研究所，1973）
A ～ E. 示一般的形态结构；F. 纤毛幼虫；G,H,J. 进行出芽生殖的个体；I. 虫体在鳃丝上寄生的活体情形

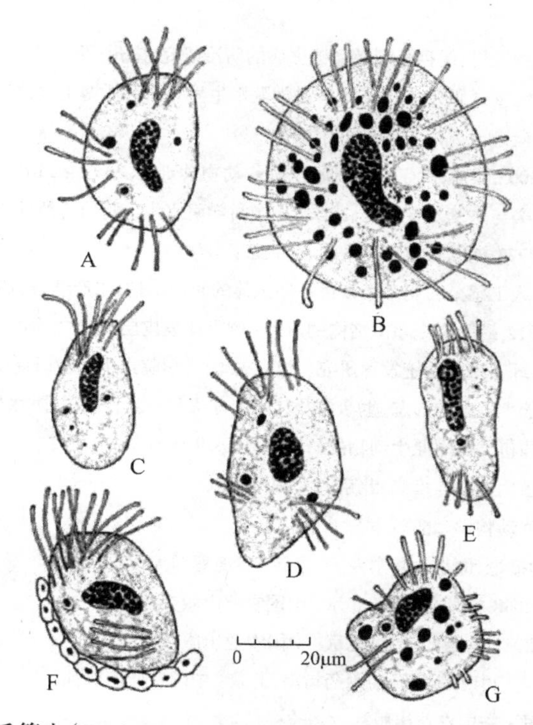

图 7–54　湖北毛管虫（*Trichophrya hupehensis*）（引自湖北省水生生物研究所，1973）
A,B. 为成虫期，示吸管分布的情形；C ～ E,G. 为不同发育的时期；F. 示虫体寄生在鳃丝上的情形

如，1963年7月间湖北洪湖县（现为洪湖市）新堤鱼种场和江陵县郝穴镇鱼场的夏花草鱼种，被中华毛管虫侵袭，发生严重的死鱼现象。

毛管虫病的病原体一年四季均有发现，我国各主要养鱼地区都有流行，但在5～10月最为流行，特别是从鱼苗养至7～10cm的鱼种易生此病。1965年以前，广东省南海县（现佛山市南海区）九江等地以大草沤水发塘养鱼种，较易发生车轮虫、毛管虫并发症。毛管虫的传播主要是靠自由游泳的纤毛幼虫。此纤毛虫能在水中生活相当长的时间，遇到鱼体就着寄生上去，或借水流和其他的媒介转移到另外的水体，再袭击其他的鱼类。

防治 可用2%食盐水浸泡病鱼15～20min，或用8%硫酸铜溶液浸泡15min，或用0.7mg/L的硫酸铜泼洒，或用0.7mg/L的硫酸铜和硫酸亚铁（5∶2）合剂洒入鱼箱，均可取得一定疗效。

（汪建国　顾泽茂　章晋勇　李　明　李安兴　艾桃山　张立强　编写）

习　题

1. 简述鱼类寄生原生动物的分类系统。
2. 描述鱼类异育银鲫喉孢子虫病的症状。
3. 简述多子小瓜虫的生活史。

参考文献

但学明.2006.刺激隐核虫的传代、保存及刺激隐核虫病的防治研究.广州：暨南大学博士学位论文.

龚迎春.2007.车轮虫的系统发育研究.武汉：中国科学院水生生物研究所博士学位论文.

顾福康.1991.原生动物学概论.北京：高等教育出版社.

顾泽茂，龚小宁，汪建国.2005.锥虫系统发育的研究进展.动物学研究，26(2)：214–219.

顾泽茂.2007.鱼类锥虫分类与系统发育研究.武汉：中国科学院水生生物研究所博士学位论文.

湖北省水生生物研究所.1973.湖北省鱼病区系图志.北京：科学出版社.

黄玮，马跃，李安兴.2005.人工感染的刺激隐核虫各期虫体的超微结构.水产学报，29：635–642.

李明，王崇，李伟东，等.2012.鲩肠袋虫超微结构的研究：侧重体表皮层.水生生物学报，36(4)：765–769.

李明.2008.几类淡水寄生纤毛虫的系统发育研究.武汉：中国科学院水生生物研究所博士学位论文.

倪达书，李连祥.1960.多子小瓜虫的形态、生活史及其防治方法和一新种的描述.水生生物集刊，2：197–215.

倪达书，汪建国.1998.我国鱼类寄生原生动物的研究进展.水生生物学波，12(3)：259–267.

倪达书，汪建国.1999.草鱼生物学与疾病.北京：科学出版社.

沈蕴芬，汪建国.1999.原生动物学.北京：科学出版社.

宋微波.1999.原生动物学概论.原生动物学专论.青岛：青岛海洋大学出版社.

汪建国，陈昌福，王玉堂.2008.渔药药剂学.北京：中国农业出版社.

汪建国，王玉堂，陈昌福.2011.渔药药效学.北京：中国农业出版社.

汪建国，王玉堂，战文斌，等.2012.鱼病防治用药指南.北京：中国农业出版社.

汪建国.2013.鱼病学.北京：中国农业出版社.

汪开毓，汪建国，王玉堂.2013.渔药药理学与毒理学.长春：吉林人民出版社.

章晋勇，吴英松，鲁义善，等.2004. 鱼类微孢子虫研究进展. 水生生物学报，28：563–568.

Cairns J, Jr. 1988. Can the global loss of species be stopped? Speculations in Science and Technology, 11(3): 189–196.

Corliss JO. 1979. The ciliated protozoa: characterization classification and guide to the literature. 2nd ed. Oxford: Pergamon Press.

Corliss JO. 1982. Number of species comprising in phyletic groups assignable to the Kingdom Protista. J.Protozool, 29(4): 499.

Dan X M, Li A X, Lin X T, et al. 2006.A standardized method to propagate *Cryptocaryon irritans* on a susceptible host pompano *Trachinotus ovatus*. Aquaculture, 258: 127–133.

Farmer JN. 1980. The protozoa: introduction to protozoology. Transactions of the American Microscopical Society, (3): 329.

Gu ZM, Wang JG, Ke XL, et al. 2010. Phylogenetic position of the freshwater fish trypanosome, *Trypanosoma ophiocephali* (Kinetoplastida) inferred from the complete small subunit ribosomal RNA gene sequence. Parasitol Res., 106: 1039–1042.

Gu ZM, Wang JG, Zhang JY, et al. 2006. Redescription of *Trypanosoma ophiocephali* Chen 1964 (Kinetoplastida: Trypanosomatina: Trypanosomatidae) and first record from the blood of dark sleeper (*Odontobutis obscura* Temminck et Schlegel)in China. Parasitol Res., 100(1): 149–154.

Hausmann K, Hülesmann N.1996. Protzoology. New York: Thieme Medical Publishers, Inc: 1–338.

Heinz M. 2008. Encyclopedia of Parasitology. 3rd ed. Berlin: Springer Press.

Letch C A. 1979. Host restriction, morphology and isoenzymes among trypanosomes of some freshwater fishes. Parasitol., 9: 107–117.

Levine ND, Corliss JO, Cox FEG, et al. 1980. A newly revised classification of the Protozoa. J. Protozool., 27(1): 37–58.

Li Ming, Wang Chong, Li Weidong, et al. 2012. Ultrastructural study of *Balantidium ctenopharyngodoni* Chen, 1955 (Class: Litostomatea) with an emphasis on its somatic cortex. *Acta Hydrobiologica Sinica*, 36(4): 1–5.

Lom J, Dykova I. 1992. Protozoan Parasites of Fishes. Amsterdam: Elsevier.

Lom J. 1979. Biology of fish trypanosomes and trypanoplasms. *In*: Lumsden WHR, Evans DA. Biology of Kinetoplastida. Vol.2. New York: Academic Press: 269–337.

Matthes D. 1988. Suctoria. *In*: (Matthes D, Guhl W, Haider G). Suctoria und Urceolariidae (Peritricha). Protozoenfauna 7/1. New York: Gustav Fischer Verlag. Stuttgart: 1–226.

Matthews RA. 2005. *Ichthyophthirius multifiliis* Fouquet and ichthyophthiriosis in freshwater teleosts. Adv. Parasitol, 59: 159–241.

Ming Li, Jianguo Wang, Daling Zhu, et al. 2008. Study of *Apiosoma piscicola* (Blanchard 1885) occurring on fry of freshwater fishes in Hongze, China with consideration of the genus *Apiosoma. Parasitology research*, 102(5): 931–937.

Yokoyama H, Grabner D, Shirakashi S. 2012. Transmission biology of the Myxozoa. *Health and Environment in Aquaculture*, 1–42.

第八章　鱼类寄生蠕虫学

导读

蠕虫曾被认为是独立的、具有特殊性的一类动物，后随着动物分类学的发展，人们逐渐发现蠕虫实际上包括扁形动物、线形动物、棘头动物、纽形动物、环节动物等若干类动物。与水产养殖动物关系较大的蠕虫是扁形动物门和线虫动物门的一些种类，尤以扁形动物的虫种危害为大。

本章主要介绍寄生于水产养殖动物的蠕虫的生物学、生态学、致病机制、实验诊断、流行规律和防控技术等内容。

本章学习要点

1. 认识寄生蠕虫各类群的形态特征、生活史和分类位置。
2. 正确鉴定鱼类蠕虫病原体及其危害性。

鱼类寄生蠕虫学（fish helminthology）是主要研究寄生于鱼类的蠕虫的形态、分类、生态学、致病机制、实验诊断、流行规律和防控技术的科学。

蠕虫（helminthes）是一类多细胞的无脊椎动物，身体柔软，可借肌肉的伸缩而蠕动，故称蠕虫。林奈（1758）将许多能蠕动的多细胞动物归于蠕虫类/蠕虫总门（Vermes Linne, 1758）。现今“蠕虫”一词已无真正的分类学意义，仅为一形态学概念，但因沿用已久，一直为学术界所公认和采纳。蠕虫在自然分类上包括扁形动物门（Platyhelminthes）、线虫动物门（Nematoda）、纽形动物门（Nemertea）、棘头动物门（Acanthocephala）和环节动物门（Annelida）所属的各种动物。

蠕虫身体左右对称，无附肢，形状、大小因种类而异。体壁为皮层和肌肉构成的皮肌囊，体内含有已分化的内脏器官。

蠕虫的生活史包括自虫卵经幼虫到成虫的整个个体发育过程。苏联学者斯克里亚宾（K. I. Skrjabin）根据发育方式的不同，将蠕虫分为土源性蠕虫和生物源性蠕虫两大类。土源性蠕虫的发育过程中，不需要中间宿主，其虫卵或幼虫直接在外界环境中发育感染，如单殖吸虫及大多数线虫属于此类。生物源性蠕虫在发育过程中，必须经过中间宿主体内的发育环节后才能感染终末宿主，如复殖吸虫、大部分绦虫和少数线虫，这类蠕虫的生活史复杂，必须在有其中间宿主的地区才能传播。

蠕虫在自然界营自由生活或在动植物体内体外营寄生生活。营寄生生活的蠕虫主要寄生在脊椎动物的体表、消化道及肌肉等组织器官，寄生阶段可以是成虫，也可以是幼虫，或两者兼有，因虫种而异。同一宿主体内可以有一种蠕虫寄生，也可以有几种蠕虫同时寄生。由蠕虫寄生引起的疾病称为蠕虫病（helminthiasis）。

寄生于水产动物并危害水产动物健康的蠕虫为鱼类病原蠕虫。由蠕虫引起鱼类疾病称鱼类蠕虫病（fish Helminthiasis）。鱼类病原蠕虫主要为隶属于扁形动物门、线形动物门与棘头动物门内的一些虫种，其中又以单殖吸虫、复殖吸虫、绦虫及线虫的危害较大。常见的鱼类病原蠕虫有单殖吸虫、复殖吸虫、绦虫、线虫、棘头虫等，本章将对蠕虫类群逐一进行介绍。

第一节　鱼类寄生涡虫

涡虫隶属于扁形动物门涡虫纲（Turbellaria）。扁形动物门为无体腔最原始的三胚层动物，背腹扁平、两侧对称，既能游动又能爬行，约有3万多种，主要营自由或寄生生活。营自由生活的种类主要分布于海水中，还有少量分布于淡水或潮湿的土壤中，以摄食动物性饵料为主，如涡虫等；营寄生生活的种类则主要寄生在其他动物体表或体内，以摄取宿主的营养物质维持生命活动，如吸虫、绦虫等。

扁形动物首次出现了中胚层和两侧对称的体型，在动物演化史上占有重要地位。两侧对称（bilateral symmetry）使动物分出前后、左右、背腹，进一步发展了保护和运动功能，促进了神经系统和感觉器官向体前端集中，逐渐出现了头部，使得动物的运动由不定向变为定向运动，动物的感应更为准确、迅速和有效，从而能够适应的范围也更加广泛，动物才有可能从水中漂浮进化到陆上爬行。中胚层（mesoderm）的出现则引起了一系列组织、器官、系统的分化，促进了动物的新陈代谢，动物能够储存养料和水分，可以耐饥饿和在某种程度上抗干旱。可见两侧对称和中胚层是动物由水生进化到陆生的重要条件和基础。

从扁形动物开始出现了原始的排泄系统（原肾管）与梯形神经系统；有了由中胚层形成的固定的生殖腺、生殖导管和附属腺体，出现了交配和体内受精，这也是动物由水生向陆生进化的一个重要条件。

扁形动物的体壁为表皮与肌肉层相互紧贴而形成的包裹全身的皮肌囊（dermo-muscular sac）结构，除了有保护功能，还强化了运动机能，有利于动物的生存和发展。消化道大多有口无肛门，自由生活种类的消化道复杂，寄生的简单或退化。消化道与体壁之间为实质所填充。无呼吸和循环器官。

涡虫是动物界最早出现两侧对称、三胚层、营自由爬行生活的动物类群。涡虫类动物的出现，标志着动物界的演化开始由水生向陆生、漂浮或固着生活向自由爬行生活过渡。

一、涡虫的生物学特征

涡虫是一群最原始的三胚层动物，生活在海洋、淡水和潮湿的土壤中。多数营自由生活，摄食底栖型原生动物、轮虫、水蚤等，是水生态环境的重要组成部分；少数为共生（共栖）或寄生生活。全球已记录的涡虫有6 200余种。

早在9世纪中期，唐代文学家段成式编撰的《酉阳杂俎》中有记载“土虫”或称“度古”，其体背呈黑黄色，容易断成几段。这是世界上关于涡虫的最早记录。18～19世纪欧洲才有学者对涡虫的分类学、形态学等进行研究，同时也发现涡虫具有极强的再生能力。Müller（1773）是第一位对涡虫进行分类并命名的科学家。目前，西方发达国家对本国涡虫的分布及种类已基本查清，其研究热点已由传统的宏观生物学深入到分子生物学水平。2008年地中海涡虫（*Schmidtea mediterranea*）基因组数据库的诞生标志着涡虫研究进入了一个新纪元。中国在动物地理分区上跨东洋界与古北界，生境和气候多样，具丰富的物种多样性。与国外相比，我国关于涡虫的记录很早，但相关研究则起步较晚，迄今仅报道50余种。我国的涡虫资源调查及涡虫研究均有待加强。

1. 形态

涡虫体柔软，背腹扁平，形态多样。体壁为典型的皮肌囊结构，表面或局部具纤毛，表皮层中有特殊的杆状体(rhabdite)及腺细胞等。有口无肛门,为不完全消化系统。呼吸通过体表进行,无专门的呼吸器官。具焰细胞的原肾管型排泄系统。神经系统为梯形神经索,有较发达的感觉器官,如眼、耳突、触角、平衡囊等,能对外界环境的光线、水流、食物等迅速做出反应。雌雄生殖系统较复杂,雄性生殖系统包括睾丸(精巢)、输精管、贮精囊、阴茎及前列腺,开口于生殖腔;雌性系统包括卵巢、输卵管、阴道、受精囊(也称交配囊)及卵黄腺(图8–1)。

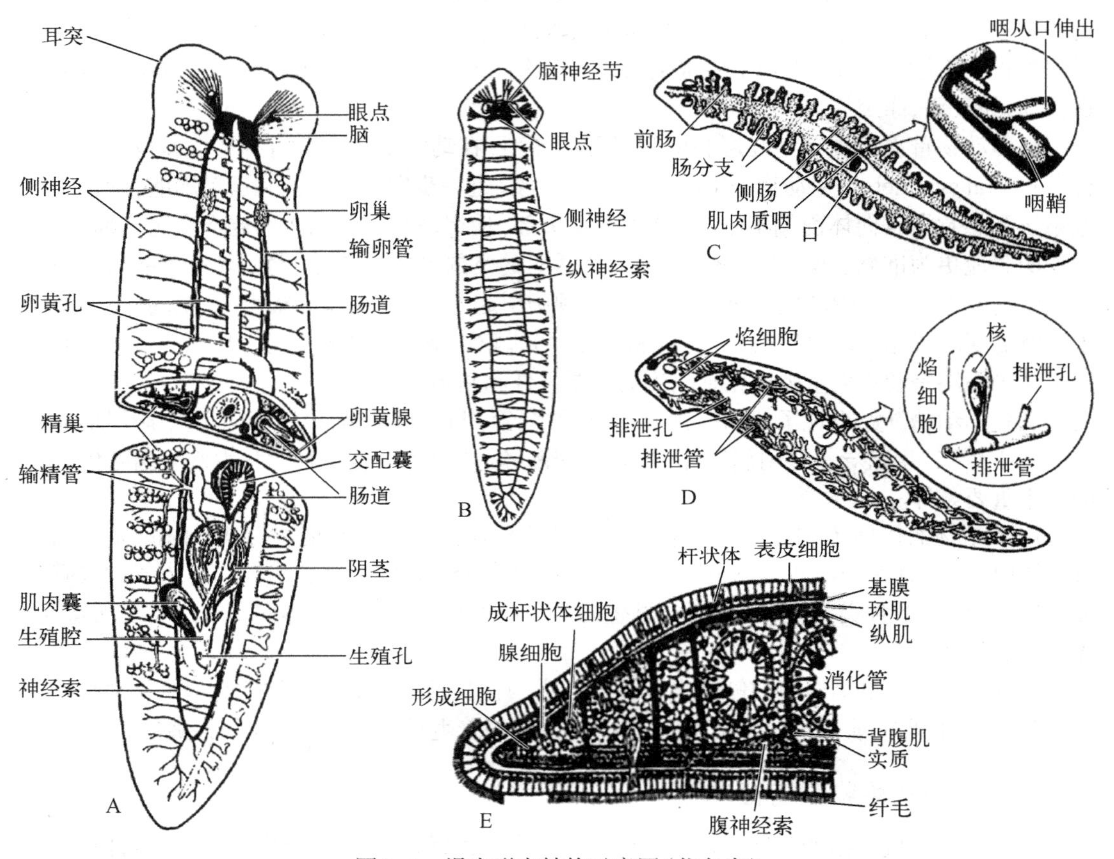

图8–1 涡虫形态结构示意图(仿各家)
A. 神经与生殖系统; B. 梯形神经系统; C. 消化系统; D. 排泄系统; E. 横切面

2. 生活史

涡虫的生活史简单,行无性和有性生殖。有性生殖雌雄同体,异体受精;受精卵外有卵壳保护,卵产出时往往有4～20个包囊成一卵袋,并杂有卵黄细胞,以供营养之用;受精卵经卵裂发育形成幼虫,幼虫破壳出卵,即行自由生活。一些海产种类(如多肠目)间接发育,具牟勒氏幼虫阶段。无性生殖主要是通过横分裂。涡虫再生能力很强,将其切成数段,每段均可长成一个整体。此外,当涡虫饥饿时,其内部器官(如生殖系统等)逐渐被吸收消耗,仅神经系统不受影响,一旦获得食物后,各器官又可重新恢复,这也是一种再生方式。

3. 分类

在分类学上,涡虫类(turbellarian)早期隶属于扁形动物门涡虫纲。涡虫纲的分类最先是按消化管的有无与复杂程度分为4个目:无肠目(Acoela)、单肠目(Rhabdocoela)、三肠目

(Tricladida)和多肠目(Polycladida)。后许多学者将生殖系统也作为分类依据，即结合生殖系统和消化系统的结构特征将涡虫纲分为11个目。近年随着涡虫类系统进化研究的深入，原"涡虫纲"内各类群的分类地位出现很大变化。其中对原"涡虫纲"中的"无肠目"争议较大：有的建议在刺胞动物门(腔肠动物门)与扁形动物门之间设立"无肠动物门"(Phylum Acoelomorpha)；有的认为无肠类属于后口动物(Deuterostomia)，在进化上与棘皮类(Echinodermata)接近，建议设立"无肠纲"(Acoelomorpha Ehlers, 1985)；近年有研究发现异涡虫类(xenoturbella)与无肠类为系统进化上的姊妹群，提出设立"异无肠动物门"(Phylum Xenacoelomorpha)。将原无肠类涡虫从扁形动物门内移出，已经形成共识。目前，扁形动物门内剩下的涡虫类被重新归类为2个纲：被杆体纲(Class：Rhabditophora)和链虫纲(Class：Catenulida)。

关于涡虫的最新分类系统请查阅不断更新的"涡虫分类数据库"(Turbellarian Taxonomic Database, http://turbellaria.umaine.edu)。

我们在此仍沿用经典的涡虫纲(Turbellaria)，下分11目。我国已报道8目：无肠目、单肠目、三肠目、大口虫目(Macrostomida)、原卵黄目(Prolecithophora)、卵黄上皮目(Lecithoepitheliata)、达氏目(Dalyellioida)和切头目(Temnocephaloda)。

二、主要病原体及其引起的疾病

寄生性涡虫分布于涡虫纲的7个目，即原卵黄目、单肠目、异肠目、原序列目(Proseriata)、三肠目、达氏目和切头目。寄生性涡虫大都生活于海水中，仅切头目的种类生活于淡水中。

海水寄生性涡虫个体较小，一般不足1mm，可寄生于多种鱼类和贝类。主要寄生于宿主的体表、鳃、消化道及体腔内，少量寄生不会对宿主造成危害，高密度寄生可引起宿主在短期内死亡，对水产养殖业造成严重危害，如近年在我国海水养殖鱼类中发现的拟格拉夫涡虫。

切头涡虫虫体小扁平，体前端有数个指状触手，后端有一大吸盘。肠管呈分瓣状。宿主主要包括十足类、等足类和其他甲壳类动物。寄生部位主要为宿主附肢的缝隙，常附着于石蟹螯足、步足或口部附近，借口器鼓动的水流获得食物。虫卵则附着于宿主的外骨骼。唐仲璋(1959)曾对沈氏切头涡虫(*Temnocephala semperi* Weber, 1889)的外部形态、内部结构、胚胎发育、生态学与系统发生等进行了详细的阐述(图8–2)。切头涡虫主要以吸食宿主的体表黏液、

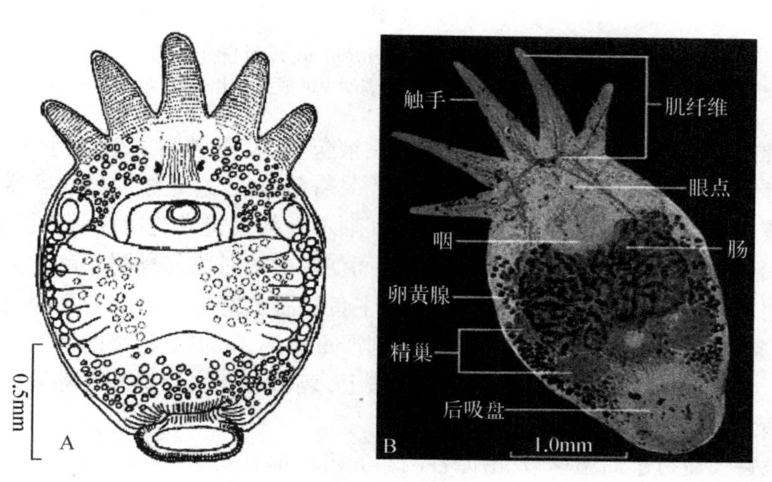

图8–2　沈氏切头涡虫(*Temnocephala semperi* Weber, 1889)(A引自唐仲璋，1959；B引自许友勤等，2006)

流质生存，大量寄生影响宿主的生长和发育，影响甲壳动物苗种的生产与销售。

1. 拟格拉夫涡虫病

病原体 拟格拉夫涡虫（*Pseudograffilla* sp.），隶属于达氏目格拉夫科（Graffillidae）拟格拉夫属（*Pseudograffilla*）。

虫体柔软扁平，较透明。体前端有1对显著的眼点。虫体收缩时呈椭圆形，头尾略尖；舒张时呈长条形，大小为（0.247 ～ 0.598）mm ×（0.124 ～ 0.278）mm。周身遍布纤毛，无吸附器官。有口无肛门。口孔位于腹面亚前端，后接一个咽囊，其内有一肌质的咽，可伸出体外。咽收缩时呈球形，伸出时呈圆柱状。肠管袋状单一，肠内充满透光性差的颗粒，在光学显微镜下呈黑色。雌雄同体，睾丸一对，位于体中部到后部的体两侧；前列腺一对，位于咽的后缘。卵巢单个，位于雄球后侧面，咽后至体中线水平的体两侧。卵黄腺一对，不分支，位于体中线水平到体末端的体两侧。生殖孔开口于体中部的腹面。电子显微镜下可见表皮层内有许多杆状体，其下具一层基膜。体内充满实质组织，其间有丰富的内质网及线粒体。色素杯呈肾形，内有许多大小均匀、排列整齐的感光神经细胞即视网膜细胞。在咽后的两侧各具一对单细胞的头腺，开口于体前端（图8–3）。

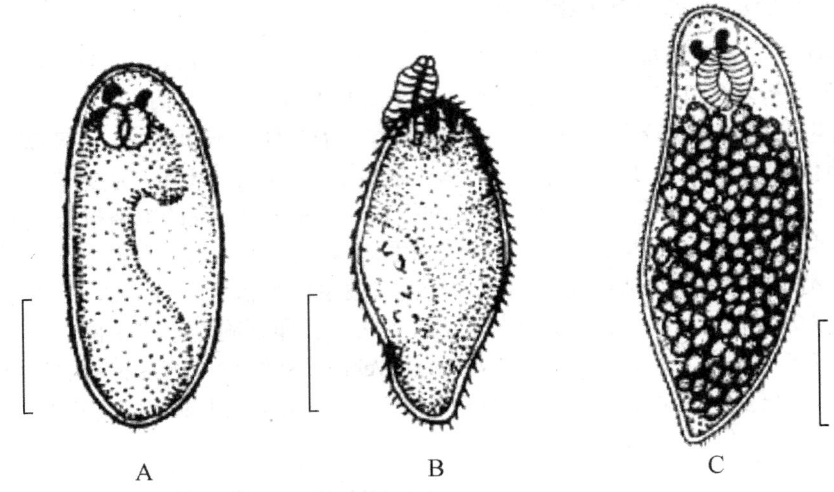

图8–3 拟格拉夫涡虫（*Pseudograffilla* sp.）（引自汪彦愔等，2002）

A. 未成熟虫体；B. 示伸出体前端的咽；C. 体内充满幼虫的成虫；比例尺：A、B=0.1mm；C=0.2mm

虫体可游离于鳃丝之间，或被宿主分泌的黏液包裹，甚至被宿主增生组织包裹（图8–4）。虫体在水中时，肉眼观察呈白色小点，游动较快。具有趋光性，总是游向玻璃容器向光的一面。

病症 该虫主要寄生于宿主的鳃与皮肤，其咽不断伸缩造成的机械刺激及头腺分泌物的化学刺激，使宿主组织增生并分泌大量黏液，进而使水中的脏物易黏附于鳃丝上，也使得虫体能紧紧地黏附在鳃丝上或钻进鳃丝间寄生。宿主鱼被涡虫寄生后黏液增多，病鱼鳃部严重充血，并黏附大量泥样的污物。鳃的正常功能受到严重破坏，再加上污物的堵塞，导致鱼因呼吸困难而死亡。其次，涡虫还可以大量寄生在皮肤上，刺激鱼体表分泌大量黏液，体表常出现圆斑状溃疡。病鱼食欲明显下降。

流行与危害 流行于高温季节，沿海各网箱养殖区都有发生，主要危害50 ～ 200g的幼鱼，死亡率一般为30%左右，高的可达50%以上。宿主种类很广，主要包括黑鲷、河鲀、牙鲆、鲈、大

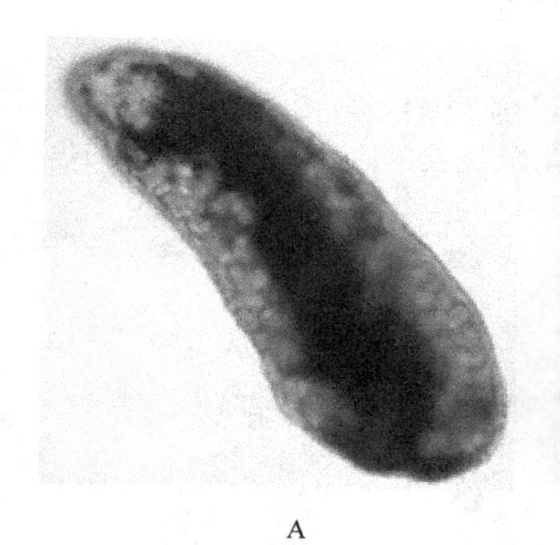
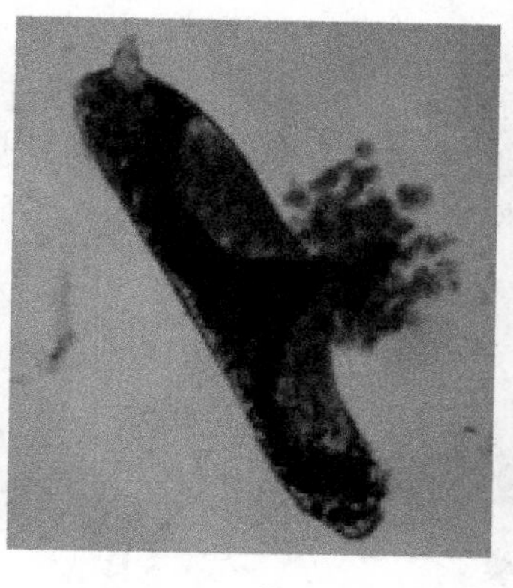
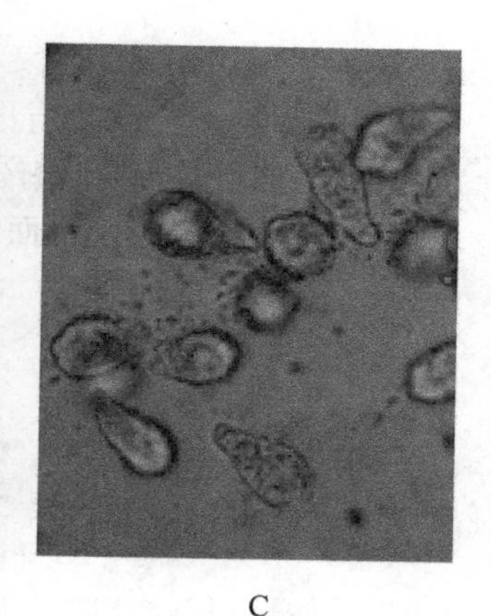

A　　B　　C

图8-4　寄生于鲈体表的涡虫（活体照片）
A. 充满幼虫的成虫；B. 幼虫连续产出中；C. 刚产出的幼虫

黄鱼、红鳍笛鲷及牡蛎等。

防治　降低水温和盐度（水温22℃、盐度15‰以下）能有效防止涡虫病的发生。治疗可用敌百虫加淡水浸浴，浸浴后的鱼，可配合内服多维、葡萄糖等，缓解药物对鱼的毒性作用。养殖鱼类受涡虫感染的时间一般不超过1个月，如鱼体健壮，则能带虫熬过感染期，一旦温度下降，虫体即丧失感染力、从鱼体上自行脱落，鱼随即恢复健康；反之则死亡率剧增。

寄生性涡虫的出现为水产动物的疾病防治提出了新的研究课题，也使我国的水产养殖业面临新挑战。随着涡虫由共生进化到寄生种类的增加和宿主类型的增加，寄生性涡虫已成为危害我国水产养殖业发展的障碍之一。用常规药物对其进行防治，只能在短期内起作用，所以有必要从寄生性涡虫的生活史、致病机制、宿主类型等方面进行深入研究，探寻更加有效的措施防治寄生性涡虫病。

第二节　鱼类寄生单殖吸虫

单殖吸虫隶属于扁形动物门单殖吸虫纲（Monogenea van Beneden, 1858），绝大部分为外寄生，典型的寄生部位为鱼类的鳃，有的寄生于皮肤、鳍及口腔、鼻腔、膀胱等与外界相通的腔管，极少数的虫种寄生于体腔或胃肠。单殖吸虫的宿主主要为鱼类，少数虫种可寄生于甲壳类、头足类、两栖类、龟鳖类及水生哺乳类。

单殖吸虫通常以其后吸器上的钩、吸铗等固着于寄生部位，破坏寄生部位的完整性，引起病毒、细菌等其他病原生物的入侵，造成炎症，产生病变；或者吮吸鱼血、黏液，刺激宿主产生大量分泌物，破坏正常的生理活动，造成寄生部位的病变，严重时可导致宿主的死亡。目前这类寄生虫不仅危害小鱼同时也可影响成鱼，如小鞘指环虫对鲢的危害；不仅淡水鱼受害，在海水养殖及海洋水族馆中也常有病例出现，造成不同程度的经济损失，如鳜的锚首虫病、海水鱼的本尼登虫病等，均是近年对养殖鱼类危害严重的单殖吸虫病。

一、单殖吸虫的生物学特征

1. 形态

单殖吸虫体较小，体长0.15～20mm，个别种类可达40mm；淡水种类大多数在5mm以下，如指环虫体长仅1mm左右。

单殖吸虫体形多样，有指状、尖细叶片状、纺锤形、圆盘状或圆柱状等（图8–5）。一般淡水产的种类，体形较单一，海产的形态较为多样。背面常呈凸形，而腹面呈凹状。一般为乳白色或灰色，但可因卵、食物等而使虫体呈现红、黄、棕、褐等不同的颜色。

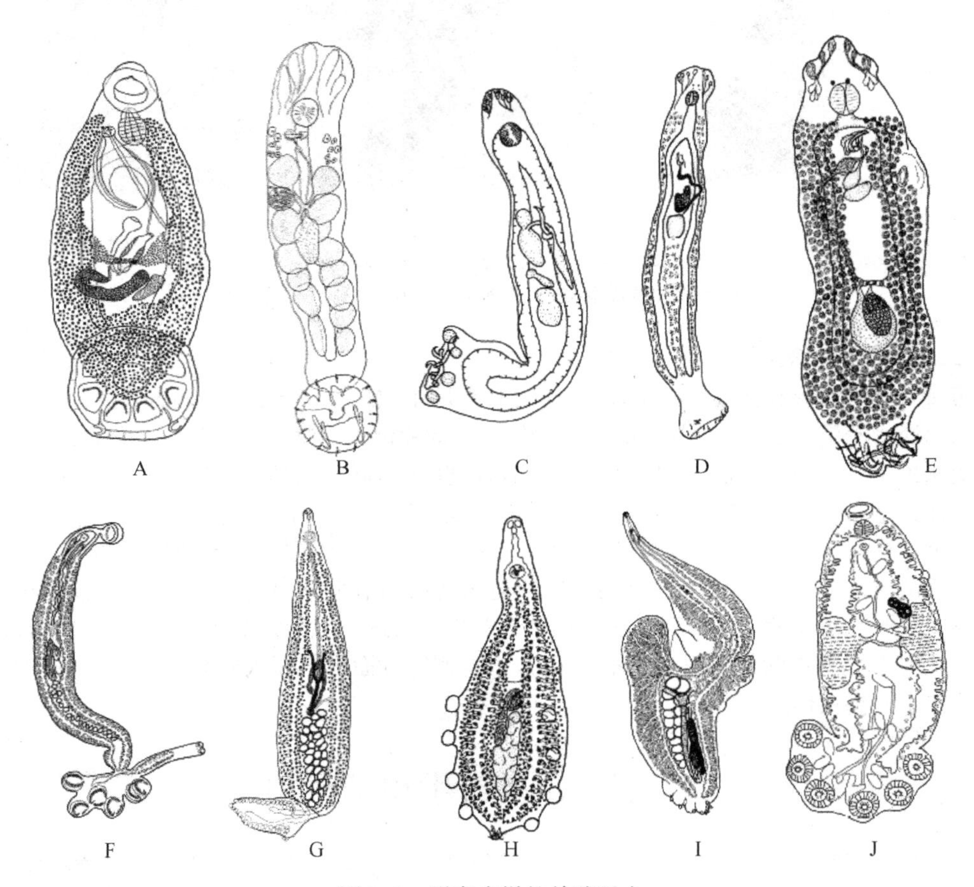

图8–5 形态多样的单殖吸虫

A. 异杯虫；B. 拟似四钩虫；C. 嗜石鲈虫；D. 新鞋口虫；E. 银汉鱼虫；F. 尾铗虫；G. 微杯虫；H. 似钩铗虫；I. 七铗虫；J. 双睾虫

体表通常无棘，但有时有乳状突起或皱褶；某些种类的体侧、背面具刺；有些种类在后吸器上具有由几丁质小片构成的鳞盘。

固着器 单殖吸虫的固着器官包括前吸器（prohaptor）和后吸器（haptor），一般以后吸器为主要固着器官。前吸器有头器、前吸盘、围口吸盘、口腔吸盘等类型，其功能一是便于虫体取食时吸着之用，二是起运动器官的作用。后吸器除固着功能外，可能也具有攻击和防御作用；后吸器结构较为复杂，形态因种而异（图8–5），为分类上重要的依据之一。最简单的后吸器为肌质，无几丁质结构，如*Udonella* sp.。但绝大多数种类的后吸器具不同的几丁质结构，主要有下列几种类型。

1）后吸器上主要几丁质结构为数目较多、而大小不同、形态有异的钩和联结片，如指环虫、三代虫、锚首虫等。

2）后固着器主要几丁质结构为吸铗（clamp），保留或不保留着幼虫期的锚钩结构。吸铗数目数个至数百个，铗片的数目、结构及排列也呈多样化，如钩铗虫、微杯虫、双身虫等。

3）后吸器分隔为多室，每室有单独的吸附作用。分隔常作辐射排列，有时其上尚有不同装置的几丁质结构，包括幼虫期遗留下来的锚钩等，如单杯虫、墨杯虫等。

4）后吸器为盘状的肌肉垫，不分隔。有些种类在虫体后端尚有可以分泌黏液的尾腺。如多盘虫等。

体壁　单殖吸虫的体壁与复殖吸虫、绦虫的相似，是由皮层与肌肉构成的皮肤肌肉囊。囊内有各种组织器官和充填各器官系统之间的实质组织（parenchyma）。

皮层（tegument）由表面的合胞层和埋于肌层下的细胞本体（核周体）组成。合胞层由外质膜（external plasma membrane）、皮层基质（tegument matrix）和基质膜（basal plasma membrane）三部分构成。基质膜之下为环肌与纵肌。合胞层通过一些小通道与核周体相连（图8–6A）。皮层是新陈代谢旺盛的细胞活质层，是寄生虫与宿主生理生化交互作用的缓衡层，能吸收葡萄糖与氨基酸等营养物。

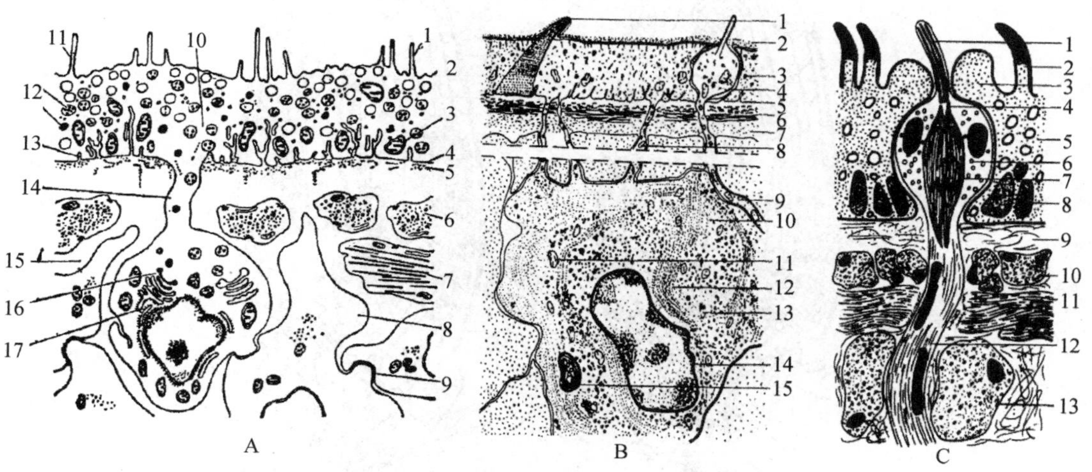

图8–6　单殖吸虫、复殖吸虫、绦虫皮层结构示意图（引自张剑英等，1999）

A. 单殖吸虫：1. 多糖被；2. 顶质膜；3. 线粒体；4. 基质膜；5. 基板；6. 环肌；7. 纵肌；8. 实质细胞；9. 缝隙连接；10. 微管；11. 微绒毛；12. 分泌小体；13. 基折；14. 细胞通道；15. 间质；16. 高尔基体；17. 粗面内质网
B. 复殖吸虫：1. 皮棘；2. 颗粒层外衣；3. 分泌小体；4. 感觉器官；5. 基质膜；6. 环肌；7. 纵肌；8. 胞质通道；9. 神经突；10. 皮层细胞；11. 线粒体；12. 内质网；13. 高尔基复合体；14. 细胞核；15. 板层小体
C. 绦虫：1. 端突；2. 微毛；3. 间层；4. 基体；5. 胞质区；6. 空泡；7. 小根；8. 线粒体；9. 纤维区；10. 环肌；11. 纵肌；12. 神经支；13. 糖原

实质组织细胞大，有胞核、线粒体及少量内质网。胞质中富含葡萄糖，仅有少量脂滴。实质细胞与皮层细胞紧密邻接，可传送物质到虫体全身。

消化系统　包括口、咽、食道和肠。口在体前端，其后为咽及食道。肠可为单管、双支或多分支；肠支有的为盲端，有的末端相连成环，或相连之后再向后延伸而呈Y状；肠支可向一侧或两侧同时派生出侧支，分支多时形成网状。

排泄系统　排泄系统最末端结构为焰细胞。焰细胞与网状细管相连，然后汇于纵贯于体两侧的两条排泄总管。两总管和咽附近的短管与同外界相通的排泄囊相连。有人认为排泄系统结构的变化受外界影响较小，其结构的差异，应看作种间、属间或更高级分类阶元的分类依据之一。

神经和感觉器官 神经系统简单，神经环位于咽的两侧，由此向前后各发出三对神经至各器官组织。感觉器官有眼点，由黑色素细胞构成，有些种类还有晶体状的结构，但有些种类不具眼点。

生殖系统 单殖吸虫雌雄同体（图8–7），一般是异体受精，有时可自体受精。雄性生殖系统包括睾丸1至多个，输精管与交接器相连，通至生殖腔或是直接开口。几丁质的交接器（male copulatory organ）形态是分类上的重要特征之一，但有的种类无交接器，仅在输精管末端具纤维性或肌肉质的结构。生殖孔通常开口在肠叉前后的中央或偏侧。

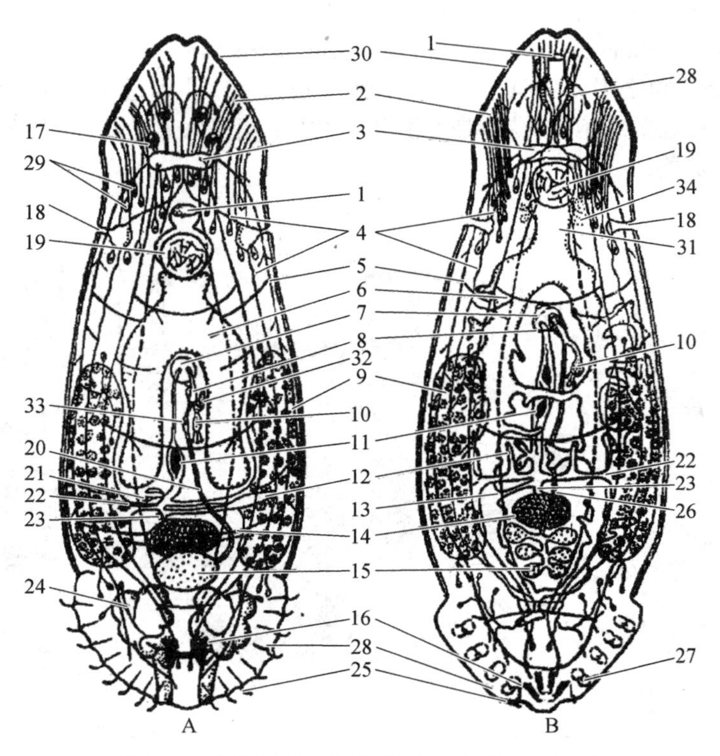

图8–7 单殖吸虫模式图（引自张剑英等，1999）

A. 多钩类；B. 寡钩类；1. 口；2. 头腺管；3. 神经节；4. 排泄系统；5. 神经干；6. 肠；7. 生殖腔；8. 交接器；9. 卵黄腺；10. 前列腺囊；11. 子宫；12. 阴道；13. 生殖肠管；14. 卵巢；15. 睾丸；16. 中央大钩；17. 眼点；18. 排泄孔；19. 咽；20. 输精管；21. 卵壳腺；22. 卵黄腺管；23. 输卵管；24. 尾腺；25. 边缘小钩；26. 口吸盘；27. 后吸器的吸铗；28. 后吸器；29. 头腺；30. 头器；31. 食道；32. 颗粒分泌贮囊；33. 贮精囊；34. 腺体

雌性生殖系统比较复杂，包括卵巢、输卵管、子宫、阴道、梅氏腺、卵黄腺、卵模及生殖肠管等。卵巢通常单个；子宫一般较短，多数仅含单个卵；卵黄腺通常较为发达，满布于肠支的两侧；阴道单一或成对，有时付缺；生殖肠管是单殖吸虫的特有结构，见于多盘及寡钩亚纲。卵常具极丝，极丝有的很发达（图8–8），利于在水中飘浮和传播。

2. 生活史

单殖吸虫的生活史简单，绝大多数为卵生（oviparous），包括卵、钩毛蚴和成虫三个时期（图8–9）。卵由成虫排出，从卵中孵化出的幼虫称为钩毛蚴（oncomiracidium），钩毛蚴借助体表的纤毛在水中游动，发现适宜的宿主即附着上去，营寄生生活。没有无性世代和宿主的交替，即直接发育、不需要中间宿主。

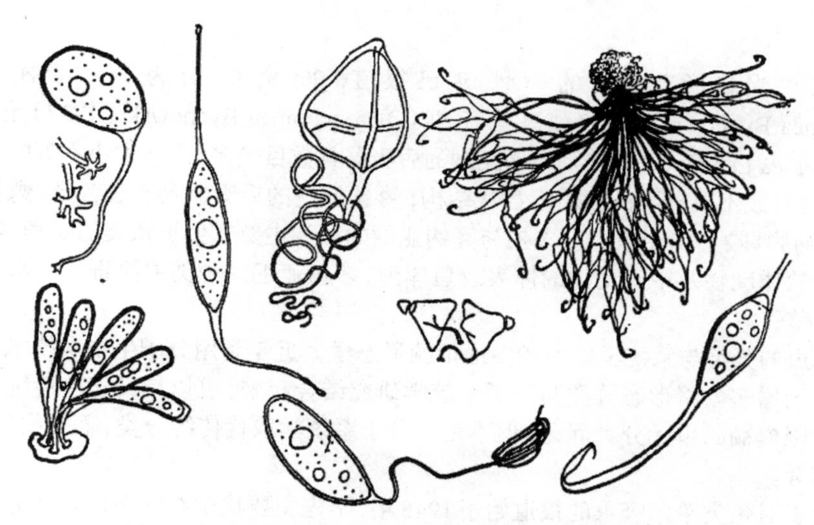

图8-8　形态各异的单殖吸虫卵（引自张剑英等，1999）

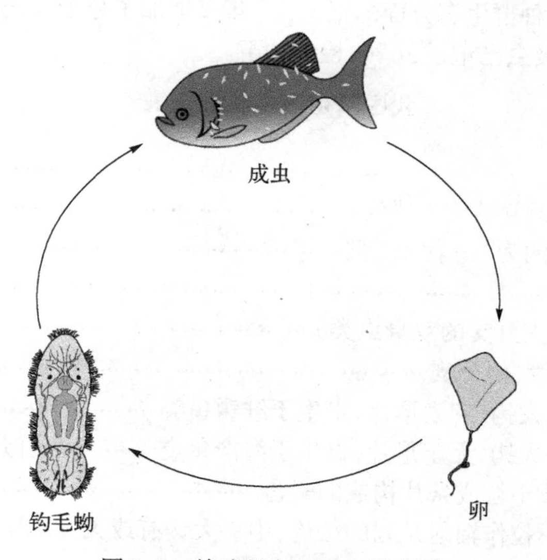

图8-9　单殖吸虫生活史示意图

少数单殖吸虫（三代虫科的虫种）为特殊的卵胎生（viviparous）。其卵成熟后在母体子宫内发育为完整的“胎儿”，在该胎儿内又孕育有第三代胎儿，有时甚至可见到4代同体。当子宫中的胎儿发育到后期，卵巢又产生1个成熟卵（幼胚），位于大胚胎之后；成熟的胎儿离开母体时，在母体中部突然隆起1个瘤，胎儿就由此逸出，先是中部、然后是前部和后端逐渐离开母体。大胎儿脱离母体后，幼胚即取而代之。三代虫无需中间宿主，产出的胎儿已具有成虫的特征，它在水中漂游，遇到适当的宿主即寄生上去。这种“胎生”现象的机制尚不清楚。

单殖吸虫成虫产卵和卵中幼虫孵化的速度随水温的上升而加快。单殖吸虫对宿主有明显的特异性，依据对鳎内蛭虫（*Entobdella soleae*）实验研究的结果，推测幼虫可能是通过化学信号辨别、选择特定的宿主。

3. 分类

单殖吸虫为扁形动物门的一纲，现已报道6 000余种，分为三个亚纲：多钩亚纲(Polyonchoinea Bychowsky, 1937)、寡钩亚纲(Oligonchoinea Bychowsky, 1937)和多盘亚纲(Polystomatoinea Lebedev, 1986)。多钩亚纲的后吸器具数目较多、形态大小不等的几丁质钩与联结片，或为具或不具分隔的肌质吸盘状结构；寡钩亚纲的后吸器具形态各异、数量不一的吸铗；多盘亚纲的具2～6个吸盘。多钩与寡钩亚纲的种类主要寄生于鱼类的鳃和体表，极少数种类寄生在软体动物及甲壳动物的体表或鱼体内，多盘亚纲的种类主要寄生于水生四足动物的膀胱及泄殖腔内。

单殖吸虫的分类与系统学以前较多地依赖形态学。近年利用分子生物学技术研究单殖吸虫的报道日渐增多。将形态分类与分子系统学研究结合起来，可以帮助解决传统分类遇到的一些形态界限模糊的单元分类问题，但不是以分子系统学取代传统分类，而是提供新的手段，带来新的思考。

我国学者对鱼类单殖吸虫的报道始于1948年，早先主要集中在区系调查及分类学研究方面；到20世纪80年代中期，方有关于鱼类单殖吸虫的地理分布、亚显微结构、病理(含防治)、核型、平行进化、生活史、种群生态方面的报道；近年又增加了分子系统学方面的内容。

我国鱼类寄生单殖吸虫已记录36科，检索如下。

我国单殖吸虫科检索表

1. 后吸器上有吸铗……12
   后吸器无吸铗，主要固着结构为锚钩……2
2. “胎生”，成体边缘小钩为“三代虫”型……三代虫科 Gyrodactylidae
   卵生……3
3. 肠支单管(不包括肠支分支的双身虫类)……4
   肠支双歧型，个别单管，但分支……5
4. 后吸器具有2对中央大钩，有扇形片，寄生于鲑鳟鱼类……四钩科 Tetraonchidae
   后吸器仅有1对中央大钩，无扇形片，寄生于海产鱼类……似四钩科 Tetraonchoididae
5. 后吸器具有由几丁质小粒或条片构成的鳞盘……鳞盘虫科 Diplectanidae
   后吸器上有几丁质小粒作辐射排列的结构，中央大钩有或无……棘杯虫科 Acanthocotylidae
   无上述结构……6
6. 后吸器为发达的肌质盘……7
   后吸器不为发达的肌质盘……10
7. 寄生于板鳃类，后吸器由隔膜分成小室，具有1对中央大钩……单杯科 Monocotylidae
   寄生于其他鱼类……8
8. 后吸器分隔或不分隔为小室，具有3对中央大钩……分室科 Capsalidae
   后吸器无中央大钩……无胄虫科 Anoplodiscidae
   后吸器有1对中央大钩……9
9. 贮精囊直接开口入生殖腔，无几丁质交接器，前吸器三角形，头腺发达，沿两侧开孔，生殖孔亚侧位，无阴道结构，寄生于鲫科鱼类等……仙钩虫科 Dionchidae
   有几丁质的交接器……鞋口虫科 Calceostomatidae
10. 寄生于板鳃类，后吸器具2对中央大钩，联结片单一或无……二蛭虫科 Amphibdellatidae

不寄生于板鳃类，后吸器具1～2对中央大钩，联结片1～2或无……11

11. 后吸器具1对中央大钩，个别无中央大钩，主要寄生于鲤科鱼类……指环虫科 Dactylogyridae
    后吸器具1对以上中央大钩（除伪指环虫外），一般有1～2根联结片，睾丸不分为3叶……锚首虫科 Ancyrocephalidae
    后吸器有1对以上中央大钩，但睾丸单个，分为3叶……原环指虫科 Protogyrodactylidae
12. 交接器呈鬃毛束状，吸铗3～4对为"绞杯型"……绞杯虫科 Plectanocotylidae
    交接器结构不为上述……13
13. 后吸器吸铗（或称膜瓣）3对……14
    后吸器吸铗4对以上……15
14. 后吸器末端有一阑尾状长突，其上有1对附加吸盘与1对小锚钩，寄生于板鳃类……六沟盘虫科 Hexabothriidae
    后吸器有1对阑尾状的尾突，睾丸数目很多，寄生于鳎科鱼类……锚盘虫科 Anchorophoridae
    后吸器无附加吸盘，但有3对钩，寄生于鲟形目鱼类……双沟盘虫科 Diclybothriidae
15. 虫体呈X状……双身虫科 Diplozoidae
    虫体不呈X状……16
16. 虫体有8个吸铗，着生于长柄末端，结构特殊铗片数目众多，为弯曲钩形薄片……糕模虫科 Plerinotrematidae
    不为上述……17
17. 后吸器两侧之吸铗异型……18
    后吸器两侧之吸铗基本同型（或二侧吸铗大小不等或数目不一）……19
18. 一侧吸铗为火钳状，另一侧为扁微杯型，寄生于鲹类……异微叶虫科 Heteromicrocotylidae
    一侧吸铗宽大，具柄，另一侧吸铗细小无柄，吸铗多种类型……大微叶虫科 Megamicrocotylidae
19. 吸铗结构为钩铗型……钩铗虫科 Mazocraeidae
    吸铗结构为八铗型……八铗虫科 Diclidophoridae
    吸铗结构为微叶型……20
    吸铗结构为胃叶型……22
20. 后吸器对称或亚对称……微叶虫科 Microcotylidae
    后吸器不对称……21
21. 一侧吸铗数少于另一侧，有时大小不一……异斧虫科 Heteraxinidae
    吸铗仅位于一侧，但排成2个扇面，单行，成体无端钩，生殖腔为2个具刺肌球……副单斧虫科 Paramonaxinidae
    吸铗仅排列于体末端，有端钩1～3对（幼体钩）……斧形虫科 Axinidae
22. 吸铗具有肋片，排于吸铗内的两侧或单侧，吸铗结构对称或不对称……23
    吸铗不具肋片……24
23. 交接器为长囊状，肌质，具有很多小刺，一般吸铗数目很多……鲅铗虫科 Gotocotylidae
    交接器不为上述，无小刺的存在，吸铗数目较少……新中杯铗虫科 Neothoracocotylidae
24. 睾丸大部分位于卵巢之前……25
    睾丸主要在卵巢之后……27
25. 端瓣发达而变成横向延伸……原微杯虫科 Protomicrocotylidae

端瓣不特别扩伸……26
26. 雄性交接器具刺，吸铗不多于8个……异盘杯虫科 Allodiscocotylidae
雄性交接器肌质无刺，吸铗可多于8个……鲟铗虫科 Chauhaneidae
27. 后吸器吸铗排列不对称，或排于一侧，交接器呈冠状，由末端弯曲的小钩排成1圈而成……胃叶虫科 Gastrocotylidae
后吸器吸铗排列对称……28
28. 后吸器分为2叶……贝杯虫科 Bychowskicotylidae
后吸器不分为2叶，吸铗具柄……拟八铗虫科 Pseudodiclidophoridae

为便于进一步学习了解，在此对我国常见的单殖吸虫类群做一简要介绍。

（1）指环虫科（Dactylogyridae）

小型单殖吸虫，长度不达2mm。体前部具1～3对头器和2对黑色眼点。后吸器具1对中央大钩，7对边缘小钩；中央大钩具有背、腹联结片，有时在中央大钩上尚有附加片。具咽；肠支无侧突，于体后端汇合成环，个别种类为盲支。睾丸单个（个别为3个），位于体末端、卵巢之后，圆形或椭圆形；雄性交接器由几丁质的支持器（supporting apparatus）与交接管（copulatory tube）构成。卵巢单个，在睾丸之前，球形，有时略有弯曲；卵黄腺发达，可从体前端分布至体后端；几丁质阴道存在或付缺，单个或成双（图8–10）。主要寄生于淡水鱼（主要为鲤科鱼类）的鳃，如寄生于鲢的小鞘指环虫（*Dactylogyrus vaginulatus*），寄生于草鱼的页形指环虫（*D. lamellatus*），寄生于鳙的鳙指环虫（*D. aristichthys*），寄生于鲤、鲫、金鱼的坏鳃指环虫（*D. vastator*）等。

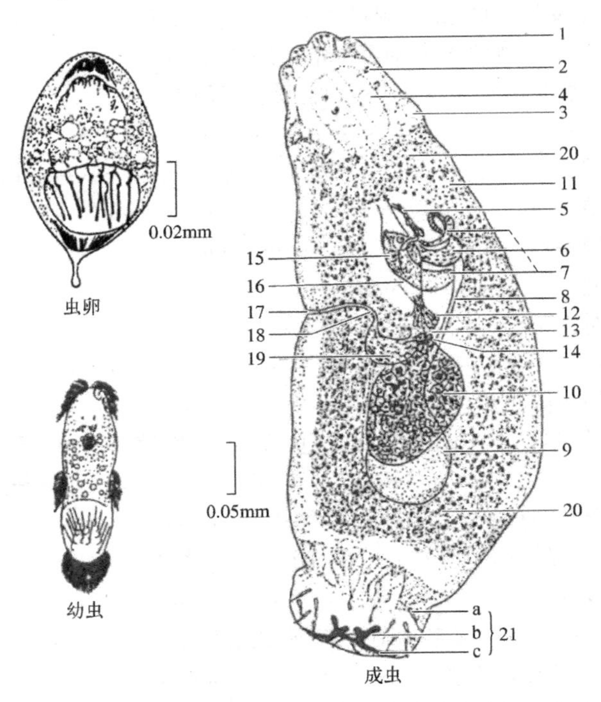

图8–10　指环虫的虫卵、幼虫与成虫（仿湖北省水生生物研究所，1973）

1. 头器；2. 眼点；3. 头腺；4. 咽；5. 交接器；6. 贮精囊；7. 前列腺；8. 输精管；9. 睾丸；10. 卵巢；11. 卵黄腺；12. 梅氏腺；13. 卵模；14. 输卵管；15. 子宫内成熟的卵；16. 子宫；17. 阴道孔；18. 阴道管；19. 受精囊；20. 肠支；21. 后吸器（a. 边缘小钩；b. 联结片；c. 中央大钩）

（2）锚首虫科（Ancyrocephalidae）

体型较小，体长一般0.1 ～ 2mm。具2 ～ 3对头腺并有尾腺。眼点存在或付缺。后吸器具7 ～ 8对边缘小钩，有时有1 ～ 2对针状结构；通常有2对中央大钩，2根联结片，附加片存在或付缺。肠支为盲管或末端相连成环。睾丸单一或多个，在卵巢之后，常为圆形或椭圆形；具成对的前列腺和贮精囊；交接器由交接管与支持器构成，但有时支持器付缺。卵巢圆形或椭圆形，位于睾丸之前或与之重叠；卵黄腺发达，分布于体两侧；阴道单个，侧位，常具几丁质结构。寄生于淡水与海水鱼类，通常为鳃寄生，如寄生于鳜的河鲈锚首虫（*Ancyrocephalus mogurndae*），寄生于长吻鮠的粗钩拟似盘钩虫（*Pseudancylodiscoides rimsky-korsakowi*），寄生于鲬的鲬海盘虫（*Haliotrema platycephali*）（图8–11）等。

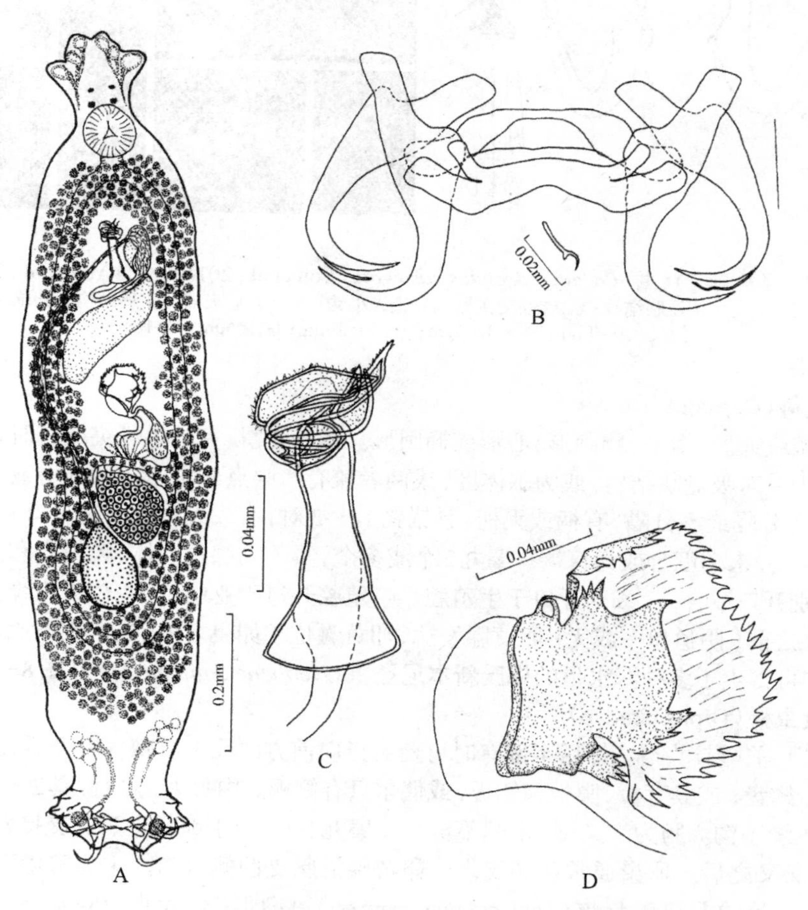

图8–11　鲬海盘虫（*Haliotrema platycephali* Yin & Sproston, 1948）
A. 整体；B. 后吸器；C. 交接器；D. 阴道

（3）三代虫科（Gyrodactylidae）

体细长，前端具1对头器。眼点付缺。后吸器多呈伞状，通常有1对中央大钩及8对边缘小钩。肠支一般为盲支。睾丸中位，在肠支内或之后。交配囊具小刺。卵巢通常位于睾丸之后，“V”形或分瓣。卵黄腺付缺或与卵巢联合，或对称地位于肠支后端下方。阴道缺如。胎生，卵于子宫内发育成胚胎，胚胎内尚有胎儿。寄生于鱼类、两栖类、头足类和甲壳类，主要寄生于鱼类的鳃和体表，如寄生于大西洋鲑及虹鳟的鲑三代虫（*Gyrodactylus salaris*），寄生于草鱼的鲩三代虫（*G. ctenopharyngodontis*），寄生于鲢的鲢三代虫（*G. hypophthalmichthys*），寄生于条鳅的条鳅副三代虫（*Paragyrodactylus variegatus*）（图8–12）等。

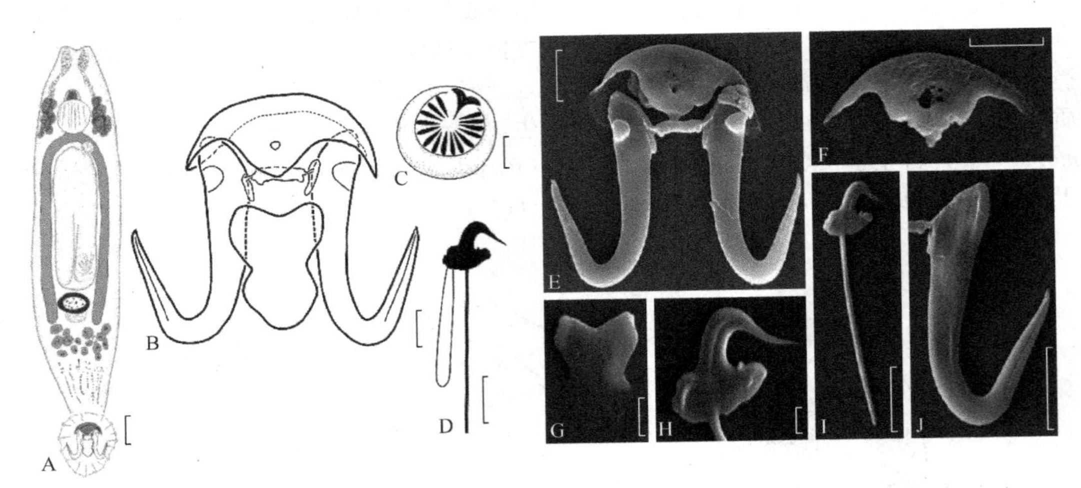

图8–12　条鳅副三代虫（*Paragyrodactylus variegatus* You et al., 2014）（引自 You et al., 2014）
A. 整体；B. 中央大钩及联结片；C. 雄性交接器；D. 边缘小钩；E ～ J. 后吸器几丁质结构的扫描电镜图
比例尺：A=50μm；B ～ D=5μm；E ～ J=10μm；G, I=5μm；H=1μm

（4）分室科（Capsalidae）

虫体中型或大型，扁平，卵圆形、心形或椭圆形。体表光滑，有的具乳突或有时背侧边缘有棘。前吸器为成对吸盘状结构，或为腺体区，或两者兼有。眼点2对，极少数1对或无。后吸器为肌质，碟状，分隔或不分隔，有柄或无柄，具锚钩1 ～ 3对，有或无边缘小钩。口开于腹面，咽发达；肠具侧支，末端汇合或为盲端。睾丸2个或多个，具前列腺复合体、贮精囊和阴茎囊。雌雄生殖孔分别开口或合一，或均开口于生殖腔。生殖腔开口于亚中位、侧位或边缘。卵巢通常中位，在睾丸之前；阴道单一或无；卵黄腺发达，卵黄囊位于卵巢之前、成对或不成对。寄生于海水鱼类，如可寄生于多种海水鱼的梅氏新本尼登虫（*Neobenedenia melleni*）（图8–13）等。

（5）鳞盘虫科（Diplectanidae）

虫体小型，前端具头器。体后半部有时可覆有指向前方的几丁质棘。后吸器具背腹2个鳞盘或仅有1个鳞盘；或具背板、腹板和侧板，或偶尔只有侧板。中央大钩2对，具2 ～ 4根联结片和5 ～ 7对边缘小钩。肠为二叉型，末端不汇合。睾丸1个，位于卵巢之后。交接器几丁质化，生殖孔位于肠叉之后。卵巢通常在肠支内。卵黄腺沿肠支两侧分布。主要寄生于海水鱼类，如寄生于石斑鱼的石斑鳞盘虫（*Diplectanum grouperi*）、深圳拟合片虫（*Pseudorhabdosynochus shenzhenensis*）（图8–14），寄生于黄鳍鲷的倪氏片盘虫（*Lamellodiscus niedashui*）等。

（6）单杯科（Monocotylidae）

体前端具或不具围口吸盘，头器单一或成对。眼点有或无。后吸器圆盘形，由隔膜分成中央室、外周辐射小室及边缘小室；中央大钩1对或无，具7对边缘小钩。肠二分叉，具或不具侧分支，末端联合或否。睾丸常为1个，有时3个或更多。交接器几丁质化。生殖孔常为中位。卵巢常为管状，绕右肠支。寄生于海水鱼类，如寄生于软骨鱼类的条尾魟异杯虫（*Heterocotyle taeniuropi*）、短茎枝单杯虫（*Dendromonocotyle pipinna*）（图8–15），曾引起我国大陆及台湾海洋

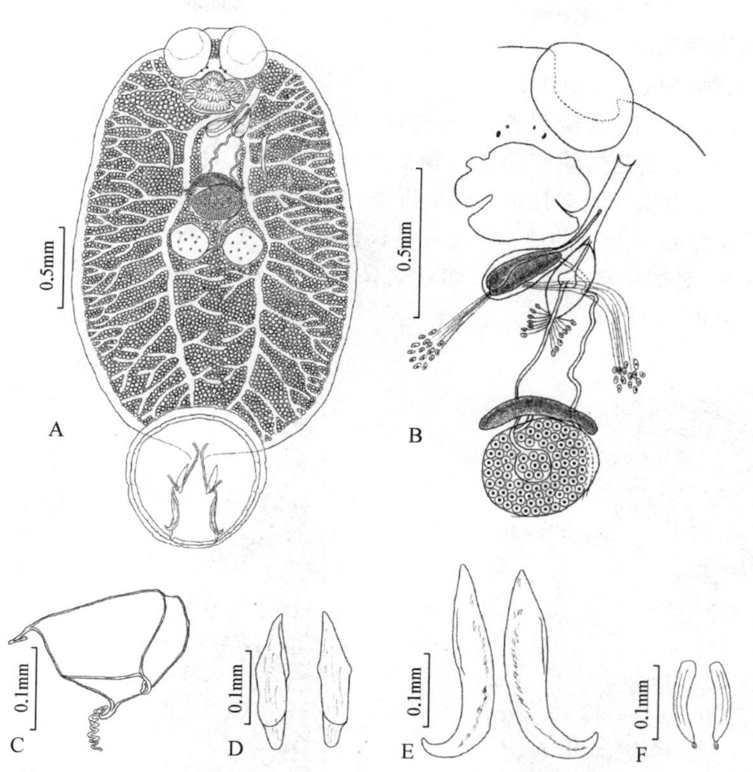

图 8-13　梅氏新本尼登虫 [*Neobenedenia melleni* (MacCallum, 1927) Yamaguti, 1963]

A. 整体; B. 生殖系统(部分); C. 卵; D. 第一对锚钩; E. 第二对锚钩; F. 第三对锚钩

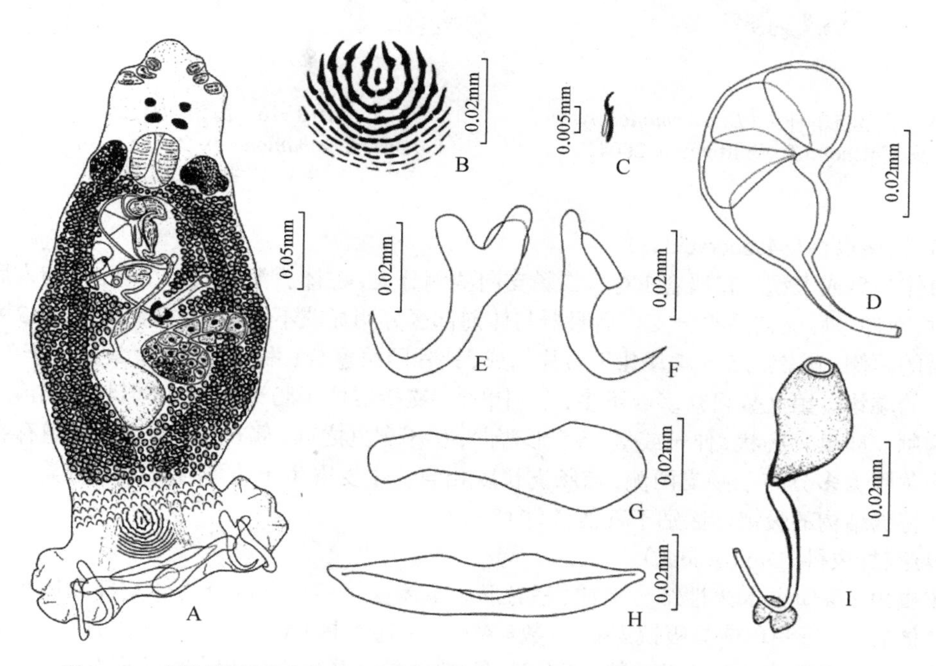

图 8-14　深圳拟合片虫(*Pseudorhabdosynochus shenzhenensis* Yang et al., 2005)

A. 整体; B. 鳞盘; C. 边缘小钩; D. 交接器; E. 腹中央大钩; F. 背中央大钩; G. 侧联结片; H. 中央联结片; I. 阴道

馆的宿主鱼类发病死亡。

（7）微杯虫科（Microcotylidae）

体多呈长叶状。后吸器对称或亚对称；吸铗结构相似、大小相近，无“八”字形附片（accessory sclerite）；端钩付缺或偶有。肠支末端通常不汇合。睾丸数目众多或为数不多，输精管弯曲；阴茎或生殖腔通常具刺。卵巢折叠，在睾丸之前；阴道存在，中背位或侧面开孔，偶尔付缺；卵黄腺分布于肠支两侧；卵通常具长极丝。寄生于海水硬骨鱼类的鳃。微杯虫个体较大，吸食鱼血，对宿主有一定危害，如真鲷双阴道虫（*Bivagina tai*）、海南微杯虫（*Microcotyle hainanensis*）（图8–16）等。

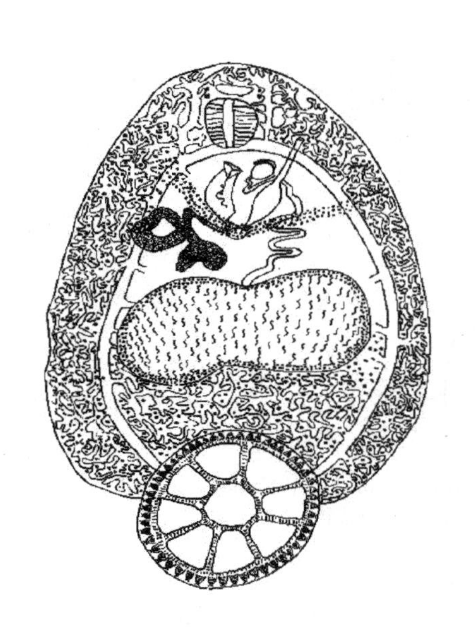

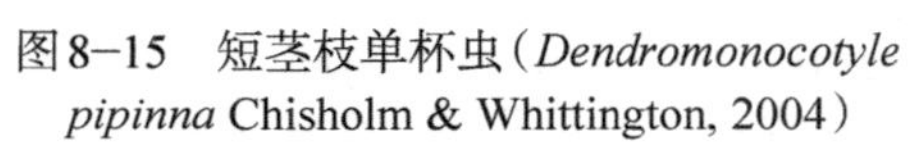

图8–15　短茎枝单杯虫（*Dendromonocotyle pipinna* Chisholm & Whittington, 2004）

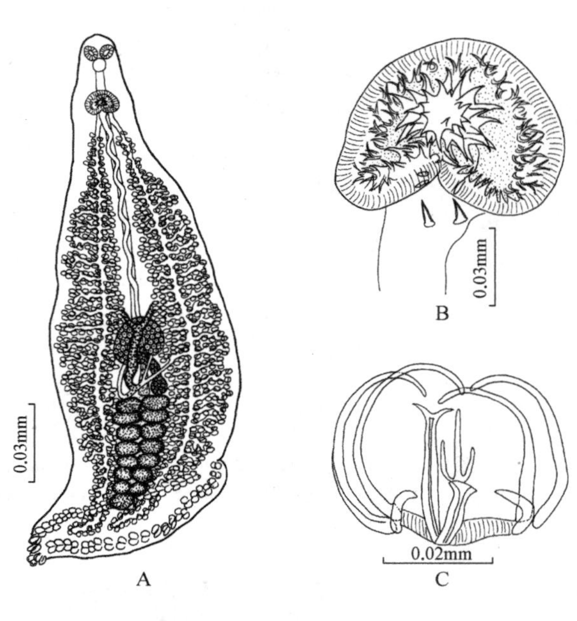

图8–16　海南微杯虫
（*Microcotyle hainanensis* Zhang et al.，2001）
A. 整体；B. 生殖腔；C. 吸铗

（8）钩铗虫科（Mazocraeidae）

虫体中型或大型。口吸盘1对。二肠支向两侧分支，在体后汇合或不汇合，可伸入后吸器区，也可在伸入后吸器后再分支。后吸器与体前部区分明显或不明显；具8个吸铗，分2列排在后吸器的两侧；吸铗由5～8片几丁质片构成，铗片间可愈合；端瓣有或无；具不多于3对、结构不一的端钩。睾丸数目众多或不多，个别单个；交接器位于肠叉前后，具形状相同或不同的生殖钩刺。卵巢香肠状，伸长或呈“V”形弯曲，位于睾丸之前，偶在睾丸之侧；阴道存在或缺如。卵黄腺大多分布于肠支两侧，与肠支长度相当。主要寄生于鲱形目及鲭科鱼类。本科虫种以具特殊结构的吸铗而区别于其他科（图8–17）。

（9）双身虫科（Diplozoidae）

成虫由2条幼虫永久性结合而成，呈X形。虫体被生殖结合区分为体前部和体后部。后吸器在体后部，每一单体具吸铗4对，少数4对以上；通常具1对中央钩。幼体时有2对退化的钩状物。具口腔吸盘1对。肠单管，不分叉，但在体前部分出众多侧支而呈网状，在体后部呈单一管状，或有数目等的侧分支。睾丸1个、2个或多个，常在后吸器的基部，卵巢之后。卵巢

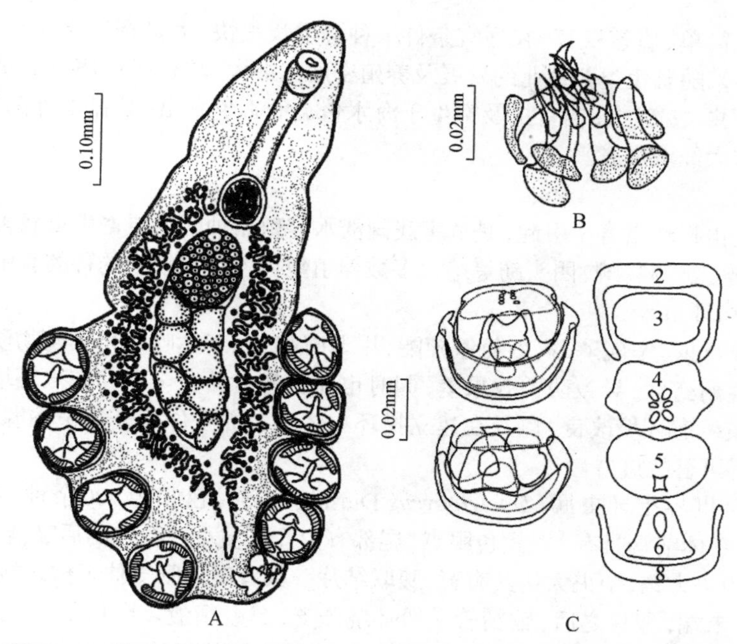

图8-17　林氏异钩铗虫（*Heteromazocraes lingmueni* Zhang et al., 1998）
A. 整体；B. 交接器；C. 吸铗

单一。卵黄腺发达，位于体前部。卵具长而盘曲的极丝，偶尔缺如。寄生于淡水鱼类，尤以鲤科鱼类为最，如寄生于鲤的日本真双身虫（*Eudiplozoon nipponicum*），寄生于草鱼的鲩华双身虫（*Sindiplozoon ctenopharyngodoni*）。

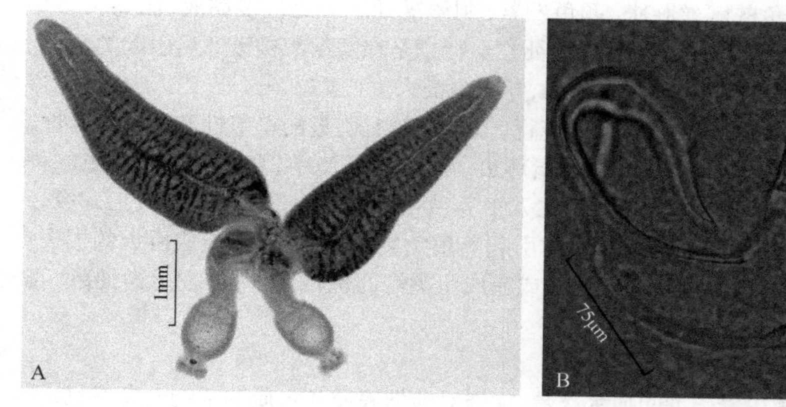

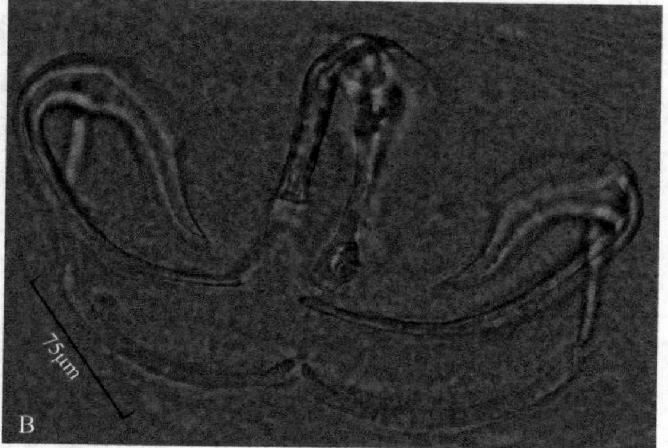

图8-18　华双身虫（*Sindiplozoon* sp.）的整体（A）与吸铗（B）

二、主要病原体及其引起的疾病

单殖吸虫为体型较小的寄生蠕虫，绝大多数寄生在鱼类的鳃、体表和鳍。单殖吸虫寄生时用它的附着器官（钩与吸铗等）固着于寄生部位，造成机械性损伤；同时破坏寄生部位组织的完整性，造成创口引入细菌等病原而致继发性鱼病；还吮吸鱼血、体液，与宿主争夺营养，造成宿主消瘦。特别是寄生在鱼鳃上的单殖吸虫，会破坏鳃组织，刺激黏液分泌，妨碍鱼的呼吸。

单殖吸虫生活史简单、直接发育，在适宜条件下种群增长很快，大量寄生能导致苗种甚至成鱼大批死亡。近年来随着鱼类养殖业的发展及养殖密度的加大，单殖吸虫病时常暴发，如寄生于淡水鱼类的指环虫、三代虫、锚首虫及寄生于海水鱼类的本尼登虫、鳞盘虫等都给我国的水产养殖业造成过重大经济损失。

1. 指环虫病

指环虫病是由指环虫寄生引起，是危害我国淡水养殖品种的主要寄生虫病害之一，主要危害草鱼、青鱼、鲢、鳙、鲤、鲫、团头鲂等绝大多数养殖鱼类。危害较大的种类有中型指环虫、坏鳃指环虫、小鞘指环虫等。

一般采用敌百虫、辛硫磷、高效氯氰菊酯、甲苯咪唑、阿苯达唑等化学药物防治指环虫病，但指环虫易产生耐药性，导致防治效果差，同时也面临着食品安全和养殖水环境安全等问题。近些年通过养殖生态环境改良，以及在建立指环虫体外培养条件下开展植物源杀虫活性成分筛选方面已取得可喜的进展。

病原体 全世界指环虫属（*Dactylogyrus* Diesing, 1850）已报道900余种，我国已报道近400种。指环虫在体前端具有2对黑色眼点，尾部有由几丁质小片构成的后吸器，后吸器具7对边缘小钩，1对中央大钩，中央大钩具有背、腹联结片。具有咽。肠支伸至体末端汇合成圈。睾丸单个，位于体末端，卵巢之后，输精管一般环绕肠支，具贮精囊。卵巢单个，在睾丸之前，球形，有时略有弯曲。指环虫卵大，数少，呈卵圆形，一端有柄状极丝，柄末端小球状。幼虫身上有纤毛，具2对眼点和小钩。

寄生在金鱼（*Carassius auratus*）鳃部的中型指环虫（*Dactylogyrus intermedius*）在水温为22℃时，其产卵数量和纤毛虫的存活时间都比较高，且孵化率最高。指环虫的种群生态受到多种环境条件的影响，包括水体温度、溶氧、盐度及水体污染。

病症 指环虫主要寄生于鱼类的鳃组织，通过后吸器固着在鳃部或利用前吸器吞食鱼的黏液和上皮细胞组织，导致鱼的鳃丝肿胀、颜色发紫，刺激鳃细胞分泌过多黏液，阻碍鱼体呼吸。患病鱼游动缓慢，摄食减退，体色变黑，最终死亡。特别是在鳃组织被破坏后引起的细菌、真菌继发感染，在临床上形成典型的“烂鳃”症状，导致鱼类大量死亡。

流行与危害 指环虫病在淡水养殖中广泛流行，其流行具有明显的季节性和宿主特异性，一年之中仅有水温合适的时间才能找到大量的指环虫。在野生环境中，鱼类寄生指环虫的种类和数量都比较高，但很少引起病害的发生。在人工养殖条件下，由于环境受到人工调控较大，指环虫的种类会比较单调，优势总群明显，常引起养殖鱼类严重的病害，造成巨大的损失。指环虫大量寄生直接导致苗种和成鱼大量死亡，或造成鱼类鳃部机械损伤，继发感染细菌、真菌导致大量死亡。

防治 包括综合防治与药物防治。

综合预防：彻底清塘、减少养殖期间换水次数、加强对池塘底质和水质的生物改良、投放浮游动物食性鱼类。指环虫易对化学药物产生耐药性，一般首次预防用药可选用敌百虫、辛硫磷溶液，第二次选用甲苯咪唑溶液。

药物治疗：选用甲苯咪唑溶液全池泼洒，配合硫酸亚铁使用，可增强疗效。根据指环虫的生活史，在指环虫的纤毛幼虫期选用硫酸铜硫酸亚铁合剂全池泼洒，但是纤毛幼虫感染鱼类需要在短时间内完成，所以需要勤观察，并在纤毛幼虫感染期保持一定时间的水体药物浓度。狼毒素、雅胆子、贯众、南瓜子等中草药的部分活性部位对指环虫有良好的驱杀作用。

2. 鳜锚首虫病

锚首虫病是我国鳜鱼养殖业的主要病害之一，主要侵害鳜鱼苗种，在珠江三角洲造成过重大经济损失。

病原体　河鲈锚首虫（*Ancyrocephalus mogurndae*）。体长0.5～0.9mm。后吸器有边缘小钩7对，粗壮的中央大钩2对；背中央大钩全长0.054～0.061mm；联结片近于直片状，大小为（0.007～0.010）mm×（0.066～0.085）mm；腹中央大钩全长0.045～0.048mm。交接管细长，回旋盘曲，基部呈球状，长0.55～0.73mm；支持器短小，长0.037～0.048mm，端部分为3个心形突起，形似花朵。睾丸与卵巢重叠。阴道管呈长丝状，中部卷成一团，长可达0.230～0.250mm。

病症　病鱼体色发黑，食欲减退。鳃部发白、肿胀、多黏液。河鲈锚首虫主要侵害鳜鱼的次级鳃丝，轻度感染表现为破坏鳃丝的完整性，引起鳃丝局部机械性损伤；严重感染时可见寄生部位组织增生、肿大，细胞浸润，分布松散，细胞核处于细胞边缘，细胞间的联系不紧密。说明鳜锚首虫病发病急、病程短，病鳃组织未显现典型的病理症状（图8–19）。

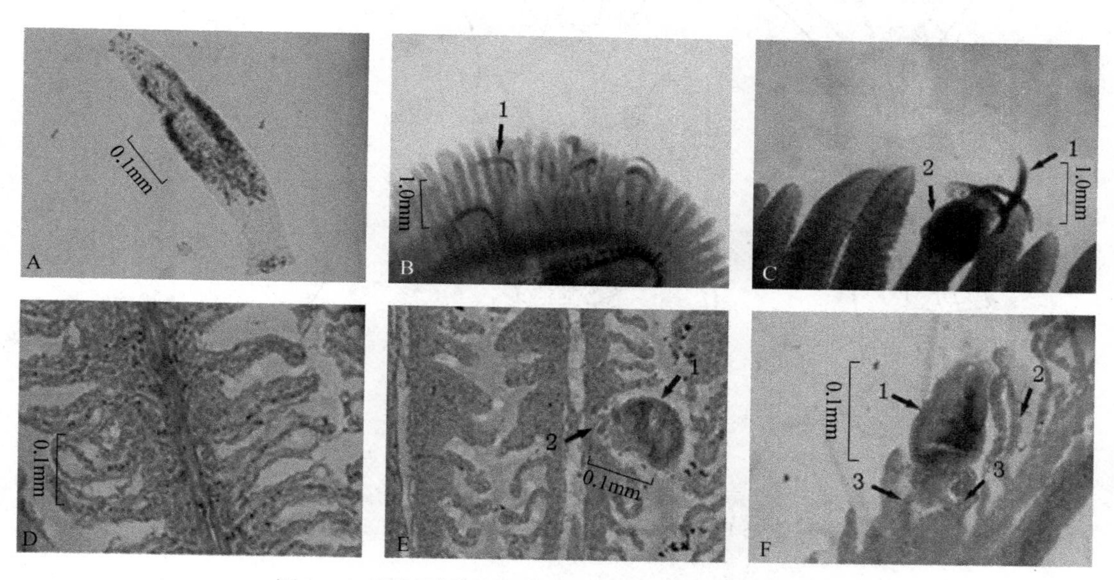

图8–19　河鲈锚首虫及其在鳜鳃上的寄生与危害情况

A. 河鲈锚首虫活体照片；B. 鳜鳃上寄生的河鲈锚首虫（箭头1示虫体）；C. 被河鲈锚首虫（箭头1）寄生的病变鳃丝（箭头2）；D. 鳜的正常鳃丝切片；E. 河鲈锚首虫（箭头1）及寄生部位（箭头2）；F. 河鲈锚首虫（箭头1）及其中央大钩（箭头3）与鳃小片（箭头2）

流行与危害　该病主要危害鳜鱼种，在鳜养殖区颇为流行，危害严重。调查发现，体重0.14g、全长仅2.27cm的鳜鱼苗即可被锚首虫感染，一尾病鳜鳃上寄生的河鲈锚首虫数可多达307条。3～8月，鳜河鲈锚首虫均保持较高的感染水平。鳜河鲈锚首虫的感染率及感染强度与鳜的肥满度（健壮程度）呈显著的负相关关系。

防治　由于宿主鳜对敌百虫敏感，养殖户一般采用甲苯咪唑等药物杀虫，能起到一定作用，但不能根治，有待进一步研发安全高效的防治技术。

3. 三代虫病

由三代虫科三代虫属的虫种（*Gyrodactylus* spp.）感染并引起鱼类发病或死亡的一种寄生虫病。主要危害淡水养殖鱼类及水族观赏鱼类。

病原体 我国养殖鱼类中常见的病原主要有鲑三代虫(*G. salaris*)、鲢三代虫(*G. hypophthalmichthysi*)、鲩三代虫(*G. ctenopharyngodontis*)、中型三代虫(*G. medius*)、细锚三代虫(*G. sprostonae*)、小林三代虫(*G. kobayashii*)等。

体呈长叶形,体前有1对头器,无眼点。虫体后端具伞状后吸器,其上有1对中央大钩、2片联结片和16个边缘小钩。在虫体的中部,可见到胚胎。虫体运动如尺蠖。鲑三代虫体长0.5～1.0mm,腹联结棒的两端各具有1小突起;鲩三代虫体长0.3～0.6mm,腹联结棒的两端前缘各具有一刺状的突起;鲢三代虫体长0.2～0.5mm,腹联结棒上窄下宽,两端较为膨大;中型三代虫体长0.3～0.5mm,腹联结棒的两端的耳状突起短而略尖;细锚三代虫体长0.2～0.5mm,边缘小钩的钩尖向内弯曲;小林三代虫体长0.3～0.7mm,腹联结棒两端的耳状突起小而钝,边缘小钩的钩尖较平直(图8–20)。

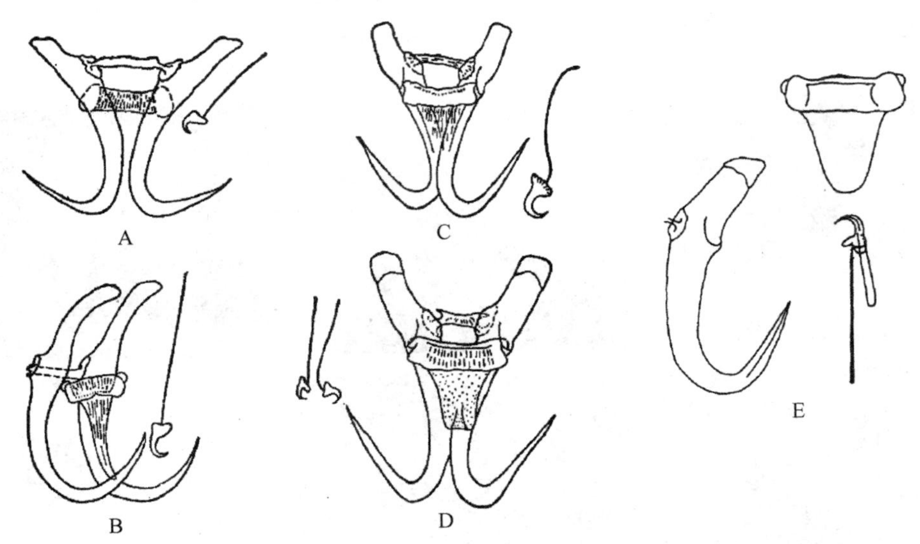

图8–20 常见病原三代虫的后吸器几丁质结构(仿张剑英等,1999)
A. 细锚三代虫;B. 鲢三代虫;C. 中型三代虫;D. 鲩三代虫;E. 鲑三代虫

病症 三代虫寄生于宿主鱼的皮肤、鳍、鳃及口腔。大量寄生时,病鱼的皮肤上有一层灰白色的黏液,鱼体失去光泽,游动极不正常,食欲减退,鱼体瘦弱,呼吸困难。如将病鱼放在盛有清水的培养皿中,用手持放大镜观察,可见到有小虫在鱼体上做蛭状活动。确诊该病最好的办法是镜检,如在低倍镜下、每个视野有5～10个虫体时,就可引起病鱼死亡。

流行与危害 三代虫分布很广,从南至北均有发现。在每年春、夏和越冬之后,养殖的鱼苗鱼种最为易感,金鱼也常受其危害。我国近岸所捕获的梭鱼上也经常发现有大量三代虫的寄生。

防治 同指环虫病。

4. 本尼登虫病

鱼类本尼登虫病是由本尼登虫(广东沿海渔民称“白蚁仔”)的寄生而引起的,在分类学上隶属于单殖吸虫纲的分室科(Capsalidae)本尼登虫亚科(Benedeniinae)。严重危害海水养殖鱼类的主要是本尼登虫属(*Benedenia*)和新本尼登虫属(*Neobenedenia*)的虫种。

病原体 我国报道的本尼登虫病病原体有:梅氏新本尼登虫(*Neobenedenia melleni*)、康吉新本尼登虫(*Neobenedenia congeri*)、石斑本尼登虫(*Benedenia epinepheli*)和鰤本尼登虫(*Benedenia seriolae*)等,其中以梅氏新本尼登虫分布最广、危害最为严重。

梅氏新本尼登虫:体卵圆形,长2.263 ~ 5.75mm,宽1.151 ~ 2.204mm。后吸器盘状,具缘膜,大小为(0.702 ~ 1.112)mm×(0.702 ~ 1.063)mm;第一对锚钩位于后吸器的中部,长0.165 ~ 0.278mm,其后端钝圆,不形成钩尖;第二对钩位于后吸器的后部,较强壮,长0.230 ~ 0.370mm,其后端变细,呈弯钩状;第三对钩位于后吸器的后端,多少都与第二对钩重叠,长0.078 ~ 0.138mm,后端尖细;边缘小钩胚钩型,长0.007 ~ 0.008mm。前吸器大小为(0.195 ~ 0.312)mm×(0.234 ~ 0.410)mm。前吸器之后有2对眼点。咽椭圆形,周缘具凹缺,大小为(0.224 ~ 0.488)mm×(0.322 ~ 0.566)mm。肠于咽后分叉,具众多侧分支,后端不汇合。睾丸1对,卵球形,周缘具缺刻,位于体中部,大小为(0.254 ~ 0.439)mm×(0.234 ~ 0.322)mm;另有输精管、黏液腺、前列腺囊、阴茎囊、阴茎等较复杂的雄性器官。卵巢紧邻睾丸前,大小为(0.171 ~ 0.322)mm×(0.195 ~ 0.341)mm;卵黄腺密布整个肠支区,卵黄囊横卧于卵巢前;卵四面体形,大小为(0.093 ~ 0.103)mm×(0.115 ~ 0.120)mm。具2根短极丝和1根长极丝,短极丝长0.098mm,长极丝长0.603mm(图8–21)。

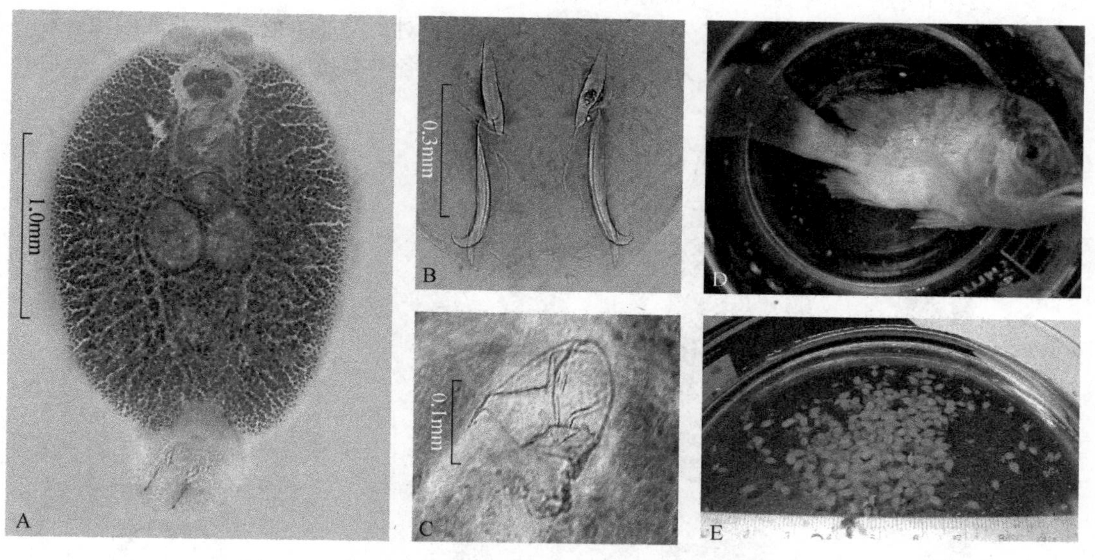

图8–21 梅氏新本尼登虫(A ~ C)及其危害情况(D ~ E)
A. 整体;B. 后吸器的锚钩;C. 卵;D. 病鱼体表溃疡;E. 淡水浸浴后脱落的虫体

病症 本尼登虫寄生于海水鱼类的体表、鳍、眼、鼻和鳃,吞食宿主鱼的黏液和上皮组织细胞,导致宿主体表溢血、发炎及分泌大量的黏液;病鱼停止摄食、体色变暗、无规则地游动及常常与网箱等硬物摩擦致使皮肤溃烂;感染严重的鱼眼睛突出、变白、似白内障症状,有的眼球红肿、充血、甚至脱落,病鱼不久即因衰竭而亡。

流行与危害 梅氏新本尼登虫分布广泛,宿主专一性极低、可寄生于100多种海水鱼。20世纪90年代以来,本尼登虫病在我国南方海水养殖鱼类中广泛感染、传播与流行,危害石斑鱼、大黄鱼、高体鰤、真鲷、红鳍笛鲷、鲈、卵形鲳鲹、军曹鱼等多种养殖鱼类及水族馆鱼类,导致的经济损失十分惨重。

防治 淡水浸泡是目前防治本尼登虫病最为安全、有效的方法。建议在淡水中加入抗菌或杀菌类药物，以防虫咬及浸泡碰伤后的继发性感染。此法的不足是短时间浸泡难以杀死虫卵，达不到根治目的。近年，各国学者都在不断探寻有效的、对环境危害小的防治本尼登虫病的新方法，如利用大蒜、海藻提取物等天然产物进行防治，或利用钩毛蚴的正趋光性、进行遮阴处理等，为本尼登虫病的防治积累了经验。

养殖生产中，若在本尼登虫病高发季节，将遮阴处理与淡水浸泡及药物预防结合起来，则能大大降低本尼登虫的感染率与感染强度，有效地控制本尼登虫病的暴发，减少病害损失。

第三节 鱼类寄生复殖吸虫

复殖吸虫隶属扁形动物门吸虫纲（Trematoda），全营寄生生活。体不分节，体表覆以活细胞质的皮层。纤毛仅出现于毛蚴期。复殖吸虫种类繁多，大小、形态、生活习性各异，分布极为广泛，为鱼类常见的寄生虫。通常具吸盘，消化道为二歧型。绝大多数雌雄同体，极少数（如裂体科、囊双科）为雌雄异体。生活史过程中需要更换宿主。中间宿主为腹足类及瓣鳃类软体动物、多毛类环节动物、水生昆虫、植物和鱼类等。

寄生于鱼类的复殖吸虫，一部分虫种可直接引起鱼病，对鱼类产生危害，如双穴吸虫；另一些种类以鱼类为中间宿主，危害人类健康，如华支睾吸虫。各种复殖吸虫的形态图见图8–22。

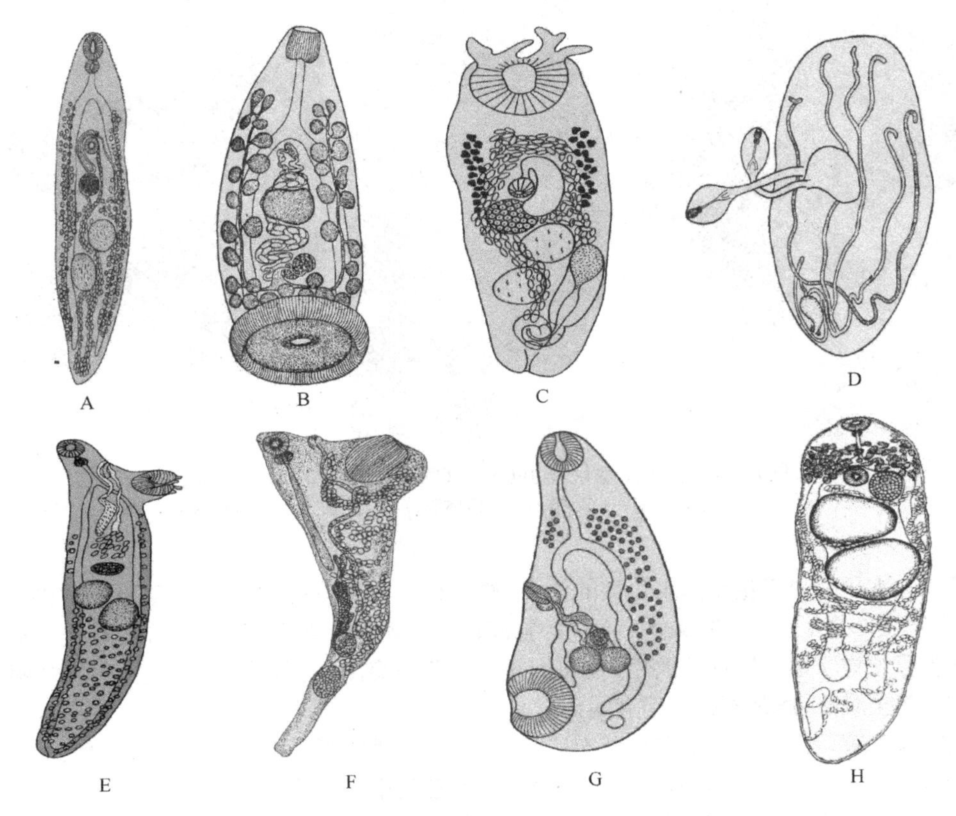

图8–22 形态各异的复殖吸虫（仿张剑英等，1999）
A. 斜睾吸虫；B. 重盘吸虫；C. 牛首吸虫；D. 镶双吸虫；E. 孔肠吸虫；F. 单脏吸虫；G. 中盘吸虫；H. 华新似牛首吸虫

一、复殖吸虫的生物学特征

1. 形态

体呈扁平叶状、舌状、卵形或圆柱形等，也有呈圆锥形、豆形、肾形的；两侧对称或不对称（图8–22）。体长一般介于0.5～20mm。虫体大多呈乳白或灰白色。体表可被小棘或光滑无棘。前端可有头棘或围口刺等结构。一般有1个较小的口吸盘位于虫体的前端和1个较大的腹吸盘，但也有缺其中之一或全缺的。吸盘的位置在不同种变化很大，通常以腹吸盘为界将虫体分为前体和后体。

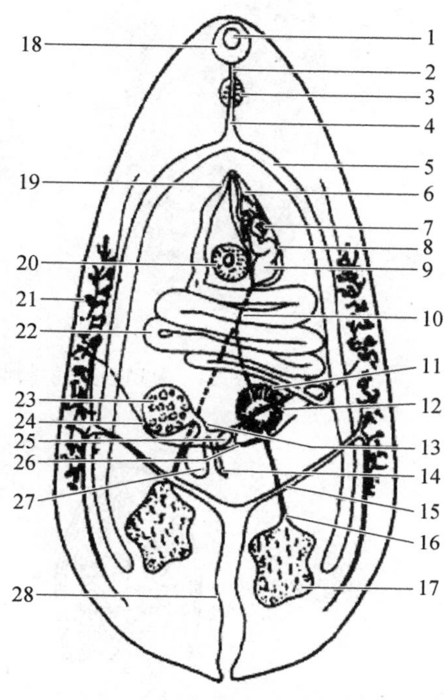

图8–23　复殖吸虫成虫模式图（引自张剑英等，1999）

1. 口；2. 前咽；3. 咽；4. 食道；5. 肠；6. 阴茎；7. 前列腺；8. 阴茎囊 9. 贮精囊；10. 输精管；11. 梅氏腺；12. 卵模；13. 输卵管；14. 劳氏管；15. 集合管；16. 输出管；17. 睾丸；18. 口吸盘；19. 子宫末段；20. 腹吸盘；21. 卵黄腺；22. 子宫；23. 卵巢；24. 卵黄管；25. 总卵黄管；26. 卵黄囊；27. 受精囊；28. 排泄囊

复殖吸虫无体腔，体壁为皮层与肌肉构成的皮肤肌肉囊（图8–6B），囊内有各种组织器官和充填各系统之间的实质组织。消化系统由口、咽、食道和肠构成。排泄系统包括焰细胞、毛细管、集合管、排泄囊及排泄孔等（图8–24A）。神经系统呈梯形，咽的两侧各具一神经节，彼此有背索相连；每个神经节各向前后发出三条神经干，分布于背、腹、侧面（图8–24C）。复殖吸虫中的单盘类和对盘类有独立的淋巴系统，具有能收缩的管道，管内充满了淋巴液（图8–24B）。虫体实质间也充满体液，代替了部分或全部淋巴系统作用，这些结构与营养物质的输送有关。

复殖吸虫除裂体科及囊双科外，皆为雌雄同体（图8–23）。雄性生殖系统包括睾丸、输精小管、输精管、贮精囊、前列腺和阴茎等，有的种类还具有阴茎囊和前列腺等结构。睾丸数目一般为2个，也有1个或多个的。阴茎开口于生殖窦或生殖孔，它能或不能外伸，生殖孔可在体前、腹吸盘前或后、体侧或体末端等不同位置。雌性生殖系统包括卵巢、输卵管、受精囊、梅氏腺、卵模、劳氏管、卵黄腺和子宫。卵巢一般单个，多为球形或卵圆形，有时呈叶片状或分裂、分支等，位于睾丸前或后。卵黄腺可为实体或滤泡状，卵黄物质由卵黄管汇入卵黄总管；卵黄总管和输卵管汇合处即子宫的起点，周围有一群单细胞腺体，为梅氏腺；子宫被梅氏腺包围的部分称为卵模；劳氏管一端接受受精囊或输卵管，另一端向体背面开口或为盲端，起阴道的作用；子宫管状，末端可有肌肉加厚明显的子宫末段。雌性生殖孔可在雄性生殖孔旁单独开口，也可子宫末段和射精管汇合成两性管，有的两性管外包有两性囊；两性管开口处可突起形成生殖锥，或下凹形成生殖窦。有的种类生殖孔具生殖吸盘，还可与腹吸盘形成腹吸盘生殖盘复合体。复殖吸虫可行自体受精和异体受精。

2. 生活史

复殖吸虫生活史复杂，可有卵、毛蚴、胞蚴、雷蚴、尾蚴、囊蚴、成虫7个发育阶段（图8–25），发育过程中需要更换宿主。第一中间宿主一般为腹足类，第二中间宿主或终末宿主一般为软体动物、环节动物、甲壳类、昆虫、鱼类、两栖类、爬行类、鸟类和哺乳类。有的种类需要多个中

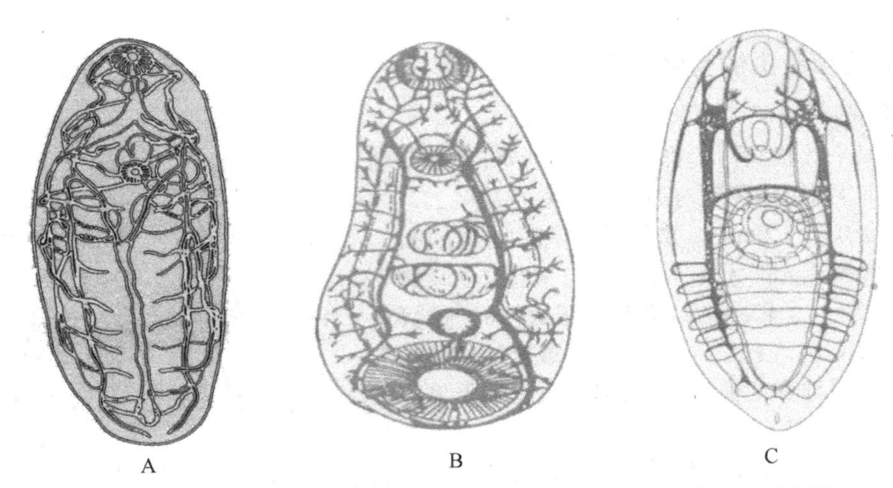

图8–24　复殖吸虫的排泄系统(A)、淋巴系统(B)及神经系统(C)示意图

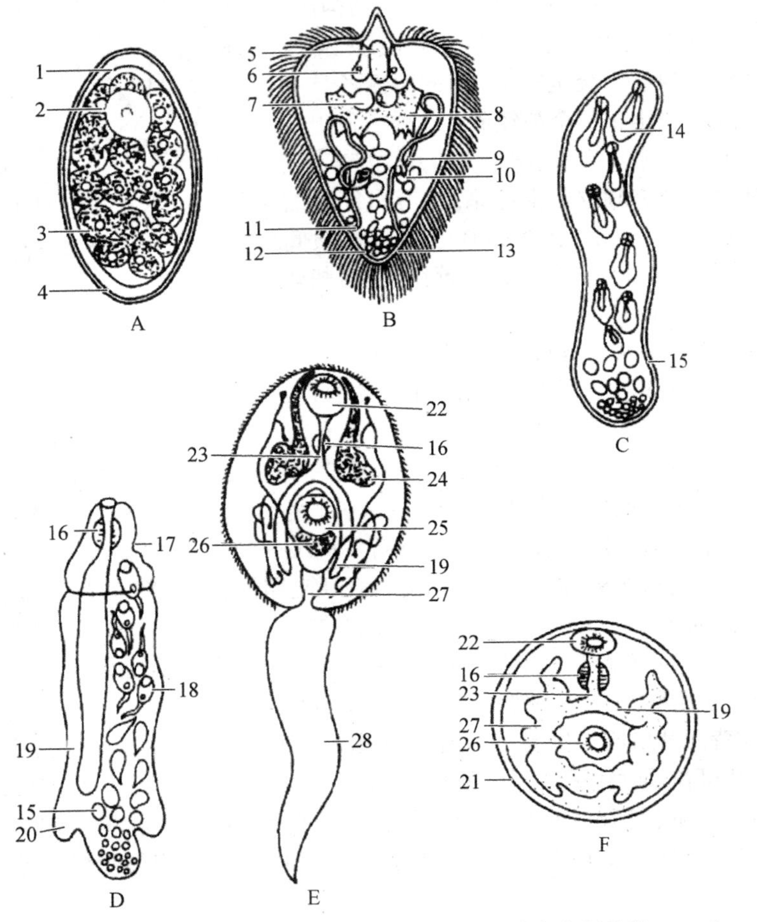

图8–25　复殖吸虫生活史中的卵及幼虫阶段(引自张剑英等,1999)

A. 卵; B. 毛蚴; C. 胞蚴; D. 雷蚴; E. 尾蚴; F. 囊蚴; 1. 卵盖; 2. 受精卵; 3. 卵黄细胞; 4. 卵壳; 5. 肠囊; 6. 单细胞分泌腺; 7. 眼点; 8. 神经节; 9. 排泄管; 10. 焰细胞; 11. 排泄孔; 12. 胚细胞; 13. 纤毛; 14. 雷蚴; 15. 胚球; 16. 咽; 17. 产孔; 18. 尾蚴; 19. 肠; 20. 体突; 21. 囊壁; 22. 口吸盘; 23. 食道; 24. 头腺; 25. 腹吸盘; 26. 生殖原基; 27. 排泄囊; 28. 尾

间宿主。

复殖吸虫不但生活史复杂，而且繁殖力极强。它不仅在成虫时期行有性生殖，产大量的卵，还在幼虫期进行无性生殖（多胚生殖，polyembryology），每个胞蚴可产生多个雷蚴，雷蚴又可产生多个尾蚴。

复殖吸虫在漫长的进化过程中，在生理上产生了一系列特异性适应，如皮层具有排泄与分泌的功能，葡萄糖及小分子物质可通过皮层而被吸收，同时也具有感觉与呼吸的功能，并能抗胃蛋白酶和胰蛋白酶的消化作用。吸虫获得能量的方式也各不相同，包括有氧代谢、无氧代谢以及从外界直接取得能量等。此外，在生态方面也有不同类型的适应。

3. 分类

复殖吸虫种类繁多，其分类除了根据成虫的形态外，还应结合生活史及各期幼虫的特征，二者缺一不可。但复殖吸虫的生活史多半尚未明了，种与种之间的关系，也未完全了解。时至今日，复殖吸虫的分类尚在不断修订中。

对复殖吸虫分类研究影响较深的分类系统有4个：La Rue（1957）、Skrjabin和Guschanskaja（1960）、Yamaguti（1971）和Gibson等（2002）。目前我国学者基本上都在用Yamaguti（1971）的分类系统。我国复殖吸虫科的检索如下（邱兆祉等，1999）。

我国复殖吸虫科的检索表

1. 成虫寄生于鲤科鱼类鳞片下……………………鳞居科Circuitiocoeliidae
   成对寄生于囊内或不成囊，在鳍膜、鳃、鳞下、结缔组织、脂肪、肌肉、牙齿、骨骼、消化管、内脏和体腔中……………………囊双科Didymozoidae
   成虫寄生于鱼类胆囊中，两睾纵列于体后端，无阴茎囊……………………后睾科Opisthorchiidae
   成虫寄生于体腔……………………八睾科Octotestidae
   成虫寄生于血液循环系统，吸盘付缺，无咽，肠支“H”或“X”形，后端具很短或中等长的后翼，生殖孔在卵巢之后……………………血居科Sanguinicolidae
   成虫寄生于膀胱、输尿管……………………2
   幼虫寄生于体表或鳃上，形成橘黄色胞囊，体扁，肠支弯曲或有侧支，生殖孔在体中横线后，子宫在腹吸盘与前睾之间的两侧……………………弯口科Clinostomidae
   幼虫寄生于眼球及皮肤、肌肉中，虫体可分为前体和后体两部分，黏器圆形或椭圆形……………………双穴科Diplostomidae
   寄生于鳔中……………………3
   寄生于消化道或附属的器官……………………7
2. 虫体明显有细的颈部，似球拍状，腹吸盘在体中部，肠分两支……………………发状科（蛇颈科）Gorgoderidae
   虫体椭圆形，腹吸盘在食道基部，肠在体末汇合呈环状………圈肠科（部分）Circuiticoeliidae
3. 具两性囊……………………4
   无两性囊……………………5
4. 两性囊肌质，卵巢叶状，卵黄腺叶片状，呈莲座形排列……………………北梭科Albulatrematidae
   两性囊无肌肉质，卵巢管状分支或不，卵黄腺管状、树枝状或不……………………等睾科Isoparorchiidae
5. 子宫分布局限，在肠支内侧，生殖孔在肠叉水平或以后……………………6
   子宫占虫体大部，体后端具圆形嵴，生殖孔在体前……………………气生科Aerobiotrematidae

6. 卵黄腺在卵巢前，肠的腹面，成对称的滤泡组，子宫在卵巢后肠管间 ……………………………………………………单蠕科（部分）Monodhelminthidae
卵黄腺在卵巢后，成4辐射盘绕管状分支，子宫在腹吸盘与卵巢间，伸至肠管外 ……………………………………………………四星科 Tetrasteridae
7. 无腹吸盘 ……………………………………………………8
有腹吸盘 ……………………………………………………12
8. 腹口类，前端有前吸器，肠单支呈袋状 ……………………………………………………9
口在体前部 ……………………………………………………10
9. 子宫管状盘曲，卵多 ……………………………………………………牛首科 Bucephalidae
子宫由管状和袋状两部分组成，袋占虫体内大部空间 ……………………华袋科 Sinicovothylacidae
10. 睾丸2个，无阴茎囊，排泄管臂6～8条，吻合连接成网 ……………………隐盘科 Angiodictyidae
睾丸单个，排泄管臂2条，不相吻合 ……………………………………………………11
11. 体纵长，有口吸盘，咽退化或无，阴茎囊特大，在睾丸前 ……………………二囊科 Bivesiculidae
体横宽，无口吸盘，有咽，阴茎囊与睾丸相对 ……………………转体科 Treptodemidae
12. 所有生殖腺均在前体 ……………………………………………………前充殖科 Prosogonotrematidae
生殖腺多分布在后体 ……………………………………………………13
13. 口吸盘后有肌质的口后环，腹吸盘周缘有由体壁围成的体褶 ……………后唇科 Opistholeberidae
无以上结构 ……………………………………………………14
14. 腹吸盘位于体末端或亚末端 ……………………………………………………15
腹吸盘在腹面 ……………………………………………………16
15. 卵巢在睾丸后，有1对口支囊，肠沿体两侧后伸 ……………………重盘科 Diplodiscidae
卵巢在睾丸前，有或无口支囊，肠短粗袋状，不伸过睾丸后 ……………………中盘科 Gyliauchenidae
16. 肠管单支 ……………………………………………………17
肠管通常两支 ……………………………………………………18
17. 肠单支，具尿肠管，睾丸2个，有阴茎囊，卵巢3叶 ……………………单肠科 Monascidae
肠单支短，睾丸1个，无阴茎囊，卵巢椭圆形 ……………………单脏科 Haplosplanchnidae
18. 肠具前支 ……………………………………………………19
肠无前支 ……………………………………………………20
19. 腹吸盘具柄，睾丸2个，卵巢在睾后，卵黄腺分支 ……………………凸腹科 Accacoeliidae
腹吸盘无柄，睾丸多排，背腹各有2～4纵列，卵巢在睾前，卵黄腺滤泡排列于体两侧 ……………………………………………………多睾科 Pleorchiidae
20. 睾丸在腹吸盘区域，卵巢和卵黄腺叶状或块状，接近体末 ……………叶腺科 Lobatoviteliovariidae
睾丸在腹吸盘后或不如上述特征 ……………………………………………………21
21. 前端有具棘的头襟，排泄管臂有很多侧支 ……………………棘口科 Echinostomatidae
前端无具棘的头襟，排泄管臂无很多侧支 ……………………………………………………22
22. 生殖孔在体后端 ……………………………………………………尾孔科 Urotrematidae
生殖孔不在体后端 ……………………………………………………23
23. 生殖孔在或接近体前端 ……………………………………………………24
生殖孔在腹吸盘前或腹吸盘水平附近 ……………………………………………………26
24. 生殖孔在体前端，口吸盘具围口刺 ……………………………………………………马生科 Maseniidae

生殖孔在口吸盘侧，无围口刺 25
25. 生殖孔在前端体侧缘，肠管伸至近体末端 .... 蛙蠕科 Batrachotrematidae
生殖孔在口吸盘边缘，肠管在体后部汇合成环状 .... 圈肠科（部分）Circuitiocoeliidae
26. 卵黄腺2块状，位于体末端 .... 海立科 Halipegidae
卵黄腺呈别样 27
27. 腹吸盘大，突出于体前部，肠始端形成胃部，雌雄生殖孔在生殖锥上分别开口 .... 蛭形科 Hirudineliidae
虫体呈别样 28
28. 阴茎囊与两性囊有，但不发达或付缺 29
无阴茎囊，也无两性囊 31
有阴茎囊或两性囊 36
29. 虫体通常有尾，卵黄腺在卵巢后，呈指状、带状或块状，左右排列成1+2个或3+4个 .... 半尾科 Hemiuridae
虫体无尾，卵黄腺在腹吸盘后至体末之间分布 30
30. 腹吸盘可分为两部分，有副盘，子宫在睾丸前或睾间至体末，卵内无胚胎 .... 异肉科 Allocreadiidae
腹吸盘边缘具突起、唇状缘或触手，可具柄，腹吸盘有时具附加吸盘，肠管可有肛门或无 .... 孔肠科 Opecoelidae
31. 无阴茎囊，但具两性管，生殖锥发达 32
无阴茎囊，也无两性管，口吸盘具环口刺，卵黄腺在体两侧 34
32. 前体侧缘可有腹折，后体具细齿，腹吸盘有瓣状或唇状物，有发达的淋巴囊 .... 离肉科 Apoceadiidae
无上述特征 33
33. 睾丸11个，分为两组或两纵列，排泄囊“Y”形 .... 裂睾科 Schistorchiidae
睾丸2个，位于体后半部，排泄囊“I”形 .... 平宫科 Homalometridae
34. 腹吸盘突出，常与口吸盘成双角状 .... 双角科 Diplangidae
腹吸盘小，体前常具围口刺 35
35. 卵黄腺在体两侧或横列于体前部，腹吸盘常埋在实质组织中或包在体褶内形成双盘状，子宫伸达体末端或接近体末端 .... 隐殖科 Cryptogonimidae
卵黄腺在体两侧，子宫多在睾丸前，不伸到体末端 .... 棘盘科（刺口科）Acanthostomidae
36. 子宫伸达体末端或接近体末端 37
子宫不伸到体末端 45
37. 子宫末段形成端器官，阴茎多刺，生殖腔发达，卵不含毛蚴 .... 独睾科 Monorchiidae
子宫无端器官结构 8
38. 有外贮精囊，卵黄腺在体后汇合 .... 东肌科 Orietocreadiidae
无外贮精囊 39
39. 卵黄腺致密，1个或1对，位于体中部，肠支只达体中部，卵内含毛蚴 .... 动殖科 Zoogonidae
卵黄腺滤泡状 40
40. 卵黄腺在体前部，肠支短，约为体长之半，卵内无毛蚴 .... 短肠科 Brachycoellidae
卵黄腺伸展于体两侧，肠管长超过体长之半 41

41. 具两性囊和外贮精囊，腹吸盘可有6个乳突，子宫不伸过卵巢之后，卵内无胚胎 ……………………………… 叉盘科 Waretrematidae
具阴茎囊 ……………………………… 42
42. 排泄囊“I”形 ……………………………… 43
排泄囊“Y”形 ……………………………… 44
43. 阴茎囊发达，但不长于腹吸盘，阴茎通常无棘，生殖孔在腹吸盘前或接近腹吸盘 ……………………………… 拟巨颈科 Macroderoididae
阴茎囊发达，阴茎具棘，卵巢分叶或块状，在睾丸前体中线上，生殖孔在腹吸盘水平边缘上 ……………………………… 光睾科 Lissorchiidae
44. 阴茎囊长伸过腹吸盘，子宫穿过两睾间，排泄囊臂不环抱腹吸盘 ……… 斜睾科 Plagiorchiidae
阴茎囊长或短，排泄囊臂环抱腹吸盘，主要寄生于爬行类 …………… 管体科 Ochotosomatidae
45. 贮精囊与子宫末段进入假两性囊，雌雄生殖孔分别开口于生殖腔内 ……………………………… 梭形科 Atractotrematidae
无假两性囊结构 ……………………………… 46
46. 有外贮精囊 ……………………………… 47
无外贮精囊 ……………………………… 49
47. 睾丸1个，肠短、不伸达体末 ……………………………… 单孔科 Haploporidae
睾丸2个，肠多数伸达体末 ……………………………… 48
48. 体表无棘，外贮精囊大，无受精囊 ……………………………… 平皮科 Liolopidae
体表有棘，外贮精囊不甚发达，可呈管状或缺，有受精囊 ……………… 鳞肉科 Lepocreadiidae
49. 有环口刺，体表被棘，颈部棘发达，阴茎有棘 ……………………… 棘体科 Acanthocolpidae
体表光滑无棘 ……………………………… 50
50. 卵黄腺滤泡分布于后体两侧较扩展，可进入前体，子宫局限于腹吸盘和卵巢之间，卵内含胚胎 ……………………………… 独孤科（航尾科）Azygiidae
卵黄腺伸展较局限，常形成对称的支，子宫分布变化大 ……………… 壮穴科 Fellodistomidae

我国鱼类寄生复殖吸虫种类繁多，形态结构多样，常见的科属有以下几种。

（1）牛首科（Bucephalidae）

虫体小，形状各异。体表具棘或光滑，无口、腹吸盘。体前端有前吸器作为黏附器官，前吸器可为盘状、塞状和楔状，有的还有触手或突起。口在虫体腹面，口后具咽，食道长短不一，肠简单为袋状。睾丸1对，通常在体中部或体后端；生殖囊在体后部，其内有贮精囊和前列腺。生殖孔开口于腹侧末端或亚末端。卵巢位于睾丸之前、两睾之间或之后；有劳氏管，受精囊有或无；卵黄腺滤泡状，常在体前或体侧；子宫发达，盘曲于体内各处；卵小。排泄囊管状，长短不一，开口于体末端。牛首科的终末宿主为鱼类，在演化历史上是较为古老的一类。其毛蚴体表有几根棒，棒上生有纤毛。毛蚴钻入蛤或牡蛎体内，生长发育为具有许多分支的胞蚴。胞蚴直接发育为尾蚴。尾蚴有1对很长的尾叉，状似牛角，故称牛首吸虫。牛首吸虫对贝类、鱼类有相当的危害作用，如前吻吸虫（*Prosorhynchus* sp.）的尾蚴大量入侵鱼体，形成囊蚴，使鱼肉不宜食用。

我国发现的牛首吸虫种类较多，在淡水和海产鱼类中都有记载，如寄生于鳜的斯氏牛首吸虫（*Bucephalus skrjabini*），寄生于斑鳠的七须牛首吸虫（*B. heptanematodes*）等（图8–26）。

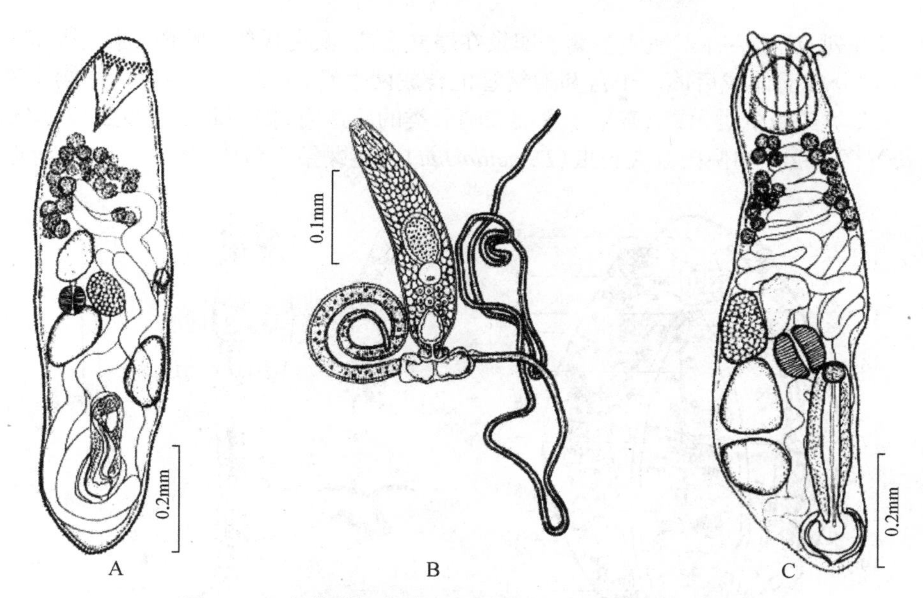

图8–26　牛首科吸虫成虫及尾蚴（引自张剑英等，1999）
A. 范氏道佛吸虫（*Dollfustrema vaneyi*）成虫；B. 福州道佛吸虫尾蚴；C. 七须牛首吸虫（*Bucephalus heptanematodes* Pan, 1985成虫）

（2）血居科（Sanguinicolidae）

寄生于循环系统中，虫体呈矛形，无吸盘。无咽，食道狭长，肠管呈“X”或“H”状，前支短，后支延长，但是不达体后端。睾丸分出许多滤泡，位于肠分叉与卵巢之间，也可伸向侧面。阴茎囊有或无。雌雄生殖孔分开，雄性生殖孔在背面、亚侧缘、卵巢之后。卵巢在中部或稍偏出中线，呈多分叶或翼状，居体后1/2处或近于后端，在生殖孔之前。缺劳氏管。卵黄腺伸展在肠分叉之前。子宫弯曲，开口于背面或腹面，卵巢的一侧。卵无盖，壳薄。排泄囊“Y”形，具短干。寄生于淡水或海产鱼类，如寄生于鳙、鲢和鲫的龙江血居吸虫（*Sanguinicola lungensis*）（图8–27），寄生于团头鲂的鲂血居吸虫（*S. megalobramae*），寄生于横纹东方鲀的中华拟德氏吸虫（*Paradeontacylix sinensis*）等。

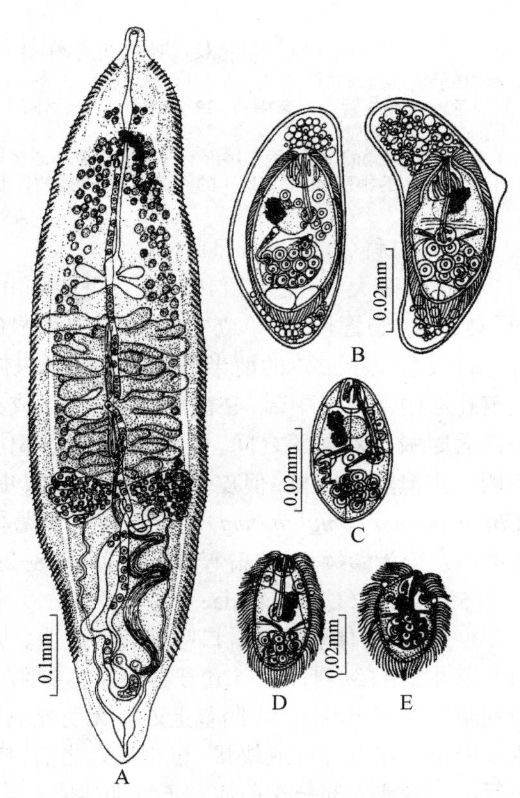

图8–27　龙江血居吸虫（*Sanguinicola lungensis* Tang & Lin, 1975）（引自唐崇惕和唐仲璋，2005）
A. 成虫；B. 卵；C～E. 毛蚴

（3）双穴科（Dipostomidae）

虫体分为前后两部分。前体叶状或雪花状，有或缺假吸盘，黏块状、圆形或椭圆形，在其基部具致密的腺体。后体通常呈柱状。有口吸盘和咽，食道短，肠干伸达体后端。睾丸前后排列或并列，位于后体。缺阴茎囊。卵巢在睾丸之前，具劳氏管，卵黄腺滤泡散布于前、后体，或者大部分在前体或后体。子宫和射精管汇合成两性管，开口于生殖腔。尾蚴为叉尾型。囊蚴寄生于鱼类或两栖类，成虫寄生于禽类和哺乳类的肠道内，如湖北双穴吸虫（*Diplostomum hupenensis*）（图8–28）和倪氏双穴吸虫（*D. neidashui*）的尾蚴钻入鱼体，移行至眼，发育成囊蚴。

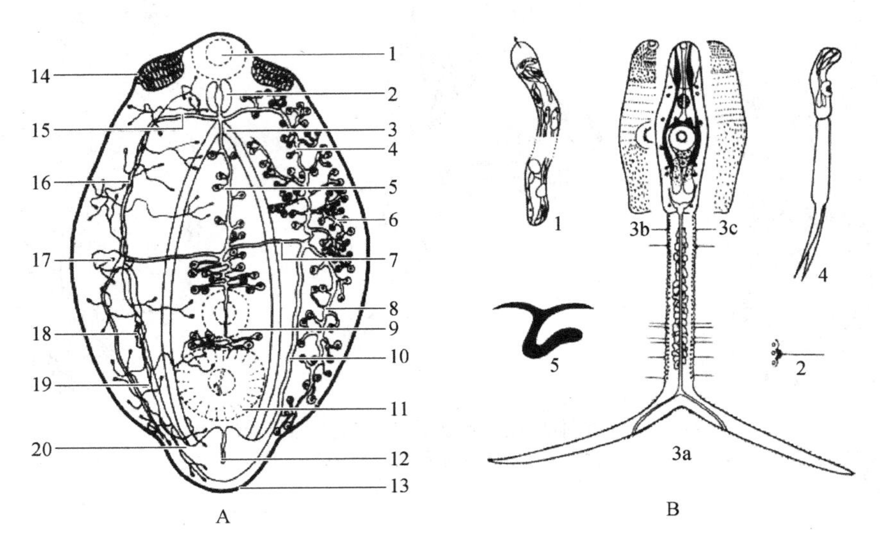

图8–28　湖北双穴吸虫的囊蚴（A）、胞蚴及尾蚴（B）（仿潘金培等，1963）

A. 囊蚴（示焰细胞及排泄系统）：1. 口吸盘；2. 咽；3. 肠；4. 前侧管；5. 中背管；6. 石灰质；7. 后横联合管；8. 后侧管；9. 腹吸盘；10. 侧集管；11. 黏附器；12. 排泄囊；13. 后体；14. 侧器；15. 前横联合管；16. 前原小集管；17. 焰细胞；18. 共集干；19. 后原小集管；20. 排泄囊

B：1. 胞蚴；2. 尾蚴的尾毛，示在尾干上的基部突起；3a. 尾蚴半图解式腹面观；3b. 前体腹面一半，示刺的排列；3c. 前体背面一半，示刺的排列；4. 固定标本的侧面观；5. 尾蚴的外形，示在水中的休息姿态

（4）弯口科（Clinostomidae）

虫体中等大小，扁平，口吸盘小，可能被由体壁形成的领状皱襞所围绕。咽的发育各不相同，食道短，肠管长，简单或弯曲，或具有明显的侧枝，盲端达体后端，并在此可能与排泄囊吻合。腹吸盘位于虫体的前半部。睾丸位于虫体后半部，前后排列于不同水平处。具阴茎囊，生殖孔居中部或亚中部，在前睾之前或后，或在前睾同一水平处。卵巢居睾丸之间，亚中部，子宫居腹吸盘和前睾之间、两侧肠管之间部位，具升降支。卵黄腺滤泡发育良好，居后体的两侧。排泄囊不明显，但皮下从很发达。成虫寄生于爬行类、鸟类和哺乳类，如扁弯口吸虫（*Clinostomuim complanatum*）的成虫寄生于鹭科鸟类的咽喉，其尾蚴钻入淡水鱼皮肤，移行到肌肉后发育为囊蚴，引起扁弯口吸虫病（图8–29）。

（5）光睾科（Lissorchiidae）

虫体细长，体表具棘。口吸盘和咽发达。肠管末端近体后端。腹吸盘大或小，位于体前半部。睾丸2个，纵列，或1个位于体后部。有阴茎囊，但发育程度不同，通常包有两室的贮精囊、前列腺和能翻出的阴茎，阴茎上通常无明显的刺。生殖腔可能较发达，生殖孔开口于边缘、右侧或中位。卵巢分叶或块状，位于睾丸之前，中位。无受精囊和劳氏管。卵黄腺滤泡状，分布于后体两侧或大部分在前体。子宫伸达体末端。排泄囊管状。寄生于海水或淡水硬骨鱼类的肠道，如引起淡水鱼类侧殖吸虫病的日本东穴吸虫（*Orientotrema japonica*），寄生于鲤、鲫、鲀、青鱼等的肠道（图8–30）。

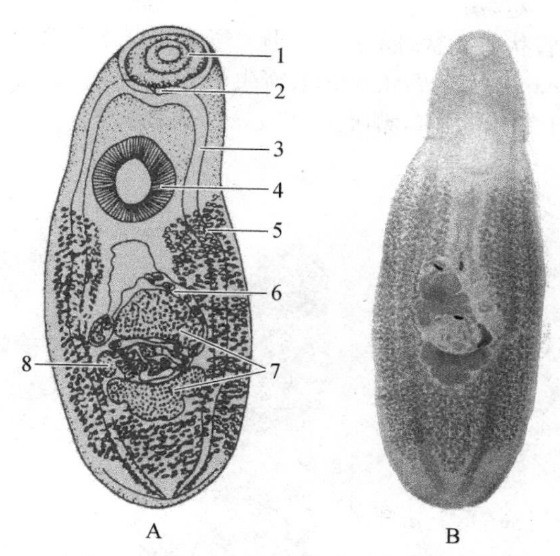

图 8–29 扁弯口吸虫[*Clinostomuim complanatum* (Red, 1819)]
1. 口吸盘；2. 咽；3. 肠；4. 腹吸盘；5. 卵黄腺；6. 子宫；7. 睾丸；8. 卵巢（A 仿张剑英等，1999；B 为染色照片）

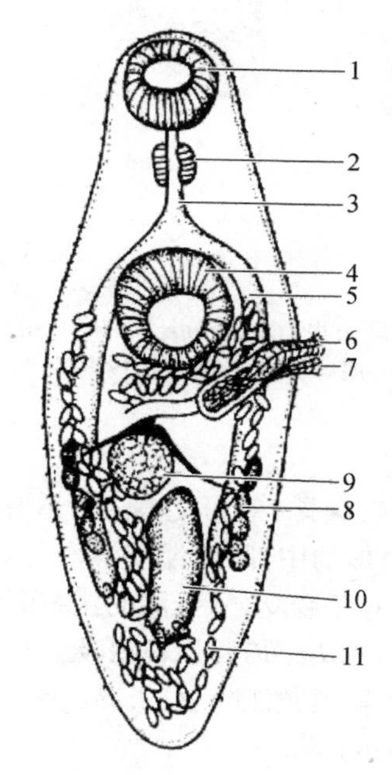

图 8–30 日本东穴吸虫[*Orientotrema japonica* (Yamaguti, 1938) Tang，1962](引自张剑英等，1999)
1. 口吸盘；2. 咽；3. 食道；4. 腹吸盘；5. 肠；6. 阴茎；7. 子宫末段；8. 卵黄腺；9. 卵巢；10. 睾丸；11. 卵

（6）单孔科（Haploporidae）

虫体小型，肥厚，体披小棘。口吸盘亚端位。前咽存在，咽常发达，食道长，肠偶为袋状，一般较短，不达虫体后端。腹吸盘在虫体前1/3中部。睾丸单一，位于亚中部。具两性囊。生殖孔在腹吸盘的中部。卵巢位于睾丸之前，腹吸盘之后。受精囊有时缺如，具劳氏管。卵黄腺分布于卵巢后或卵巢两侧，团块状或分支，致密，也可分布于体后部背面。子宫盘曲于虫体后端。

卵较大,含毛蚴。排泄囊管状或囊状,偶有 “Y” 形。寄生于海水及淡水鱼类,如寄生于鲢、鳙和草鱼的裂睾鲫吸虫(*Carassotrema schistorchis*),寄生于赤眼鳟、草鱼、翘嘴红鲌等的吴氏鲫吸虫(*C. wui*)(图8–31),寄生于鲻鱼的河口鲫吸虫(*C. estuarinum*)等。

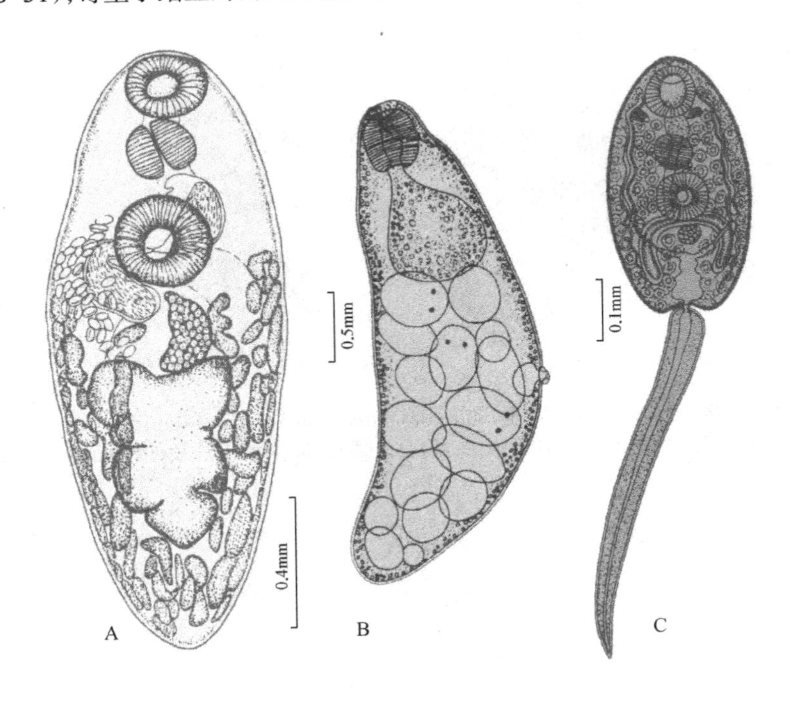

图8–31　吴氏鲫吸虫(*Carassotrema wui* Tang & Lin, 1979)
A. 成虫; B. 雷蚴; C. 尾蚴(A仿张剑英等,1999; B、C仿唐仲璋等,1979)

(7)重盘科(Diplodiscidae)

虫体呈圆锥状或圆柱状。口吸盘具1对口支囊。食道具肌肉质的食道球。腹吸盘发达,位于体末端。睾丸1～2个,在虫体的中部,具阴茎囊和外贮精囊。生殖孔在肠分支之后或食道中部。卵黄腺块状、粒状,分布于肠支之后,肠的左右两侧或肠后方两侧。寄生于我国鱼类的有3属,即新岐睾吸虫属(*Neocladerchis*),原枝睾吸虫属(*Protocaldorchis*),黑龙江吸虫属(*Amurotrema*),如寄生于草鱼肠的鲩黑龙江吸虫(*A. dombrovskajae*)(图8–32),寄生于倒刺鲃肠的乳白原枝睾吸虫(*P. lacticolorus*)等。

(8)棘口科(Echinostomatidae)

虫体长叶形,体前端具头领,上具头棘。口吸盘位于体前端亚腹面。具咽和食道,肠支可伸达虫体末端。腹吸盘发达,居体前或体中1/3处。睾丸2个,前后排列或斜列。阴茎囊位于肠分叉与腹吸盘之间或伸过腹吸盘之后,其内有贮精囊和阴茎。生殖孔中位,在腹吸盘之前。卵巢中位或亚中位,在睾丸之前。大多无受精囊,有劳氏管。卵黄腺滤泡状,在体两侧分布,通常在后体,有时延伸至前体,在睾丸后方汇合。子宫盘曲于卵巢或前睾至生殖孔间两肠支内侧,偶尔有的下降至睾丸后区。虫卵大。排泄囊 “Y” 形,有较多的侧支。成虫寄生于鱼类、爬行类、鸟类及哺乳类的肠,如达氏吸虫属(*Dietziella*)的叶形达氏吸虫(*D. laminae*)寄生于鳜鱼,

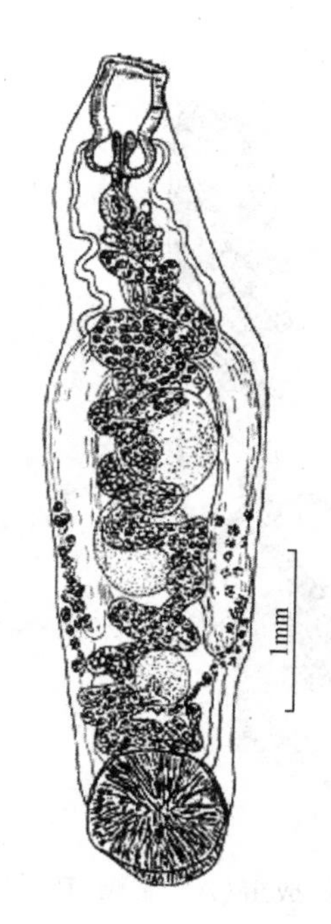

图8–32　鲩黑龙江吸虫(*Amurotrema dombrovskajae* Achmerow, 1959)(引自张剑英等, 1999)

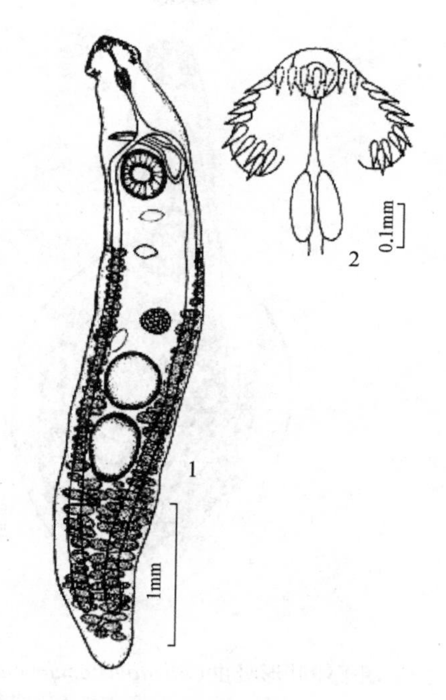

图8–33　闽江达氏吸虫(*Dietziella minjiana* Wang, 1976)(仿汪溥钦, 1976)
1. 整体; 2. 虫体前端(示头领棘)

闽江达氏吸虫(*D. minjiana*)寄生于黄颡、鳜、瓦氏黄颡、粗吻鮠等(图8–33)。

(9)发状科(Gorgoderidae)

虫体有个狭长的前体及1个多少有所扩伸加宽的后体。体表光滑。腹吸盘通常明显突起。咽有时付缺,肠支简单或弯曲,或有细分支,盲端可达体后端,也有在末端相连的种类。睾丸在腹吸盘之后的肠支之间、肠支外侧或超出肠支,对称或不对称排列,数目2个至多个,缺阴茎囊。生殖孔位于肠叉之后,腹吸盘之前。卵巢居中或亚中于两肠支间的腹吸盘之后,在睾丸区或其前后。有或缺受精囊和劳氏管。卵黄腺成对,结实或叶状、分支。常在腹吸盘之后,肠支间,偶在肠支外和睾丸前。子宫在体后,可超越肠支外或充塞于肠支间。排泄囊管状,有时为"Y"形。寄生于鱼类及两栖爬行类,如叶形吸虫属(*Phyllodistomum*)的胡子鲶叶形吸虫(*P. clariasi*)、鳜叶形吸虫(*P. sinipercae*)、鲶叶形吸虫(*P. parasiluri*)等(图8–34)。

(10)半尾科(Hemiuridae)

虫体小到中型。具尾或缺如。体表光滑或具环状的或锯齿状的棘,鳞片状的少见,或有皱褶。咽及口吸盘发达,食道短,肠支末端为盲端或偶有相连成环。腹吸盘常突出,无柄或具柄。睾丸2个,纵列、斜列或并列,通常在体后;两性管通常存在,包或不包于两性囊内;射精管很发达,包在囊中。生殖孔靠近口吸盘、咽、食道腹面或肠支分叉处稍后,通常中位。卵巢在睾丸之后,偶尔在睾丸之前;受精囊与劳氏管存在或付缺;卵黄腺块状,分叶或管状,通常位于卵巢之后。子宫先下行,然后上升,偶尔仅具上升支。虫卵量大,通常无极丝,具胚。排泄囊"Y"状,前端排泄干相连或不相连。主要寄生于海水鱼类肠胃,偶尔寄生于膀胱或体腔(图8–35)。

(11)后睾科(Opisthorchiidae)

体扁平,披棘。口吸盘发育较差。具咽。肠支简单,盲端达或不达末端。睾丸1对。多数

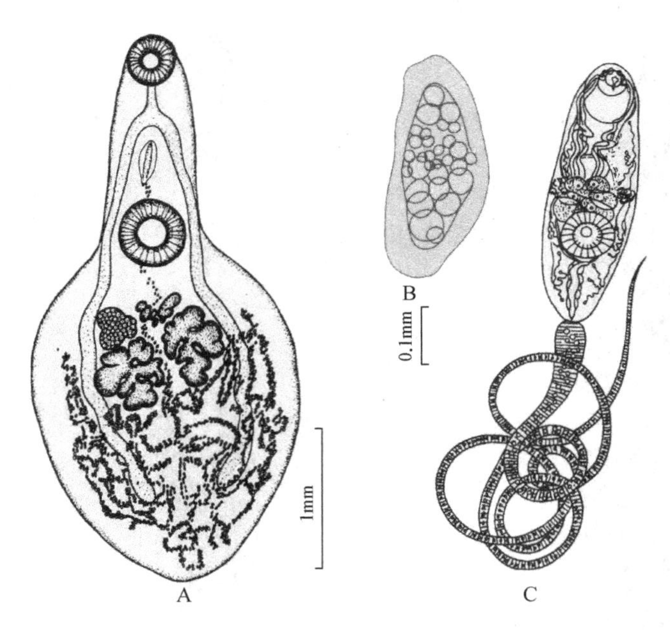

图8-34　胡子鲶叶形吸虫（*Phyllodistomum claria* Lai et al., 1985）的成虫（A）、胞蚴（B）及尾蚴（C）（仿张剑英等，1999）

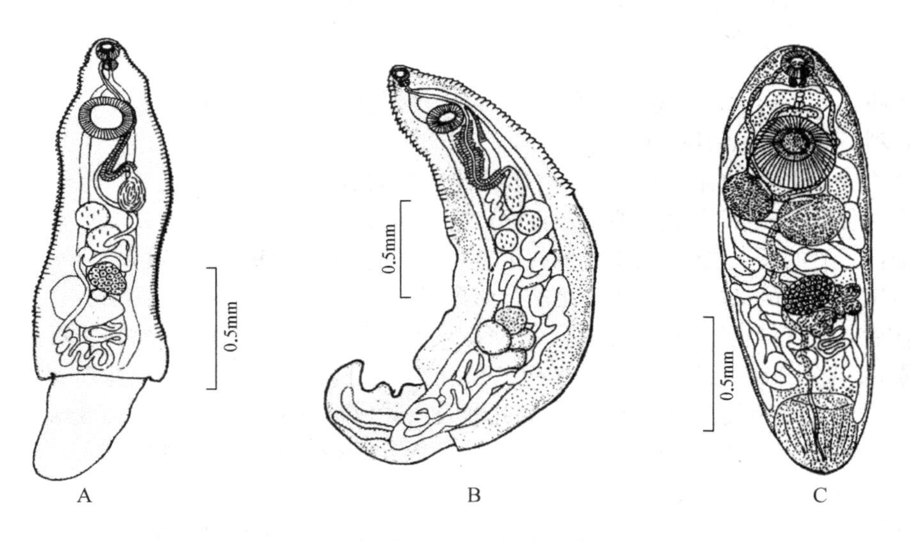

图8-35　半尾科吸虫（引自张剑英等，1999）

A. 青鳞鱼副半尾吸虫（*Parahemiurus harengulae* Yamaguti, 1963）；B. 带鱼三腺吸虫（*Trilecithotrema trichiuri* Shen, 1981）；C. 中华强尾吸虫（*Sterrhurus sinicus* Tang, 1981）

斜列或前后排列，少并列，常位于后端。阴茎细小。贮精囊弯曲或盘绕，阴茎囊常付缺。生殖孔在腹吸盘之前。卵巢位于睾丸之前，少有在两睾之间或睾丸之后。卵黄腺常在体后部两侧，滤泡状、管状或葡萄样。子宫在卵巢与生殖孔之间。受精囊及劳氏管存在或付缺。卵小，量多，具毛蚴。排泄囊"Y"状。寄生于鱼类、爬行类、鸟类及哺乳类的胆囊和胆管，可使胆汁变色，混浊，胆囊壁上有出血点，呈慢性病变。寄生于淡水鱼类的有2属：后睾属与枝睾吸虫属。

后睾属的睾丸为裂瓣状或分叶不深或稍有缺刻或为块状，如寄生于鲶鱼胆囊的鲶后睾吸虫（*O. parasiluri* Long & Lee）。枝睾吸虫属的睾丸呈分支状，它以囊蚴形式寄生于数十种淡水鱼类的肌肉、皮肤、鳞及鳍，人因食“鱼生”而受感染，如华支睾吸虫（*Clonorchis sinensis*）的囊蚴可寄生于数十种淡水鱼，除养殖的草鱼、青鱼、鲤等携带囊蚴外，小型野生鱼类的感染率也相当高（图8–36）。

（12）隐殖科（Cryptogonimidae）

虫体小，卵圆形或延长。眼点有或无。口吸盘端位或亚端位，有围口刺或无。前咽有或无。具咽，食道短，肠管长，有的种类短。腹吸盘位于体中间，形小，常被埋在实质组织里或被包在体褶内，形成似吸盘状的结构，显出有双吸盘。睾丸1对，少数1个或多个，位于体后半部，肠管间或肠管后。有贮精囊。通常无阴茎囊。生殖孔在腹吸盘前面，多数具有生殖盘。卵巢叶状或不，在睾丸前，极少数在睾丸间，个别也有卵巢呈对称分叶的。有受精囊和劳氏管。卵黄腺滤泡分布在后体两侧，为树枝状，成块状的极少。子宫常伸展到睾丸后。卵有的具极丝，也有的具胚胎。排泄囊“V”形或“Y”形，两臂很长，可达体前部。寄生于海水和淡水硬骨鱼体内，偶见于爬行类。寄生该科吸虫成虫的鱼类宿主，也可作为这类吸虫的第二中间宿主。

在我国已报道的种类较多，如寄生于鲈的厦门双巢吸虫（*Biovarium xiamenense*），寄生于鲶的多卵黄外睾吸虫（*Exorchis multivitellaris*）（图8–37）、洞庭湖外睾吸虫（*E. dongtinghuensis*）。张仁利等（1993）研究了洞庭湖外睾吸虫的生活史，发现感染了该虫幼虫的钉螺，均无日本血吸虫感染。

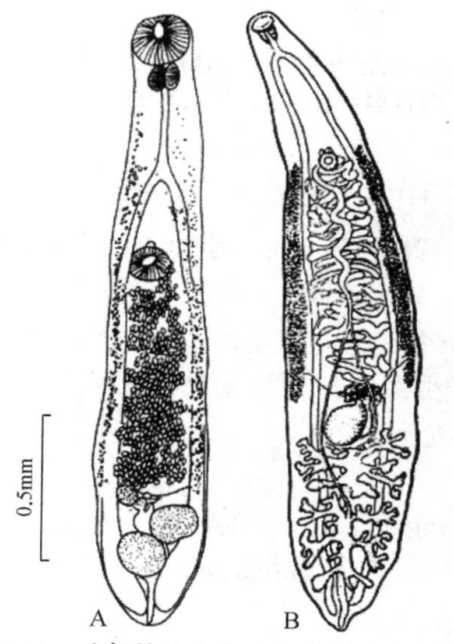

图8–36　后睾科吸虫（引自张剑英等，1999）
A. 鲶后睾吸虫（*Opisthorchis parasiluri* Long & Lee,1958）；
B. 华支睾吸虫［*Clonorchis sinensis* (Cobbold, 1875)］

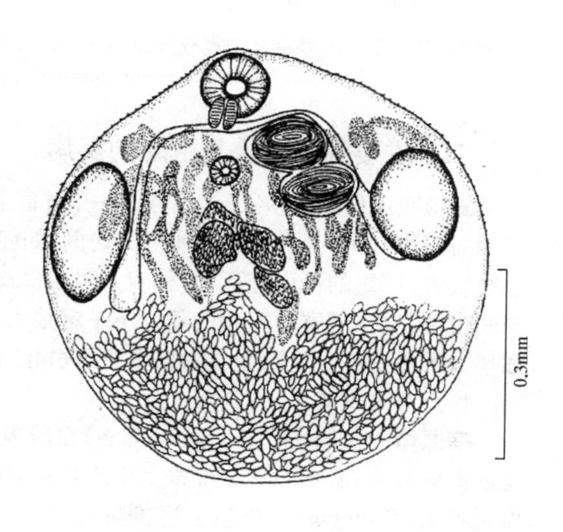

图8–37　多卵黄外睾吸虫 *Exorchis multivitellaris* Pan, 1984（引自张剑英等，1999）

（13）囊双科（Didymozoidae）

虫体外面一般被有包囊，囊内有虫1对或1个、多个，虫体变化较大，有筒状、球状或线状等。多数雌雄同体，少数雌雄异体，一般雄虫较小，或附在雌虫上。虫体通常可分为游离的前体和膨大的后体。前体细长，颈部可扩大，常可自由活动。后体形式多样，主要为生殖器官所在。口吸盘在前体前端亚腹位，腹吸盘有或无。咽发达或退化、甚至无。食道长短不等，肠伸达后体后端。睾丸管状，单个或1对。无阴茎及阴茎囊。生殖孔通常在前体前部。卵巢与卵黄腺皆为管状，有的还具分支。具受精囊，无劳氏管。子宫极发达，盘曲占满后体。卵小，豆形或卵圆形。排泄囊长管状，常在前体接近前端时分出两短臂。排泄孔开口于体末端，某些种类排泄囊在体后分出盲管，表面上无排泄孔。成虫多寄生于海鱼的各组织器官，少数寄生于淡水鱼，如双肢囊双吸虫（*Didymozoon biramus*）寄生于油魣、斑条魣的鳃盖内面、假鳃、背、腹、胸鳍的鳍膜，巨形囊双吸虫（*D. gigas*）寄生于圆燕鳐鳃，中华鳞双吸虫（*Lepidodidymozoon sinicum*）寄生于油魣鳞片下（图8–38）。

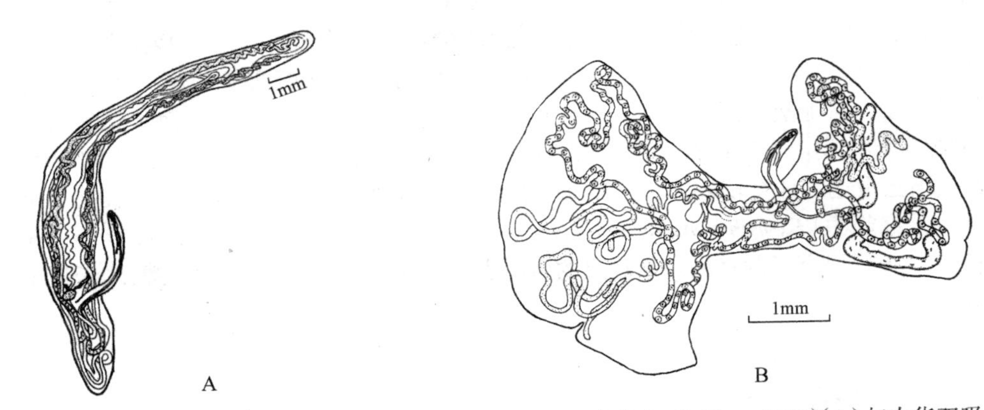

图8–38　囊双科吸虫之鲬囊双吸虫（*Didymozoon platycephali* Gu & Shen, 1965）（A）与中华双吸虫（*Lepidodidymozoon sinicum* Shen, 1984）（B）（引自申纪伟和邱兆祉，1995）

二、主要病原体及其引起的疾病

复殖吸虫种类繁多，寄生部位不一，对宿主的危害程度也不一样。寄生于消化道的种类危害相对较小，但也有引起鱼苗死亡的病例，如侧殖吸虫；寄生于循环系统及实质器官、眼等处的危害较大，严重的可引起死亡，如双穴吸虫。此外，与传播途径也有密切关系，有些种类以鱼为中间宿主，幼虫的寄生对鱼的危害不一定很大，但其成虫寄生于人体，可造成人类严重的疾病，如华支睾吸虫病。复殖吸虫的寄生还可引起继发性的鱼病。

1. 血居吸虫病

病原体　血居科（Sanguinicolidae）血居吸虫属（*Sanguinicola*）的种类，包括寄生于鲢、鳙的龙江血居吸虫（*S. lungensis*），寄生于团头鲂的鲂血居吸虫（*S. mcgalobramae*），寄生于草鱼的大血居吸虫（*S. magnus*），寄生于鲤、鲫的有刺血居吸虫（*S. armata*）等。

血居吸虫身体薄小，游动时似蚂蟥状。常见的龙江血居吸虫成虫梭形，体披粗棘。口位于前端，无咽，食道下行至体1/3处突然膨大并分成四叶的盲囊。睾丸对称排列于卵巢前方。卵巢蝴蝶状，卵橘子瓣状、外弓侧具一短刺。血居吸虫的生活史见图8–39。

病症　病鱼腹部膨大，内充满腹水，肛门出现水泡，全身红肿，有时有竖鳞、眼突出等病症。鱼苗发病时，鳃盖张开，鳃丝肿胀。镜检可见鳃弓血管有大量尾蚴侵袭和幼虫在鳃血管内聚集。虫卵在鳃部产生阻塞作用，毛蚴的钻出使血管产生大出血，而使宿主死亡。症状可分为急性和慢性：急性为虫卵引起鳃血管栓塞，随之发生鳃坏死。较大的鱼，虫卵停留在肝、肾、心脏

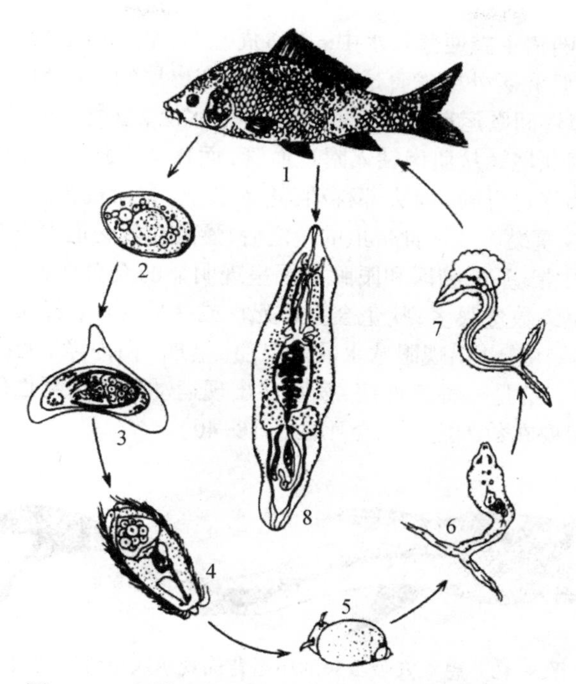

图8-39　血居吸虫的生活史（引自张剑英等，1999）
1. 终末宿主鱼；2. 未成熟的卵；3. 成熟的卵；4. 毛蚴；5. 中间宿主椎实螺；6. 在椎实螺体内发育的尾蚴；7. 在水中游泳的尾蚴；8. 成虫

等器官，被结缔组织包围，由于虫卵累积过多，因而肝、肾的机能受害，产生慢性症状。尾蚴钻进鱼体时，鱼苗有跳跃、挣扎、急游等不安的反应。夏花鱼种刚死时，口略张开，鳃及体表黏液增多。肝、脾、肾、肠系膜、肌肉、心脏、脑、脊髓等器官和组织中均有虫卵，尤以肾脏最多。在心脏和动脉球内还可找到成虫，少则3～5个，多则可达10个以上。

流行与危害　此病为一世界性的鱼病。在我国流行于春、夏两季，主要危害鲢和团头鲂的鱼苗鱼种。此病稍不注意便会出现误诊或漏诊，检查时应特别查看鳃及其他实质器官中是否存在虫卵，并观察对鳃丝所造成的影响，同时留意池中螺的密度。

防治　此病的预防应从切断其生活史着手。可在鱼苗鱼种放养前用生石灰带水清塘，也可用硫酸铜或敌百虫全池遍洒，或用水草诱捕法，以清除中间宿主椎实螺。发现大量虫卵时可加注新水和加深池水，或稀疏分养，均能减轻病情，同时用晶体敌百虫拌饵投喂。

2. 双穴吸虫病（又称白内障病、复口吸虫病或瞎眼病、掉眼病）

病原体　双穴科的湖北双穴吸虫和倪氏双穴吸虫的囊蚴及尾蚴（图8-28）。

囊蚴分为前后两部，透明，扁平卵圆形。前端有1个口吸盘，两侧各有1个侧器。口吸盘下方为咽，肠支伸至体后端。在虫体后半部有1个腹吸盘，大小与口吸盘相仿，其下方为椭圆形的黏附器。排泄囊呈菱形，从囊的前端分出排泄管。体内分布着许多呈颗粒状和发亮的石灰体。

尾蚴在水中静止时呈“丁”字形，可在水上层不断游动，有明显的趋光性。虫体分为体部与尾部，体披细密小棘。体部前端为1个头器，下方有1个肌肉质的咽，具前咽。下接分成两叉的肠管。体中部有1个腹吸盘，其后又有两对钻细胞，并有管通到头器内。体部末端有1个排泄囊。尾部由尾干与尾叉组成，尾干发达，尾干内分布着许多尾体和数根尾毛。

成虫寄生于红嘴鸥的肠道，第一中间宿主为斯氏萝卜螺及克氏萝卜螺，第二中间宿主为鱼类。卵自成虫排出后，随宿主粪便落入水中。经3周左右，孵化出毛蚴。毛蚴在水中游泳钻入第一中间宿主，在其肝脏和肠外壁发育成胞蚴。胞蚴产出尾蚴。尾蚴离开孢蚴后很快逸出至水中。它在水中呈规律性间歇运动，时沉时浮，集中于水层，鱼类经过时，即迅速叮在鱼体上，脱去尾部钻入鱼体。湖北尾蚴从肌肉钻入附近血管，而移至心脏，上行至头部，从视血管进入眼球。倪氏尾蚴从肌肉穿过脊髓，向头部移动，进入脑室，再沿视神经进入眼球。在水晶体内经过1个月左右，发育成囊蚴。鸥鸟食带虫的鱼之后，囊蚴在其肠道中发育为成虫。

病症 病鱼运动失常，头部脑区和眼眶周围呈现明显的充血现象。有时病鱼出现很严重的弯体。如果入侵的尾蚴数量很多，病鱼会立即死亡或稍后死亡；若入侵的尾蚴数量较少，病鱼不会死亡，但会变黑变瘦，并出现眼球水晶体混浊，呈现“白内障”的症状，部分患鱼出现水晶体脱落、瞎眼等现象。这是一种急性病，病鱼从出现运动失调到死亡仅几分钟到十几分钟，若病鱼出现弯体则一般要在数天之后才会死亡（图8–40）。

图8–40　患双穴吸虫病的白鲢背面观示病鱼弯体症状
（仿潘金培等，1963）

流行与危害 此病能造成鱼苗、鱼种大批死亡，是1种危害较重的鱼病。全国各地均有分布，尤以华中地区较为流行。草鱼、青鱼、鲢、鳙、鲤、鲫鳊、团头鲂、鳜及河鲀等多种经济鱼类都可被其寄生，尤以鲢、鳙为甚，发病率高，感染强度大。1尾鱼种有时寄生的虫体在百个以上，致死时间短，死亡率高。流行于5～8月，8月之后多转为白内障症状。

防治 由于此病的病原体入侵转移途径及寄生部位较特殊，不易治疗，目前主要采取切断病原体生活史的环节，如驱赶鸥鸟、消灭虫卵、毛蚴和中间宿主等措施来进行预防和控制。常用生石灰带水清塘、硫酸铜全池遍洒及水草诱捕中间宿主等。

3. 侧殖吸虫病（闭口病）

病原体 光睾科的日本东穴吸虫（图8–30）。虫体较小，(0.616～0.678) mm×(0.349～0.401) mm，卵圆形，体表被棘。口吸盘略小于腹吸盘。前咽不明显，咽椭圆形，食道长，肠于腹吸盘的前背面分叉，止于近虫体后端。腹吸盘位于体中部略前。睾丸单个，长椭圆形，位于体后1/3的中轴线上，输精管进入阴茎囊后即膨大成贮精囊。阴茎披小棘。生殖孔开口于体中线偏左。卵巢圆或卵圆形，位于睾丸的右前方。子宫环绕于肠分叉到体后端之间，子宫末段肌质，披棘，与阴茎共同开口于生殖孔。卵黄腺分布于睾丸前半部两肠支的外侧。卵梨形，前端有盖。排泄囊管状。

成虫在宿主鱼肠道内排卵。卵入水中后发育为毛蚴。毛蚴钻入螺体内发育成雷蚴，而后再发育成尾蚴。尾蚴移行到螺的触角上或水草上，被鱼苗吞食，在鱼体内发育为成虫。也有尾蚴在螺体内成囊直接发育成后尾蚴，当螺被鱼吞食后，就发育为成虫。

病症 病鱼闭口不食，生长停滞，游动无力，群集于下风口，俗称闭口病。病鱼消化道被虫体充满堵塞，肠内无食物。病理切片显示虫体的大量寄生造成寄主肠内壁的严重损伤。

流行与危害 侧殖吸虫在我国各地都有发现，多见于长江中下游地区。它寄生于草鱼、青鱼、鲢、鳙、鲤、鲫等的肠道中，主要危害鱼苗及鱼种。

防治　彻底清除培苗塘中的螺类。

4. 扁弯口吸虫病

病原体　弯口科的扁弯口吸虫的囊蚴。包囊一般为橘黄色，虫体从包囊逸出后，做蛭状剧烈伸缩运动。体长4～6mm，体宽2mm。前端有1个口吸盘，下为肌质的咽，无食道，再接肠支。两盲支直伸体后端，并向两旁分出许多侧枝。腹吸盘位于虫体前1/4处，大于口吸盘。睾丸1对，纵列，分叶，两睾之间为雌性生殖腺。

成虫寄生于鹭科鸟类，第一中间宿主为螺类，第二中间宿主为鱼类。虫卵随鸟类粪便排入水中，在水中孵出毛蚴。毛蚴在钻入螺后，在外套膜上发育为胞蚴。胞蚴发育为雷蚴，再发育为尾蚴。单个毛蚴感染萝卜螺，在28℃时，18d后尾蚴即从螺体中逸出。尾蚴为叉尾蚴型，有强烈的趋光性，遇到第二中间宿主鱼即钻进皮肤，至肌肉，发育为囊蚴。鹭吞食带虫的鱼，囊蚴从囊中逸出，从食道迁回至咽喉，4d后即成熟排卵。

病症　囊蚴寄生于鱼类的肌肉，形成圆形囊体。囊橘黄色，直径2.5mm。寄生部位以鱼的头部为主，躯干以尾柄部密度为最大。其次为腹鳍和臀鳍的浅层肌，体侧浅层肌肉上也有稀疏的分布。每尾鱼寄生囊蚴从数个至百余个不等（图8–41）。

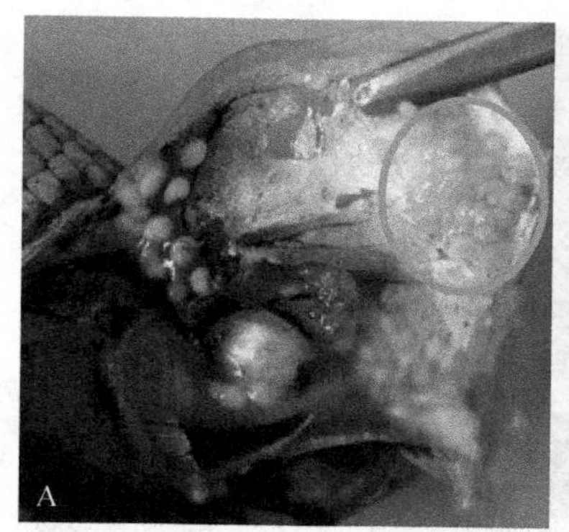

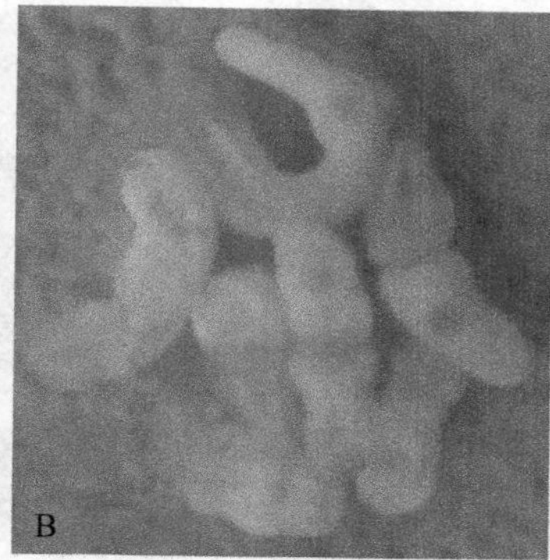

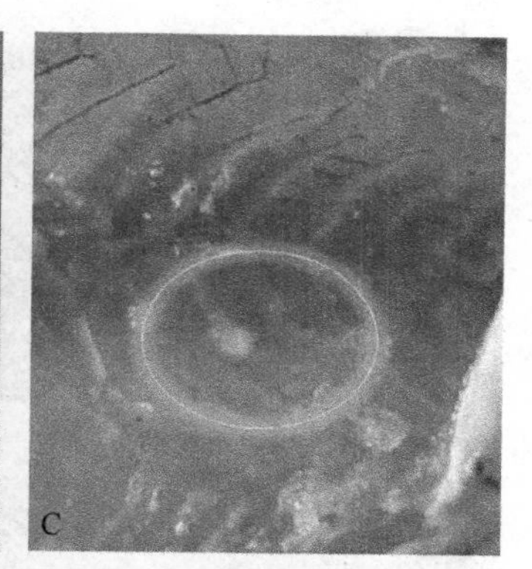

图8–41　寄生在鲫鱼鳃盖内侧（A,B）和草鱼肌肉中（C）及麦穗鱼尾柄（D）的扁弯口吸虫
（A～C引自王桂堂等，2017）

流行与危害　主要危害鱼种，严重时可引起鱼类的死亡。可感染草鱼、鲢、鳙、鲤、鲫、麦穗鱼、鳑鲏、斗鱼等。分布广泛，从新疆至广东均有该病的报道。

防治　驱鸟及清除鱼塘中的螺类。

第四节　鱼类寄生绦虫

绦虫(tapeworm)隶属于扁形动物门绦虫纲(Cestoda),全营寄生生活。虫体单节(monopleuroid)或多节。一般前部为头节(scolex)和区分不明显的颈部(neck),后部为分节(segmentation)明显或不明显的节片(proglottid)。每一节片具有1套生殖器官,少数有2套;除个别虫种(如寄生于鸟类的*Dioecocestus*)外,都是雌雄同体。成虫无消化系统,只能寄生于脊椎动物的消化道、吸收宿主已消化好的营养物质。

绦虫是鱼类常见的寄生虫,其中一些种类可引起严重的鱼类疾病,造成危害。绦虫的幼虫可寄生于鱼类、虾类的腹腔或肝、胰脏,压迫内脏器官、损害正常机能、影响生长发育;成虫多寄生于鱼类消化道,夺取宿主营养、破坏肠壁组织或大量寄生阻塞肠道,导致宿主鱼发病、死亡(图8–42)。

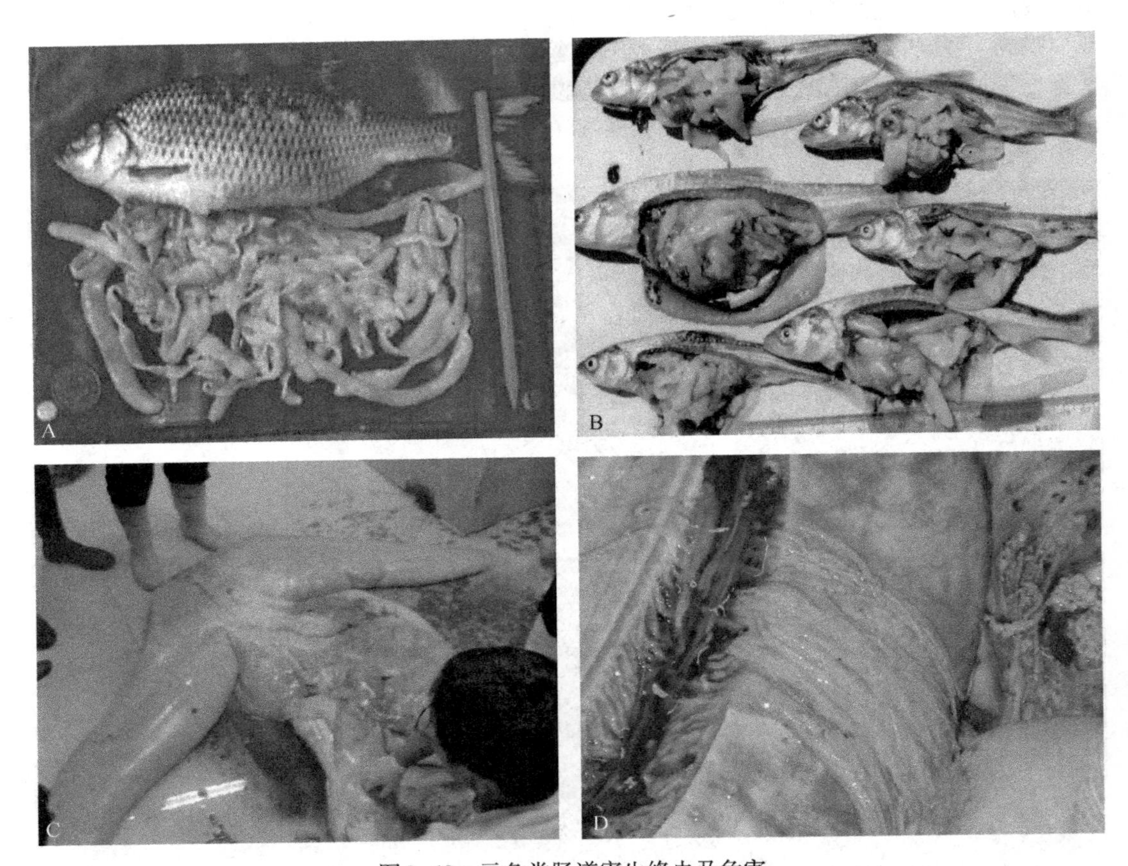

图8–42　示鱼类肠道寄生绦虫及危害

A. 一尾鲫鱼中寄生的绦虫;B. 小型鲤科鱼类寄生绦虫;C. 患绦虫病的鲸鲨消化道;D. 病亡鲸鲨的部分肠壁及寄生绦虫(A引自黄琪琰;B廖翔华摄;C、D宋修智摄)

一、绦虫的生物学特征

1. 形态

虫体通常扁平带状,极少数为圆筒状。体长自1mm至30m不等。一般由头节、颈部和数目众多的节片组成，节片前后相连形成链体状。

头节位于虫体前端，其上的附着器官（holdfast）形态多样（图8-43），大致可分为三类：吸盘（acetabulum）、吸槽（bothrium）及突盘（bothridium）。吸盘为陷入头节表面的肌质附着器，其肌纤维不与链体相连，并有一基膜使之与体组织隔离；吸盘数目通常为4个，吸盘之间有圆形突起，或更长而呈指状，为顶突（rostellum）；顶突有永远伸出的，也有可自由伸缩于头节内的。吸槽是头节背腹面的凹陷，可分为浅盘、沟槽或裂隙等形状，也可为两端开口的小筒状；吸槽为表面结构，它有基膜使之与其下的组织相隔。突盘是从头节上突出的附着器，一般4个，呈喇叭状或耳状，富肌纤维，伸缩活动能力很强，不与下面组织分离。

某些种类的头节退化或发育不全。有些种类的头节还有腺体存在。头节内集中有神经及感觉末梢，排泄管也集中联结于头节内。常见鱼类绦虫的头节见图8-43。

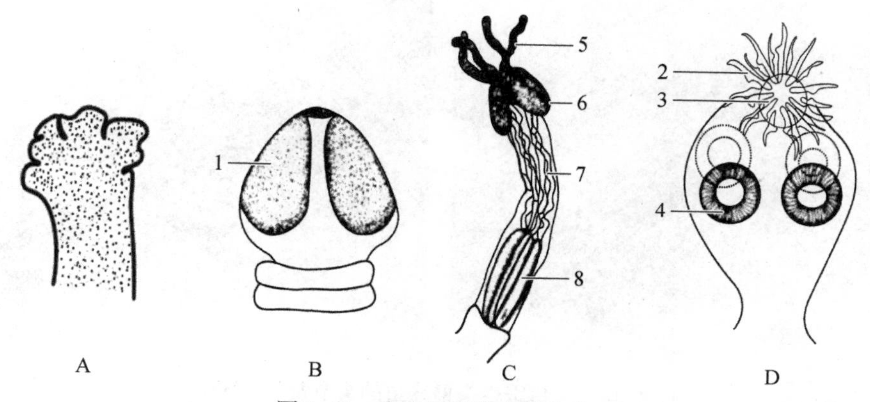

图8-43　常见鱼类绦虫的头节

A. 鲤鳌目；B. 假叶目；C. 锥吻目；D. 圆叶目；1. 沟槽；2. 钩；3. 顶突；4. 吸盘；5. 锥吻；6. 突盘；7. 吻鞘；8 茎球体
（引自湖北省水生生物研究所，1973）

头节之后为颈，一般细于头节，内有生发细胞（germinal cell），节片借此向后芽生（budding）而成。

链体（strobilus）由节片前后相连而成。节片分为未成熟节片（immature proglottid）、成熟节片（mature proglottid）及妊娠节片（gravid proglottid）（图8-44）。虫体后端充满卵的妊娠节片不断排出体外，称为蜕离（apolysis）。有的种类具有子宫孔，可产出虫卵。产出虫卵后的节片自行脱落，称为假蜕离（pseudapolysis）。

体壁　为皮肌囊结构，包括皮层与皮下层（图8-6C）。皮层部分无细胞核，有明显的基板（basal lamella）使之与皮下层相区分，最外表有许多微毛（microtriches）。皮下层包括环肌、纵肌及少量的斜肌，其下的实质组织中有大量的电子致密细胞或核周体（perikaryon）。核周体借若干联结小管（connecting tubule）与皮层相通。绦虫的皮层具高度代谢活性，其营养物质的取得即依赖于皮层的吸收。实质组织被肌纤维分为皮部与髓部。

排泄系统　焰细胞分布于身体各处。焰细胞和细管相连，各细管汇于两对背腹排泄总管，贯通于各节片。对绦虫的亚显微结构研究发现，排泄管中衬有微绒毛（microvilli），具有输送排泄物质的功能。

神经系统　头节有较集中的神经节。在吸盘附近，常有环状的神经及横走接合神经。从神经节分出腹、背、侧3对纵走的神经索，伸向虫体后方。

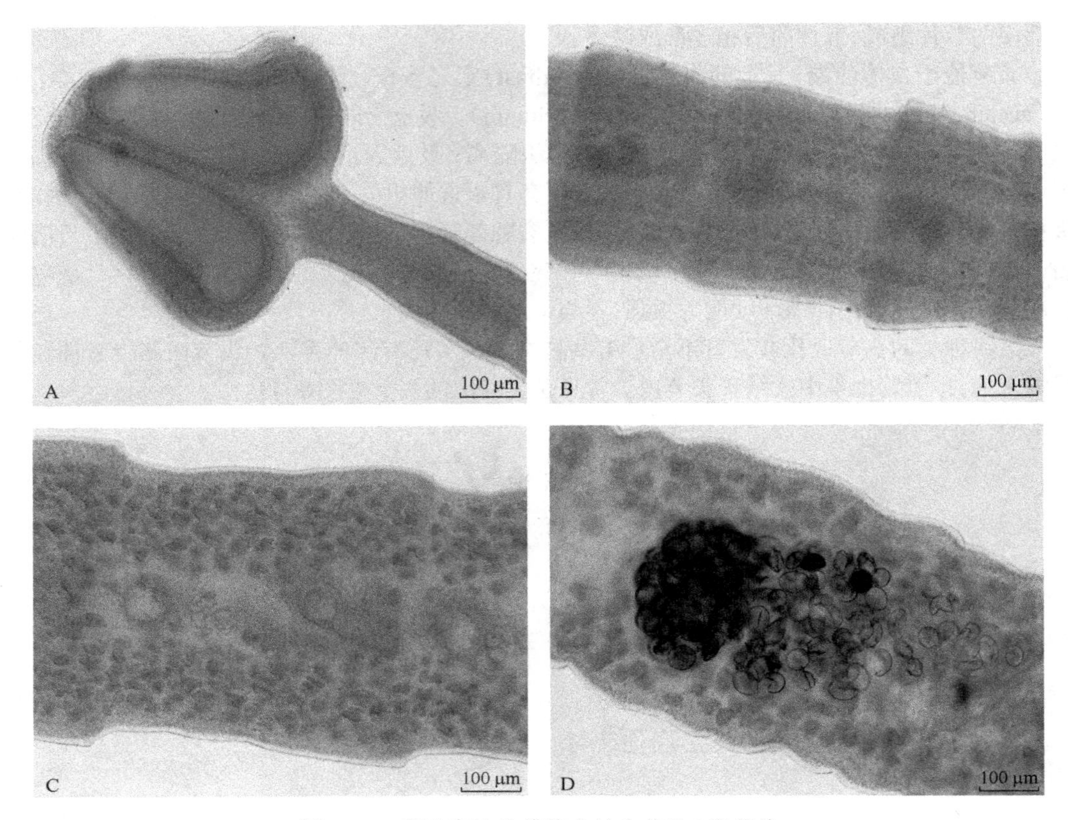

图8–44　草鱼寄生头槽绦虫的头节及3类节片
A. 头节；B. 未成熟节片；C. 成熟节片；D. 妊娠节片

生殖系统　大多数雌雄同体，一般每一节片内有1～2套生殖器官。雄性器官有睾丸、输精管和贮精囊等；输精管的末端可变为阴茎，有的种类阴茎上有刺，有的尚有阴茎囊；雄性生殖孔与阴道孔相邻，或开口于生殖腔。雌性器官有卵巢、阴道、卵黄腺、梅氏腺、子宫等；有的阴道末端膨大为受精囊，并与卵模相通；鲤蠢目和窄沟目的子宫与阴道末端相连形成雌性生殖孔，其他类群的子宫与阴道开口于虫体的同一面或不同面，有的子宫为盲囊（图8–45）。

2. 生活史

不同类群的绦虫具有不同的发育类型，需更换中间宿主，有自体交配和异体交配。单节绦虫亚纲（旋缘目和两线目）绦虫的虫卵发育为十钩蚴（lycophora）；真绦亚纲的虫卵发育为六钩蚴（hexacanth）或具6个小钩的钩球蚴（coracidium）。中间宿主多样，通常为环节动物、软体动物、桡足类、甲壳类等无脊椎动物或鱼类、两栖类等低等脊椎动物。含幼虫的中间宿主被终末宿主吞食后，才能发育为成虫。

3. 分类

全世界的绦虫记录已逾4 000种，我国近400种，其中寄生于鱼类的约100种。一般分为2个亚纲。

单节绦虫亚纲（Cestodaria）：体单节，仅有一套生殖器官。头节付缺。幼虫具10个小钩，为十钩蚴。

多节绦虫亚纲（又称真绦虫亚纲Eucestoda）：体分节或不分节，每一节内有1套或2套生殖

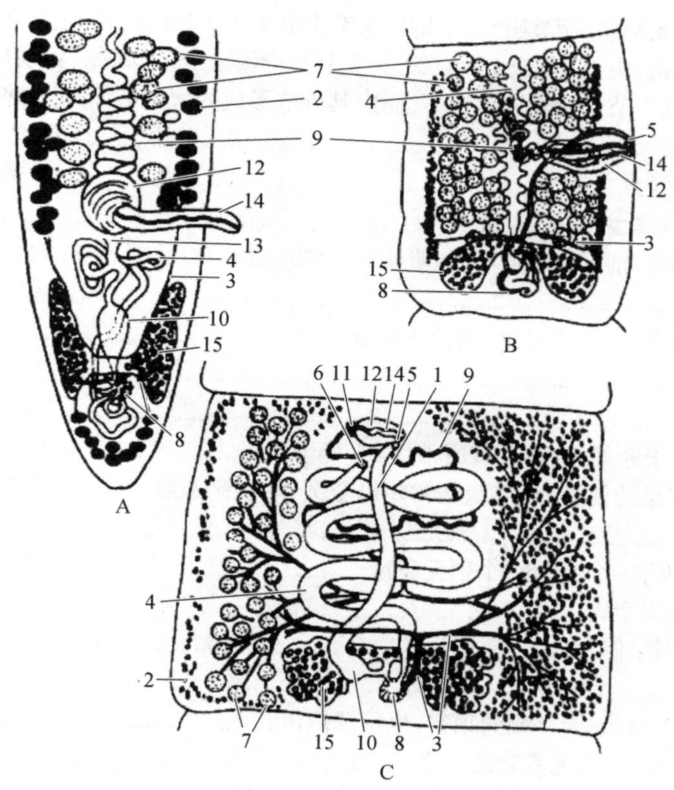

图8-45　鱼类寄生绦虫生殖系统（引自张剑英等，1999）

A. 鲤䲠目；B. 原头目；C. 假叶目；1. 阴道；2. 卵黄腺；3. 卵黄腺管；4. 子宫；5. 阴道口；6. 子宫口；7. 睾丸；8. 卵壳腺；9. 输精管；10. 受精囊；11. 贮精囊；12. 阴茎囊；13. 雌性生殖孔；14. 阴茎；15. 卵巢

器官。头节存在或具假头节。幼虫具6个小钩，为六钩蚴。

据Khalil等（1994）的整理，绦虫包括14个目，检索如下。

绦虫纲的检索表

1. 外分节付缺，仅1套生殖器官 2
   外分节有或无，每一链体中均有1套以上生殖器官 4
2. 生殖孔靠近体后端 3
   生殖孔靠近体前端，开口圆柱形或漏斗状，体后缘常具皱褶 .... 旋缘目 Gyrocotylidea
3. 胚具6钩，子宫盘曲于体后区，头部简单，具浅沟，小腔或皱褶 .... 鲤䲠目 Caryophyllidea
   胚具10钩，子宫环绕于整个体区，头部具小的喙状或吸盘状的顶器（apical organ） .... 两线目 Amphilinidea
4. 头节欠发达或具漏斗形或杯形的头器。无外分节，数套生殖器官连续（成串）排列 .... 窄沟目 Spathebothriidea
   头节具吸盘、沟槽、突盘或触吻。外分节通常存在，偶尔不完全，少数付缺。一般每节具1套生殖腺，偶尔两套 5
5. 真头节上具4条触吻 6

真头节上通常无触吻，而具吸盘，个别的头节上有4个吸盘和4条以上触吻 7
6. 触吻上明显具钩，头节具2或4个突盘，真头节终身保留 .... 锥吻目 Trypanorhyncha
触吻上无钩，真头节仅见于原生链体，而由其分节形成的次生链体具无触吻的假头节 .... 单沟目 Haplobothriidea
7. 头节具单个端吸盘 .... 日带目 Nippotaeniidea
头节具1个以上吸盘，并具沟槽或突盘 8
8. 头节分为两部分，前部具肌质吸盘、吸吻或无钩的触吻冠，后部具4个吸盘 .... 盘头目 Lecanicephalidea
头节不分成两部分，上具突盘、沟槽或吸盘 9
9. 卵黄腺实质状 10
卵黄腺滤泡状 11
10. 卵黄腺一般位于卵巢之后，头节通常具4个碟形吸盘........................... 圆叶目 Cyclophyllidea
卵黄腺位于卵巢的前腹面，突盘通常矩形至圆形，扁平或吸盘状，具耳状肌质附突，突盘偶有付缺 .... 四沟目 Tetrabothriidea
11. 头节具4个（偶尔5个）吸盘，个别无吸盘... 原头目 Proteocephalidea
头节具沟槽或突盘 12
12. 头节具2条沟槽；偶尔为假头节所取代.. 假叶目 Pseudophyllidea
头节具突盘 13
13. 头节具2或4个突盘，无具刺的顶突，生殖孔侧位.................................. 四叶目 Tetraphyllidea
头节具2个突盘，有或无具刺的顶突，生殖孔腹位 ....双叶目 Diphyllidea

我国鱼类寄生绦虫的研究始于曾省先生（1933）对山东青岛、济南地区鱼类绦虫的报道。新中国成立后，国内学者开展了一系列的调查研究。目前我国已记录鱼类绦虫11目27科近100种，其形态结构多样，简介如下。

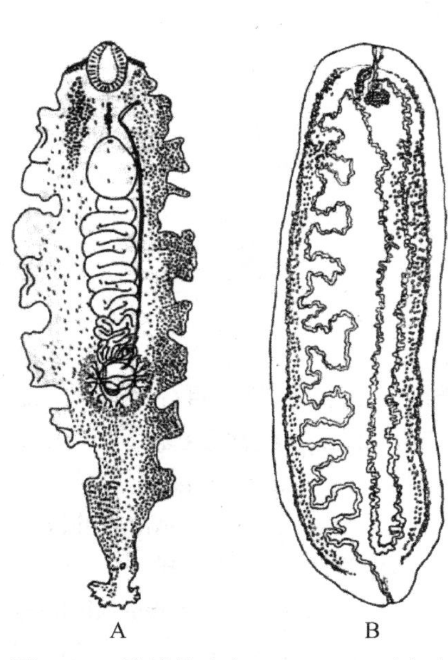

图8-46 旋缘绦虫（*Gyrocotyle* sp.）(A) 及日本两线虫（*Amphilina japonica*）(B)（引自汪建国等，2013）

（1）旋缘目（Gyrocotylidea Poche, 1926）

虫体单节，粗壮，长纺锤形。体前端具肌质吸盘状附着器。体后区逐渐变细，后端通常为花瓣状附着器（偶尔付缺）。体侧缘曲皱。体表棘有或无。睾丸滤泡状，分布于体前端两侧区。阴茎囊付缺。生殖孔分离。雄性孔腹中位，位于体前端与子宫孔之间。卵巢滤泡状，“V”或“U”形，位于受精囊之外围、子宫之后。阴道孔位于背面、雄性孔的外侧；阴道长，向后伸达并开口于受精囊。子宫盘曲于体前部中央。卵具盖。幼虫为十钩蚴。卵黄腺滤泡状，充满虫体两侧。渗透调节系统呈网状，具两个前开孔。寄生于全头类鱼的消化道。全球报道1科1属，我国仅记录1种：旋缘绦虫（*Gyrocotyle rugosa* Diesing, 1850），寄生于银鲛肠中（图8-46A）。

（2）两线目（Amphilinidea Poche, 1922）

体单节，长叶片状，体前端无明显的附着器。睾丸滤泡状，分布于卵巢之前的体两侧。阴茎囊付缺。生殖孔通常分离，位于或靠近体后端，与阴道联合开口。卵巢位于体中后区，形状多样。阴道孔单一时位腹面、近后端，偶为背腹面两个开孔。受精囊卵形至长形，大小相差悬殊。子宫长管状，"N"形或环状，自卵巢分布至体前端；子宫孔位于体前端。卵无盖。幼虫为十钩蚴，此钩可能残留于成体中。卵黄滤泡分布于睾丸与体边缘间的侧区。渗透调节系统为开口于后部总孔的侧管。寄生于鱼类体腔。包括2科，我国仅报告1科1种：两线科（Amphilinidae Claus, 1879）的日本两线虫（*Amphilina japonica* Goto & Ishii, 1936），寄生于鳇和史氏鲟体腔中，分布于黑龙江流域（图8–46B）。

（3）鲤蠢目（Caryophyllidea van Beneden in Carus，1863）

体不分节，仅有1套生殖器官。附着器官不发达，或具吸槽。生殖孔和子宫孔均开口于虫体腹中位。睾丸通常在子宫之前。阴茎囊存在。子宫及阴道开口处相连形成子宫–阴道管或子宫–阴道腔。卵巢或多或少地分为2叶。卵黄腺滤泡状，分布于虫体的两侧。子宫盘曲。卵有盖，具未分裂的胚。寄生于硬骨鱼类，主要寄生于鲤形目和鲇形目鱼类，偶见于环节动物。该目包含4科，我国已记录3科：鲤蠢科（Caryophyllaeidae Leuckart，1878）、纽带绦虫科（Lytocestidae Hunter, 1927）和头颊绦虫科（Capingentidae Hunter, 1930），其中鲤蠢科鲤蠢属（*Caryophyllaeus*）及纽带绦虫科许氏绦虫属（*Khawia*）的一些种类可引起鱼类的绦虫病（图8–47，图8–48）。

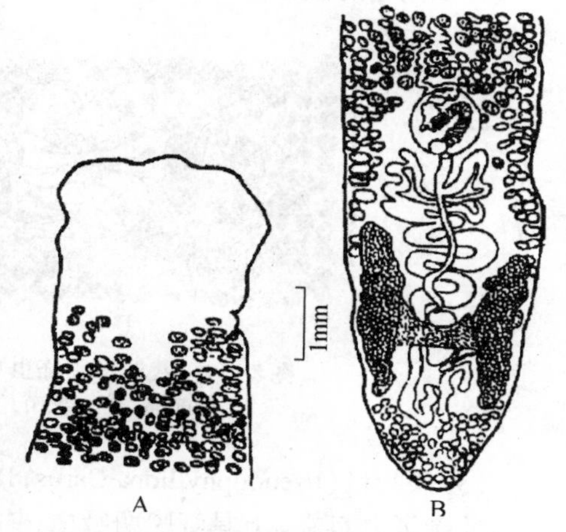

图8–47 短颈鲤蠢（*Caryophyllaeus brachycollis* Mrazek, 1808）的体前段（A）与体后段（B）（引自张剑英等，1999）

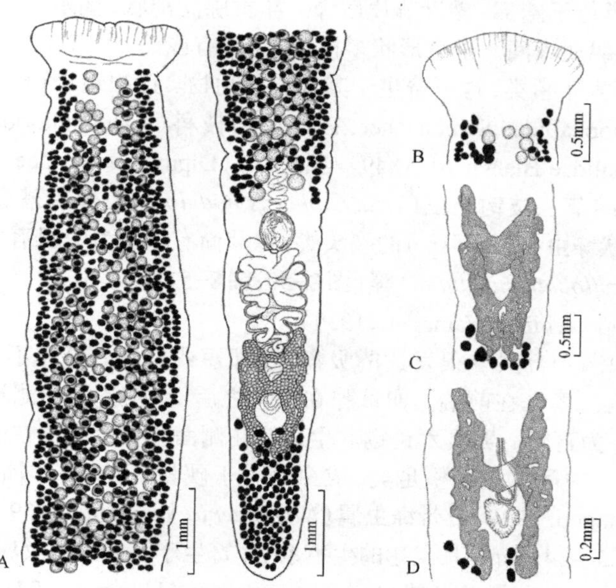

图8–48 蛇鮈许氏绦虫（Khawia saurogobia Xi et al., 2009）
A. 虫体腹面观；B. 头节；C. 示倒A形的卵巢；D. 示H形的卵巢（引自 Scholz et al., 2011）

（4）窄沟目（Spathebothriidea Wardle & Mcleod，1952）

虫体长纺锤形或带状，背腹扁平，多节，链体中具线性排列的多套生殖器官，但无明显的外分节。头节明显或不明显，明显时则具1或2个吸盘状的附着器官。睾丸滤泡状，在链体两侧排成连续、不规则的带状。阴茎囊小或很发达，阴茎可能存在。雌雄生殖孔中位，相互接近，开口于背腹面或只在腹面。阴道与子宫开口于雄性孔之后。卵巢莲座形或双叶形，具小裂片，位生殖孔之后。阴道连接阴道口与输卵管，近端可膨大成小受精囊。子宫管状，卷曲，充满卵巢与生殖孔间的中区。卵具盖。卵黄腺滤泡状，连续分布于睾丸与体边缘间的侧区。寄生于淡水、广盐性和海水鱼类的消化道。已报道2科，我国记录1科1属，如寄生于细鳞鱼、北极茴鱼及杜父鱼幽门垂的截形杯头绦虫（*Cyathocephalus truncatus*），分布于黑龙江流域（图8–49）。

A　　　　B　　　　C

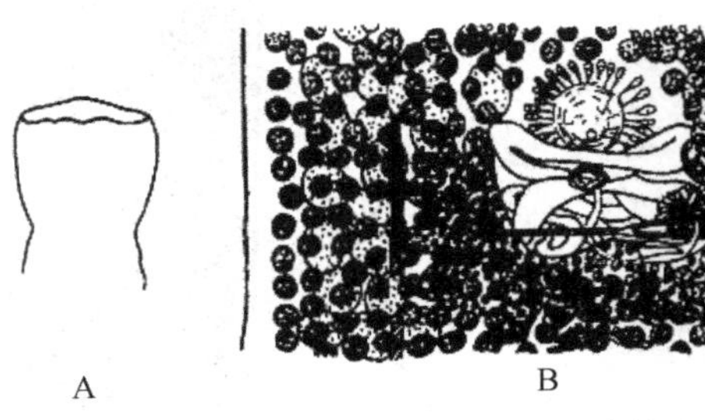

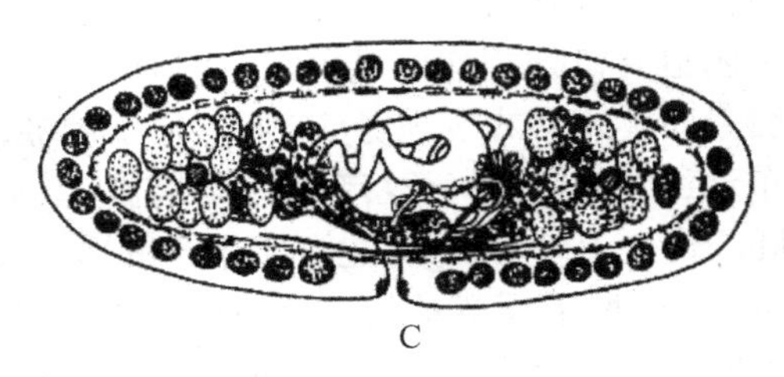

图8–49　截形杯头绦虫（*Cyathocephalus truncatus* Pallas, 1781）
A. 前部；B. 成熟节片横切；C. 节片（引自张剑英等，1999）

（5）假叶目（Pseudophyllidea Carus，1863）

头节通常存在，上具背腹两吸槽，钩有或无。链体外分节一般存在，完全或不完全，偶尔付缺。内分节完全或无。节片具或不具缘膜，通常宽大于长，非蜕离（anapolytic）。生殖器官通常单一，偶成对或多套。生殖孔单个或成对，背位、腹位或边位。睾丸众多，位于髓部。阴茎囊大都存在。卵巢位于髓部，靠近节片后缘。卵黄腺滤泡状，偶尔实质状，通常在皮层，有时在髓部，有时伸入纵肌束间。子宫形状多样，子宫囊有或无，子宫孔腹位。第一中间宿主为甲壳类，成虫主要寄生于鱼类，也可寄生于其他脊椎动物。已报道6个科，我国鱼类寄生的有4科：棘叶科（Echinophallidae Schumacher，1914）、三枝科（Triaenophoridae Lonnberg，1889）、头槽科（Bothriocephalidae Blanchard，1849）与裂头科（Diphyllobothriidae Luhe，1910），如能导致鱼类患绦虫病的结节三枝钩绦虫（*Triaenophorus nodulosus*）、鹟头槽绦虫（*Bothriocephalus acheilognathi*）及舌状绦虫（*Ligula* sp.）的裂头蚴，以及尚有以鱼为中间宿主而危害人类健康的阔节裂头绦虫（*Diphyllobothrium latun*）等（图8–50，图8–51）。

（6）日带目（Nippotaeniidea Yamaguti，1939）

虫体圆筒状，头节顶部具一很发达的吸盘，颈部短或付缺。链体不具很多节片，每一节片含有1套生殖器官。睾丸在前端。卵黄腺在睾丸之后，结实不分成滤泡。卵巢在卵黄腺之后。子宫纵向延伸，为盲管。卵具六钩蚴。生殖孔在侧面。排泄系统在链体中由数目众多的纵管相互联结组成。中间宿主为桡足类，成虫寄生于硬骨鱼类。我国记录1科2种：日带科（Nippotaeniidae Yamaguti, 1939）日带绦虫属（*Nippotaenia* Yamaguti, 1939）的河鲈日带绦虫（*N. mogurndae*），体长1.5 ～ 4.1mm，具发达的生殖系统，寄生于鰕虎鱼科及塘鳢科鱼类，分布于黑龙江和珠江流域（图8–52）；黑龙江绦虫属（*Amurotaenia* Akhmerov, 1941）的鲈塘鳢黑龙江绦虫（*A. perccotti*），寄生于葛氏鲈塘鳢，分布于黑龙江流域。

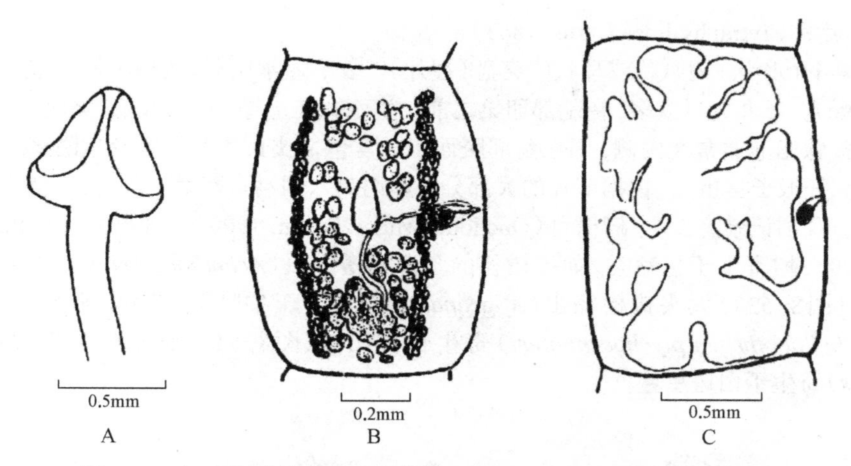

图8-50　矩形深槽绦虫［*Bathybothrium rectangulum*（Bloch, 1982）］
A.头节；B.成熟节片；C.妊娠节片（引自张剑英等，1999）

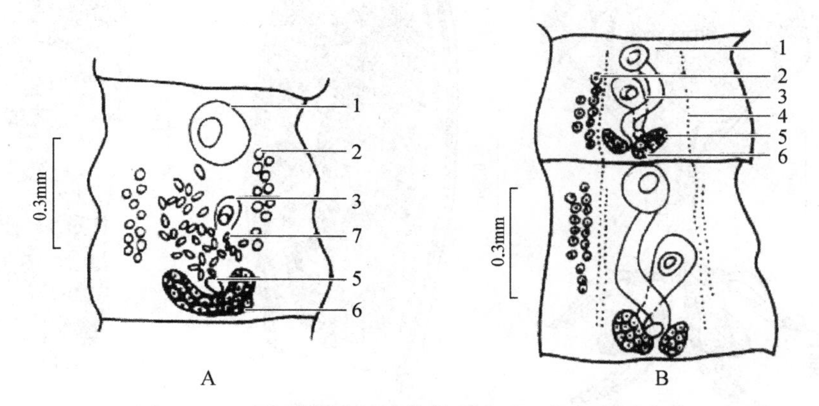

图8-51　鹬头槽绦虫的成熟节片（A）和妊娠节片（B）
1.子宫口；2.睾丸；3.阴茎囊；4.卵黄腺；5.梅氏腺；6.卵巢；7.卵（仿廖翔华和伦照荣，1998）

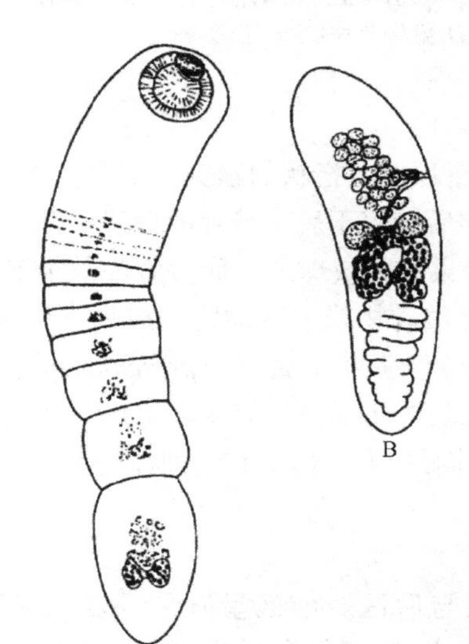

图8-52　河鲈日带绦虫（*Nippotaenia mogurndae* Yamaguti & Miyata, 1940）
A.整体；B.成熟节片（引自张剑英等，1999）

（7）四叶目（Tetraphyllidea Carus，1863）

头节具4个叶状、喇叭状或耳状的突盘（裂片）。分节通常明显，为覆叠链体或非覆叠链体（acraspedote）。睾丸数目众多，在髓部卵巢之前。生殖孔在边缘，偶在末端。卵巢2～4叶，在后端。卵黄腺滤泡通常在两侧，偶在髓部腹面。子宫包括狭长的背子宫及达阴道腹面中央的中子宫囊。妊娠子宫粗大，占据节片的大部分。卵内具六钩蚴。寄生于鱼类、两栖类及爬行类的消化道。我国记录有2科：瘤槽科（Onchobothriidae Braun, 1900）和叶槽科（Phyllobothriidae Braun, 1900），均寄生于板鳃类，如瘤槽科的多睾钩槽绦虫（*Acanthobothrium polytesticula*）寄生于角鲨（图8–53），大头钩槽绦虫（*A. grandiceps*）寄生于尖嘴魟、赤魟；叶槽科的皱头叶槽绦虫（*Phyllobothrium ptychocephalum*）寄生于古氏魟（图8–54），肌瓶盘绦虫（*Pithophorus musculosus*）寄生于白斑星鲨。

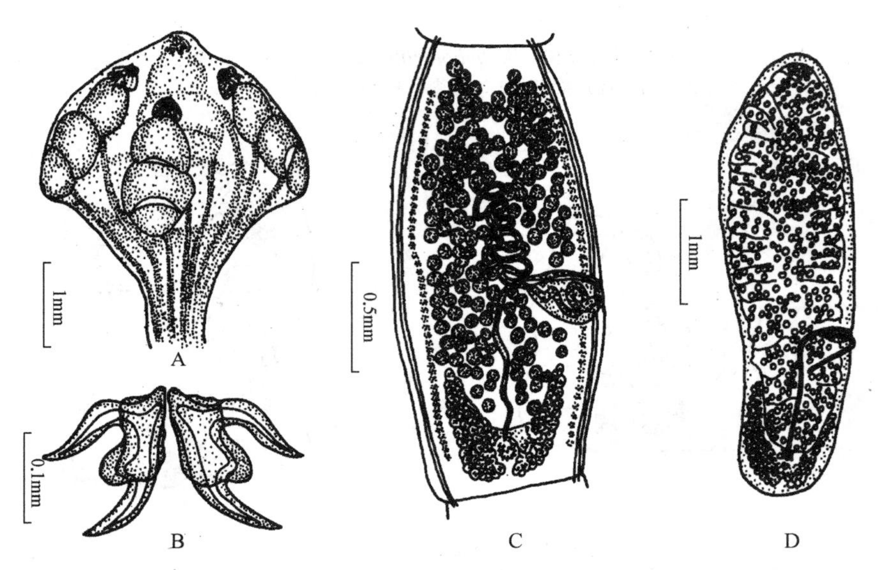

图8–53　多睾钩槽绦虫（*Acanthobothrium polytesticula* Wang & Yang, 2001）
A. 头节；B. 头钩（hook）；C. 成熟节片；D. 妊娠节片（引自王彦海等，2001）

（8）圆叶目（Cyclophyllidea Ben. in Braun，1900）

头节有4个吸盘，大而显著，顶端有1个似圆屋顶形或指状的顶突。顶突上有或无钩，可缩入头节内。分节明显，节片宽大于长，前一节片的后缘盖于后一节片的前缘。节片妊娠后脱离链体。生殖孔在体一侧或两侧。睾丸在髓部。卵巢叶状或球形。卵黄腺为单个实体。妊娠子宫多样。子宫为盲端。虫卵无盖。幼虫寄生于脊椎动物或节肢动物。成虫寄生于两栖类、爬行类、鸟类和哺乳动物。该目囊宫科（Dilepididae）犁头绦虫属（*Gryporhynchus*）的幼体（似囊尾蚴）寄生于我国多种淡水鱼类。该幼虫椭圆形，长1mm左右，前端具4个吸盘，顶端具1个圆形而极易翻转的顶突，上有两圈形状相似、大小不同的钩。体内有2条纵行的排泄管，通向体后端开口（图8–55）。

（9）盘头目（Lecanicephalidea Baylis，1920）

头节无沟槽，但有横向凹陷将其分为前区与后区。前区呈圆屋顶状或前后扁平；或为一深凹杯状吸盘，或为触手。后区为常见的突垫，有4个吸盘，或为颈环样，或有触手

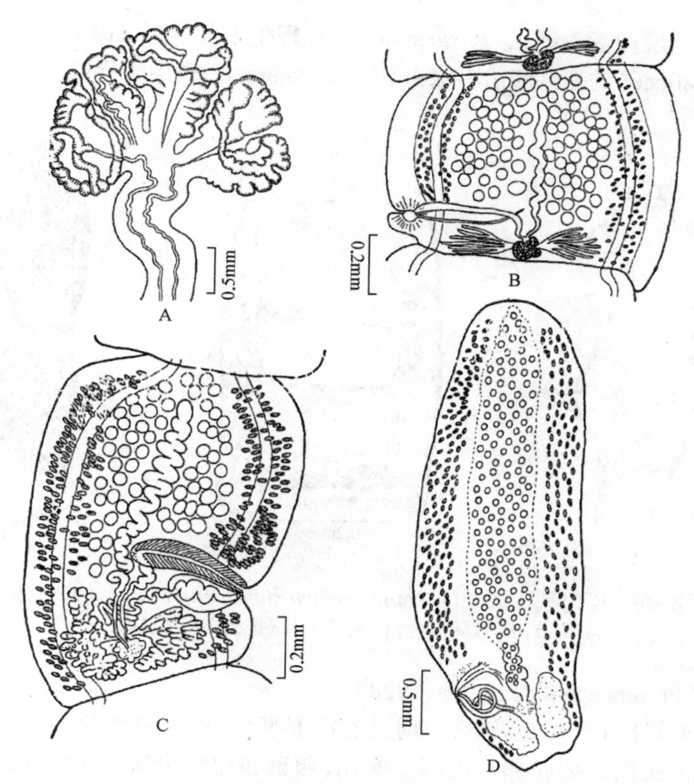

图8-54　皱头叶槽绦虫（*Phyllobothrium ptychocephalum* Wang, 1984）
A. 头节；B. 初形成的成熟节片；C. 成熟节片；D. 妊娠节片（引自汪溥钦，1984）

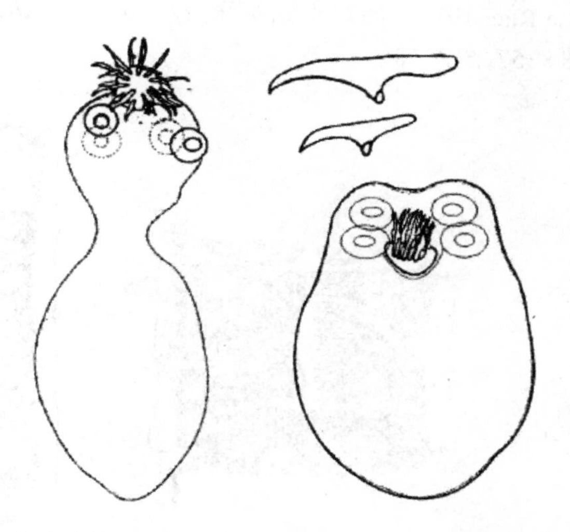

图8-55　新犁头绦虫（*Neogryporhynchus* sp.）幼虫（引自汪建国，2013）

等。睾丸几乎完全占据卵巢前区或限于节片前部阴茎囊之前。卵黄腺排为2侧带，或环绕髓部。罕见于卵巢之后。生活史不清楚。成体寄生于板鳃类。我国已报道2科。它们头节前区均无吸盘与钩。子宫孔由体壁和子宫裂缝形成，如盘头科（Lecanicephalidae）盘头虫属

（*Lecanicephalum*）的厦门盘头绦虫（*L. xiamenensis*），寄生于及达犁头鳐（图8–56）；四边首绦虫科（Tetragonocephalidae）的赤魟四边首绦虫（*T. akajeinensis*），寄生于赤魟。

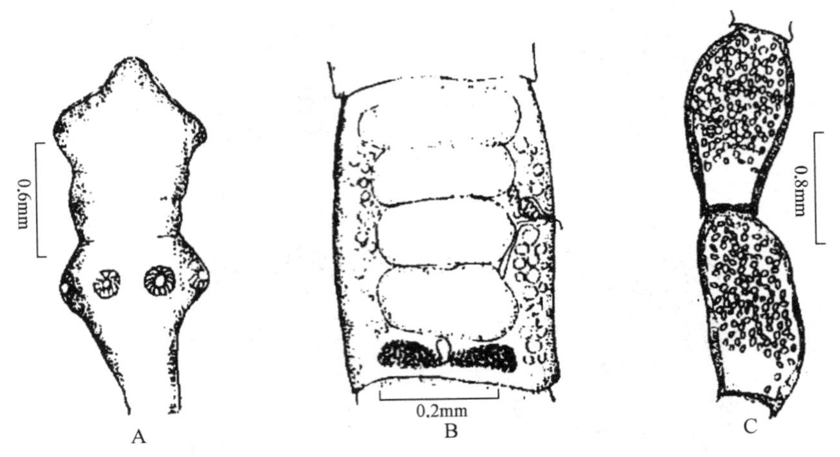

图8–56　厦门盘头绦虫（*Lecanicephalum xiamenensis* Yang et al., 1995）
A. 头节；B. 成熟节片；C. 妊娠节片（仿杨文川等，1995）

（10）原头目（Proteocephalidea Mola，1928）

小型绦虫。头节具4个杯状吸盘，有时又有第五吸盘，即为顶吸盘。分节通常明显。生殖孔在边缘。实质由肌肉分为髓部与皮部。睾丸、卵巢和卵黄腺通常在髓部，偶尔在皮部。卵巢分为2叶，在后端。卵黄腺滤泡状，在体侧或环绕节片。子宫具很多侧枝并在腹面中部有一个或多个开孔。卵具胚。成虫寄生于鱼类、两栖类及爬行类。我国淡水鱼上记录有1科，即原头科（Proteocephalidae La Rue, 1911），如短小原头绦虫（*Proteocephalus exiguous*），刺鲶绦虫（*Silurotaenia spinula*）（图8–57，图8–58）。

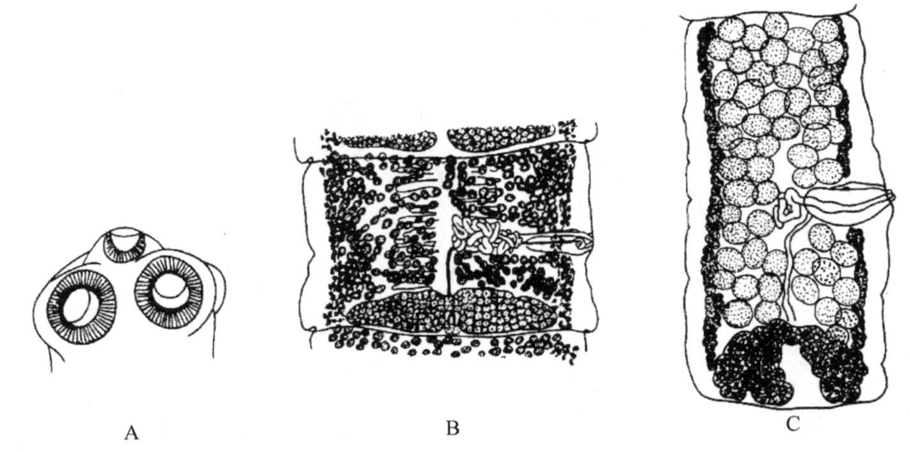

图8–57　原头绦虫属（*Proteocephalus*）的头部（A）及成熟节片（B，C）（引自张剑英等，1999）

（11）锥吻目（Trypanorhyncha Diesing，1863）

头节一般可分成4个区：突盘部、鞘部、球体部和球体后区，具2或4个通常无柄的突盘和4

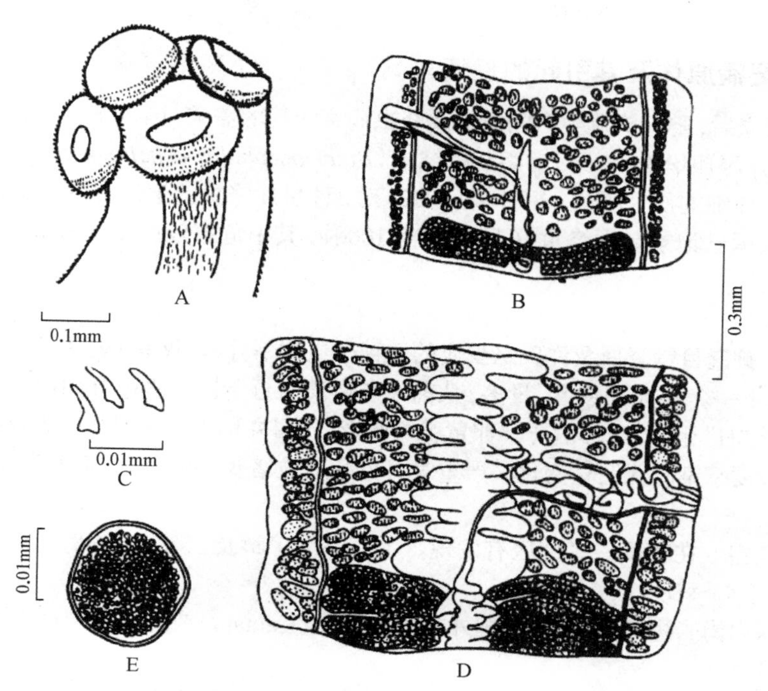

图 8–58　刺鲶绦虫(*Silurotaenia spinula* Chen, 1984)
A. 头节；B. 成熟节片；C. 刺；D. 妊娠节片；E. 卵(仿陈燕燊,1984)

个可外翻的锥吻。吻上具形态、数目、排列各异的钩。吻鞘后部为一长形肌肉球。吻借助牵引肌的收缩可缩入吻鞘。该牵引肌的一端固着于吻的基部，另一端固着于肌肉球的内壁。固着部位因种、属不同而异，或固着于紧靠肌肉球前的鞘壁上。头节在肌肉球之后还可能衍生出一与颈部相重叠的缘膜。颈部存在或付缺。链体离解或不离解，包括大量分节明显、具或不具缘膜的节片。生殖器官与四叶目相似，但其睾丸可伸达卵巢后区，卵黄腺分布较广，通常环绕整个髓部(图 8–59)。阴道位于子宫腹面。子宫中的卵未达到六钩蚴期。幼虫寄生于鱼类、海产无脊椎动物，少数见于爬行类，成虫寄生于板鳃类的胃或螺旋瓣中。

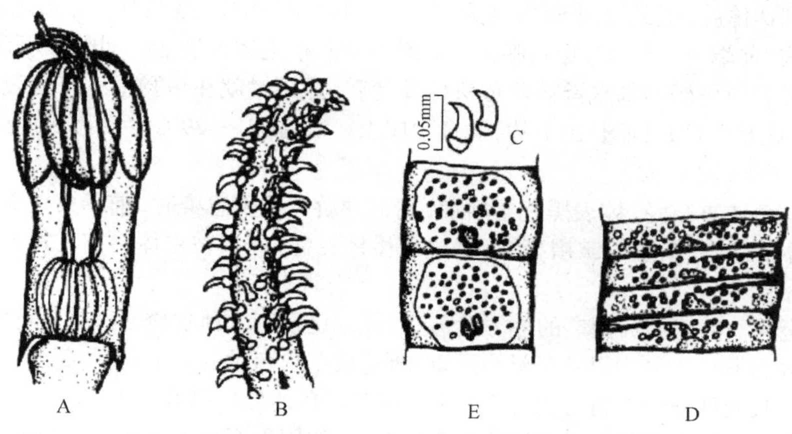

图 8–59　等齿尼柏绦虫［*Nybelinia aequidentata* (Shipley & Hornell, 1906)］
A. 头节；B. 锥吻；C. 锥吻棘；D. 成熟节片；E. 妊娠节片(引自汪建国,2013)

二、主要病原体及其引起的疾病

新中国成立后，随着渔业生产的发展及绦虫病害防控的需求，国内学者开展了一系列的调查研究。例如，廖翔华等（1956）对鹬头槽绦虫（*Bothriocephalus acheilognathi*）的生活史、生态和防治进行了详细的研究报道；唐仲璋（1982）对2种星加绦虫的生活史进行了详细的观察描述等。目前我国已记录鱼类绦虫10目27科近100种，其中危害较严重的有头槽绦虫、舌状绦虫等。

1. 鲤蠢病

病原体 鲤蠢目鲤蠢属及许氏绦虫属的虫种。虫体不分节，仅有1套生殖器官。头部宽有皱褶，颈长短不一。睾丸椭圆形，量多，从前端与卵黄腺近于同一水平开始向后分布至阴茎囊的两侧。卵巢“H”形，位于体后方。卵黄腺椭圆形，比睾丸稍小。中间宿主为颤蚓。

病症 轻度感染时无明显变化。严重时可见肠道被堵塞，并引起肠道发炎和贫血，有时也有死亡现象。

流行与危害 在我国许多地区有发现。主要寄生于鲫及2龄以上的鲤鱼。此病在东欧比较流行，多见于4～8月。

防治 国内尚未进行系统研究，国外有用加麻拉（Kamara）或棘蕨粉拌饵投喂的。

2. 头槽绦虫病

病原体 假叶目头槽科的鹬头槽绦虫，虫体带状，长20～230mm。头节有一明显的顶盘和2个较深的沟槽。睾丸球形，每一节片有50～90个，分布于节片的两侧。阴茎及阴道孔共同开口在生殖腔内。生殖腔开口于节片背面中线后1/3的任何一点上。卵巢双叶翼状，横列在节片后端1/4的区域的中央处。子宫弯成“S”状，开口于节片中央腹面，在生殖腔孔之前。卵黄腺比睾丸小，散布于节片的两侧。梅氏腺位于卵巢的前侧。卵椭圆形，淡褐色，壳厚盖小，平均为0.053mm × 0.036 4mm。

鹬头槽绦虫的生活史含卵、钩球蚴、原尾蚴、裂头蚴及成虫5个阶段。卵在温度28～30℃水中要3～5d孵化完毕，14～15℃时则需10～28d。钩球蚴圆形，后端有钩3对，呈镰刀状，外膜有纤毛。初孵出的钩球蚴不断颤动，1d后停止。它在水中可生活2d。在这段时间内被广布剑水蚤（*Mesocyclops leuckarti*）或温剑水蚤（*Thermocyclops taihokuensis*）吞食后，钩球蚴穿过其消化道到达体腔，大约经过5d发育为原尾蚴。原尾蚴体长，尾端有一球形尾器，内尚有3对原来的小钩，前端有4～5对穿刺腺。原尾蚴在中间宿主体内生活时间的长短，取决于剑水蚤的寿命。带有原尾蚴的剑水蚤被草鱼鱼种吞食后，原尾蚴就在鱼肠中发育为裂头蚴。此时体不分节，在夏天经11d开始长出节片，发育为成虫。水温28～29℃时，裂头蚴经21～23d达性成熟，开始产卵（图8-60）。

病症 病鱼体重减轻，体表黑色素增加，离群独游。严重感染时，前肠第一盘曲胀大成胃囊状，直径增加3倍。肠壁的皱褶萎缩，表现出慢性炎症，肠道被虫体堵塞。寄生处偶有出血现象。

流行与危害 此病原为两广的地方性鱼病，但现已传到其他省份及国外。可寄生于草鱼、青鱼、鲢、鳙及鲮肠中。其中以草鱼最为严重，可造成草鱼鱼种的大批死亡，每年育苗初期开始感染，在短期内，大部分鱼种病情就趋于严重。越冬草鱼的死亡率可达90%。

防治 预防可从切断其生活史的某个环节着手，如用生石灰或漂白粉清塘，毒杀虫卵和剑水蚤；用晶体敌百虫拌饵投喂等。

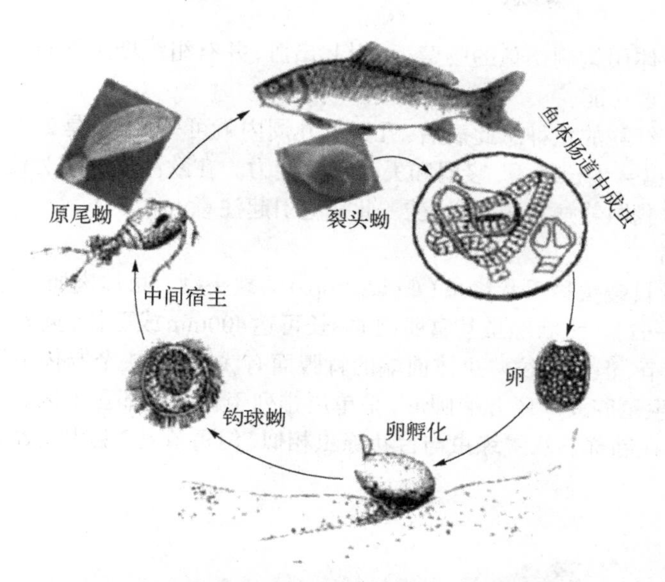

图8-60　鹔头槽绦虫生活史（引自汪建国，2013）

3. 三枝钩绦虫病

病原体　假叶目三枝科的三枝钩绦虫（*Triaenophorus* spp.）。成虫体长7～30cm。头节有2条浅的沟槽，前端有1个不明显的吸盘，盘上有4个三叉形的小钩。体不分节，生殖孔在体侧。成虫寄生于凶猛肉食性鱼类的消化道，幼虫寄生于其他器官（肌肉、内脏）（图8-61）。

该虫的卵随终宿主的粪便排到水中。孵出的钩球蚴被中间宿主剑水蚤吞食后，穿过肠壁到体腔内发育而为原尾蚴。已感染的剑水蚤被第二中间宿主（吃浮游生物的鱼类）吞食后，原尾蚴穿过肠壁到腹腔或被血液带到肝、肠系膜、肌肉等处，发育而成裂头蚴。这时就具有沟槽和4个三叉的钩子，形状与成虫相似。感染有裂头蚴的鱼被肉食性鱼类吞食后，裂头蚴在其肠中发育为成虫。

病症　寄生于肝脏、生殖器官等处的裂头蚴，刺激宿主形成白色胞囊。大量寄生会引起器官受挤压而致萎缩，机能遭破坏，淡水鲑常因此病死亡。结节三枝钩绦虫病，在欧洲被认为是

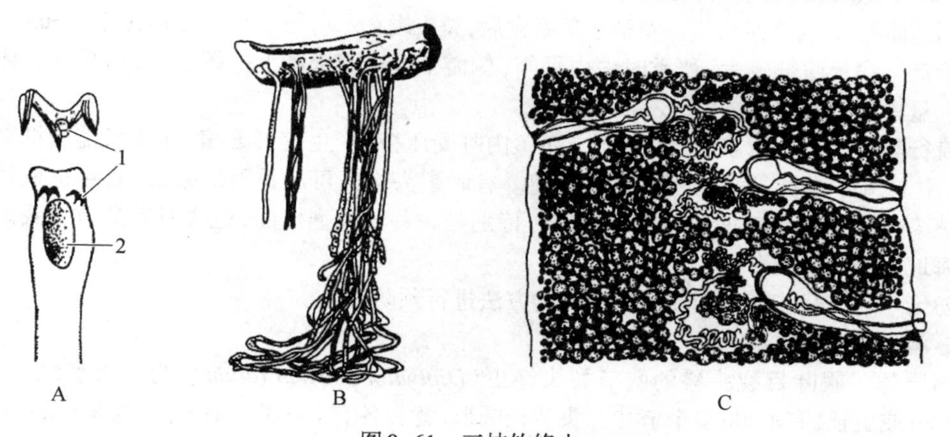

图8-61　三枝钩绦虫

A. 结节三枝钩绦虫（*Triaenophorus nodulosus*）头部：1 小钩；2 沟槽；B. 患结节三枝钩绦虫病狗鱼的一段肠；C. 厚三枝钩绦虫（*T. crassus* Forel, 1868）的成熟节片（引自张剑英等，1999）

一种严重鱼病。虫体用钩刺伤鱼的肠壁，可引起出血，并有组织增生和石灰质沉淀，从而使部分肠失去正常的生理功能。

流行与危害　红鲑的鱼种患此病后，几天到几周内就可死亡，就是2～3龄的淡水鲑也会死亡。即便不死，也会生长缓慢，衰弱和失去生殖能力。在欧洲此病较为流行，目前也无较好的防治方法。随着我国养鲑业的不断发展，此病应引起注意。

4. 舌状绦虫病

病原体　假叶目裂头科舌状绦虫（*Ligula* spp.）的裂头蚴。虫体肉质肥厚，呈白色带状，俗称"面条虫"（图8–62）。舌状绦虫甚富肌肉质，长可达400mm或更长，宽7～8mm。链体前端有分节，其余不分节，但有横纹。虫体前端的背腹面有浅沟槽，头节与体节区分不明显。每节有1套生殖器官，生殖腔浅。睾丸椭圆形，呈单层排列于背面髓部亚中区。阴茎阴道孔开口于腹面。卵巢分叶，在髓部。双线绦虫与舌状绦虫相似，但每节具2套生殖器官。成虫均寄生于食鱼鸟类。

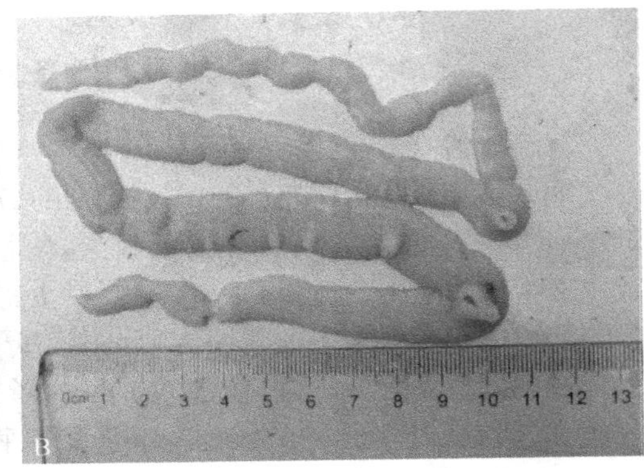

图8–62　鲫鱼体腔中的舌状绦虫（A）及活体状态（B）（引自王桂堂等，2017）

该虫的终宿主为鸥鸟。虫卵随粪便排入水中，孵出钩球蚴。钩球蚴在水中游泳，被细镖水蚤（*Diaptomus gracillis*）吞食后，在其体内发育为原尾蚴。鱼吞食带有原尾蚴的水蚤后，原尾蚴穿过肠壁到达体腔，发育为裂头蚴。鱼被水鸟吞食后，裂头蚴在水鸟肠中发育为成虫（图8–63）。

病症　病鱼腹部膨大，严重时失去平衡，侧游上浮或腹部朝上。解剖时，可见病鱼体腔中充满大量白色带状的虫体（图8–42A、B）。

流行与危害　因舌状绦虫的寄生，病鱼内脏受压挤，产生变形萎缩，正常机能受抑制或遭破坏，引起鱼体消瘦，发育受阻，无法生殖。有时裂头蚴尚可从鱼腹部钻出，直接造成幼鱼死亡。感染率随宿主年龄增长而有所增加。特别是一些较大型水面，危害日趋严重。我国除南方沿海地区外均有分布。

防治　目前只能考虑切断其生活史的方法进行预防。

5. 阔节裂头绦虫病

病原体　假叶目裂头科的阔节裂头绦虫（*Diphyllobothrium latum*），为一大型绦虫，体长2～12m或更长，有4 000多个节片。头节长圆形，背腹各有1条深沟槽，之下为狭长的颈部，再下为节片。每节具1套生殖器官，睾丸呈圆形，数目众多，散布在节片背面的两侧。肌质的阴茎囊包含有阴茎，开口于节片中央的上方，雌雄生殖孔在其后方。卵巢成对称的两瓣，位于节片

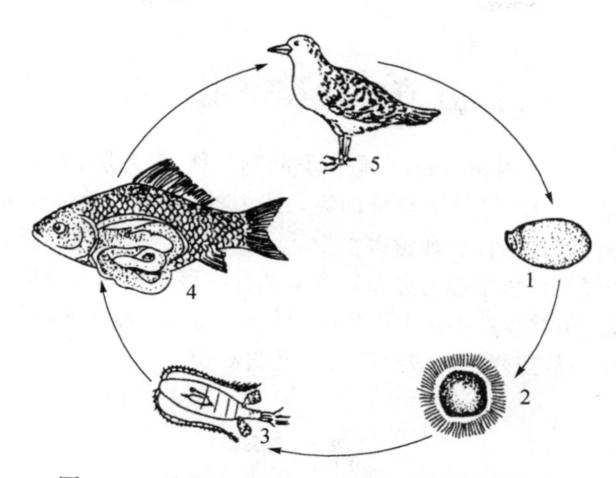

图8–63　舌状绦虫生活史（引自张剑英等，1999）
1. 卵；2. 六钩蚴；3. 感染原尾蚴的镖蚤；4. 感染裂头蚴的鲫；5.终宿主鸥鸟

之后1/3的腹面。子宫卷曲，呈玫瑰花状，开口于生殖孔后方不远的腹中线。卵黄腺呈小圆粒状，散布于节片的两侧睾丸的腹面。

该虫的卵在15～25℃的水中发育，经11～15d，具纤毛的钩球蚴出壳，游泳于水中，被第一中间宿主剑水蚤所吞食，在其体腔内发育为原尾蚴。带有原尾蚴的剑水蚤被第二中间宿主鱼类吞食，原尾蚴穿过胃壁到鱼的结缔组织、肌肉、性腺、卵巢及肝等内脏，发育为长形的裂头蚴。哺乳动物吞食有裂头蚴的淡水鱼而受感染，3～6周发育为成虫。裂头蚴在鱼类中寄生有季节性：春天多在内脏，秋天则多在肌肉。幼虫在水里可活几小时至几天，在死鱼肌肉内仍可活一段时间，在冰藏鱼肉内能保持感染性超过40d。有时一条大鱼感染的裂头蚴可达1 000多个，该虫的生活史见图8–64。

流行与危害　是一种以鱼为中间宿主而危害人类的寄生虫病。主要对人类造成危害，流行于欧洲及日本，我国也有少数病例。裂头蚴可寄生于多种淡水鱼类。

防治　在目前的技术条件下，只能采用切断生活史的办法进行预防。严防病从口入。

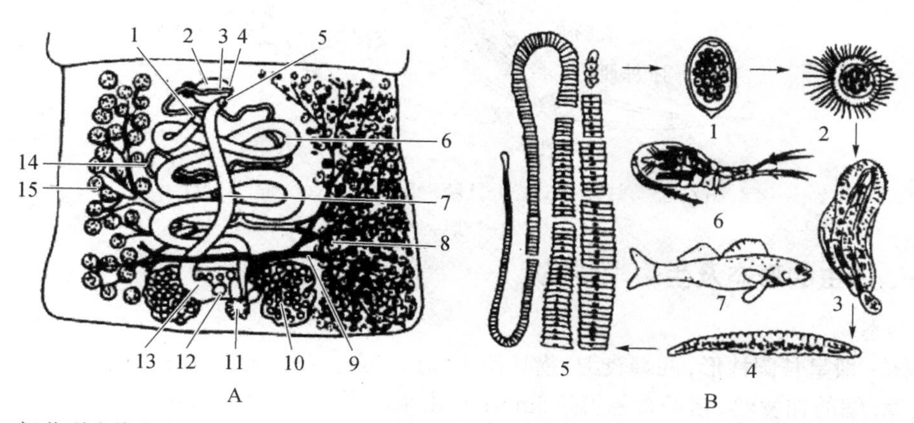

图8–64　阔节裂头绦虫（*Diphyllobothrium latum* Linnacus, 1758）的成熟节片及生活史（引自张剑英等，1999）
A.成熟节片：1. 子宫孔；2. 阴茎囊；3. 阴茎；4. 雄性生殖孔；5. 雌性生殖孔；6. 子宫；7. 阴道；8. 卵黄腺；9. 卵黄管；10. 卵巢；11. 梅氏腺；12. 输卵管；13. 受精囊；14. 输精管；15. 睾丸；B.生活史：1. 卵；2. 钩球蚴；3. 原尾蚴；4. 裂头蚴；5. 成虫；6. 第一中间宿主；7. 第二中间宿主

第五节　鱼类寄生线虫

线虫隶属于线虫动物门（Nematoda），是一类两侧对称，三胚层，具假体腔，体不分节，无附肢，消化系统完全（有口有肛门）的无脊椎动物。线虫种类众多，数量庞大，生境多样，在自然界分布极广，大部分营自由生活，少数营寄生生活。自由生活的种类广泛分布于海洋、淡水、土壤、沙漠中，甚至一些极端环境中也有分布。寄生的种类可寄生于人、动物和植物体内，有的可引起宿主的严重病害。鱼类线虫多寄生于鱼的消化道及腹腔、鳍条等组织器官，可导致宿主鱼生长发育不良，引起病害甚至死亡。线虫模式图见图8–65。

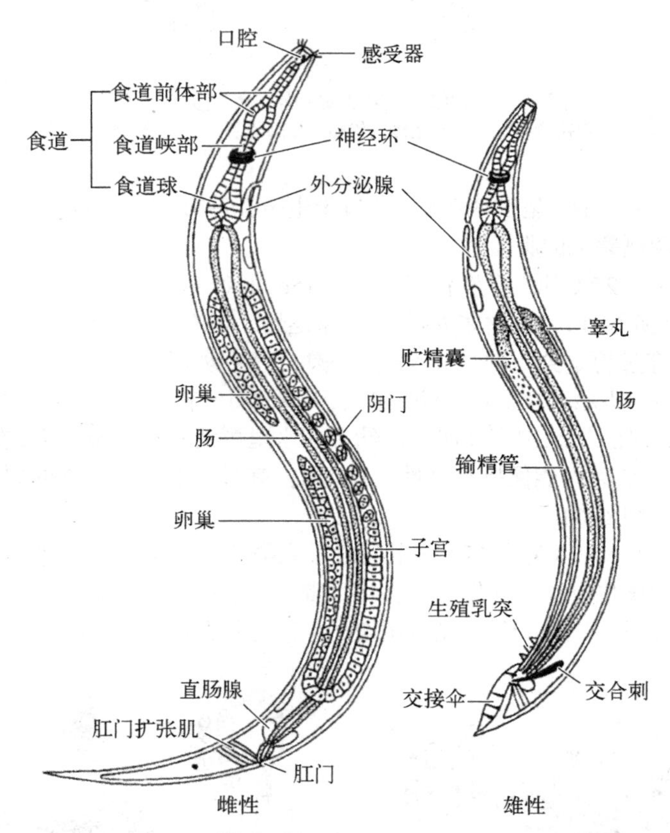

图8–65　线虫模式图（引自Schmidt & Roberts，2009）

一、线虫的形态及生物学特征

1. 形态

虫体一般呈长圆柱形，两端较细，横切面为圆形，因此又称圆虫（roundworm）。大小、粗细差别显著，细的如发丝，粗的直径可达5mm；自由生活者小，长度一般不超过1mm；寄生种类则较大，如人蛔虫长15～35cm。雌雄异体，形/体态相似，但雌虫一般大于雄虫。虫体前端具口和唇，唇上具乳突，唇后的两侧具带状、孔状或螺旋状的化感器。在虫体前段的腹中线上有排泄孔。雌虫的腹面具生殖孔（阴门）。线虫自肛门以后的部分为尾部。尾部两侧可具尾感器

(phasmid)，有的无尾感器而在尾端有尾腺(caudal gland)。雄虫的尾部腹面常有交合伞、肛前吸盘、生殖乳突等结构。

体壁与假体腔　体壁由角质层(cuticle)、上皮层和纵肌层构成，是线虫抵抗外界不良环境的重要结构(图8–66)。体壁与消化道之间的空间为假体腔(pseudocoelum)，该体腔的外壁为源自中胚层的体壁肌肉、内壁为源自内胚层的肠管(图8–67)，腔内充满了体腔液，具有类似骨骼的支持功能；肠道吸收的营养物质经体腔液送至虫体各处，又具有类似循环系统的作用。

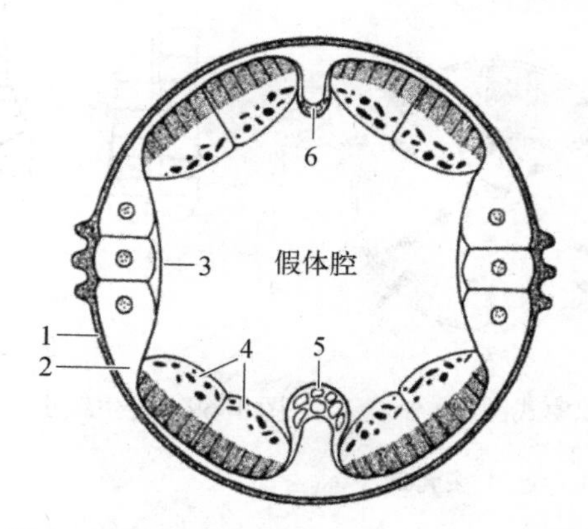

图8–66　线虫的体壁(仿White et al., 1986)
1. 角质层；2. 皮下层；3. 基底膜；4. 肌肉；5. 腹部皮索；6. 背部皮索

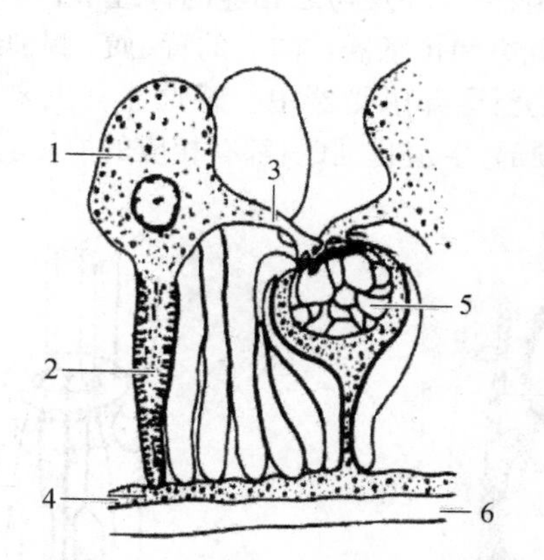

图8–67　线虫的肌肉细胞(仿Rosenbluth, 1965)
1. 肌细胞核周体；2. 肌纤维；3. 肌细胞突起；4. 皮下层；5. 神经索；6. 角皮层

消化系统　包括消化管和腺体。消化管简单，分为口腔、食道、肠、直肠(或为泄殖腔)及肛门。口周通常围有6、3或2唇片，上具乳突等感觉器。口腔简单者为漏斗状，复杂者则形成口囊等结构。食道肌质，具食道腺(pharyngeal gland)。肠连接食道和直肠，有的虫种具肠盲突。直肠内被角质，具直肠腺(rectal gland)，雄虫的直肠与射精管相连成泄殖腔(cloaca)。肛门开口于尾部腹面(图8–68，图8–69)。

排泄系统　是一种特殊的原肾管，分为腺型(glandular type)和管型(tubular type)两类。原始种类属于腺型，为1个或2个大型的腺肾细胞(renette)，开口于体前端腹面的排泄孔。寄生种类多为管型，由腺肾细胞衍生而来，呈管状纵惯于皮下侧线内。它们都是由外胚层细胞形

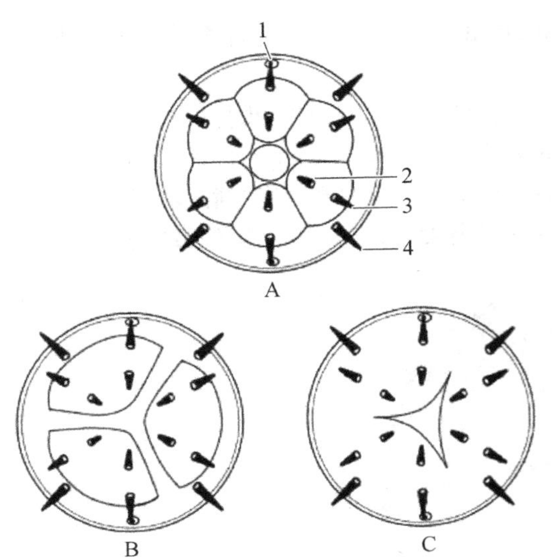

图8-68　线虫顶面观模式图

A. 6片唇；B. 3片唇；C. 唇片缺失

1. 化感器；2. 内唇乳突；3. 外唇乳突；4. 头乳突

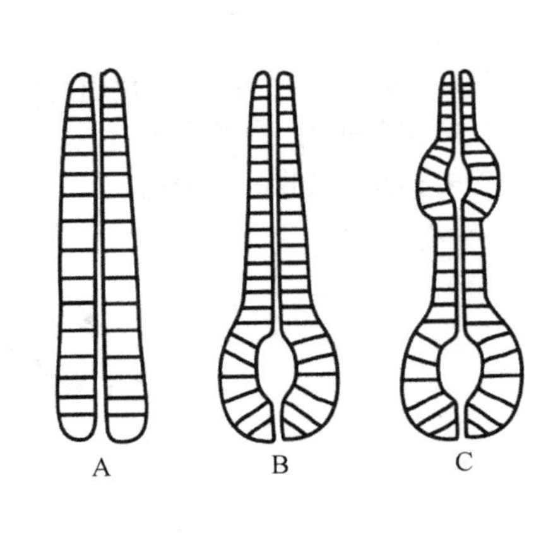

图8-69　寄生线虫不同类型食道的纵切面示意图

成，故均属于原肾型。有的线虫幼虫时为腺型，成虫时为管型排泄系统（图8-70）。

神经系统　前端有一围咽神经环及与之相连的神经节，由围咽神经环向前后各发出若干条神经索，向前的连接头部乳突和化感器。向后的背、腹、侧神经索在虫体后端会合于腰神经节（lumbar ganglion），再连接至尾部感受器中。感觉器官主要为头部和尾部的乳突、化感器（amphid）和尾感器。在口、颈部、生殖孔、肛门都有相应的感觉乳突（图8-71）。

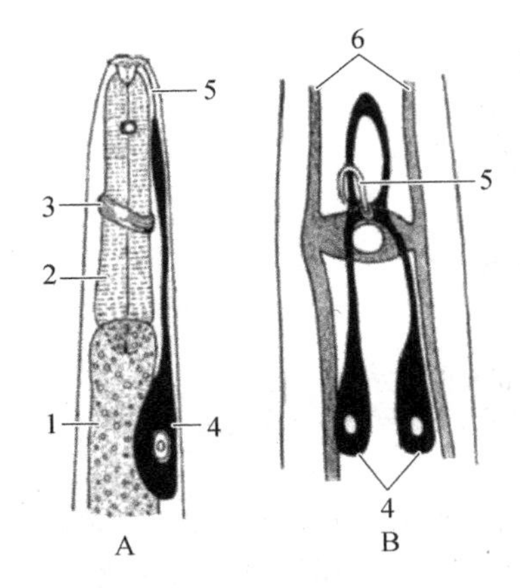

图8-70　线虫的排泄系统

A. 腺型排泄系统（仿Van de Velde & Coomans,1987）；B. 管型排泄系统（仿Nelson et al, 1983）；1. 肠；2. 食道；3. 神经环；4. 腺细胞；5. 排泄管；6. 侧管

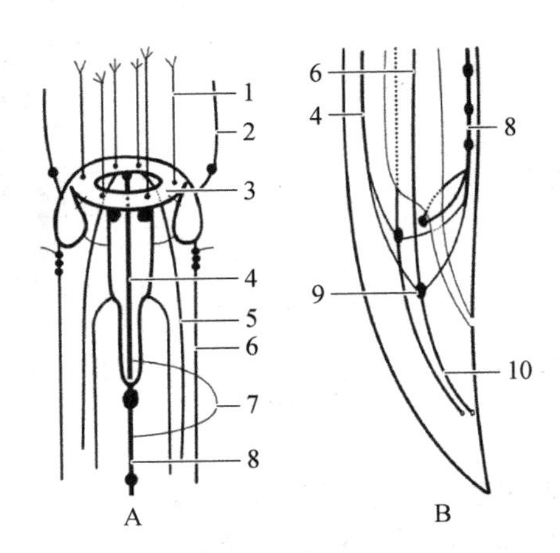

图8-71　线虫的神经系统（仿Schmidt & Roberts，2009）

A. 咽部神经系统；B. 尾部神经系统；1. 唇神经；2. 化感器神经；3. 神经环；4. 背神经束；5. 亚背神经束；6. 侧神经束；7. 背腹连接索；8. 腹神经束；9. 腰神经节；10. 尾神经

生殖系统　线虫绝大多数雌雄异体，生殖器官为细长管状。雄性通常为单管型，包括睾丸、输精管、贮精囊和射精管，射精管开口于泄殖腔；尾部尚有帮助交配的器官，如交合刺

(copulatory spicule)、引带(gubernaculum)、交接伞(copulatory bursa)和生殖乳突等。交合刺通常为2个,引带位于交合刺的背面,交接伞具多个辐射状排列的条状伞肋(rays)。有些种类在泄殖腔前后的腹侧或亚腹侧具生殖乳突或肛前吸盘。交接伞的形态、交合刺的大小、引带的有无、乳突的形状和数量均是重要的分类依据。

雌性一般为双管型,包括卵巢、输卵管、受精囊、子宫、排卵管(ovijector)、阴道和阴门(vulva)。卵巢、输卵管与子宫通常成对,两子宫汇合成阴道,开口于雌性生殖孔。卵成熟后由输卵管进入受精囊内受精,于子宫内形成卵壳。排卵管为子宫末端肌质化而成。阴门开口于腹面,肛门之前(图8-72)。

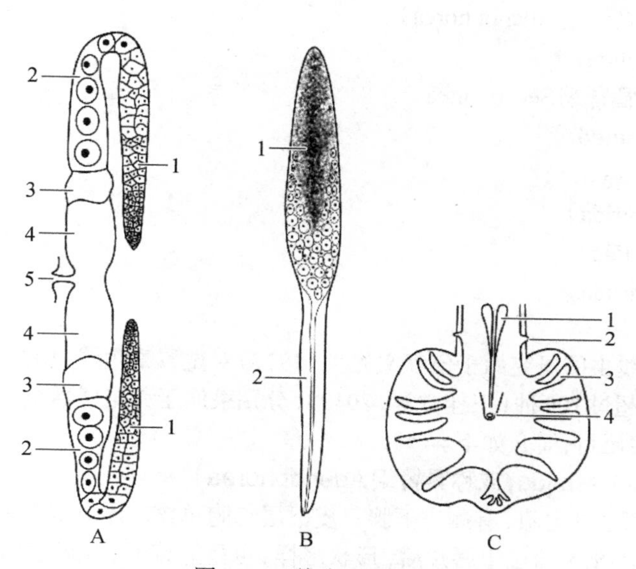

图8-72　线虫生殖系统

A. 雌性生殖系统:1. 卵巢;2. 输卵管;3. 受精囊;4. 子宫;5. 阴门;B. 单管型雄性生殖系统:1. 精巢;2. 输精管;C. 交接伞构造:1. 交合刺;2. 伞前乳突;3. 伞肋;4. 肛门

2. 生活史

线虫的发育包括卵、幼虫及成虫阶段。生殖方式分为卵生、卵胎生和胎生。卵或胚胎产出后的发育过程因种类不同而异。幼虫发育过程存在"蜕皮"现象,即上皮细胞合成的新角质层替换老角质层的过程。成虫存在性吸引的现象。

卵生种类在受精卵产出进入外界环境后才开始胚胎发育;卵胎生的种类在子宫中就开始了胚胎发育,虫卵产出后立即孵化出幼虫,如球状鳗居线虫;胎生种类则在子宫中就完成胚胎发育和幼虫的孵化,幼虫由母体产出直接进入水中,如嗜子宫科(Philometride)的虫种。幼虫的发育需要经过4次蜕皮,分为5期:第1期和第2期幼虫,食道呈杆状,称为杆状幼虫;第3期幼虫食道呈丝状,称为丝状幼虫,第3期幼虫具有感染终宿主的能力,称为感染期幼虫或侵袭性幼虫。有些种类在卵内发育的第2期幼虫便有感染终宿主的能力,称为侵袭性虫卵。感染期幼虫侵入终末宿主后,进行第三次蜕皮,雌雄开始分化。第四次蜕皮后为第5期幼虫,性器官进一步发育成熟后,即为成虫。

有的仅线虫不需要中间宿主,行直接型生活史,肠道寄生线虫多属此类型,其虫卵或幼虫被宿主排出,在体外发育至感染期,被宿主吞食。有的有多个宿主,虫卵或幼虫在中间宿主如桡足类、寡毛类等体内发育为感染期幼虫后，再感染终末宿主，行间接型生活史，组织内寄生线虫多属这一类。

3. 分类

线虫种类繁多，分类较为复杂。Chitwood和Chitwood（1950）的经典著作*An Introduction to Nematology*系统而全面地研究了线虫的形态、起源和演化，将线虫分为2个纲：尾感器纲（Phasmida）和无尾感器纲（Aphasmida）。后Anderson等（1984）将动物寄生线虫分为2个纲6个目27个总科，该分类系统已为各国学者所认可，并得到Kampfer等的分子数据支持（刘凌云和郑光美，2009）。

无尾感器纲（=具肾纲Adenophorea）
  嘴刺目（Enoplida）
尾感器纲（=胞管肾纲Secernentea）
  杆状目（Rhabditida）
  圆线目（Strongylida）
  尖尾目（Oxyurida）
  蛔目（Ascaridida）
  旋尾目（Spirurida）

我国鱼类寄生线虫的研究始于伍献文先生（1927）对鲨胃寄生线虫的研究。迄今我国报道的鱼类寄生线虫已超过100种（王桂堂等，2013），分别隶属于无尾感器纲的嘴刺目及尾感器纲的旋尾目、蛔目与尖尾目，简介如下。

无尾感器纲（Aphasmida，或称具肾纲Adenophorea）

无尾感器，大部分具尾腺，有侧皮下腺。皮下层细胞单核。尾翼缺。亚腹食管腺有时开口在或近食道的前端。化感器位于唇片后，形状多样，可呈螺旋形、圆形、袋形、管状或比较少见的孔状。头部感觉器官刚毛状或乳突状。外分泌器官无侧管道，仅由腹面单个腺细胞组成或缺失。雄性常具2个睾丸。寄生的种类不多。寄生于我国鱼类的为嘴刺目的膨结亚目和毛首亚目的种类。

嘴刺目（Enoplida Chitwood，1933）

头感器袋状，长形、管形或孔状。尾腺有或缺。亚腹食管腺常经唇或近食道前缘开口。食道很长，圆筒形或圆锥形，通常分成前肌肉部和后腺体部两部分。生活于潮湿土壤、淡水或海水及寄生于脊椎与无脊椎动物体内。

膨结亚目（Dioctophymata Skrjabin，1927）：中大型虫体，食道后部不膨大。食道腺多核，发育良好。唇和口腔囊退化。食道圆柱形。神经环位于食道远前端。雄性交接伞钟罩状，无肋。交接刺单个。卵巢和睾丸均为单生。卵壳表面具深刻纹。寄生于我国鱼类的为膨结科（Dioctophymidae）的虫种。

毛首亚目（Trichocephalata Skrjabin & Schulz，1928）：虫体前端细长，唇和口囊缺失或严重退化。食道细长，后端嵌合1到多排大的腺细胞。卵巢和睾丸均为单生。交接刺单个或无。卵两端具小盖。寄生于我国鱼类的有毛细科（Capillariidae）和囊形科（Cystoopsidae）。毛细科的肠管状，肛门存在，阴门近食道端；囊形科的肠囊状，肛门付缺，阴门近神经环。

尾感器纲（Phasmida，或称胞管肾纲Secernentea）

尾感器位于肛门后，在雌虫和两性幼虫特别明显。缺尾腺，化感器简单，孔形，开口在背外侧唇上或最前端。头部感觉器官孔状，位于唇上，内圈6个，外圈10个。皮下层细胞单核到多核。雄性个体睾丸单个，具尾翼。排泄器官管型。寄生于鱼类者有旋尾目、蛔目和尖尾目。

旋尾目（Spirurida Chitwood，1933）

口由6个小的唇瓣或2个假侧唇围绕，有的无唇仅具一圈角质化膜。食道分为两部分，前部为肌肉，后部为腺质，二者均为圆柱形。雄性具2交合刺，大小形状不一致。包括驼形亚目和旋尾亚目。

旋尾亚目（Spirurata Railliet，1914）

具2个排列于口两侧的假唇，有时具4个或6个唇，少数唇付缺。口孔圆形、六角形或背腹伸长；有时具齿。口外缘乳突4个（侧背、侧腹各1对），或8个（背背、侧背、腹腹及侧腹各1对）。背背和腹腹乳突有时趋于消失或只余部分，或与侧背、侧腹完全合并形成双乳突。腹侧乳突付缺。头感器在侧方，有时位于唇后。口腔长，常具角质的厚壁。食道长，分为前肌质部和后腺质部。肠管无盲突（个别例外）。雄虫交合刺1对，常不等长及不同形状；有时等长并形状相似。引带存在或付缺。尾翼常具有，也有付缺。雌虫阴门常在体中部、很少在后端，绝不在食道水平处。幼虫寄生在中间宿主节肢动物的血腔中。寄生我国鱼类的有颚口科（Gnathostomatidae）、泡翼科（Physalopteridae）、杆咽科（Rhabdochonidae）及单线科（Haplonematidae）。

驼形亚目（Camallanata Chitwood，1936）

唇瓣缺。口囊有或缺，或由2片角质侧瓣所代替。食道长，明显分为前肌质和后腺质两部分。交合刺大小不等或相等，形状相异或相似。雌虫的肛门和阴门可能退化或消失。卵胎生。寄生于我国鱼类的有带巾科（Cucullanidae）、嗜子宫科（Philometridae）、驼形科（Camallanidae）、鳗居科（Anguillicolidae）及斯线科（Skrjabillanidae）。

蛔目（Ascaridida, Skrjabin & Schulz，1938）

虫体通常大型。多数虫种具3个唇瓣，少数具2个或无。食道简单，肌肉质，后端有时稍有膨大。肠通常具1个或多个盲突。少数虫种有肛前吸盘。卵壳常有具纹的子宫分泌层。卵生，第二期幼虫具备传染性。我国已报道的有新琴科（Quimperiidae）、高氏科（Goeziidae）、异唇科（Heterocheilidae）和异尖科（Anisakidae）。

尖尾目（Oxyurida，Weinland，1858）

虫体小型或中型，尾部常延伸成极细的尾端。唇瓣通常退化或付缺，若有则一般为3片。食道具后食道球。尾翼存在。部分虫种具肛前吸盘。卵胎生，行直接型生活史。寄生于我国鱼类的为异尾科（Kathlaniidae）的虫种。

二、主要病原体及其引起的疾病

鱼类线虫主要寄生于鱼的体腔、消化道、肠系膜、鳃、鳍条、鳞下、肝脏、鳔和生殖腺等部位，完全依靠鱼的营养物质生活。少量寄生时危害不明显，但大量寄生时会破坏组织的完整性，引起继发性鱼病，同时影响鱼类的生长发育和生殖，重者可造成宿主鱼死亡。常见的有毛细线虫病、嗜子宫线虫病、鳗居线虫病等。此外某些以鱼类为中间宿主的线虫如异尖线虫、颚口线虫等，均可引起人的寄生线虫病。

1. 毛细线虫病

病原体　嘴刺目毛首亚目毛细科（Capillariidae）毛细线虫属（*Capillaria*）的种类。虫体细小如线，无色。头端尖细，向后逐渐变粗，尾端呈钝圆形。口端位，简单，无唇或其他结构。其

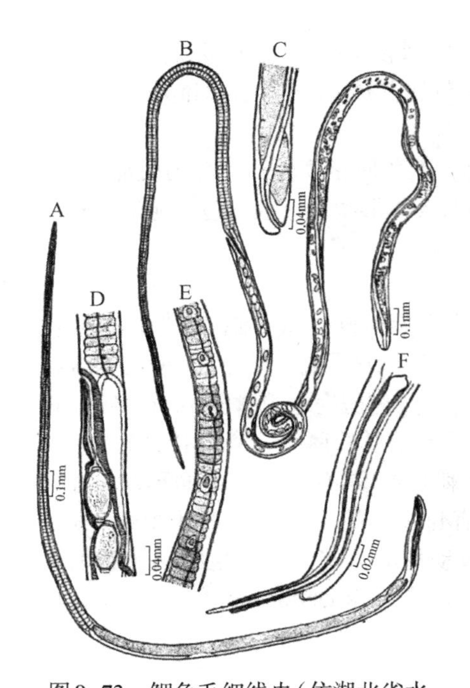

图8-73　鲤鱼毛细线虫（仿湖北省水生生物研究所，1973）
A. 雄虫；B. 雌虫；C. 雌虫尾端；D. 雌虫阴门；E. 雌虫部分食道；F. 雄虫尾端

显著特点是食道细长，由许多单行排列的食道细胞构成。肠前端稍膨大。肛门位于尾端的腹侧。雌虫较大，体长6.2 ～ 7.6mm；具1套生殖器官；卵巢、输卵管和受精囊的界线不明显，子宫较粗；成熟时，子宫中充满卵粒；发育成熟的卵，经阴道由阴门排出体外；阴门显著，位于食道和肠连接处的腹面。雄虫体长4 ～ 6mm，生殖系统为1条长管，射精管与泄殖腔相连，末端有1条细长的交合刺，交合刺具鞘。卵生，卵柠檬形，两端各有一瓶塞状的卵盖。虫体产卵于宿主肠中，随粪便排出体外。卵为沉性卵，可附着于宿主排出的黏液中或水底的碎屑上。虫卵发育需在水体中进行，并需要一定的温度。在低温条件下，胚胎不分裂，呈休眠状态，但一旦温度升高又可继续发育。孵化期：20 ～ 25℃为10 ～ 14d；29 ～ 32℃为5 ～ 7d；34℃为4 ～ 5d。幼虫一般不钻出卵壳，通常可在卵壳内存活30d左右，鱼因吞食虫卵而受染（图8-73）。

病症　毛细线虫以其头部钻入宿主肠壁黏膜层，破坏组织，引起肠壁发炎，使鱼体消瘦。1.5 ～ 2.5cm的鱼种，感染5 ～ 8条成虫即可出现症状，消瘦、体色变黑、生长受到一定影响。感染30 ～ 50条虫体的病鱼离群，分散于池边。呈现极度消瘦状态，继之死亡。6 ～ 9cm的草鱼种，感染20 ～ 30条虫体，也无明显的症状。

流行与危害　此虫寄生于多种养殖鱼类，如青鱼、草鱼、鲢、鳙、鲮等及黄鳝肠中，主要危害当年鱼种。广东的夏花草鱼及鲮常患此病，在草鱼中常与头槽绦虫病并发，在鲮往往和鳃霉、车轮虫等同时寄生，形成复杂的并发症。

防治　含胚的虫卵能抵抗低温还有呢等不良条件，残留于池底的虫卵为夏花草鱼的感染源。可采用漂白粉加生石灰彻底清塘、晶体敌百虫拌饵投喂加以防治。

2. 嗜子宫线虫病

病原体　为旋尾目驼形亚目嗜子宫科的种类。虫体前端圆钝，有时具一盾状结构。口简单，无唇样结构，通常具6或8个环绕排列的乳突。成虫有时肛门付缺。雄虫远小于雌虫。交合刺1对，细而等长。引带存在或缺如。卵巢较短，在体后端相向而生。孕期的雌虫阴门与阴道萎缩，子宫显著，活虫血红色。该科虫种均为胎生，胚胎在子宫内发育成幼虫，成熟的雌虫进入水体后破裂，释放出子宫里的幼虫，幼体被中间宿主吞食，并在其体腔中发育至感染期幼虫，终末宿主吞食中间宿主而被感染，幼虫在终末宿主发育至成熟并迁移至寄生部位。如鲤似嗜子宫线虫幼虫被中间宿主水蚤吞食后，在其体腔中发育为感染期幼虫，鲤吞食阳性水蚤而感染，雌虫移至鲤鳞片下发育成熟。

寄生于鱼类的有棍形线虫属（*Clarinema*）、似嗜子宫线虫属（*Philometroides*）和嗜子宫线虫属（*Philometra*）的虫种。该科很多虫种都可引起鱼类嗜子宫线虫病，常见的病原虫种有藤本嗜子宫线虫（*P. fujimotoi*）、鲤似嗜子宫线虫（*P. cyprini*）、鲫似嗜子宫线虫（*P. carassii*）、黄颡似嗜子宫线虫（*P. fulvidraconi*）等（图8-74，图8-75）。

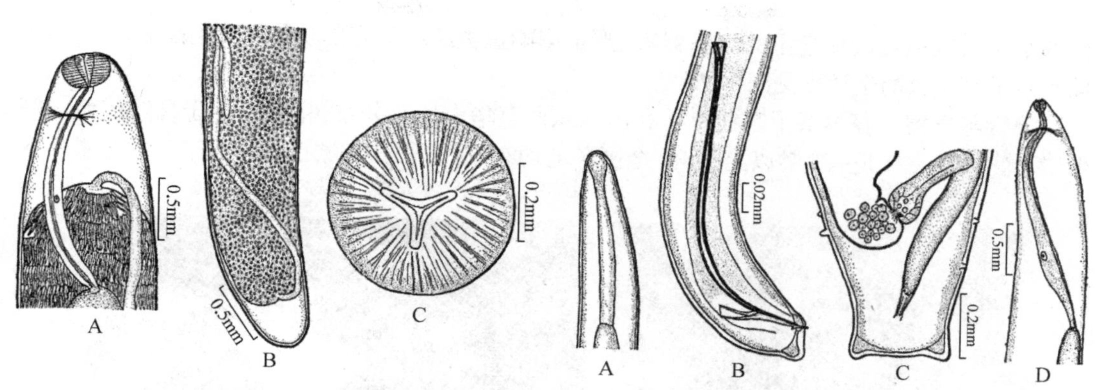

图8-74　藤本嗜子宫线虫
（引自湖北省水生生物研究所，1973）
A. 雌虫前端；B. 雌虫后端；C. 雌虫头部顶面管

图8-75　鲤似嗜子宫线虫
（引自湖北省水生生物研究所，1973）
A. 雄虫前端；B. 雄虫后端；C. 雌虫后端；D. 雌虫前端

例如，藤本嗜子宫线虫寄生于乌鳢、斑鳢，雄虫寄生于鳔和腹腔；雌虫常对折寄生于背鳍、臀鳍和尾鳍的鳍膜内，体表光滑无疣突，食道前端膨大成肌肉球，肠粗短。鲤似嗜子宫线虫雌虫盘曲于鲤的鳞囊中，体长达100～150mm，体表有许多透明的疣突；子宫占据体内大部分空间，子宫内充满发育的卵与幼虫。黄颡似嗜子宫线虫寄生于黄颡鱼眼窝。

病症　寄生于鳍条的种类发育成熟后肉眼可见明显的血红色虫体，鳍条充血，鳍基发炎，尤其是在雌虫钻出繁殖时，会造成鳍膜的破损而引起溃烂，导致水霉和细菌的继发感染。患似嗜子宫线虫病鲤鱼鳞片因虫体的寄生而竖起，寄生部位发生肌肉充血、发炎、溃疡，并可引起水霉病的并发，鳞片呈现出红紫色的不规则花纹。黄颡似嗜子宫线虫寄居眼窝，在眼膜下可见虫体蠕动，病鱼眼眶四周发炎、充血，随着虫体的不断长大，压迫眼睛，致使眼球突出。最后因雌虫的钻出而造成眼周组织溃烂，严重时会因水晶体混浊而失明甚至眼球脱落。寄生于其他部

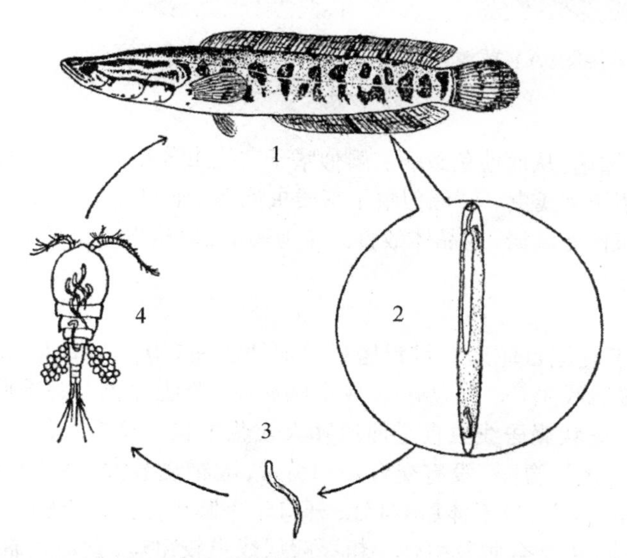

图8-76　藤本嗜子宫线虫的生活史（仿湖北省水生生物研究所，1973）
1. 雌虫寄生于乌鳢的鳍条；2. 成熟的雌虫钻出鳍条，由于渗透压的关系使虫体破裂，子宫中幼虫释放进水中；3. 幼虫在水中自由游泳；4. 幼虫被中间宿主刘氏中剑水蚤、锯缘真剑水蚤等吞食而进入其体腔，乌鳢因吞食中间宿主而感染

位的嗜子宫线虫可破坏宿主的组织器官，严重影响鱼类组织器官的功能，如影响性腺发育等。藤本嗜子宫线虫的生活史见图8–76。

流行与危害 藤本嗜子宫线虫在我国从东北至华南均有分布，主要寄生于乌鳢成鱼。鲤似嗜子宫线虫主要危害2龄以上的鲤，全国各地均有流行，长江流域虫体一般于冬季在鳞片下

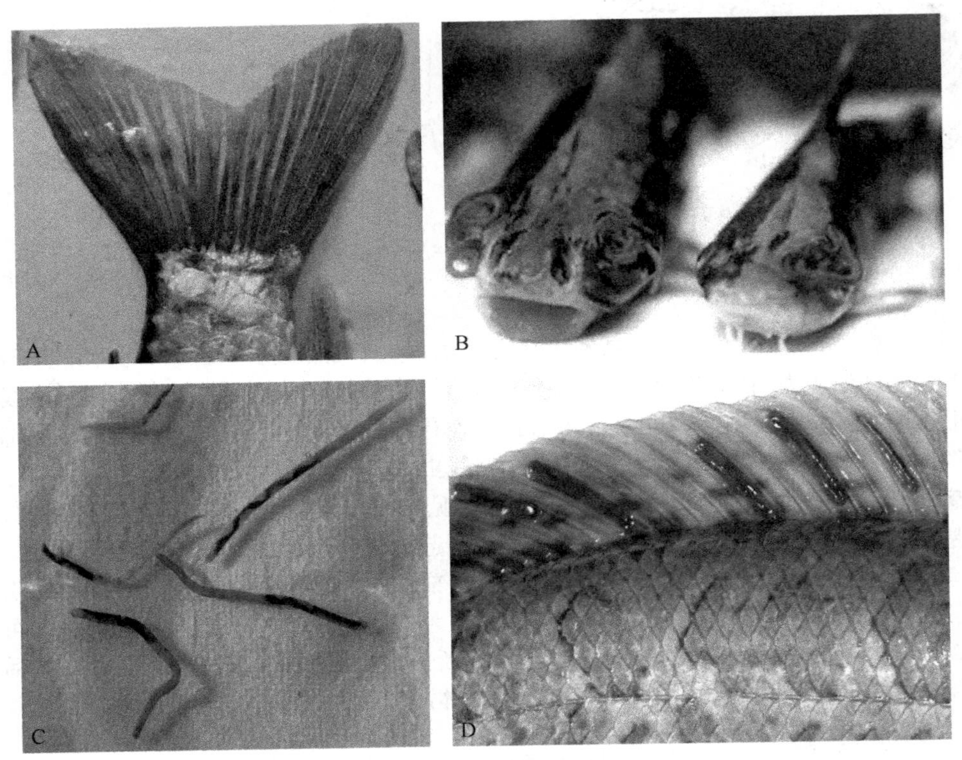

图8–77 鲫尾鳍（A）、黄颡鱼眼窝（B）、乌鳢鳍条上的嗜子宫线虫（D）及虫体（C）
（引自王桂堂等，2017）

出现，春季虫体生长加速，从而使鱼致病。鲫似嗜子宫线虫分布甚广，全国各地均有发现，但其危害程度不及鲤似嗜子宫线虫。黄颡似嗜子宫线虫流行于长江中游（图8–77）。

防治 用生石灰彻底清塘，或晶体敌百虫全池遍洒，以杀灭幼虫和中间宿主；或用碘酒或1%的高锰酸钾涂于患处。

3. 鳗居线虫病

病原体 隶属于旋尾目驼形亚目鳗居科鳗居线虫属（*Anguillicola*）的球状鳗居线虫（*A. globiceps*）和粗厚鳗居线虫（*A. crassa*）。成虫圆筒状，透明无色。头部圆球状，无乳突。口孔简单，没有唇片。球状鳗居线虫食道前段膨大成葱球状。肠粗大，尾腺存在，无直肠与肛门。雄性生殖孔位于尾端腹面，没有交合刺和引带，贮精囊甚大，生殖孔的附近有尾突6对。雌虫体长40 ～ 50mm，阴门位于体后1/4处，开口于一圆锥体上，阴道极短，卵巢在子宫前后各一。雄虫具生殖孔，无交合刺及引带。粗厚鳗居线虫较粗短，食道花瓶状、前端不膨大（图8–78）。

胎生。成虫子宫前段卵呈椭圆形，卵壳薄而透明。卵在子宫后段已发育为幼虫，并且幼虫

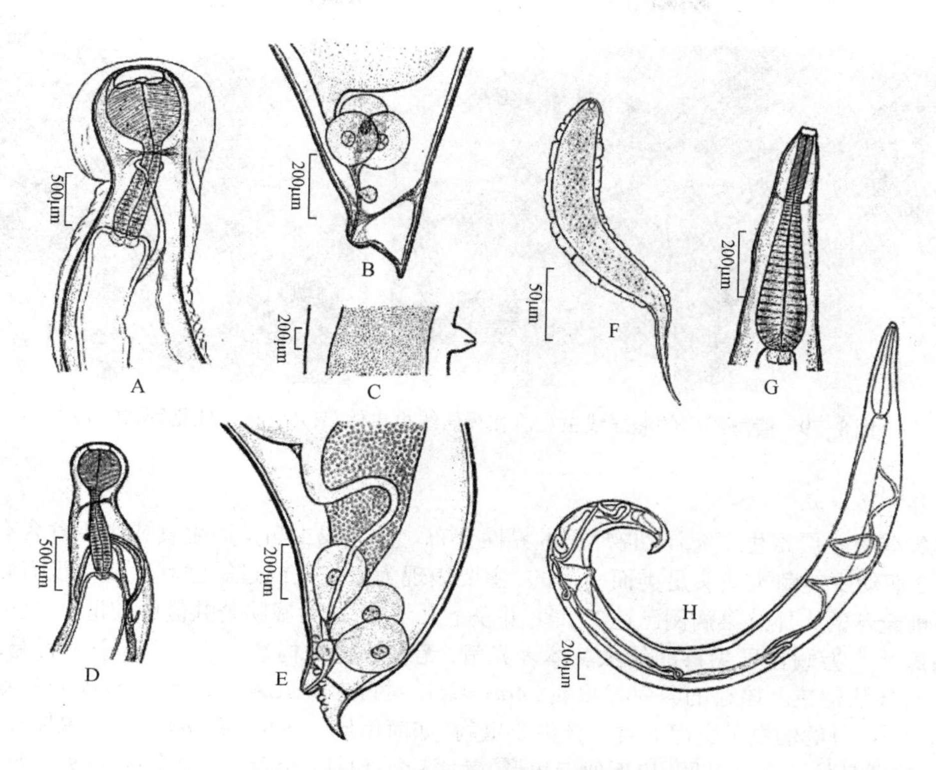

图8-78 球状鳗居线虫(仿伍惠生,1984)

A. 雌虫前端;B. 雌虫后端;C. 雌虫阴门;D. 雄虫前端;E. 雄虫后端;F. 刚产出的幼虫;G. 后期感染幼虫前端;H. 雌虫后期感染幼虫生殖系统

停留在卵中行1次蜕皮。含有幼虫的虫卵产出在鳔中孵化,幼虫通过鳔管进入消化道,随宿主的粪便排出落入水中。第二期幼虫孵出时,体表包有一层透明的薄膜,谓之鞘膜,头端具1尖突,尾部细长,通常在水底以尾尖附着在固体上,不断摆动,以引惑中间宿主吞食。它可在水中生存7d。被剑水蚤吞食后,便侵入体腔中发育。含第三期幼虫的剑水蚤被宿主鱼吞食后,幼虫穿过肠壁,经体腔附着于鳔表面,再侵入鳔管到鳔腔中寄生,大致1d即可移行到鳔中。经第4期幼虫而发育为成虫。幼虫侵入宿主到发育成熟大致需1年时间。上述两种线虫常可混合感染同一宿主。

病症 鳗居线虫寄生于鳗鲡的鳔内,引起鳔壁充血发炎,病鱼活动受到影响。鳗苗被大量寄生后,停止摄食,瘦弱贫血,直至死亡。还可由于虫体的大量寄生而刺激鳔及气道发炎出血。虫体粘满鱼鳔,使鳔扩大,压迫其他内脏器官及血管。当鳔扩大时,病鱼后腹部肿大或不规则的肿大;腹部皮下淤血,肛门扩大,呈深红色。甚至可因鳔中寄生虫数量太多,鳔壁破裂,虫体落入体腔中,有的从肛门爬出体外(图8-79)。

流行与危害 鳗居线虫只引起鳗鲡发病,在湖北、福建、浙江、上海、江苏等地都有流行。福建是鳗居线虫病高发地区,有因此虫的寄生导致死鱼病例。浙江一天然水体鳗鱼的感染率为61%,福建鳗苗的阳性率为70%,7～8月为高发期。国外危害欧洲鳗,它比日本鳗鲡更容易受感染,阳性率高,特别对幼鳗的危害较大,可造成死亡。

防治 因该虫寄生于鳔中,难以用药物驱除,目前只能从切断其生活史着手,以预防这种病。可定期施放晶体敌百虫,以杀死中间宿主剑水蚤。

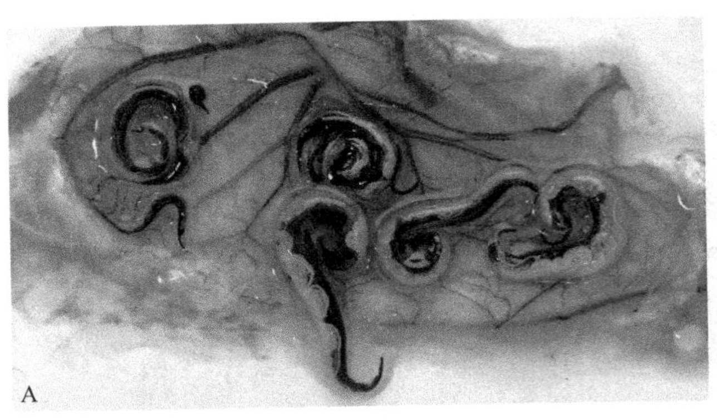

图8-79　鳗鲡鳔中的鳗居线虫（A）和鳗居线虫虫体（B）（引自王桂堂等，2017）

4. 异尖线虫病

异尖线虫主要寄生于海洋动物，呈世界性分布。异尖线虫病是因生食或半生食含有异尖线虫第3期幼虫的鱼类或头足类而引起的，主要表现为急腹症或过敏症状。成虫没有致病作用。目前全球的人体感染病例已达3万多，并呈上升趋势，成为威胁公共健康的世界性疾病。

病原体　为蛔目异尖科的幼虫。体表光滑，无棘等特殊构造。头端具3个大唇瓣，唇后无领状或环状构造。该科的异尖线虫属（*Anisakis*）、对盲囊线虫属（*Contracaecum*）、针蛔虫属（*Raphidascaris*）的幼虫可引起人类的异尖线虫病，如简单异尖线虫（*A. simplex*）。虫体较大，体壁厚，体表具环纹。头部钝圆，口近似三角形，唇片3个，包括1个背唇和2个亚腹唇，表面光滑。唇上可具4个乳突（背唇2个，亚腹唇两侧各1个）。两亚腹唇中间有一锥形钻齿，伸向前腹面，其尖端的下方有一长圆形的排泄孔。食道前端细，向后逐渐膨大。胃黑色，柱形，与肠斜向相

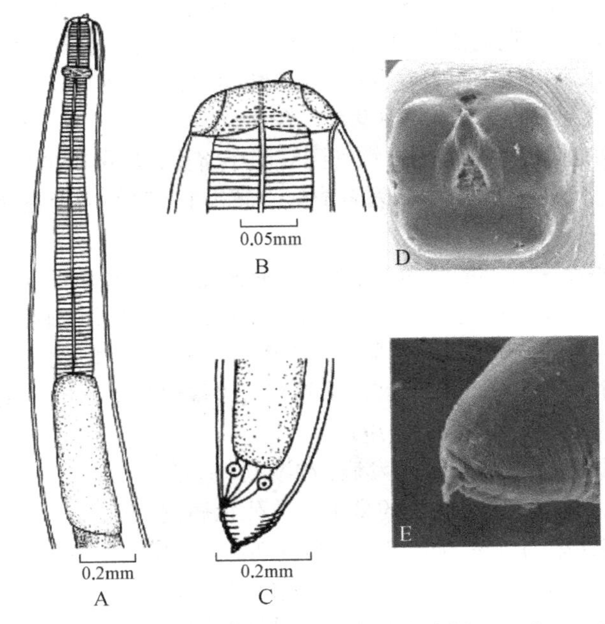

图8-80　简单异尖线虫（引自李会敏，2007）
A. 前部侧面观；B. 头部侧面观；C. 尾部侧面观；D. 头部电镜；E. 尾部电镜

连。生殖腺未发育，直肠附近可见单细胞的直肠腺。尾短，周围有许多横纹，顶端有一尾突，基部粗而顶部略尖（图8-80）。

卵生。虫卵排出后在卵内发育成第1期幼虫（L1），L1蜕皮一次形成可自由游泳的第2期幼虫（L2）。L2被磷虾等甲壳动物吞食，并在其体内经过8d左右的发育，形成具有感染性的第3期幼虫（L3）。L3对鱼类和头足类有感染性，通过捕食在鱼体内传播。当海洋哺乳动物捕食受L3幼虫感染的鱼类和头足类时，幼虫经过2次蜕皮发展为成虫，完成生活周期。人类不是异尖线虫的适宜宿主，其幼虫不能在人体内发育为成虫，但人若食用含有此种活幼虫的鱼类可引起人类的异尖线虫病。异尖线虫生活史见图8-81。

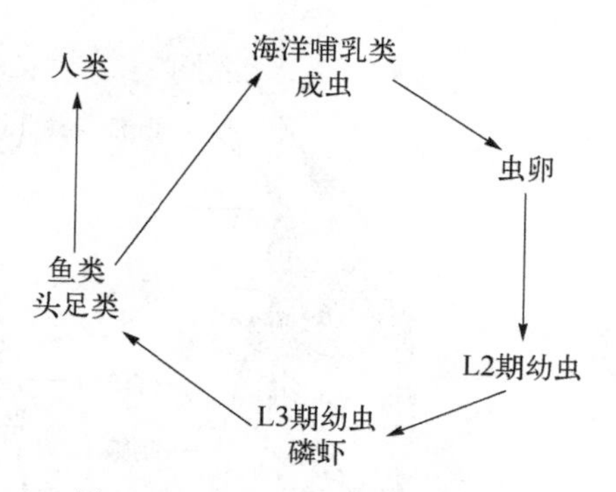

图8-81　异尖线虫生活史示意图

病症　鱼类感染异尖科线虫一般不表现临床症状，但可影响其生长，有的出现腹部膨胀。但人类感染异尖线虫幼虫可出现腹部疼痛、恶心、呕吐、腹泻等症状，多数患者在食入幼虫6d后出现症状。幼虫常寄生在胃、小肠及大肠处，形成肉芽肿。幼虫可穿过胃肠黏膜，移行到其他内脏，如胰腺、肝脏甚至肺部，可引起腹膜炎，嗜酸性肉芽肿块等，虫体穿过的部位有肿胀、出血、溃疡等症状，并伴有炎症反应，临床上经常误诊为胃溃疡、阑尾炎或腹膜炎。病理特征主要是黏膜下层有大量的嗜酸性粒细胞浸润的蜂窝组织炎和嗜酸性肉芽肿形成。

流行与危害　感染异尖线虫的鱼类有百多种，鲱鱼、鳕鱼等的感染率均在80%以上，我国以长尾大眼鲷最为严重，花鲈、刀鲚也有感染。第一中间宿主为甲壳类，终末宿主为海栖哺乳类，如海豚、海狮、海獭、鲸等。呈全球性分布，主要集中在太平洋和大西洋北部以及大西洋沿岸各岛屿，其中以太平洋居多；我国的长江、辽河以及各海区均有分布，是重要的人兽共患寄生虫病病原，已被列为我国禁止入境的二类寄生虫。

防治　目前还没有治疗异尖线虫病的特效药，主要以预防为主。鱼肉一定要煮熟后才食用，不吃生的或半熟的鱼片。

第六节　鱼类寄生棘头虫

棘头虫隶属于棘头动物门（Acanthocephala），是一类有假体腔、无消化道的两侧对称蠕虫。棘头虫在动物界中的种类较少，目前已记录1 200余种，成虫寄生于脊椎动物消化道。无自由生活阶段。棘头虫是鱼类消化道常见的寄生蠕虫，以吻部钻进肠黏膜内，损坏肠壁，引发炎症，危害鱼类健康。棘头虫的形态见图8-82。

一、棘头虫的形态和生物学特征

1. 形态

通常为圆筒状或纺锤形。体不分节，但常有环纹。体色呈淡红色、灰红色或乳白色。虫体由吻（proboscis）、颈和躯干三部分组成（图8-82）。吻在体前端，有筒形、球形、卵形、圆锥形等形状；吻由收缩肌牵引，可以伸缩，可全部或部分缩入吻鞘（proboscis receptacle）中；吻上有几丁质的吻钩（hook），其形状、排列方式及数目是棘头虫分类的重要依据之一（图8-83）。颈是从最后一圈吻钩基部起至躯干开始处为止，通常很短，光滑无刺，但有的细长；有时在颈牵缩

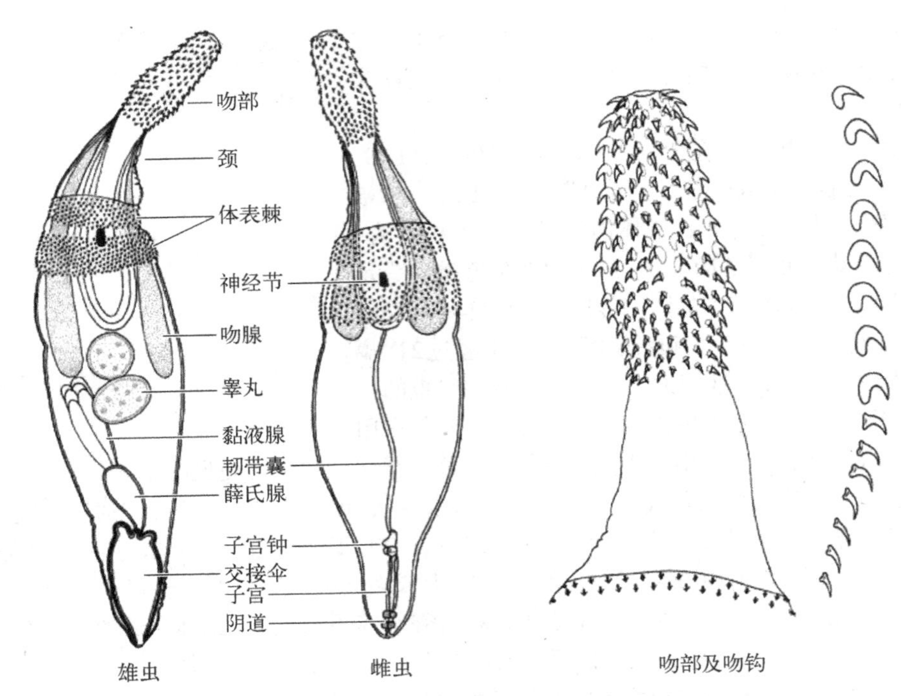

图 8-82　棘头虫的形态（仿 Monteiro et al.，2006）

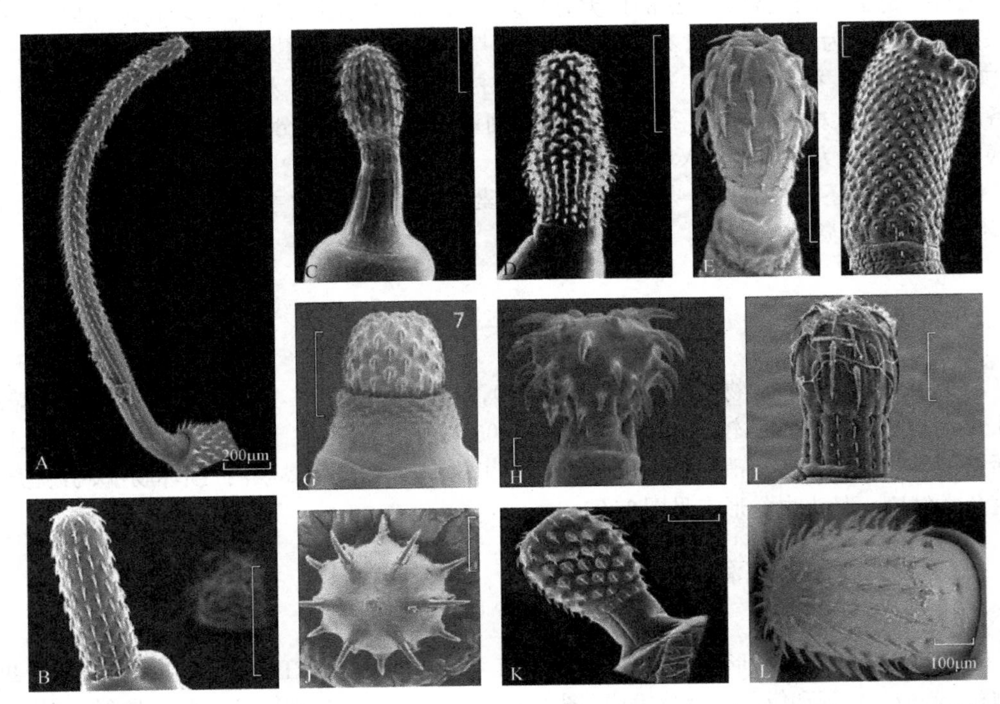

图 8-83　形态各异的棘头虫吻及吻钩（引自 Amin *et al*, 2011; Pichelin *et al.*, 2016; Sheema *et al*, 2017 等）

A. *Cathayacanthus spinitruncatus*; B. *Sclerocollum robustum*; C. *Ibirhynchus dimorpha*; D. *Southwellina hispida*; E. *Transvena annulospinosa*; F. *Gigantorhynchus echinodiscus*; G. *Mediorhynchus gallinarum*; H. *Oncicola venezuelensis*; I. *Heterosentis holospinus*; J. *Heptamegacanthus niekerki*; K. *Echinorhynchus veli*; L. *Acanthocephalus lucii*

标尺：A，G=200μm；B=250μm；C=1mm；D=400μm；E，F，H，I，K，L=100μm；J=300μm

肌的作用下，可收缩进躯干内。躯干较粗大，体表光滑或具棘。体棘的分布情况也是分类的依据。躯干内部为假体腔，体腔内充满液体，内有韧带囊和生殖系统，无消化系统。

雌雄异体，雌虫大于雄虫，体长0.9～650mm，但大多数种类都小于25mm。寄生于鱼类的棘头虫一般体型较小。

体壁　包括皮层（tegument）和皮下肌肉层。皮层为一复合的合胞体（syncytium）结构，从外向内可分成不同的5个区：表被（surface coat）、条纹带（striped zone）、感觉纤维带（felt zone）、辐射带（radial fiber zone）及基膜（basement membrane）（图8–84）。腔隙系统（lacunar system）即存在于辐射带内。肌肉层由环行和纵行肌肉组成。肌肉层形成特殊的中空管状结构，并和腔隙系统相通，有助于肌肉对营养物质的吸收和代谢废物的排出。

合胞体内细胞核的数目、大小、形状也是分类的依据。有的虫种核很大而数目很少；有的核小而数目众多，分布广泛；有的核则分枝等。当所有的细胞核都存在时，每一虫种的核数目是稳定的。

腔隙系统（管导系统）　体壁中彼此相通的管道系统，通常由贯穿虫体的背、腹或两侧的纵管及与其相连的细小的横管网系组成。它充满液体，具有循环系统的作用，也是贮存营养的结构（图8–85）。

消化与排泄系统　棘头虫无消化管，系借用体表的渗透作用吸收宿主的营养。大多数虫种的排泄由体壁完成，但寡棘吻科（Oligacanthorhynchidae）的虫种具原肾型排泄系统。一对原

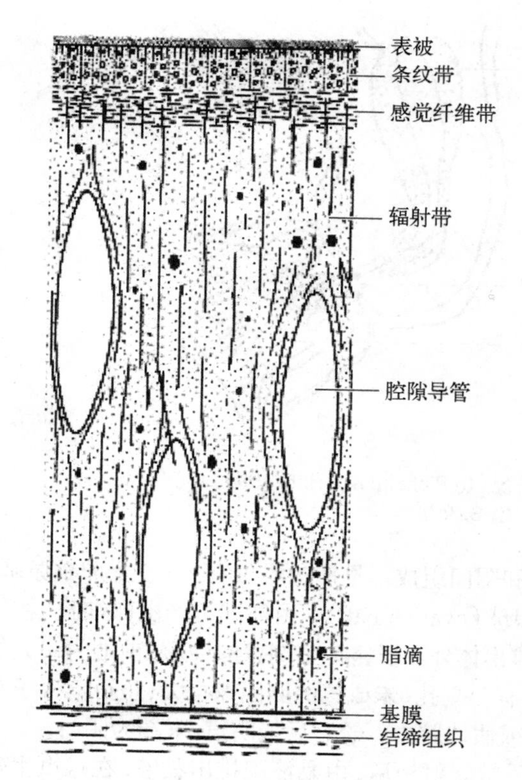

图8–84　棘头虫的表皮结构（仿Schmidt & Roberts，2009）

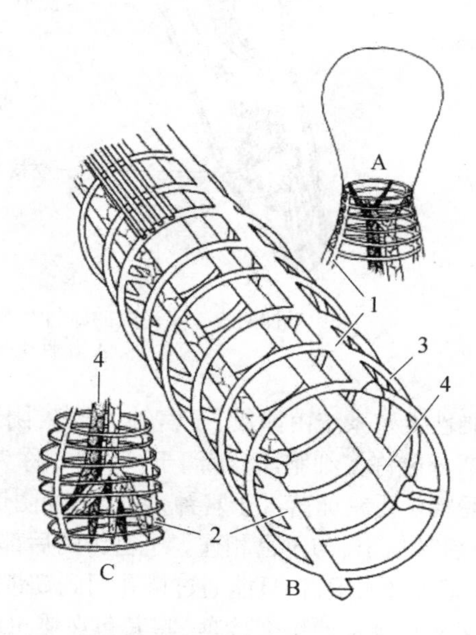

图8–85　腔隙系统（仿Schmidt & Roberts，2009）

A. 颈部；B. 躯体中部；C. 躯体尾部；1. 背主纵管道；2. 腹主纵管道；3. 环形管道；4. 中间纵管道

肾位于生殖系统两侧，包含许多焰细胞和位于体侧的两条纵行原肾管，原肾管汇合后，与输精管或子宫相通，由生殖孔通至体外。

神经系统 相对简单，神经节一般位于吻鞘前部、中部或基部，其位置因种类不同而异。由神经节发出神经至吻及身体各处。在颈部两侧有1对感觉器官，即颈乳突。雄虫的1对性神经节和由它们发出的神经分布在阴茎和交合伞内。雌虫无性神经节。

生殖系统 棘头虫的假体腔内有一韧带囊（ligament sacs），为结缔组织构成的空管状构造，从吻鞘的末端开始直至虫体后端，包围着生殖器官。生殖孔开口于体后端或其附近。

雄性生殖系统主要由睾丸、输精管、阴茎、黏液腺、交接伞组成。睾丸通常2个，椭圆或圆柱形。每个睾丸发出1条输精小管，汇合而为输精管。输精管下端一般膨大为贮精囊，经射精管而至阴茎。睾丸后方有黏液腺（cement gland），黏液腺的形状、数目及排列方式与种类有关；黏液腺小管各自汇入射精管。阴茎肌质，末端突出于交接伞内。交接伞（copulatory bursa）为肉质帽状，下边缘有许多指状突起。黏液腺旁尚有壁很厚、内有液体、与交接伞相通的薛氏囊（Saefftigen），此囊可伸缩，将体液挤入交接伞内的腔隙系统，驱使交接伞外伸或缩入（图8-86）。

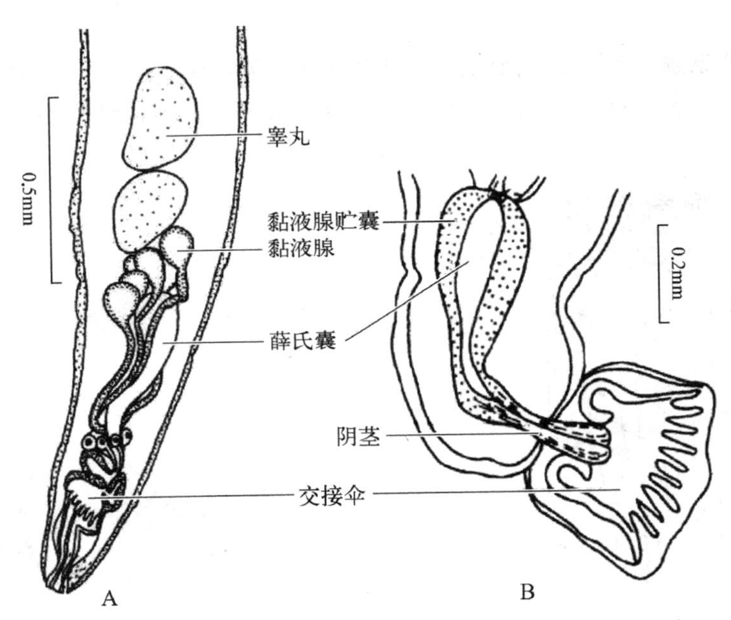

图8-86 棘头虫的雄性生殖系统（仿Pichelin & Cribb, 1999）
A. 雄性生殖系统；B. 交接伞

雌性生殖系统由卵巢、子宫钟、子宫、阴道和阴门组成。早期的雌虫有1～2个卵巢原基，后逐渐分成许多细胞团，游离于体腔中，称为卵球（ovarian ball）。由卵球再产出卵细胞，在体腔内受精。受精卵落入子宫钟，由子宫经阴道排出体外。子宫钟呈倒置的钟形，前端为一大的开口，后端口窄、与子宫相连。子宫钟的后部尚有一侧孔，未成熟的卵因卵径大，虽可落入子宫钟，但无法进入子宫，只能通过侧孔回到韧带囊或假体腔中。子宫后接阴道，末端为阴门。

交配时雄虫伸出交接伞，将其包在雌虫的后端。射精后，由黏液腺排出黏液，在雌虫生殖孔形成一黏液栓，封住虫体后部，以防精液溢出。交配后的雌虫卵巢发育成熟，分裂成多个卵球，卵球发育并再次分裂成受精卵散布于体腔。

2. 生活史

目前仅探明了20余种棘头虫的生活史，大多数棘头虫的生活史尚不清楚。鱼类寄生棘头虫的生活史一般为：受精卵在母体内发育成具卵壳的棘胚蚴（acanthor）。含棘胚蚴的卵随终宿主粪便排出体外，被中间宿主吞食后，卵壳破裂，棘胚蚴逸出并钻过中宿主肠壁至体腔中继续发育为棘头蚴（acanthella）和胞棘蚴（cystacanth）；被终末宿主吞食后，胞棘蚴脱去胞囊，发育为成虫，从而完成其生活史。

某些种类的中间宿主会被转续宿主吞食。在转续宿主体内，棘胚蚴穿过肠壁形成包囊，再被终末宿主吞食。鱼类寄生棘头虫的中间宿主为水生甲壳类，如介虫、水蚤、钩虾等（图8–87）。

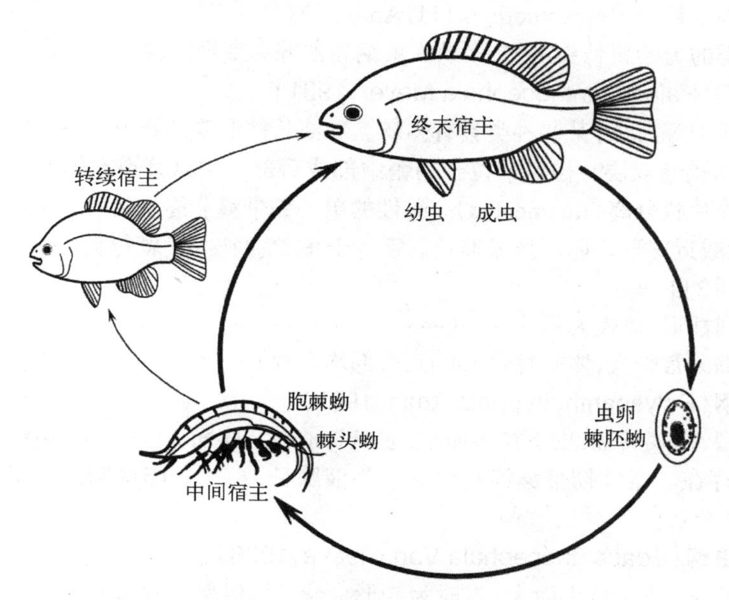

图8–87　棘头虫的生活史示意图

3. 分类

Redi（1684）最先在鳗鱼肠中发现了棘头虫。Muller（1776）又描述了其他一些棘头虫。Rudolphi（1808）建立棘头虫纲，隶属于线形动物门。Meyer（1933）将棘头虫分为两个目：古棘头虫目（Palaeacanthocephala）和原棘头虫目（Archiacanthocephala）。Van Cleave（1936）建立始新棘头虫目（Eoacanthocephala），1948年又将棘头虫从线形动物门中分出，设立棘头动物门。Amin（1982）将棘头动物门分为3个纲，1987年又建立多棘头虫纲（Polyacanthocephala）。国内则以汪溥钦教授的贡献最多，他先后发表了一系列棘头虫研究论文（宿主几乎包括所有的脊椎动物门类），对系统分类也有自己的见解。

目前棘头虫依据吻钩的排列、体棘的有无、腔隙系统的位置、黏液腺的结构、卵的形状和卵壳厚度等，分为4纲10目（Amin, 2013）。

原棘头虫纲（Archiacanthocephala Meyer, 1931）

　　无孔目（Apororhynchida Thapar, 1927）

　　巨吻目（Gigantorhynchida Southwell et Macfie, 1925）

　　念珠目（Moniliformida Schmidt, 1972）

　　寡棘吻目（Oligacanthorhynchida Petrochenko, 1956）

始新棘头虫纲(Eoacanthocephala Van Cleave, 1936)
    圆棘头虫目(Gyracanthocephala Van Cleave, 1936)
    新棘头虫目(Neoechinorhynchida Southwell et Macfie, 1925)
古棘头虫纲(Palaeacanthocephala Meyer, 1931)
    棘吻目(Echinorhynchida Southwell et Macfie, 1925)
    异形目(Heteramorphida Amin et Ha, 2008)
    多形目(Polymorphida Petrochenko, 1956)
多棘头虫纲(Polyacanthocephala Amin, 1987)
    多棘头虫目(Polyacanthorhynchida Amin, 1987)

寄生于鱼类的为始新棘头虫纲、多棘头虫纲和古棘头虫纲的棘吻目与多形目的虫种。

古棘头虫纲(Palaeacanthocephala Meyer,1931)

虫体小型或中等大小,某些种类具有体棘。吻部圆柱形或圆锥形,吻钩纵行排列或相互排列呈辐射状。吻鞘壁双层。神经节位于吻鞘中部或后部。主纵管道在侧面。皮下核,吻腺核和黏液腺核呈碎片状分离(fragmented)。雌性的单一韧带囊非终生具有、卵胞成熟时破裂。黏液腺分离,管状或近球形。卵圆形或伸长。寄生于鱼类、两栖类、爬行类、哺乳类与鸟类。寄生于鱼类的有下列2目。

虫体常为圆柱形,体表无棘……………………………………………………棘吻目 Echinorhynchida
虫体某些部分常膨大,体被棘(前或前、后部均有棘)……………………………多形目 Polymorphida

多棘头虫纲(Polyacanthocephala Amin,1987)

体中到大型,体表具棘,皮下核多而小,主纵管道在背腹面。吻长,吻钩多,纵向排列,吻鞘壁单层。颈部存在。雌性韧带囊终身可见。黏液腺长,核大。卵椭圆形。寄生于鱼类或鳄。仅多棘头虫目1个目。

始新棘头虫纲(Eoacanthocephala Van Cleave,1936)

虫体小或细长,皮下核少而大,有时为变形虫状。主纵管道在背腹面。吻通常小,上具少量放射状排列的吻钩。吻鞘壁单层。吻牵引肌突入吻鞘后端。吻腺核大而少。雌性有1对坚硬的韧带囊。黏液腺为单个合胞体,核数个,具黏液囊。卵形状各异。寄生于鱼类、两栖类及爬行类。分为下列2目。

体棘布满全身或仅前端有棘……………………………………………圆棘头虫目 Gyracanthocephala
体表无棘…………………………………………………………………新棘头虫目 Neoechinorhynchida

二、主要病原体及其引起的疾病

寄生于我国鱼类的棘头虫,虽较常见,但感染强度一般较低,影响相对较小;但有些种类可危害鱼类健康,引发鱼病。

1. 草鱼似棘头虫病

病原体 乌苏里似棘头吻虫(*Acanthocephalorhynchoides ussuriense* Kostylew, 1941),隶属于始新棘头虫纲圆棘头虫目四环科(Quadrigyridae)。雄虫较短小,略呈香蕉形,前部向腹面弯曲,体长0.7～1.27mm;体表具基部膨大的横列小棘,且前端腹侧分布特别密集,背部有时无棘;吻短小,吻鞘单层,吻钩18个,排成4圈,前三圈各4个,第四圈6个;吻腺等长或亚等长,长为吻鞘的2倍以上,可达体中部。体壁巨核背面5～6个,腹面2个;睾丸1对,圆球形,前后排列,位于体后半部;黏液腺合胞型,具3～4个核。雌虫体细长黄瓜形,(0.9～2.3)mm×

(0.12 ～ 0.32)mm；生殖孔在末端腹面；子宫钟开口于腹面中下部；卵长椭圆形(图8–88)。

成虫寄生于草鱼、鳙、鲢及鲤。在气泡介形虫(*Physoeypris* sp.)体腔内发现有棘头蚴，将受感染的介形虫投喂草鱼，翌日就能在其前肠找到生殖器官尚未发育完全的虫体。此虫对宿主似无专一性。

病症　鱼体消瘦、发黑、离群。前腹部膨大呈球状，肠道轻度充血，呈慢性炎症，拒食。解剖时，在病鱼肠道中可见虫体存在。

流行与危害　北自乌苏里江，南至长江流域均有此虫分布。从已报道的病例看，此病可造成病鱼在较短时间内大批死亡。

防治　可用晶体敌百虫拌饵投喂。

2. 鲤长棘吻虫病

病原体　崇明长棘吻虫(*Rhadinorhynchus chongmingensis* Huang et al., 1988)，隶属于古棘头虫纲多形目长棘吻科(Rhadinorhynchidae)。虫体乳白色，雌性老虫略呈黄色。雌虫长13.3 ～ 38.4mm，雄虫长12.42 ～ 26.54mm。吻细长圆柱形，上具吻钩14纵行、每行29 ～ 32个。躯干前端窄细如颈，上排列不规则的棘。吻腺2条，细长，可盘曲或伸直。雄虫具2个椭圆形的睾丸，前后排列；黏液腺8个，梨形或椭圆形，成簇聚集在后睾之后；交合伞钟罩状，可自由伸缩(图8–89)。

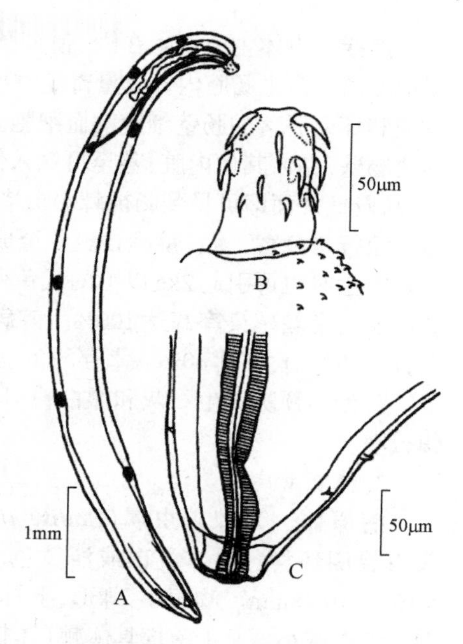

图8–88　乌苏里似棘头吻虫(*Acanthocephalorhynchoides ussuriense* Kostylew, 1941)(仿湖北省水生生物研究所，1973)
A. 雌虫；B. 吻；C. 雌虫尾部

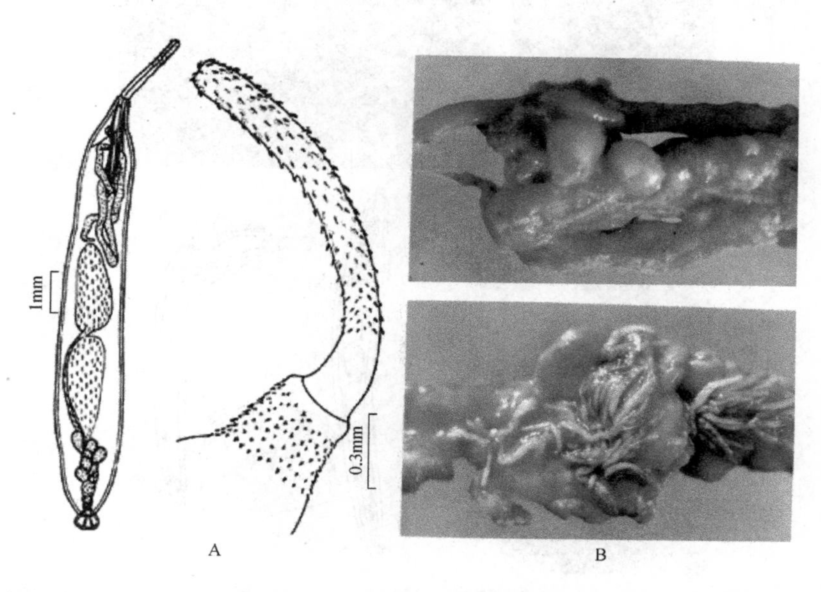

图8–89　鲤长棘吻虫(A)及崇明长棘吻虫寄生状况(B)(A引自尹文英等，1984；B引自黄琪琰等，1993)
A. 雄虫及体前端(示吻与体棘)；B. 示肠外壁的肉芽肿及肠内的寄生棘头虫

病症 虫体主要寄生在鲤、镜鲤肠的第一、第二弯前面肠壁上。虫体以吻部钻入肠壁，躯干部游离于宿主肠腔内。大量寄生时可引起宿主鱼肠管扩大、慢性卡他性炎，肠腔内充满黄色黏液和坏死脱落的肠壁细胞及血细胞。严重时可致鱼内脏粘连而无法剥离。有时虫的吻部可穿透肠壁，钻入其他内脏，甚至可钻入体壁，引起体壁溃烂和穿孔。鱼被寄生后，肠壁被胀得很薄，从肠壁外面即可见到肠被棘头虫堵塞，肠内完全没有食物。

流行与危害 鲤、镜鲤自夏花至成鱼均可被寄生。夏花被3 ～ 5条虫寄生即可引起死亡。大量寄生时也可引起2kg以上的成鱼死亡。经对崇明某养殖场的统计，平均感染率达70%，严重的发病鱼塘感染率高达100%。该病一般呈慢性，每天死鱼数尾至数十尾，但可持续数月之久，严重时死亡率达60%。幸存的鱼也因患棘头虫病而摄食大大减少，生长受到很大影响。

防治 预防用生石灰和漂白粉，以消灭池塘中的虫卵及中间宿主。治疗用喂四氯化碳拌饵投喂。

3. 棘衣虫病

病原体 为棘衣虫属（*Pallisentis*）的隐藏新棘虫［*P.* (*Neosentis*) *celatus*］，隶属于圆棘头虫目四环科。虫体乳白或淡黄色，长筒形，前段略膨大。雌虫长14.50 ～ 21.20mm，雄虫4.10 ～ 10.48mm。吻短小，球形，上具吻钩32枚，呈螺旋形排列，每列4枚，其中前端的钩最大，向后渐次减小。躯干前部具体棘（体棘一般分成两组，两组之间为无棘区）。吻鞘囊袋状，具单层肌肉壁。吻腺长柱状，各具一卵圆形巨核。睾丸长椭圆形，前后相接。黏液腺长柱状，合胞型，内含多核。卵椭圆形，大小为（0.040 ～ 0.100）mm ×（0.027 ～ 0.047）mm（图8–90）。

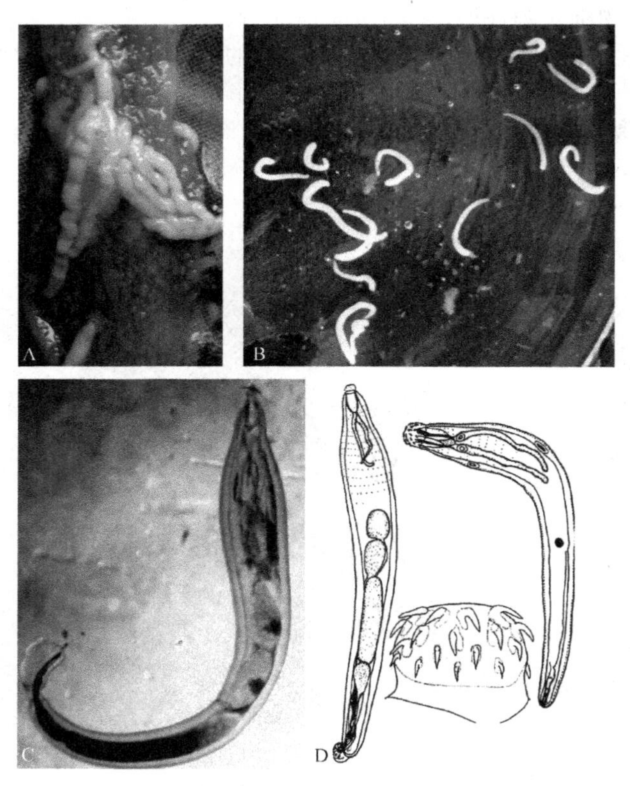

图8–90 隐藏新棘虫（引自王桂堂等，2017）
A. 寄生于黄鳝肠内壁的虫体；B. 活体；C. 显微镜下的雄虫活体；D. 雄虫、雌虫及吻之示意图

病症　被隐藏新棘虫寄生的黄鳝游动变缓，腹部膨大，肠道堵塞、膨大，食欲严重下降或拒食，体色发黑变青，肛门红肿，少数病死鱼腹部充血。剖检可见病鱼的肠道前端膨大，表面凹凸不平。寄生的虫数量多时会导致肠道肿大、颜色变紫。剖开肠道可见吻部插入肠壁、躯干部游离的乳白色虫体。

流行与危害　主要危害对象为黄鳝，该虫寄生于黄鳝体内，和黄鳝抢夺营养，大量寄生会破坏肠壁、阻塞肠道，引起黄鳝肠道发炎甚至造成死亡。保虫宿主有翘嘴红鲌、鲶、泥鳅、黄颡鱼、鳗鲡、草鱼等。我国从南到北均有分布。

防治　预防用生石灰和漂白粉，以消灭池塘中的中间宿主。治疗用喂四氯化碳拌饵投喂。

（丁雪娟　袁凯　艾桃山　编写）

习　题

1. 鱼类寄生蠕虫的主要类群有哪些？如何区分？
2. 简述单殖吸虫的生活史、对宿主鱼的危害及其防控策略。
3. 何谓鱼源性寄生虫病？如何防控？试举例说明。

参考文献

陈心陶.1985.中国动物志扁形动物门吸虫纲复殖目(一).北京：科学出版社.

陈燕燊.1984.寄生绦虫区系调查.//中国科学院水生生物研究所.中国淡水鱼类寄生虫论文集.北京：农业出版社，160–178.

湖北省水生生物研究所.1973.湖北省鱼病病原区系图志.北京：科学出版社.

黄琪琰，郑德崇，范丽萍，等.1989.鲤鱼棘头虫病和预防.水产学报，13(4)：308–315.

黄琪琰.1993.水产动物疾病学.上海：上海科学技术出版社.

黄琪琰等.1993.水产动物疾病学.上海：上海科学技术出版社.

李会敏.2007.黄海鱼类寄生异尖科线虫幼虫的分类学研究.石家庄：河北师范大学硕士学位论文.

廖翔华，伦照荣.1998.寄生在中国草鱼、鲤鱼和马口鱼的头槽绦虫的分类和亲缘关系.科学通报，43(10)：1073–1076.

廖翔华，施鎏璋.1956.广东的鱼苗病，九江头槽绦虫的生活史、生态及其防治.水生生物学集刊，(2)：129–186.

廖翔华.1992.扁弯口吸虫的生物学I.生活史.武夷科学，9：99–124.

吕军仪.1991.倪氏复口吸虫和湖北复口吸虫生活史研究Ⅱ.各期幼虫及成虫形态描述.水生生物学报，14(3)：265–273.

马柳安，容粗徨，汪安泰.2014.中国涡虫—新纪录科肠口涡虫属—新纪录种格氏肠口涡虫(原卵黄目，杜口科).动物学杂志，49(2)：244–252.

潘金培，王伟俊.1963.复口吸虫病的研究及其防治方法，包括两新种的描述.水生生物学集刊，1961(1)：1–51.

申纪伟，邱兆祉.1995.黄渤海鱼类吸虫研究.北京：科学出版社.

孙世春，伍惠生.1993.武汉和洪湖几种鱼类寄生毛细线虫记述.鱼病学研究论文集，北京：海洋出版社：129–134.

孙婷，何一，方楚玉，等.2016.华南常见涡虫类群的分布与鉴别.生物学通报，51(3)：47–51.

唐崇惕，唐仲璋.2005.中国吸虫学.福州：福建科学技术出版社.

唐仲璋，林秀敏.1979.中国鲫吸虫生活史及区系分布的研究.厦门大学学报，1979(1): 81–98.

唐仲璋.1959.切头涡虫(Temnocephala semperi Weber, 1889)在福建省的发现及其生物学的研究.福建师范学院学报，1959(1): 41–56.

汪建国.2013.鱼病学.北京：中国农业出版社.

汪溥钦，汪彦愔.1987.我国脊椎动物寄生棘头虫概况I.寄生鱼类棘头虫.四川动物，7(3): 24–26.

汪溥钦，赵玉如.1980.球头鳗居线虫的生活史研究.动物学报，26(3): 243–249.

汪溥钦.1976.福建棘口吸虫新种记述.动物学报，22(3): 288–292.

汪溥钦.1984.福建几种鱼类绦虫记述和我国鱼类绦虫名录.武夷科学，4(4): 71–83.

汪溥钦.1991.福建棘头虫志.福州：福建科技出版社.

汪彦愔，郭果为，高如承，等.2002.一种危害眼斑拟石首鱼的寄生涡虫及其防治.水产学报，(26)4: 379–381.

王桂堂，李文祥，邹红，等.2017.淡水鱼类重要寄生虫病诊断手册.北京：科学出版社.

王桂堂，余仪，伍惠生.1995.草鱼似嗜子宫线虫病的研究.// 中国科学院水生生物研究所鱼病研究室.鱼病学研究论文集.北京：海洋出版社：121–125.

王彦海，杨文川.2001.台湾海峡鱼类瘤槽科绦虫两新种记述(绦虫纲：四叶目).厦门大学学报，40(4): 943–948.

吴宝华，郎所，王伟俊，等.2000.中国动物志扁形动物门单殖吸虫纲.北京：科学出版社.

伍惠生.1956.中国淡水鱼的寄生线虫I.水生生物学集刊，(1): 99–106.

伍惠生.1984.辽河鱼类寄生线虫.// 中国科学院水生生物研究所.中国淡水鱼类寄生虫论文集.北京：农业出版社：177–200.

许友勤，饶小珍，陈寅山.2006.辛氏切头涡虫在福建的新分布.动物学杂志，41(5): 82–87.

杨廷宝，廖翔华.1997.裸鲤体腔寄生舌状绦虫和对盲囊线虫的种类确定.中山大学学报，36(4): 127–128.

杨文川，刘根成，林宇光.1995.厦门海域软骨鱼类盘首目绦虫两新种记述.厦门大学学报，34(1): 109–112.

尹文英，伍惠生.1984.辽河鱼类寄生棘头虫.// 中国科学院水生生物研究所.中国淡水鱼类寄生虫论文集.北京：农业出版社：201–214.

余仪，王桂堂，冯伟.1993.黄颡鱼似嗜子宫线虫病病原生活史及流行调查.// 中国科学院水生生物研究所鱼病研究室.鱼病学研究论文集，北京：海洋出版社：116–122.

余仪，王桂堂.1994.鱼类寄生毛细科—新属新种研究.水生生物学报，18(1): 71–75.

余仪，伍惠生.1989.长江中游鱼类寄生棘头虫区系的研究.水生生物学报，13(1): 38–48.

张剑英，邱兆祉，丁雪娟，等.1999.鱼类寄生虫与寄生虫病.北京：科学出版社.

张仁利，左家铮，刘柏香.1993.洞庭湖外睾吸虫新种及其生活史.动物学报，39(2): 124–129.

Aderson RC, Chabaud AG, Willmott S. 1988. CIH Keys to the nematode parasites of vertebrates. Farnham Royal: CAB, 1: 1–17; 2: 1–15; 3: 1–27; 6: 1–11; 9: 1–17.

Al-Jahdali MO, Hassanine RM, Touliabah Hel S. 2015. The life cycle of *Sclerocollum saudii* Al-Jahdali, 2010 (Acanthocephala: Palaeacanthocephala: Rhadinorhynchidae) in amphipod and fish hosts from the Red Sea. Journal of helminthology, 89: 277–287.

Amato JFR, Cancello EM, Rocha MM, et al. 2014. Cystacanths of *Gigantorynchus echinodiscus* (Acantocephala,Gigantorhynchidae), in *neotropical termites* (isoptera, termitidae). Neotropic Helminthology, 8(2): 325–338.

Amin OM, Heckmann RA, Van Ha N. 2011. Description of two new species of *Rhadinorhynchus* (Acanthocephala Rhadinorhynchidae) from marine fish in Halong Bay Vietnam with a key to species. Acta Parasitologica, 56(1): 67–77.

Amin OM, Van Ha N. 2011. On four species of echinorhynchid acanthocephalans from marine fish in Halong Bay, Vietnam, including the description of three new species and a key to the species of Gorgorhynchus. Parasitology research,

109: 841–847.

Amin OM. 1987. Key to the families and subfamilies of acanthocephala, with the erection of a new class (Polyacanthocephala) and a new order (Polyacanthorhynchida). Journal of Parasitology, 73(6): 1216–1219.

Amin OM. 2013. Classification of the acanthocephala. Folia Parasitologica, 60(4): 273–305.

Arthur JR, Regidor SE, Albert E. 1995. Redescription of *Cavisomamagnum* (Southwell,1927) (Acanthocephala: Cavisomidae) from the Milkfish, *Chanoschanos*, in the Philippines. Journal of the helminthological society of Washington, 62(1): 39–43.

Bird AF Bird J. 1991. The Structure of Nematodes. New York: Academic Press Inc.

Crofton H D. 1966. Nematodes. Hutchinson University Library, London.

Garcia-Varela M, de Leon GP, Aznar FJ, et al. 2011. Erection of *Ibirhynchus gen. nov.* (Acanthocephala: Polymorphidae), based on molecular and morphological data. The Journal of parasitology, 97: 97–105.

Gupta R, Maurya R, Saxena AM. 2015. Two New Species of the Genus *Pallisentis* Van Cleave, 1928 (Acanthocephala: Quadrigyridae) from the Intestine of *Channa punctatus* (Bloch, 1793) from the River Gomti at Lucknow, India. Iran J Parasitol, 10(1): 116–121.

Khalil L A, Jone and R A Bray, eds. 1994. Key to the Cestode Parasites of Vertebrates. Wallingford: CAB International.

Monks S, Pérez-Ponce León G. 1996. *Koronacantha mexicana n. gen.,n. sp.* (Acanthocephala: Illiosentidae) from Marine Fishes in Chamela Bay, Jalisco, Mexico. Journal of Parasitology, 82(5): 788–792.

Monteiro CM, Amato JFR, Amato SB. 2006. A new species of *Andracantha* Schmidt (Acanthocepala, Polymorpidae) parasite of Neotropical cormorants, *Phalacrocorax brasilianus* (Gmelin) (Aves, Phalacrocoracidae) from southern Brazil. Revista Brasileira de Zoologia, 23(2): 807–812.

Nelson FK, Albert PS, Riddle DL. 1983. Fine structure of the *Caenorhabditis elegans* secretory-excretory system. Journal of Ultrastructure Research, 82(2): 156–171.

Nelson FK, Albert PS, Riddle DL. 1983. Fine structure of the *Caenorhabditis elegans* secretory-excretory system. Journal of Ultrastructure Research, 82(2):156–171.

Olmos VL, Habit EM. 2007. A new species of *Pomphorhynchus* (Acanthocephala: Palaeacanthocephala) in freshwater fishes from central Chile. The Journal of parasitology, 93: 179–183.

Pichelin S, Cribb TH. 1999. A review of the Arhythmacanthidae (Acanthocephala) with a description of *Heterosentis hirsutus n. sp.* from *Cnidoglanis macrocephala* (Plotosidae) in Australia. Parasite, 6: 293–302.

Pichelin S, Smales LR, Cribb TH. 2016. A review of the genus *Sclerocollum* Schmidt & Paperna, 1978 (Acanthocephala: Cavisomidae) from rabbitfishes (Siganidae) in the Indian and Pacific Oceans. Systematic parasitology, 93: 101–114.

Rosenbluth J. 1965. Ultrastructural organization of obliquely striated muscle in *Ascaris lumbricoides*. J Cell Biol., 25(3): 495–515.

Santos EGN, Chame M, Chagas-Moutinho VA, et al. 2017. Morphology and molecular analysis of *Oncicola venezuelensis* (Acanthocephala: Oligacanthorhynchidae) from the ocelot *Leopardus pardalis* in Brazil. Journal of helminthology, 91: 605–612.

Schmidt GD, Roberts LS. 2009. Foundations of Parasitology, 8th ed. New York: The McGraw-Hill.

Scholz T, Brabec J, Král' ová-Hromadová Ivica. 2011. Revision of *Khawia* spp. (Cestoda: Caryophyllidea), parasites of cyprinid fish, including a key to their identification and molecular phylogeny. Folia Parasitologica, 58(3): 197–223.

Sheema SH, John MV, George PV. 2017. SEM studies on acanthocephalan parasite, *Echinorhynchus veli* infecting the fish *Synaptura orientalis* (Bl & Sch, 1801). Journal of parasitic diseases: official organ of the Indian Society for Parasitology, 41: 71–75.

Smales LR. 2012. A new acanthocephalan family, the Isthmosacanthidae (Acanthocephala: Echinorhynchida), with the description of *Isthmosacanthus fitzroyensisn. g., n. sp.* from threadfin fishes (Polynemidae) of northern Australia. Systematic parasitology, 82: 105–111.

Van de Velde MC, Coomans A. 1987. Ultrastructure of the excretory system of the marine nematode *Monhystera disjuncta*. Tissue & Cell, 19(5):713–725.

Vieira FM, Felizardo NN, Luque JL. 2009. A new species of *Heterosentis* Van Cleave, 1931 (Acanthocephala: Arhythmacanthidae) parasitic in *Pseudopercis numida* Miranda Ribeiro, 1903 (Perciformes: Pinguipedidae) from southeastern Brazilian coastal zone. The Journal of parasitology, 95: 747–750.

White JG, Southgate E, Thomson JN, Brenner S. 1986. The structure of the nervous system of the nematode *Caenorhabditis elegans*. Philosophical transactions of the Royal Society of London, Series B, Biological sciences, 314(1165): 1–340. (doi:10.1098/ rstb.1986.0056)

Yang TB, Zeng BJ, Gibson DI. 2005. Description of *Pseudorhabdosynochus shenzhenensis* n.sp. (Monogenea: Diplectanidae) and redescription of *P. serrani* Yamaguti, 1953 from *Epinephelus coioides* off Dapeng Bay, Shenzhen, China. Journal of Parasitology, 91(4): 808–813.

You P, Stanley DK, Ye F, et. al. 2014. *Paragyrodactylus variegatus* n. sp. (Gyrodactylidae) from *Homatula variegate* (Dabry De Thiersant, 1874) (Nemacheilidae) in Central China. Journal of Parasitology, 100(3): 350–355.

第九章　鱼类寄生甲壳动物学

导读

本章主要描述寄生甲壳动物的形态结构、生活史和分类，以举例的方式说明各类寄生甲壳动物病的病原体特征、流行与危害、临床症状和防治措施。学习时，要主动从寄生甲壳动物形态结构、生活史（大类为模式化的生活史）和分类这几方面掌握知识框架，其中，分类部分在不同甲壳动物中要求不同，常见重要类群，给出了分科和属检索表，以此为代表材料学会如何读和编制检索表。

本章学习要点

1. 各类寄生甲壳动物的形态结构和生活史。
2. 相似类群的形态结构和生活史比较。
3. 代表种类的致病性、危害、流行及防控措施。
4. 检索表的使用与编制。
5. 分类使用的特征。

第一节　鱼类寄生甲壳动物学概述

甲壳动物是指甲壳纲（Crustacea）的动物，属于节肢动物门（Arthropoda），多数种类营自由生活，少数营寄生生活，后者称为寄生甲壳动物，主要寄生于鱼类，也有寄生于软体动物、经济甲壳动物和两栖类等。下面着重概括介绍寄生甲壳动物的形态、生活史和分类。

一、形态

所有寄生甲壳动物的种类与自由生活种类一样，体表被覆几丁质的外骨骼，因此而得名甲壳动物，身体分头、胸和腹三部分，有的种类头和胸部愈合为头胸部，头部有触角2对，附肢异律分节。多数雌雄异体，有的种类雄性个体很小，吸附在雌体上，形态与雌体差别大。

二、生活史

生活史复杂，由卵发育至成虫需要经过多次蜕皮，但不需要中间寄主。不同种类的生活史细节存在差异，但通常会经历如下过程：卵孵出幼虫，幼虫长大发育成有感染力的幼虫，这一过程中，需要脱掉限制其生长的几丁质外骨骼，也就是蜕皮，蜕皮次数随种类而异，感染性幼虫找到合适宿主寄生，发育成熟，产卵繁殖。具体的生活史过程在各类群中描述。

三、分类

寄生在水生动物上的甲壳类动物主要有桡足类（Copepoda）、鳃尾类（Branchiura）、等足类（Isopoda）、蔓足类（Cirripedia）和十足类（Decapoda）等。

第二节　鱼类寄生桡足类

一、概述

虫体异律分节，分头、胸和腹三部分，体表被覆几丁质，因而在生长过程中存在蜕皮现象。多数种类营自由生活，部分种类营寄生生活，主要寄生鱼类。头部有附肢5～6对，包括触角2对、大颚1对、小颚1～2对和颚足1对。胸部附肢一般6对。腹部一般无附肢，腹部节数随目科而不同。成熟雌体在生殖期具卵囊。尽管一些寄生种类与自由生活种类体型差别大，但是生活史经历的阶段基本相似，如都经历桡足幼体期。

寄生鱼类的桡足类有三个目，即剑水蚤目（Cyclopoida）、鱼虱目（Caligoidea）和颚虱目（Lernaeopodoidea）。寄生部位以身体外部为主，如体表、鳍、鳃、鼻腔、口腔和眼眶，少数寄生体腔。严重寄生者可引起鱼类死亡，造成经济损失。

二、剑水蚤目（Cyclopoida）

1. 剑水蚤目的生物学特征

体型为前宽后细，剑蚤体型。雌雄异体，雌性营寄生生活，大多具1对卵囊，雄虫营自由生活。该目种类一般体表呼吸，但锚头鳋科种类在胸腹部两侧有4对鼓状圆形薄壁区作为呼吸器，称为呼吸窗。食性及取食方式多样，如幼虫以卵黄为营养，桡足幼体期以后的虫体就能以口器撕裂宿主组织或取食表皮细胞和黏液细胞或吸食血液，行肠内和肠外消化。

（1）形态

身体明显分为体前部和体后部，体前部由头部与第一或第一和第二胸节愈合形成，较体后部宽大，形成前宽后细的轮廓。身体分头、胸和腹三部分，头部与前第一、第二胸节愈合成头胸部，游离胸节4～5节，腹部雌性仅4节，雄性5节，最后一游离胸节与腹部组成后部，生殖节位于胸腹部间。两对触角，第一触角短小，第二触角单肢型或双肢型（图9–1）。5对胸肢结构相似，均为游泳足，但寄生种类第五对胸肢为结构简单的单肢或双肢型游泳足（图9–1）。该目种类的体型除了典型的自由生活的剑水蚤体型外，特别提出锚头鳋成虫由于体节愈合，身体拉长扭转，头部长角（图9–2），其形态显得与其他种类存在明显差异，但是其第五桡足幼体以前的幼虫形态仍然是剑蚤体型。所以，剑蚤体型是本目虫体的共有形态特征。

（2）生活史

雌虫寄生鱼体，大于自由生活的雄虫。成熟雌虫产出的卵挂在体后卵囊中，经一段时间孵化出第一无节幼体，第一无节幼体经5次蜕皮成为第一桡足幼体，该过程中虫体逐渐长大，第一桡足幼体经4次蜕皮达到第五桡足幼体，在第五桡足幼体期雌雄交配，终生仅交配一次，再蜕皮一次就成了幼鳋。雄性个体在水中终生营自由生活；而雌性个体遇到合适的宿主就寄生上去一直营寄生生活，发育为成熟雌虫，且不能再离开宿主营自由生活（图9–3）。与此一般情况相比，锚头蚤在生活史上有一些特殊性，主要表现在幼虫寄生在宿主上后，虫体拉长扭转，节间界限变得模糊不清，这是其他剑水蚤目种类不具备的特点。

（3）分类

1）对象：以寄生的雌鳋的形态结构为主，如果发现了雄鳋，就描述，没有发现可以不描述。

2）分类特征：形态结构特征，主要是外部形态结构，如虫体整体形态、头部与胸部的形态

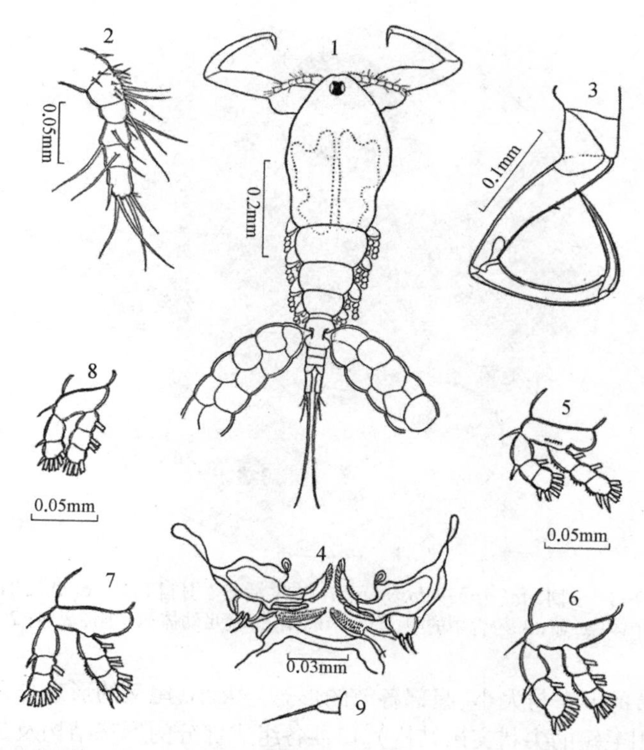

图9–1　固着鳋（*Ergasilus anchoratus*）（引自湖北水生生物研究所，1973）
1. 背面观：头部与第一胸节愈合成头胸部，游离胸节4节，第五胸节特别小，生殖节膨大，背面有裂缝；2. 第一触角；3. 第二触角；4. 口器；5. 第一游泳足；6. 第二游泳足；7. 第三游泳足；8. 第四游泳足；9. 第五游泳足

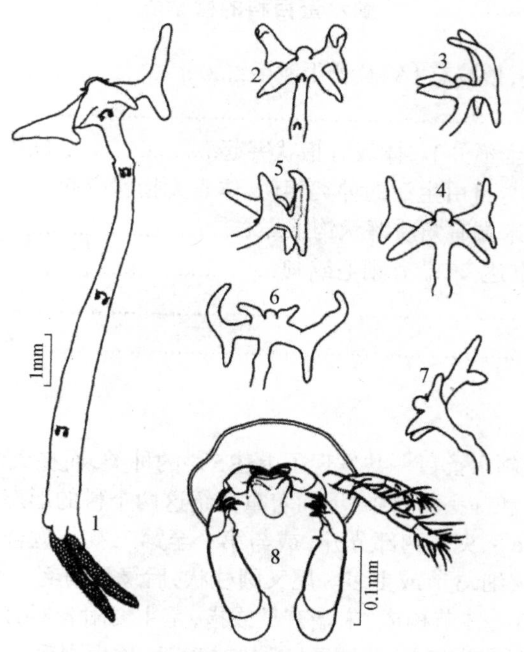

图9–2　鲤锚头鳋（*Lernaea cyprinacea*）（引自张剑英等，1999）
1. 整体观；2 ~ 7. 头部分角的变化；8. 头部附肢

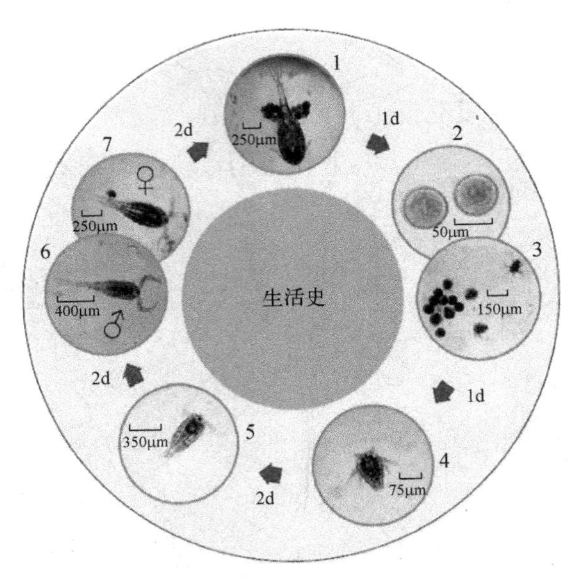

图9–3　剑水蚤（*Apocyclops cmfri*）的生活史（引自LOka et al., 2017）

1. 带卵囊个体；2. 卵；3. 孵育中的卵；4. 无节幼体；5. 桡足幼体；6. 雄性成体；7. 雌性成体

和愈合情况、生殖节的形态与大小、腹部各节的形态与大小、尾叉的形态与大小、各附肢每节上的刚毛和刚刺（比刚毛短的尖状突出结构）、口器各组成部分的形态结构及其上的刚毛数，第一至第四对游泳足的刚毛公式，第五对游泳足的形态及刚毛数和着生位置。

3）本目寄生在我国鱼类有记录的科的检索表（张剑英等，1999）如下。

剑水蚤目科的检索表

1. 第二触角3节，无折叠，顶端有1钩及若干刚毛……锚头鳋科 Lernaeidae
　第二触角折叠……2
2. 身体分节不明显或完全不分节，体表有指状突起……软甲鱼蚤科 Chondracanthidae
　身体分节明显，体型与自由生活的种类相似，体表无指状突起……3
3. 第二触角长，呈臂状，末端有角质镰状钩爪……鳋科 Ergasilidae
　第二触角不如上述发达，末端有刚毛或刺……4
4. 颚足在口之侧……盗鱼蚤科 Bomolochidae
　颚足在口之后……绦刺鱼蚤科 Taeniacanthidae

（4）重要类群

寄生于我国鱼类的剑水蚤目一共发现了上述5科的种类，而在天然水体和水产养殖中常见的重要类群集中在鳋科和锚头鳋科中，下面着重介绍这两个科的形态结构和分类。

1）鳋科（Ergasilidae）：头与胸部分开，或与第一至第二胸节愈合为头胸部，第五胸节有时退化。生殖节小，腹部狭细，3节或更多。尾叉圆柱状，后缘具刚毛。第一触角短小，5节或以上节数组成，第二触角由3～5节构成，末端有爪或指，是主要附着器官。口器不发达，大颚2节，颚片基节有触须，内缘具浅齿。第一小颚小丘状或突起，顶生刚毛。第二小颚顶端具刺。雌性游泳足5对，1～4对双肢型，第五对原始或缺。卵囊圆柱形，显著（图9–4）。

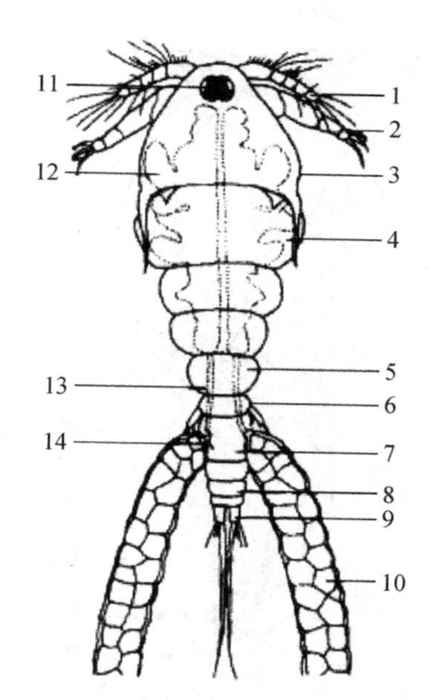

图9–4　鳋的外形图（引自张剑英等，1999）
1. 第一触角；2. 第二触角；3. 头部；4. 第一胸节；5. 第四胸节；6. 第五胸节；7. 生殖节；8. 第二腹节；9. 尾叉；10. 卵囊；11. 中眼；12. 子宫；13. 输卵管；14. 雌孔

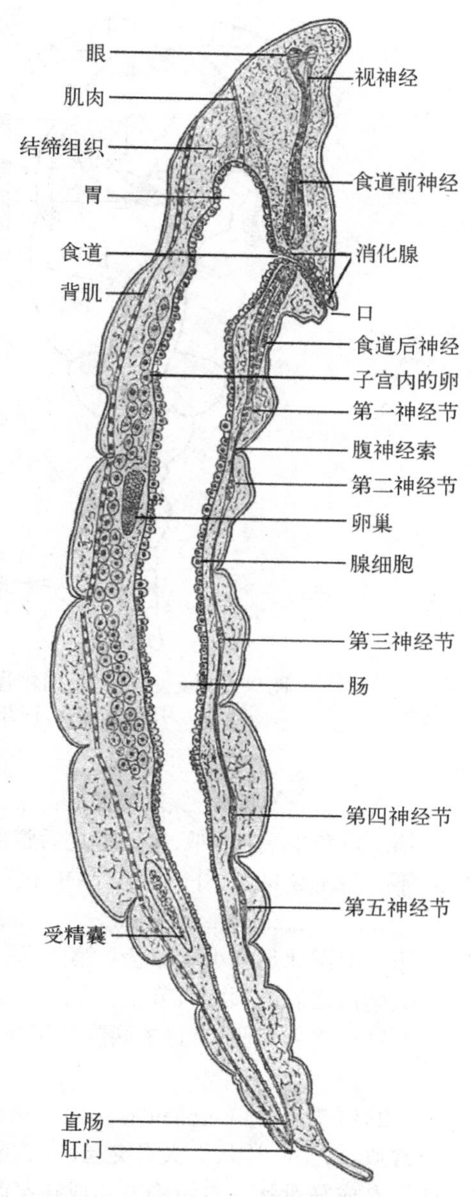

图9–5　鳋纵切面图（示内部器官）
（引自尹文英，1956）

消化系统较简单（图9–5），为一条上宽下窄的管道，口孔位于前端，经短的食道到胃，胃大，向前及两侧分叶，胃后变细为肠，直肠末端以肛门开口于体外。

排泄系统为1对排泄管组成，两管的盲囊始于胃叶两侧，向前盘曲，最后折向第二小颚基部开口（图9–6）。

神经系统为链状神经系统，位于虫体腹面正中，消化管之下，包括4部分，即环绕食道的神经环、食道前神经节、食道后神经节及腹神经节，并有分支通往附肢及全身各部（图9–5）。

生殖系统有雌性和雄性生殖系统，雌性生殖系统包括卵巢、子宫、输卵管和黏液腺与受精囊5部分（图9–7）。生殖孔开口于生殖节背面两侧，裂缝状，卵囊中有多枚卵。雄性睾丸1对，在贮精囊内形成精荚，交配时，雄虫将精荚挂于阴道口。

鳋科分属的检索表（张剑英等，1999）如下。

1. 身体剑蚤型，胸节自前向后逐节变尖削 2
   身体拉长呈圆柱状，胸节向后不变小或稍微收削 4
2. 头与胸部分开，头侧几丁质体壁向后延伸成刺，第二触角末端具3爪，寄生于鱼类鼻孔中

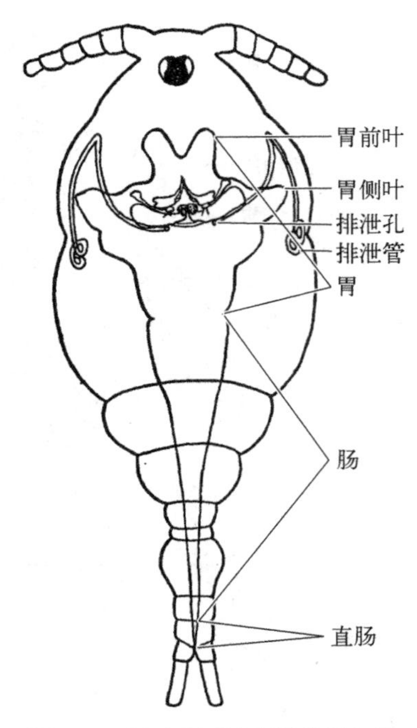

图9–6 鳋腹面观（示消化管和排泄管）（引自尹文英，1956）

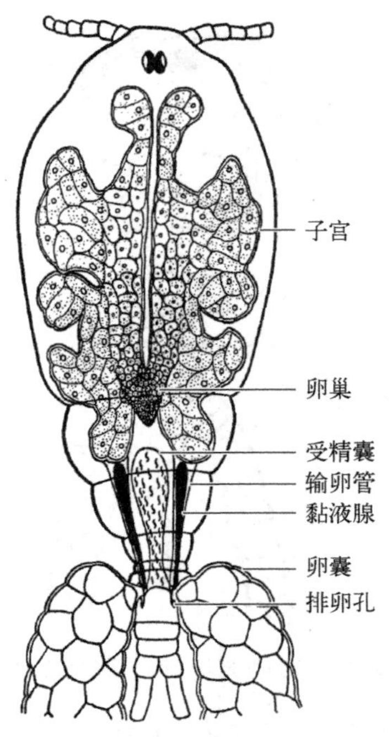

图9–7 鳋背面观（示雌性生殖器官）（引自尹文英，1956）

....三指鳋属 *Paraergasilus*

第二触角末端具1爪，生殖节之后腹部3节 3

3. 第一对游泳足大，外肢第二节向后生有一拇指状突起，基节具三角形结构

....新鳋属 *Neoergasilus*

第一对游泳足大小和形状与第二、第三对相似 ....鳋属 *Ergasilus*

4. 头胸部之后有颈状假节 ....中华鳋属 *Sinergasilus*

头胸部之后无假节，最末两胸节不愈合 ....假鳋属 *Pseudoergasilus*

2）锚头鳋科（Lernaeidae）：锚头鳋虫体细如针，分节不明显，大致可分为3个部分。头胸部通常愈合，呈叶片状。头具突起，有钩或角状突。躯干部分多少有些膨大，笔直或弯成“S”状，或偶有成马靴状。自由胸节变成狭窄圆柱状。尾叉存在，但通常小，甚至缺失。卵囊带状，或短棒囊状，或细长，可直，或弯成稀松团状，或扭弯成有规则的螺旋形。卵粒单行或多行。第1触角节数少；第2触角2～3节，螯状，偶有付缺。眼存在或付缺。1对或2对小腭，偶有发育不全或缺失。大腭尖刺状，无齿。腭足具3～5爪。游泳足3～5对，单肢或双肢型。有时成虫腭足付缺，但在桡足幼体期依然出现。桡足幼体剑水蚤型（图9–8）。

生活史（图9–9）：雌性锚头鳋成熟后向体外排出卵囊，并在水中孵化出无节幼体，无节幼体在水中自由生活，幼体具明显趋光性，能在水中做间歇性游动，蜕皮4次后为第五无节幼体，再蜕皮1次而成为第一桡足幼体。桡足幼体虽能在水中自由游动，但必须到鱼体上作暂时性寄生，从寄主体上摄取营养，否则无法蜕皮，数天后死亡。桡足幼体蜕皮4次后，即为第五桡足幼体。

锚头鳋在第五桡足幼体时进行交配，一生只交配1次。纳精后的雌虫就寻找合适的寄主，

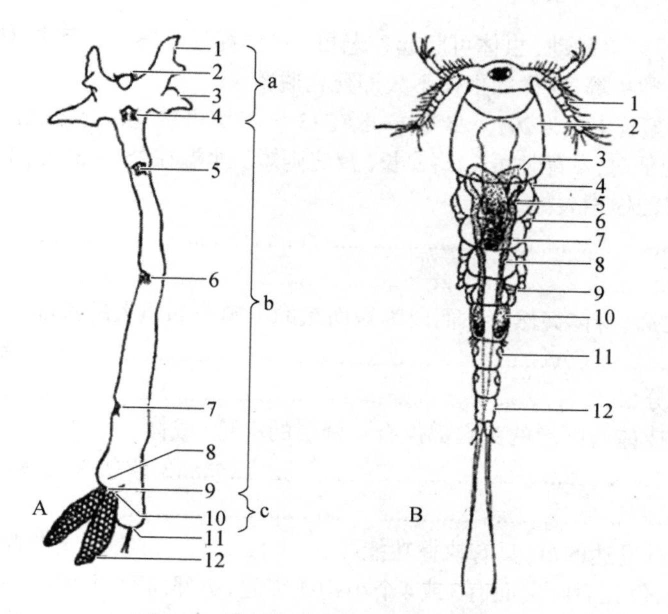

图9–8　锚头鳋（引自张剑英等，1999）

A. 雌体：a. 头胸部；b. 胸部；c. 腹部；1. 腹角；2. 头叶；3. 背角；4. 第一胸足；5. 第二胸足；6. 第三胸足；7. 第四胸足；8. 生殖节前突起；9. 第五胸足；10. 排卵孔；11. 尾叉；12. 卵囊。B. 雄体：1. 第一触角；2. 头胸部；3. 输精管；4. 精子带；5. 精细胞带；6. 增殖带；7. 睾丸；8. 黏液腺；9. 第五胸节；10. 精荚囊；11. 呼吸窗；12. 第三腹节

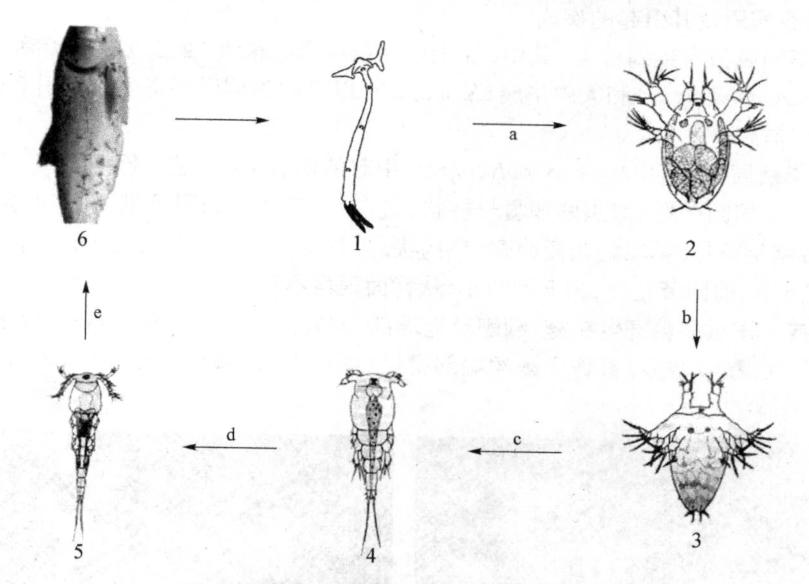

图9–9　鲤锚头鳋（*L. cyprinacea*）的生活史

1. 雌虫；2. 第一无节幼体；3. 第五无节幼体；4. 第一桡足幼体；5. 第五桡足幼体；6. 鲤锚头鳋寄生鱼体表；a. 卵囊孵化；b. 四次蜕皮；c. 一次蜕皮；d. 四次蜕皮；e. 雌虫寄生

行永久性寄生生活，雄虫则自由生活。雌虫把头部钻入寄主组织中，吸收寄主营养，并逐渐长出头角，很快发育成熟，产卵繁殖。

锚头鳋寄生到鱼体后，根据其不同的发育阶段，可将虫体分为“童虫”“状虫”和“老虫”三种形态。“童虫”状如细毛，白色，无卵囊；“状虫”身体透明，肉眼可见体内肠蠕动，在生殖孔处有1对绿色的卵囊，用手触动，虫体可竖起；“老虫”虫体浑浊不透明，变软，体表常着生许多原生动物，如累枝虫、钟虫等，这样的虫体不久即死亡脱落。

锚头鳋的适宜繁殖水温为20～25℃，一般在13～33℃可繁殖，其寿命和发育的长短与水温有很大的关系，水温低时，发育时间长，寿命长；反之则短。水温在25～37℃，平均寿命为20d。

锚头鳋科分属的检索表如下。

1. 头胸部分角发达……………………………………………………………………………………2
   头胸部不分角……………………………………………………………………………………3
2. 第四对游泳足之后，身体突然膨大而成为短而粗的生殖节和粗大的腹部
   ……………………………………………………………………2. 后锚头鳋属 *Opistholernaea*
   无突然膨大部分……………………………………………………………………1. 锚头鳋属 *Lernaea*
3. 不具发达腭足（成体），圆形的头胸部仅有一肾形的小腭（成体）
   ……………………………………………………………3. 假狭腹鳋属 *Pseudolamproglena*
   具腭足……………………………………………………………………………………………4
4. 腭足发达，顶端具发达的爪，具有执握功能……………………………4. 狭腹鳋属 *Lamproglena*
   腭足不甚发达，仅在后叶上面有3或4个小钩或突起，头部向背面翻转
   ……………………………………………………………5. 拟狭腹鳋属 *Lamproglenoides*

2. 主要病原体及其引起的疾病

（1）鳋科致病原及其引起的疾病

鳋科中不同属都有致病种类，其中，在水产养殖中影响最大、最典型的致病种类是鲢中华鳋（*Sinergasilus polycolpus*）和大中华鳋（*S. major*），以它们为例说明寄生鳋类引起的疾病的流行特点与防治措施。

1）鲢中华鳋病：由鲢中华鳋（*S. polycolpus*）引起的疾病又称“翘尾巴病”。

病原体　虫体圆柱形，雌虫两卵囊长柱状，乳白色，整条虫肉眼可见，尤其卵囊最明显（图9–10）。头部略呈菱形，第二触角短而宽，呈钩状，假节弱，位于头部与胸节间，仅在体两侧可见部分，胸节共5节，前四节宽短，第五胸节小，从背面观察不到。

临床病症　该虫多数寄生在鲢、鳙鳃丝近端部，其乳白色的卵囊露出鳃外，肉眼可见，引起鳃丝肿胀、发白、黏液增多，被寄生鳃丝端部腐烂（图9–11）。病鱼消瘦，在水表打转或时而狂

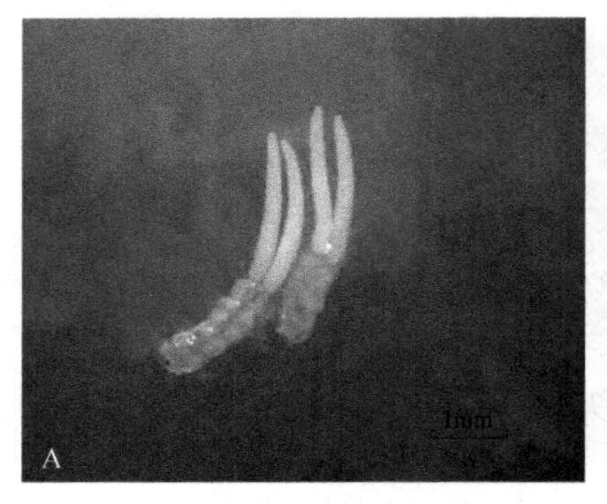

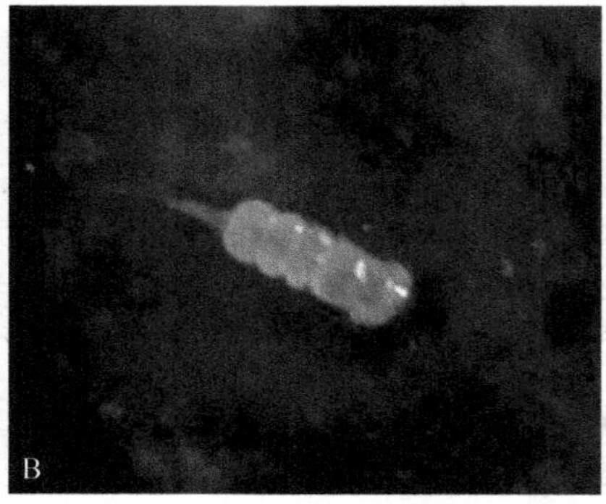

图9–10　鲢中华鳋（*Sinergasilus polycolpus*）（付耀武拍摄）
A. 带卵囊的鲢中华鳋；B. 未带卵囊的鲢中华鳋

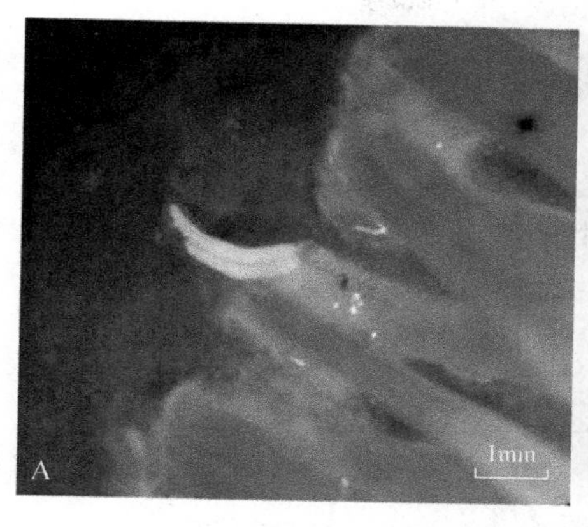

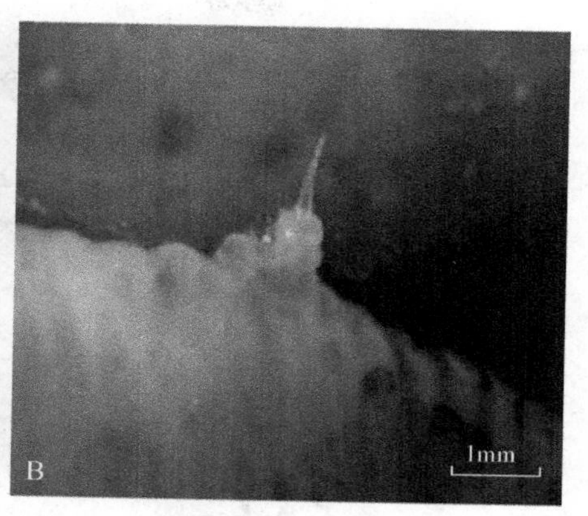

图9–11　寄生在鲢鳃丝上的鲢中华鳋（*S. polycolpus*）（付耀武摄）
A. 带卵囊的鲢中华鳋；B. 未带卵囊的鲢中华鳋

游，有的病鱼在游动中将尾鳍上叶露出水面，因此，该病在浙江绍兴地区又叫“翘尾巴病”。

流行与危害　该虫主要寄生在鲢和鳙的鳃上，在寄生部位由第二触角固着在鳃丝上，也有寄生鳃耙的，损伤鳃组织，妨碍呼吸功能，在养殖水体和天然水库都可见，通常大个体鱼的感染强度更高。分布于东北、山东、长江流域、广东、浙江、四川和云南等地，周年可见，但高温季节感染强度和感染率更高，在广东3～11月可繁殖，12月还有个别虫体带卵囊。

防治措施　用药物杀虫，常用90%的晶体敌百虫或者硫酸铜加硫酸亚铁按照5 ：2组成合剂，兑水全池泼洒，终浓度为0.7mg/L。

2）大中华鳋（*S. major*）病：该病又称鳃蛆病或蛆虫病。

病原体　虫体细长，头部略呈半卵形，位于头部和胸节间的假节显著，略向外凸。第一至第四胸节宽度相等，第四胸节最长大，第五胸节较长，不被第四胸节覆盖。生殖节短小，腹部三节，第一节最长，第三腹节后缘分为二支，尾叉细长。卵囊细长，含卵4～7行（图9–12）。

生活史　寄生在鱼鳃上的都是雌虫，寄生前，在水中与雄虫已经完成交配，寄生后，产卵，繁殖季节4～11月，卵进入水体孵化，成为无节幼虫；经过4次蜕皮后成为桡足幼体，再经过4次蜕皮后形成幼鳋；之后雌虫又在鳃上寄生，如此反复，周而复始（图9–13）。

临床病症　鳃丝末端肿胀，腐烂，黏液多，虫体白色露出鳃丝末端。病鱼消瘦，病鱼血红蛋白含量及红细胞比积等值都低于健康鱼，白细胞数量比健康鱼的高，嗜酸性粒细胞数量明显减少，中性粒细胞和单核细胞数量增多。鳃组织中有大量嗜酸性粒细胞浸润。

流行与危害　该虫寄生在草鱼、青鱼、赤眼鳟和鲦等鱼的鳃丝末端内侧，虫体及其卵囊呈白色，部分虫体露出鳃丝末端，像苍蝇幼虫蛆，故称蛆虫病。虫体造成鳃丝末端受损，黏液分泌增多，影响呼吸功能。病鱼血红蛋白含量及红细胞比积等值都低于健康鱼，白细胞数量比健康鱼的高，嗜酸性粒细胞数量明显减少，中性粒细胞和单核细胞数量增多。鳃组织中有大量嗜酸性粒细胞浸润。此病分布广泛，从黑龙江到广东都有分布。在广东3～11月是该虫的繁殖季节，而5～9月最流行。

防治措施　用生石灰清塘，杀灭虫卵和幼体，预防疾病发生。治疗用90%的晶体敌百虫或者硫酸铜加硫酸亚铁按照5 ：2组成合剂，兑水全池泼洒，终浓度为0.7mg/L。

（2）锚头鳋科致病原及其引起的疾病

锚头鳋科致病种类多，其中，在水产养殖中比较典型的致病种类是鲤锚头鳋（*L.*

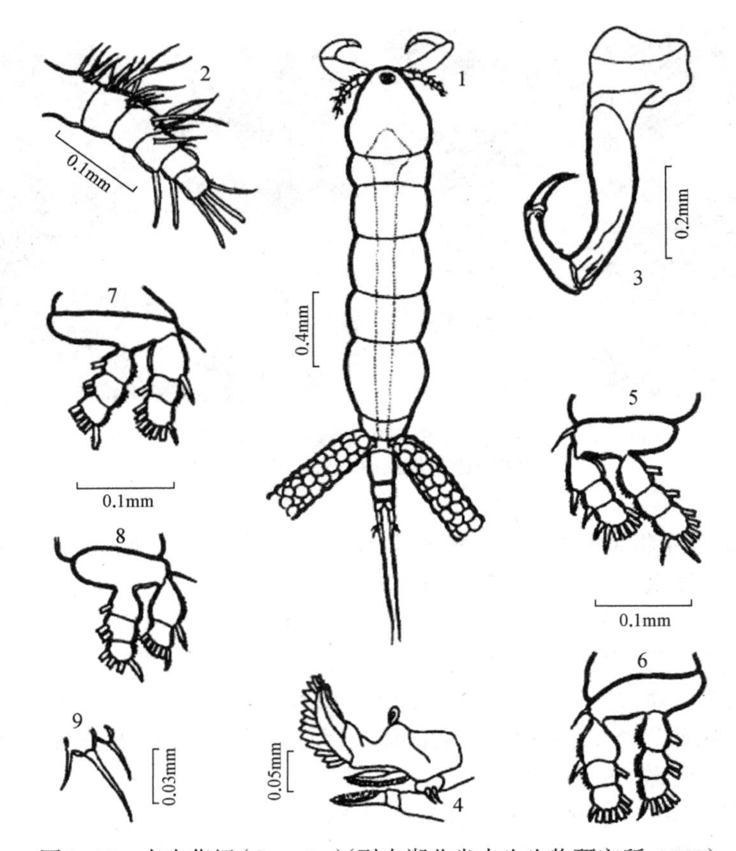

图9–12　大中华鳋（*S. major*）（引自湖北省水生生物研究所，1973）

1. 背面观；2. 第一触角；3. 第二触角；4. 口器（一半）；5. 第一游泳足；6. 第二游泳足；7. 第三游泳足；8. 第四游泳者；9. 第五游泳足

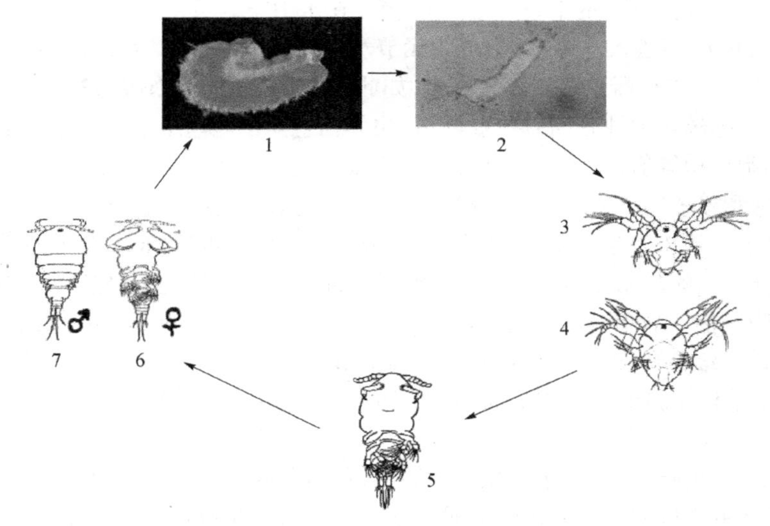

图9–13　中华鳋生活史

1. 寄生于鳃丝末端的中华鳋；2. 成熟的中华鳋；3. 第一无节幼体；4. 第二无节幼体；5. 桡足幼体；6. 雌虫腹面观；7. 雄虫背面观

cyprinacea)，以其为例说明寄生锚头鳋引起的疾病的流行特点与防治措施。

1）鲤锚头鳋病：由鲤锚头鳋引起的疾病，又称“针虫病”或“铁锚虫病”。

病原体　鲤锚头鳋虫体细长，长约1cm，肉眼可见，体节融合成筒状，头胸部长出头角，形似铁锚，胸部细长，自前向后逐步扩宽，每节间有1对双肢型游泳足（图9–14）。

图9–14　鲤锚头鳋（*L. cyprinacea*）（引自汪开毓等，2012）

临床病症　锚头鳋头部插入鱼体肌肉、鳞下、鳍条等部位，身体大部露在鱼体外部且肉眼可见，犹如在鱼体上插入小针，固又称为“针虫病”（图9–15，图9–16），患病鱼常呈食欲减退、烦躁不安、行动迟缓、身体瘦弱等病态。

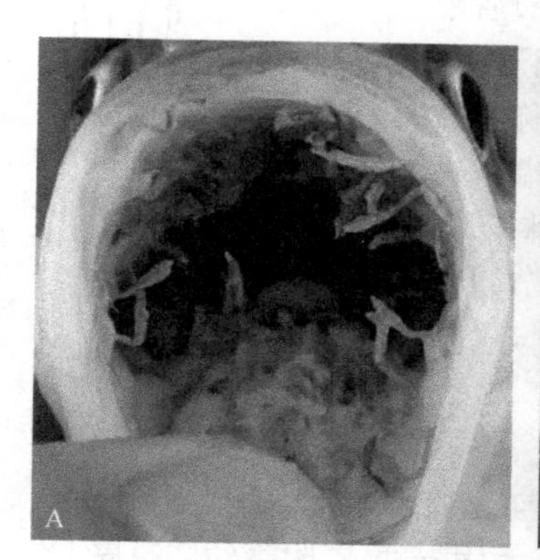

图9–15　寄生在鱼体不同部位的鲤锚头鳋（*L. cyprinacea*）
A. 寄生在翘嘴鲌口腔；B. 寄生在鲈尾部

图9–16　草鱼体表寄生锚头鳋脱落后形成“蛀鳞”

流行与危害 该虫流行范围广、流行季节长，危害的主要养殖鱼类有草鱼、鲫、鲤、白鲢、鳙、团头鲂、鲌、鳜、乌鳢等。锚头鳋在12～33℃的水温均能繁殖，在该水温范围内此病均能流行，鲤锚头鳋可感染不同规格的淡水鱼类，其中特别对鱼种危害最大，仅有少量虫体寄生即能引起鱼种死亡，对2龄以上的鱼虽不引起大量死亡，但影响鱼体生长、繁殖及商品价值。

防治措施 防治锚头鳋病的化学药物主要有：4.5%氯氰菊酯溶液、40%辛硫磷溶液、8%氰戊菊酯溶液、90%晶体敌百虫等，配合使用硫酸亚铁有增效作用。

目前已发现贯众、仙鹤草等中草药部分活性部位对防治锚头鳋病有一定效果。

三、鱼虱目(Caligoidea)

1. 鱼虱目的生物学特征

雌雄性形态相似，成虫几乎全部寄生于鱼类，主要寄生于海水鱼类，仅极少数寄生于其他水生动物，如环节动物、软体动物和两栖类等。

(1)形态

该目不同类群的虫种在形态上差异大，身体一般盾甲状或蠕虫状。头部与1～3胸节愈合为头胸部，卵圆形，背腹扁平。头胸部前端额板上一般有两个吸附器官，称为前月面，有的种类缺。头胸部中央背部有1个眼。后端中央部为中叶，两侧突出部分为侧叶。边缘膜透明状。胸部分节不完全，第四胸节小。生殖节膨大，但小于头胸节。腹部一般狭小，由4节组成，尾叉形状多样，末端具刚毛(图9–17)。

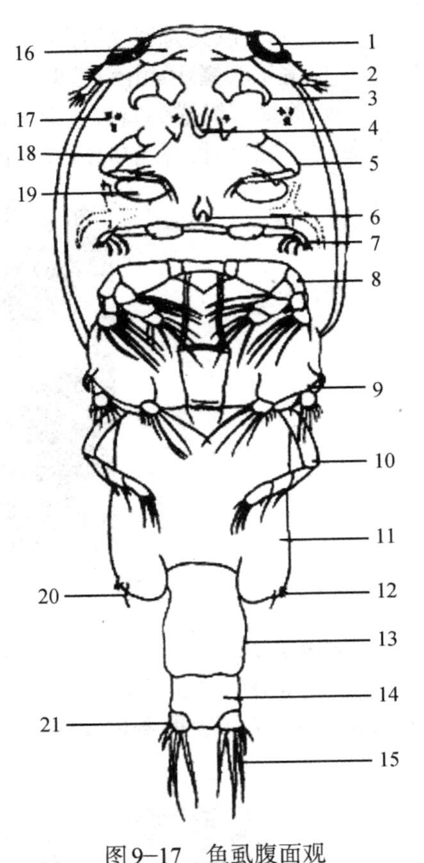

图9–17 鱼虱腹面观
(仿宋大祥和匡溥人，1980)
1. 前月面；2. 第一触角；3. 第二触角；4. 口管；5. 第一颚足；6. 胸叉；7. 第一胸足；8. 第二胸足；9. 第三胸足；10. 第四胸足；11. 生殖节；12. 第五胸足；13. 第一腹节；14. 第二腹节；15. 尾刚毛；16. 额板；17. 第一小颚；18. 第二小颚；19. 第二颚足；20. 第六胸足；21. 尾叉

(2)生活史

带状卵囊，卵孵出无节幼体，蜕皮一次变为第二期无节幼体，再蜕皮为桡足幼体(图9–18)。蜕皮一次后，成为附着幼体，附着幼体蜕皮3次，共4期，第4期幼体(性已分化)蜕皮进入成体前期。此时雄性已经性成熟，但雌性尚未完全成熟。两性交配后，可营短期自由生活，再寻找宿主(华鼎可，1965)。从桡足幼体开始就可行寄生生活。

(3)分类

我国发现5科，检索表(张剑英等，1999)如下。

1. 头胸部呈盾状，胸足发达，雄体与雌体大小近似……2
   头胸部不呈盾状，胸足退化，雄体小于雌体，但不变成矮雄……4
2. 头胸部与前3～4个胸节愈合，额板与头胸甲愈合……鱼虱科 Caligidae
   头胸部只与前1或2个胸节愈合……3
3. 头胸部与前2个胸节愈合，额板游离……将鱼虱科 Pandaridae
   头胸部与前1个胸节愈合……对鱼虱科 Dissonidae

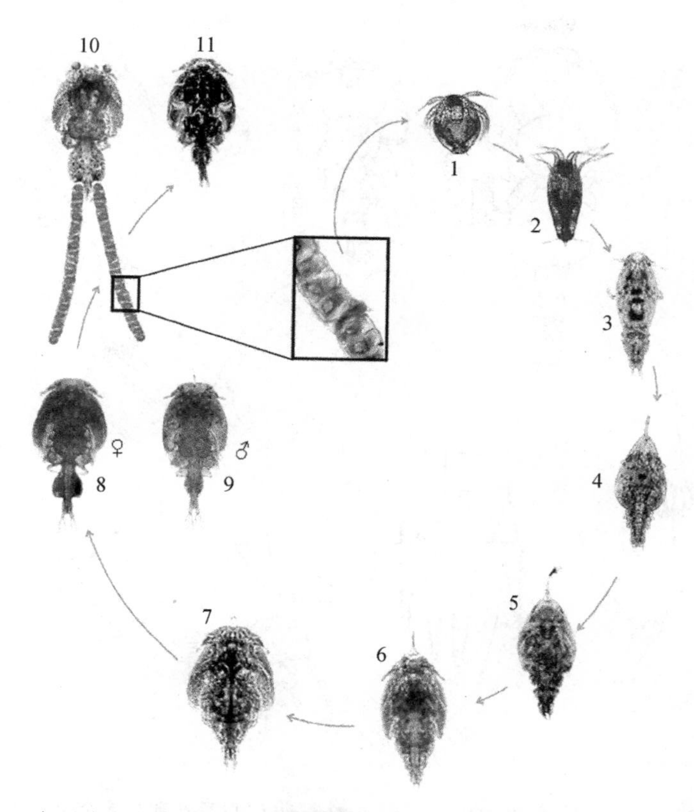

图9-18 鱼虱(*Caligus rogercresseyi*)的生活史(引自Gonzalez & Carvajal,2003)
1. 第一期无节幼体; 2. 第二期无节幼体; 3. 桡足幼体; 4. 第一期幼体; 5. 第二期幼体; 6. 第三期幼体; 7. 第四期幼体; 8. 成体前期(雌); 9. 成体前期(雄); 10. 成体(雌); 11. 成体(雄)

4. 躯干部有扁平或翼状突起..花瓣鱼虱科 Anthosomatidae
躯干部无扁平或翼状突起 ....双螯鱼虱科 Dichelesthiidae

2. 主要病原体及其引起的疾病

主要引起海水鱼疾病,我国常见由寄生鱼虱引起养殖海水鱼疾病的种类并不多,已报道的主要有鱼虱科的种类,即鱼虱病。

(1)病原体

南海鱼虱(*Caligus nanhaiensis*),雌体一般较雄体长,雌虫长2.56(2.41 ~ 2.73)mm,雄虫长1.75(1.63 ~ 1.80)mm。头胸甲长与宽大小相近,呈圆形。额板较发达。第四胸节宽短。生殖节近圆形,前端圆弧形,后端近平削。第一触角短,2节。第二触角基节宽大。第一胸足基肢方形,较粗大。第二、三胸足双肢型,第四胸足单肢型(图9-19)。

(2)临床病症

病鱼瘦弱,鳃丝苍白,黏液增多,严重时,表面密布出血点。鳃丝末端多数仅见软骨,上皮细胞缺损。患病鱼烦躁不安,常跳出水面,或间歇性在水面急游,有时可见患病鱼在网片摩擦,呼吸急促。病鱼红细胞数减少和血清钙浓度明显增加。

(3)流行与危害

流行时间为5 ~ 10月,7、8月最严重,25 ~ 30℃为适宜流行水温。寄生于鱼鳃和体表,破

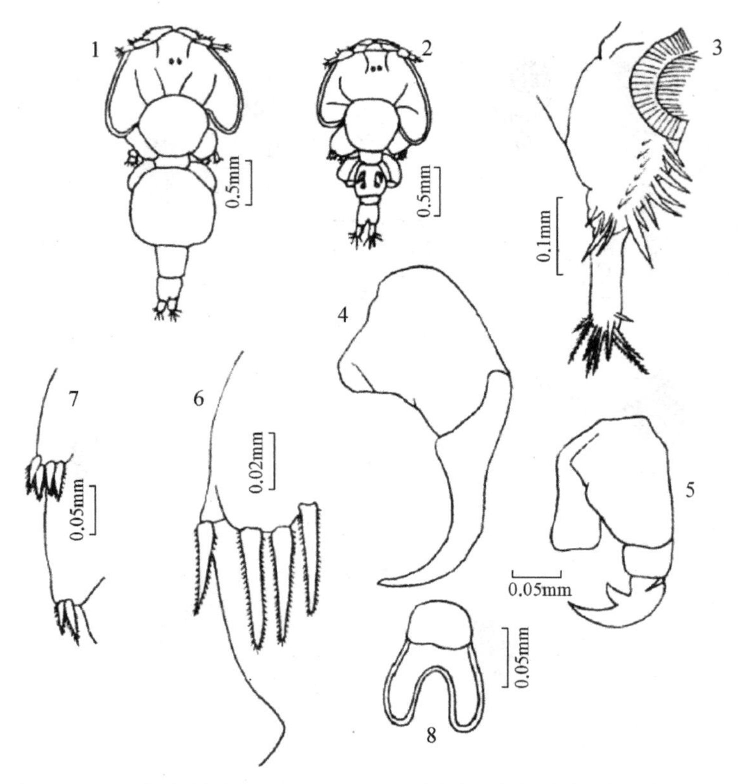

图9–19 南海鱼虱（*Caligus nanhaiensis*）（引自吴灶和和潘金培，1997）
1. 雌虫背面观；2. 雄虫背面观；3. 第一触角（右）；4. 雌虫第二触角（右）；5. 雄虫第二触角（右）；6. 雌虫第五、六游泳足（右）；7. 雄虫第五、六游泳足（右）；8. 胸叉

坏寄生部位组织，妨碍呼吸和损伤体表，红细胞减少，进一步加重呼吸困难。

（4）防治措施

用90%晶体敌百虫0.2 ～ 0.5mg/L全池遍洒，或用淡水浸泡一定时间（具体时间长度依据鱼的耐受力而定）。

四、颚虱目（Lernaeopodoidea）

1. 颚虱目的生物学特征

成体雌虱个体大，体不分节，略呈囊状或蠕虫状。由头胸部与躯干部组成。大颚呈刺针状，位于口管内。胸足完全丧失游泳作用。雄虫小，附于雌体上。雌虫寄生于海产鱼类，有一部分寄生于淡水鱼。重要科有颚虱科（Lernaeopodidae Olsson，1869）。

（1）形态

雌虫固着寄生。雌虫头与胸部分离，具一长颈部，躯干一般不分节；第一触角短，不分节或分节少，第二触角双肢型，极少单肢型，上下唇延长成具毛边的吸管，大颚具齿，小颚退化，呈须状（图9–22 ～图9–24）；第一颚足特化成一附着器官，通常在末端联合并与一蘑菇状泡愈合，第二颚足一般具执握力，末端具爪；无游泳足；卵囊大，卵多列（图9–20）。雄虫体小，附于雌体上，并能在雌体上自由移动，头部一般与躯干部分离，躯干部分节数比雌体多，一般有尾叉，小颚与雌虫相似，第一颚足大而有力，第一、二对游泳足有时可见于成体，但已退化，无功能。

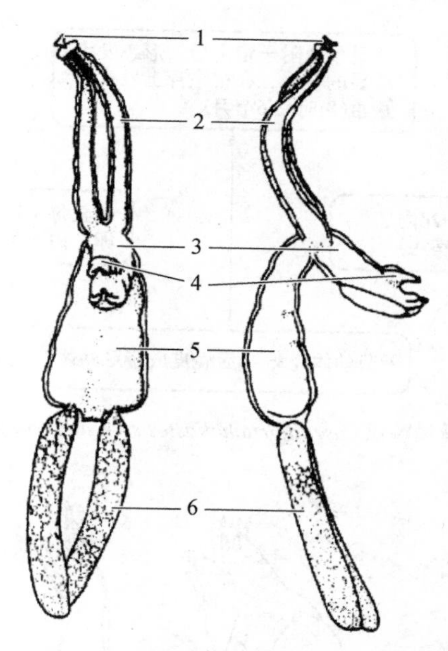

图9–20　鳐伪蓝颚虱（*Pseudocharopinus markewitschi*）（仿张剑英等，1999）
1. 蘑菇状泡；2. 第一颚足；3. 头胸部；4. 第二颚足；5. 躯干部；6. 卵囊

（2）生活史

以寄生于中华鲟、白鲟的长江拟马颈颚虱（*Pseudotracheliastes soldatovi yangtzensis*）为例，阐述这类寄生虫的生活史（图9–21 ～图9–23）。在适宜水温下，雌虱每隔1 ～ 2min排1个卵，由卵孵出无节幼体（低于12℃和高于30℃，均难孵出无节幼体），经2 ～ 4h后蜕皮成桡足幼体。桡足幼体具第一触角、第二触角，并有大颚与小颚及2对颚足，额丝盘曲成6圈左右。桡足幼体1 ～ 2d找不到宿主就会自行死亡。幼体附于宿主后，头胸节合并，自由胸节游泳足及腹部尾叉退化，形成躯干部分，整个外形似一粒米状。第一颚足两臂合并于一短柄，钻入宿主组织内，以后逐渐形成五角星形的固着器（蘑菇状泡）。发育为成虫需4 ～ 6个月。

（3）分类

颚虱科在我国常见有11属，即马颈颚虱属（*Tracheliastes*）、拟马颈颚虱属（*Pseudotracheliastes*）、游臂颚虱属（*Nectobranchia*）、拟臂颚虱属（*Parabrachiella*）、近臂颚虱属（*Epibrachiella*）、菱颚虱属（*Thysanote*）、伪蓝颚虱属（*Pseudocharopinus*）、类柱颚虱属（*Clavellodes*）、臂颚虱属（*Brachiella*）、似柱颚虱属（*Clavellopsis*）和上斧颚虱属（*Epiclavella*），其中，马颈颚虱属（*Tracheliastes*）和拟马颈颚虱属两属的种类主要寄生于淡水鱼，其余属的种类主要寄生于海水鱼。

2. 主要病原体及其引起的疾病

颚虱目种类的雌虫多数寄生于海水鱼，少数寄生于淡水鱼。引起海水鱼黑鲷疾病的长颈类柱颚虱，以及寄生于白鲟和生活在淡水阶段的中华鲟的长江拟马颈颚虱，前面已经介绍了长江拟马颈颚虱的生活史。下面介绍类柱颚虱病的病原体、临床病症、流行与危害及防治措施。

（1）病原体

长颈类柱颚虱（*Clavellodes macrotrachelus*）。

雌体长1.8 ～ 2.2mm。头胸部甚长，弯向背面（图9–24）。背面观躯干部后端的宽度稍大

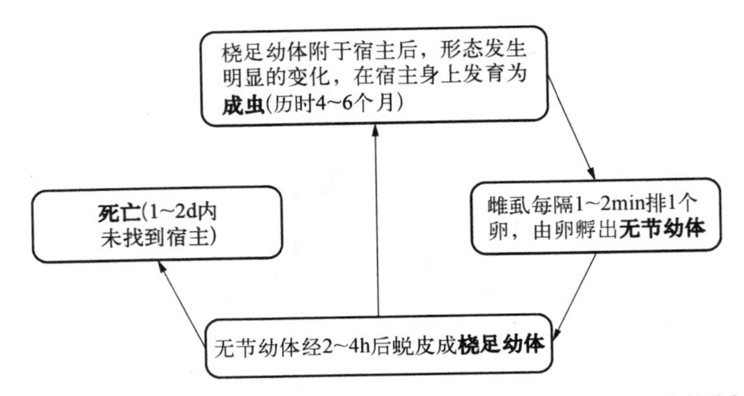

图9–21　长江拟马颈颚虱(*pseudotracheliastes soldatovi yangtzensis*)的生活史

图9–22　长江拟马颈颚虱(*Pseudotracheliastes soldatovi yangtzensis*)雌体(引自陈锦富和叶锦春,1983)
1. 整体腹面观; 2. 第一触肢; 3. 第二触肢; 4. 口管(腹面观); 5. 小颚; 6. 大颚; 7. 第一颚足合并于一短柄及五星骨泡; 8. 第二颚足; 9. 生殖器官; 10. 头胸部背面观; 11. 寄生在咽上的情况; 12. 头部腹面观

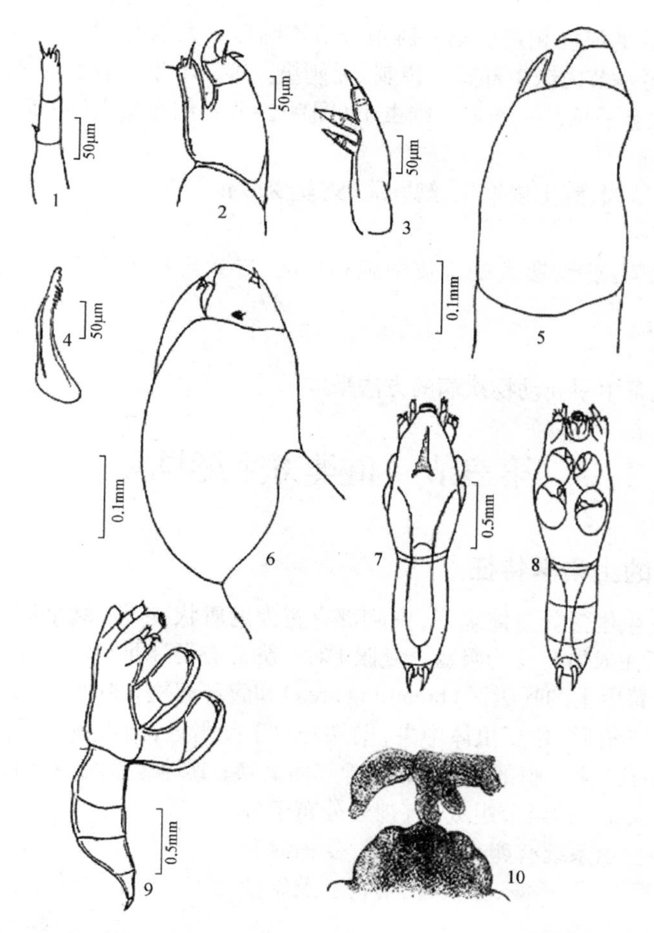

图9–23　长江拟马颈颚虱（*P. soldatovi yangtzensis*）雄体（引自陈锦富和叶锦春，1983）
1. 头部腹面观；2. 第一触肢；3. 第二触肢；4. 小颚；5. 大颚；6. 第一颚足；7. 第二颚足；8. 整体背面观；9. 整体腹面观；10. 雄体附着在雌体肛门锥上的情况

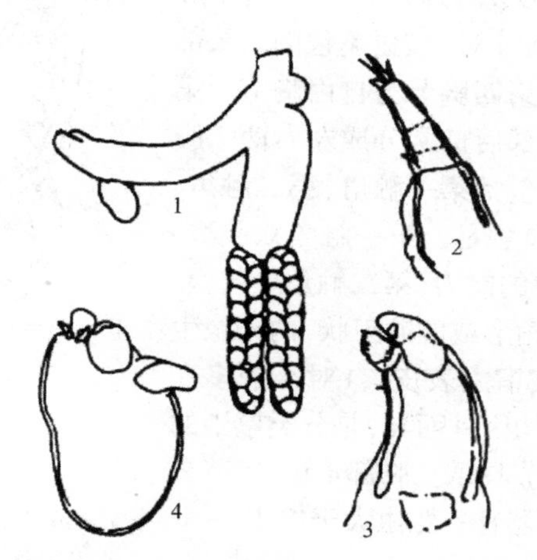

图9–24　长颈类柱颚虱（*Clavellodes macrotrachelus*）（引自张剑英等，1999）
1. 雌体侧面观；2. 第一触角；3. 第二触角；4. 雄体右侧观

于前端，侧面观前后的厚度相近。第一触角分节不明显。大颚有8齿，小颚末端2分叉。第一颚足合并，第二颚足基节内缘中部有一锐刺，无刺垫。第二节中部有1小刺，内缘末端约有6个小刺排成1列，末端有一爪及一副爪。雄虫小（图9–23），长约为雌虫的1/5。

（2）临床病症

病鱼鳃丝末端缺损，鳃上皮增生，鳃肿胀、鳃丝变形和贫血。

（3）流行与危害

该虫寄生于黑鲷鳃上，吸食鳃上皮细胞和血液，导致鳃丝末端缺损。适宜的流行水温为15 ～ 20℃。

（4）防治措施

参考防治其他寄生甲壳动物疾病的方法采取措施。

第三节　鱼类寄生鳃尾类

一、鳃尾类的生物学特征

鳃尾类全营寄生生活。身体扁平，头胸部有宽大的盾状背甲。胸部第一节常与头部愈合，腹部不分节。小颚在成体时变为吸盘。复眼1对。胸部有游泳足（胸足）4对，双肢型。口器管状。消化道管状；背甲上的呼吸区（breathing area）和腹部起主要呼吸作用，其余部分的表皮也有呼吸功能；心脏三角形，位于虫体中央，前端开口于眼附近，血液流向身体前部，经背甲两侧向后到腹面中央小孔，流入腹部，在腹部进行气体交换；其神经系统由绕食道的神经环和向后伸的腹神经索，以及6个神经节组成，有神经分布于各个组织器官；雌性生殖系统有卵巢、输卵管、受精囊和副性器官，雄虫有睾丸、贮精囊、输精管、射精管及副性器官。

1. *形态*

身体大而扁平，分头、胸、腹三部分（图9–25 ～图9–27）。头部两侧向后延伸形成马蹄状的背甲，背甲腹缘倒生无数小刺，头部具复眼1对，被血窦包围。头部常与第一胸节愈合，第二至第四胸节为自由胸节。第五、六胸节与腹部愈合。腹部后部常分成左右两个腹叶。尾叉很小。附肢5对。包括第一触角、第二触角、大颚、第一小颚、第二小颚及颚足。第一触角双肢型，基部粗壮，具钩或刺，有执握的能力，第二触角单肢型。上、下唇形成口管。大颚三角形或阔镰刀状，内外缘生有大小不一的锯齿，能撕破宿主表皮。1对小颚多变为吸盘位于口管两侧，其结构因种而异，是分类鉴别的结构。颚足由5节构成，末节具爪。胸部4节，每节具足1对，双肢型，为主要运动器官。雌虫大于雄虫。

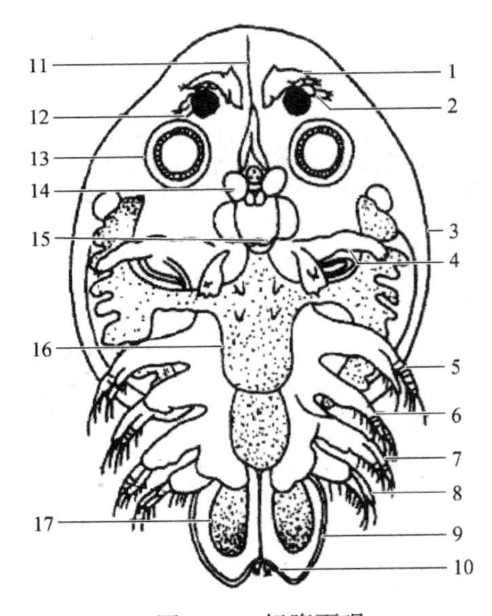

图9–25　鲺腹面观

（仿宋大祥和匡溥人，1980）

1. 第一触角；2. 第二触角；3. 背甲；4. 颚足；5. 第一胸足；6. 第二胸足；7. 第三胸足；8. 第四胸足；9. 腹部；10. 尾叉；11. 口刺；12. 复眼；13. 吸盘；14. 单眼；15. 口；16. 肠；17. 睾丸

2. *生活史*

雌虫产卵于水中的植物、石块、木桩等固体上，卵的

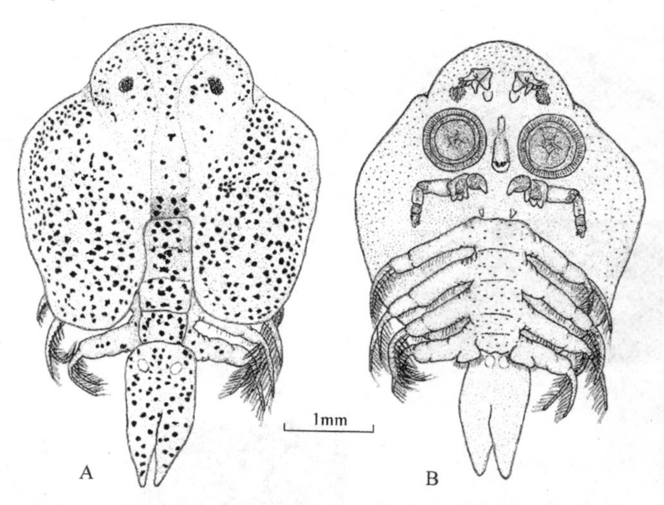

图9–26　黑点鲺(*Argulus melanostictus*)雌性成体(Benz et al., 1995)
A. 背面观；B. 腹面观

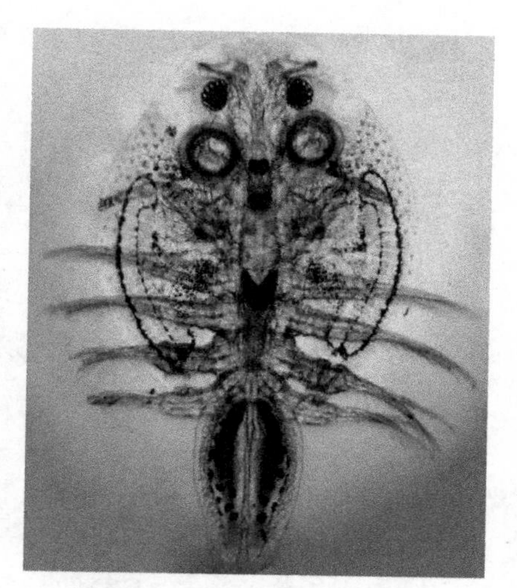

图9–27　显微镜下观察到的鲺

排列形式因种而异。孵出的幼体大小约0.5mm，形态类似成虫，经几次蜕皮长大而成成虫，第三期幼体的小颚开始形成吸盘原基，至第六期幼体时，小颚明显特化成吸盘，至第七期幼体，体形与成体相似，小颚完全特化成吸盘(图9–28)。寿命一般1～3个月，与水温有关。孵出的鲺幼体在48h内找不到宿主就会自行死亡。

3. 分类

寄生于海淡水鱼类体表的鲺目(Argulidea)鲺科(Argulidae)中的种类，该科在我国仅记载1属，即鲺属(*Argulus*)。我国已记载该属种类十多种，如中华鲺(*A. chinesis*)、喻氏鲺(*A. yuii*)、大鲺(*A. major*)、日本鲺(*A. japonicus*)、椭圆尾鲺(*A. ellipticaudatus*)等。

二、主要病原体及其引起的疾病

1. 鲺病(arguliosis)

(1)病原体

常见有日本鲺(*A. japonicus*)、椭圆尾鲺(*A. ellipticaudatus*)、喻氏鲺(*A. yuii*)、大鲺(*A. major*)。以日本鲺(*A. japonicus*)和椭圆尾鲺(*A. ellipticaudatus*)为例，说明其主要特征。

1)日本鲺(*A. japonicus*)：活体时透明，与宿主体色相似，呈淡灰色(图9–29)。雌虫稍大于雄虫，雌虫全长3.78～8.3mm，雄鲺2.7～4.8mm。背甲近圆形，侧叶末端钝圆，达第三对胸足后缘。呼吸区前部呈卵圆形，后部大，呈肾形。第一和第二对胸足有鞭。雄性副器官结构为第四游泳足的“栓”，顶端有4个突起，形似“佛手”，其腹面着生1根粗大的棒状分支，向内下侧斜行。第二至第三对胸足的底节和基节后缘无刚毛为该虫特点。卵基本上排成2纵列。

2)椭圆尾鲺(*A. ellipticaudatus*)：活体透明，淡嫩绿色。雌虫体长2.6～5.6mm。背甲近圆形，额板向前突出成弧形，侧叶末端可达腹面前端1/3处。呼吸区前部三角形，后部肾形。腹部为宽大于长的椭圆形。腹叶末端钝圆，边缘有小刺。前二对胸足具鞭(图9–30)。

(2)流行与危害

虫体取食时用口刺和大颚，刺伤或撕破宿主皮肤，形成许多伤口，导致细菌病原继发感染，

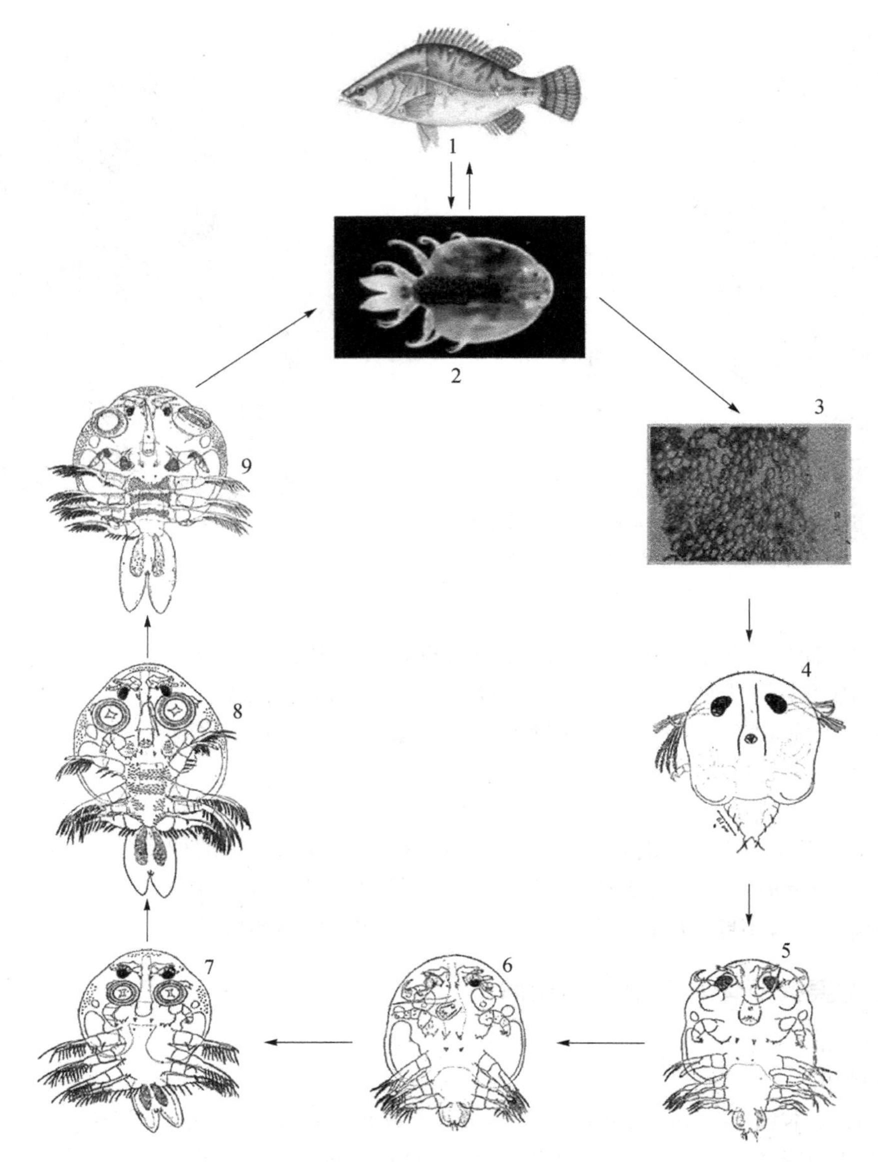

图9–28　鲺的生活史

1. 患有鲺病的鳜鱼；2. 雌性成虫；3. 卵；4. 第一期幼虫；5. 第二期幼虫；6. 第三期幼虫；7. 第五期幼虫；8. 第六期幼虫；9. 第七期幼虫

引起死亡。全国各地，从南到北均可发生，南方周年可流行，长江流域6 ～ 8月流行，江浙地区4 ～ 10月流行。

（3）临床病症

患病鱼体表和鳃上有寄生鲺，鱼体消瘦，狂躁不安，时而跃出水面（图9–31）。

（4）防治措施

彻底清塘，起到预防作用；发生鲺病后，用90%晶体敌百虫溶于水中全池泼洒，使池水终浓度达到0.3 ～ 0.7mg/L，连用3 ～ 5d。

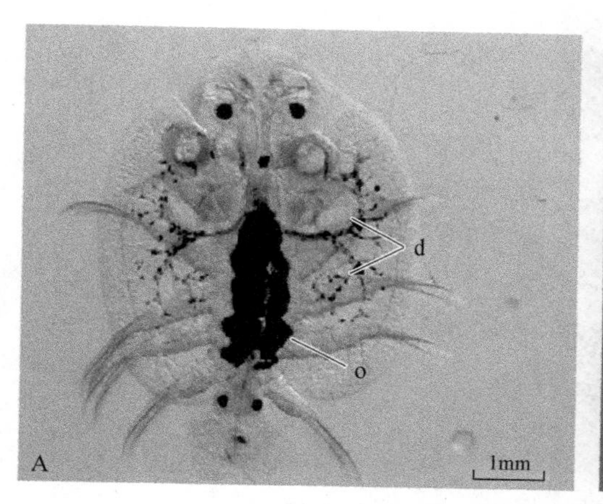

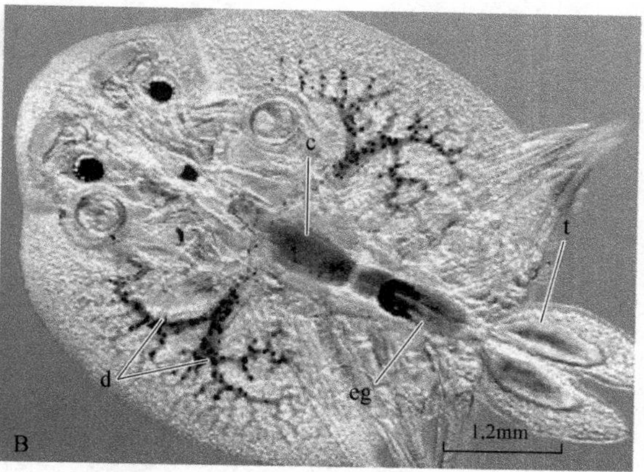

图9–29　日本鲺（*A. japonicus*）的立体显微图（引自Walker et al., 2011）
A. 雌体；B. 雄体；d. 肠憩室；o. 卵巢；c. 前肠；t. 睾丸；eg. 后肠

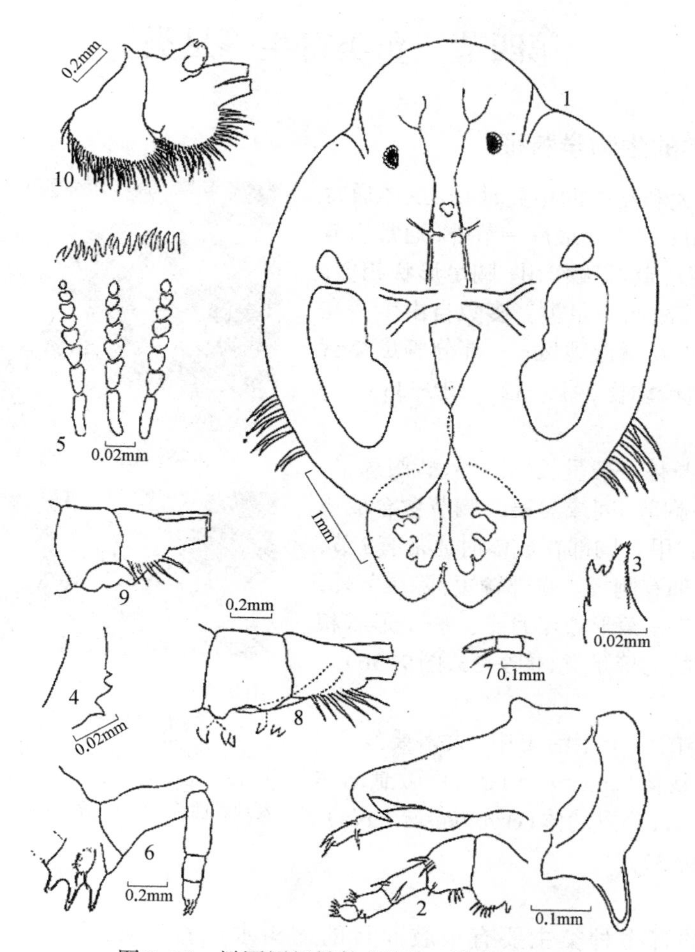

图9–30　椭圆尾鲺雄体（引自王耕南，1960）
1. 背面观；2. 第一、二触肢；3. 大颚；4. 上唇；5. 小颚；6. 颚足；7. 第一游泳足的内肢；8. 第二游泳足；9. 第三游泳足；10. 第四游泳足

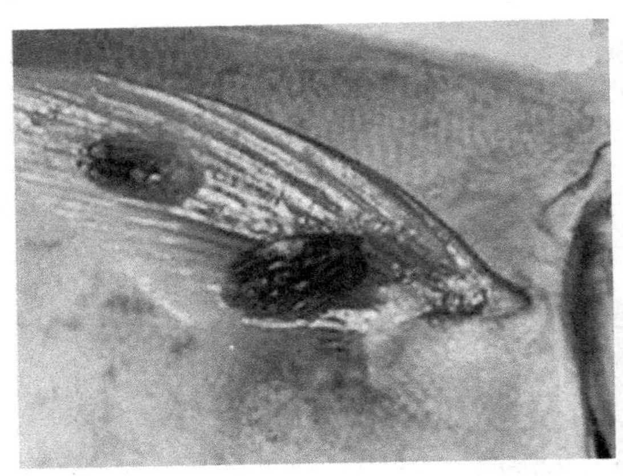
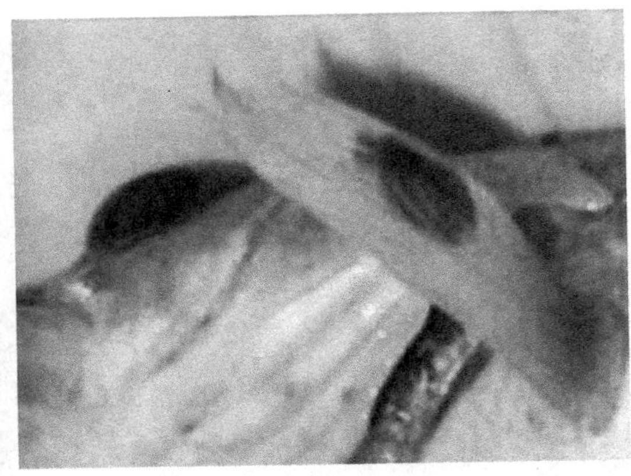

图9–31　寄生在不同鱼类鳍部的鲺（引自Bottari et al., 2017）

第四节　鱼类寄生等足类

一、等足类的生物学特征

等足类是较大和高等的甲壳动物，虫体通常背腹扁平，无背甲；腹部除最后一节外，通常每节具1对双肢型附肢，起呼吸作用；胸足形状相似，主要为爬行作用，故叫等足类。多数自由生活在海中，也有在淡水及潮湿地区；一部分等足类营寄生生活，危害水产动物（图9–32～图9–34）。

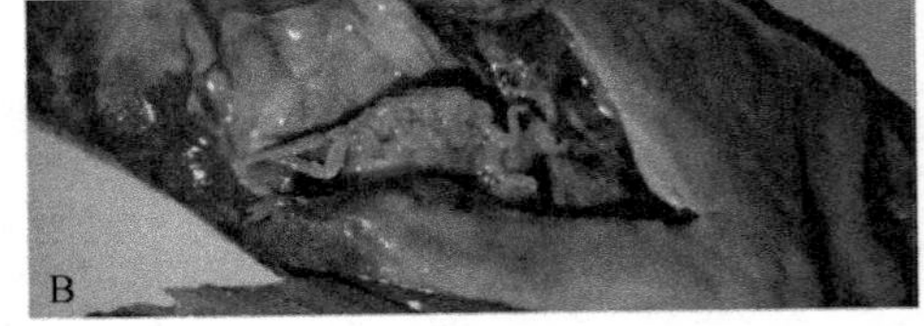

图9–32　患有普约河虱（*Riggia puyensis*）病的毛口鲶鱼（*Chaetostoma breve*）（引自Rodríguez-Haro et al., 2017）

A. 在寄主左侧胸鳍部位有开口；B. 切开寄生部位发现雌性普约河虱（*R. puyensis*）

1. 形态

等足目动物身体一般呈长椭圆形，背腹扁平。头部通常与第一胸节，间或与第二胸节愈合成头胸部，但不具头胸甲。胸部在成体时通常有7节，有些类群胸甲侧部有侧板。腹部较短，除尾节外，一般分6节。尾节三角形或半月形。胸足形状相似，为爬行器官，故为等足类（图9–35，图9–36）。

2. 生活史

在寄生种类的整个生活史中，大多要经历3种幼体型，寄生幼体（epicardan larva）、微虱幼体（microniscus larva）、隐虱幼体（cryptoniscs larva），再变为成虫（图9–37）。

3. 分类

等足目中的寄生种类主要有扇肢亚目的缩头水虱科（Cymothoidae），以及寄生亚目（Epicaridea）的鳃虱总科（Bopyroidea）和隐虱总科（Cryptoniscoidea）。扇肢亚目的缩头水虱科主要寄生脊椎动物鱼类。寄生亚目主要寄生于甲壳动物，该亚目的雌性个体体型变化较

图9–33　*Elthusa sacciger*（寄主为*Syaphobranchus affinis*）（引自Hata et al., 2017）

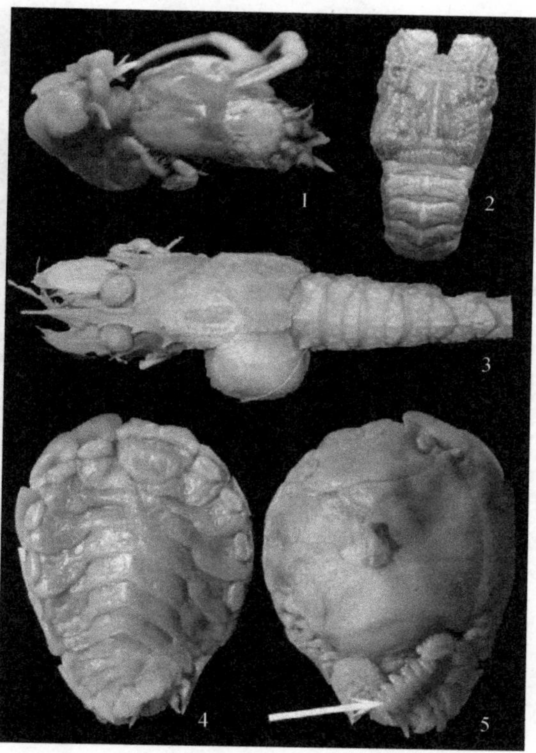

图9–34　寄居蟹的腹部背面（引自安建梅，2006）
1. 寄生的背腹虱亚科的紧凑日本仿腹虱（*Parathelges enoshimensis*）; 2. 蝉虾鳃腔寄生霍氏指突鳃虱（*Dactylokepon holthuisi*）; 3. 镰虾鳃腔寄生大深海鳃虱（*Bathygyge grandis*）; 4，5. 对虾鳃腔的华美表对虾鳃虱（*Epipenaeon elegans*）

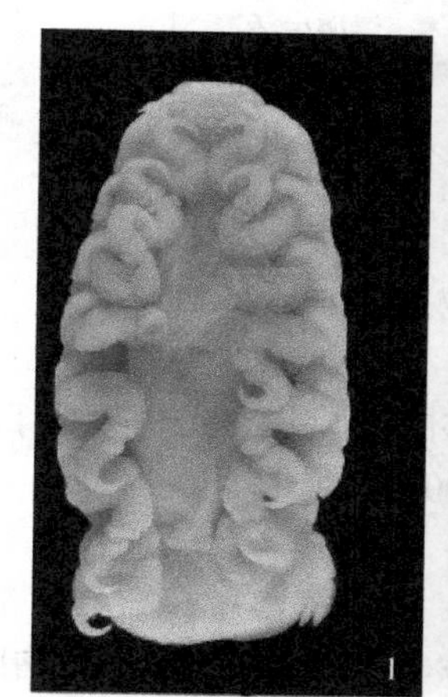

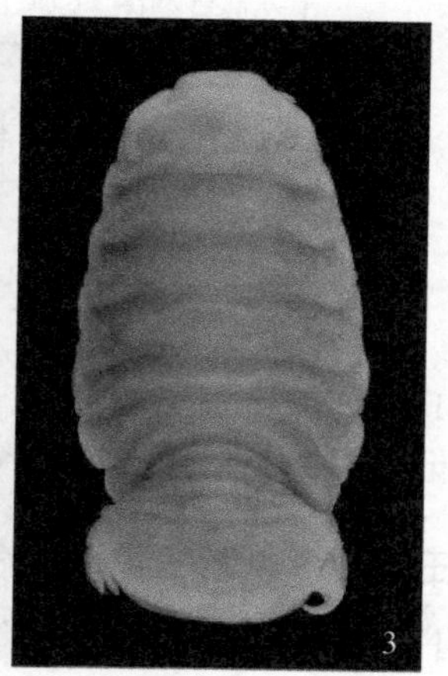

图9–35　隐缩头虱（*Cymothoa eremita*）（雌，体长18mm）（Bruce & Nowak, 2016）
1. 腹面观；2. 侧面观；3. 背面观

大，有些种甚至呈一个充满卵的囊状体，从外形上几乎看不到等足目的特征，它的雄性个体体型较小，但保持了等足目的外形特征。寄生亚目中，鳃虱总科包括3个科，分别为鳃虱科（Bopyridae）、楯虱科（Dajidae）、内虱科（Entoniscidae）；隐虱总科包括8个科，分别为囊虱科（Asconiscidae）、卷隐虱科（Cabiropsidae）、羽虱科（Crinoniscidae）、隐虱科（Cyproniscidae）、豆虱科（Fabidae）、微虱科（Microniscidae）、美虱科（Liriopsidae）、足虱科（Podasconidae）。在寄生亚

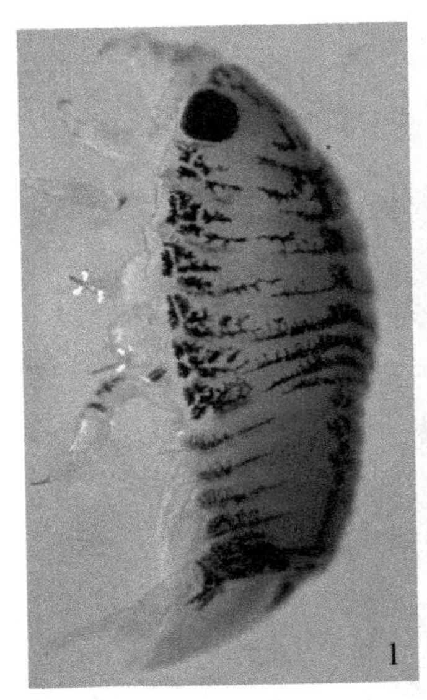
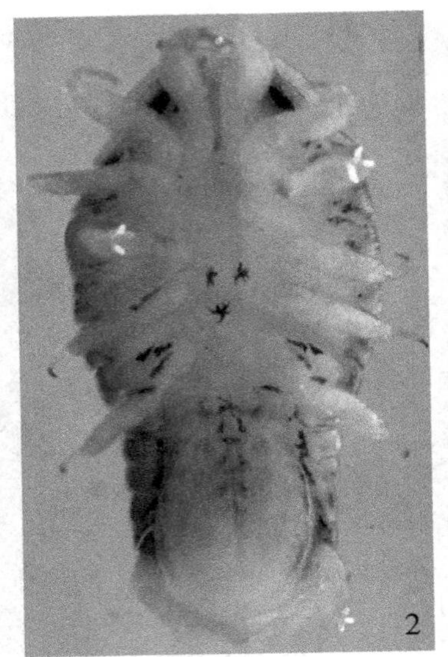

图9–36　普约河虱(*Riggia puyensis*)(雄)(引自Rodríguez-Haro et al., 2017)
1. 侧面观；2. 腹面观；3. 背面观；标尺=1mm

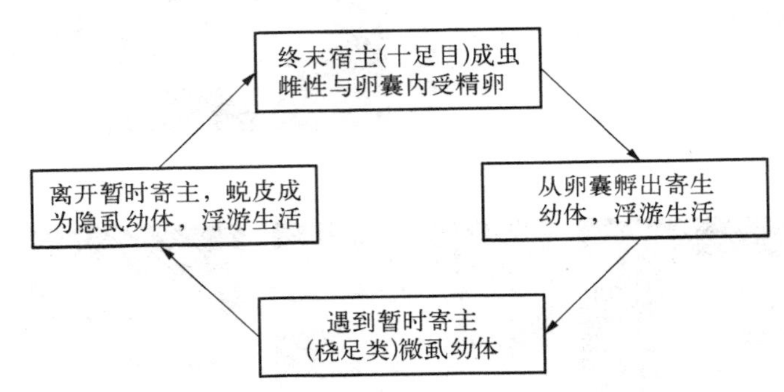

图9–37　等足目寄生类的生活史(引自安建梅,2006)

目现有的11科中，鳃虱科种数最多，也是迄今为止研究最多的科，约85%的寄生亚目种类包括在该科，共记录约630种，隶属于10个亚科157属(安建梅,2006)。

二、主要病原体及其引起的疾病

等足目寄生虫引起的疾病主要是鱼怪病(ichthyoxeniosis)，其对应的病原体、临床病征、流行与危害及防治措施简介如下。

1. 病原体

日本鱼怪(*Ichthyoxenus japonensis*)(图9–38)。日本鱼怪属软甲亚纲(Malacostraca)等足目(Isopoda)缩头水虱科(Cymothoidae)。一般成对地寄生在鱼的胸鳍基部附近孔内(偶有2对或3只以上成虫寄生在1个洞内)。

(1)外部形态

雌鱼怪较雄鱼怪个体大，大约1倍(图9–38，图9–39)。雄鱼怪(0.6 ～ 2)mm×(0.34 ～ 0.98)mm，一般左右对称；雌鱼怪(1.4 ～ 2.5)mm×(0.75 ～ 1.8)mm，常扭向左或右，尤其当雌

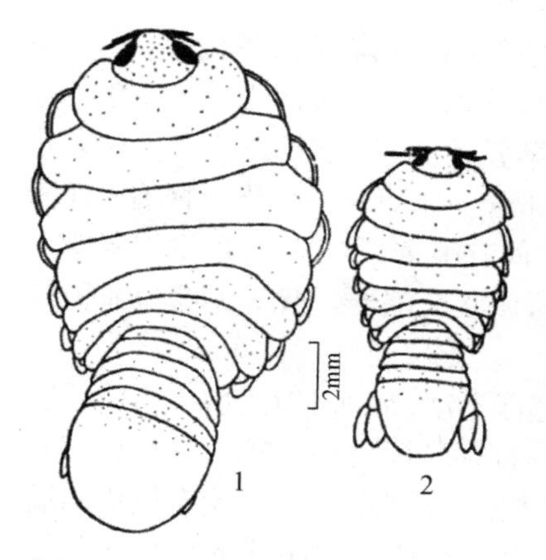

图9-38　日本鱼怪背面观（引自黄琪琰，1984）
1. 雄鱼怪；2. 雌鱼怪

虫在抱卵或抱幼时，体型的歪曲就显得更为严重，其扭向与寄生部位有关，寄生孔在鱼体左侧，一般鱼怪在鱼体的右侧腹腔，虫体扭向左，便于腹部在孔口呼吸，并与增加虫体所占空间有关。虫体卵圆形，乳酪色，上有黑色小点分布。分头、胸、腹三部分。头部小，略似三角形，背面两侧有1对复眼，腹面可见大颚、小颚、颚足及上下唇组成的口器及6对附肢。胸部7节，宽大，每节上都有1对胸足。腹部由6节组成，前5节各有1对附肢，第6节又名尾节，半圆形。

（2）内部构造及生活史

消化系统　由消化管和消化腺组成。消化管为1条中间稍膨大的直管，肛门开口在第五附节之后边缘，在口器基部有很多腺细胞，估计与摄食及钻入鱼体有关。消化管的两侧有3对消化腺，每条消化腺为细长的滤泡状囊，壁很薄，有腺细胞分布，可分泌消化液帮助消化，同时消化腺又

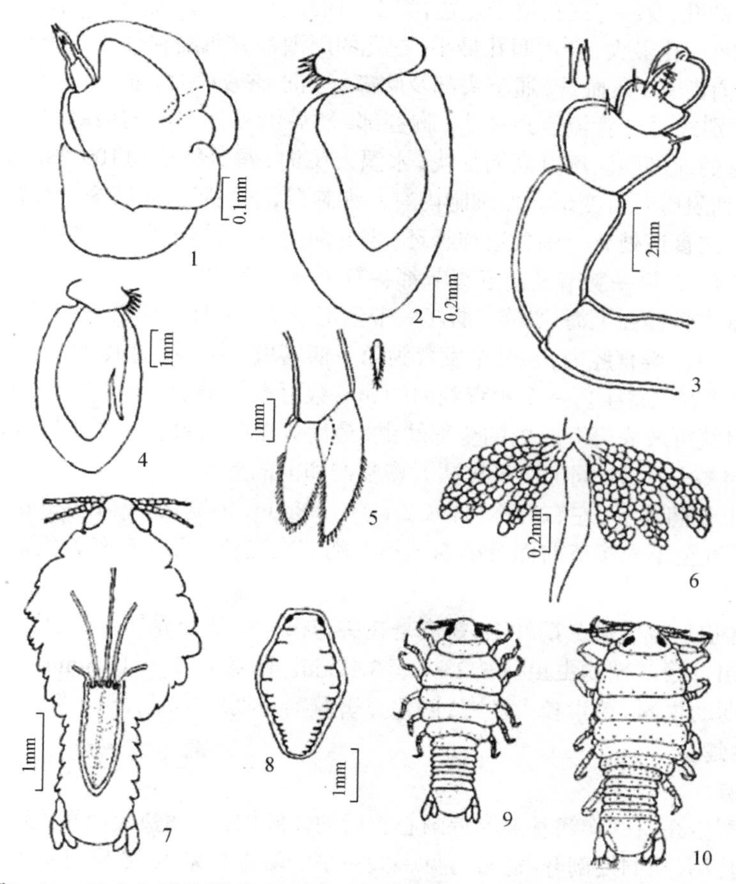

图9-39　日本鱼怪的附肢、结构、胚胎和幼虫（引自黄琪琰和钱嘉英，1980）
1. 抱幼期的颚足（雌，左侧）；2. 第一腹肢（雌，左侧）；3. 雌鱼怪第七胸足（右侧）；4. 第二腹肢（雌，右侧）；5. 尾肢（雌，左侧）；6. 消化系统（示消化管及消化腺）；7. 循环系统背面观；8. 胚（背面观）；9. 第一期幼虫背面观；10. 第二期幼虫背面观

有储藏食物的功能；左、右3条消化腺各先汇合于一短而细的输送管，然后通入消化管。

生殖系统 雌鱼怪在消化管背面有一对卵巢，自第三胸节伸展至第五胸节处，充分怀卵时可充满整个胸部；紧接卵巢后面有1条短而粗的输卵管，在第五对胸足的基部外开口。在第五胸节腹面下正中有1对短棒状交配器，内有受精管通入输卵管。卵圆球形。雄鱼怪有1对精巢，位置与卵巢相同，精巢连接一条细长的输精管，输精管中间有很多膨大部分，可供储藏精子之用，最后是细小的射精管，通入第七胸节腹面正中一对短棒状交配器。精子头部为细长棒状，尾很长，约为头部长的3倍。

呼吸系统 主要借助附肢进行呼吸，一般第一对附肢翘起不动，后面4对附肢不断前后摆动，只有在隔一段时间后，第一对附肢才随同后面4对附肢一同强烈摆动1～2次，然后再翘起不动。呼吸速度雄鱼怪较雌鱼怪为快，抱幼雌鱼怪与雄鱼怪相仿；呼吸速度在一定范围内随温度升高而加快，在水温13.5℃时雄鱼怪平均每分钟呼吸137次，雌鱼怪平均每分钟呼吸94次；水温21℃时雄鱼怪每分钟呼吸168次，雌鱼怪132次。鱼怪的窒息点，雄鱼怪较雌鱼怪为低，水温8～13℃，雄鱼怪窒息点为0.164 8mg/L氧，雌鱼怪为0.700 4mg/L氧。

循环系统 心脏倒锥形，前宽后狭，位于第七胸节至第五腹节的背面，心脏腹面在前4腹节处各有1斜列的孔，第一、三孔位于左边，第二、四孔位于右边；心脏末端是封闭的，前端有5个孔，其中以中间一孔最大，旁边两孔最小，在孔的周围都有肌细胞分布，且与心脏壁的肌肉相连，紧接心脏的前面有5条血管，通至头部及胸部。当心脏收缩时，前5孔开放，腹面4孔关闭，血液由前5孔分别经过血管流至虫体头、胸各部，然后沿虫体两侧的前缘、经腹面4孔流回心脏。心脏收缩时的速度随温度升高而加快，水温25℃时，每分钟搏动100次。血细胞在血管内为椭圆形，当遇到阻碍时可变形。血细胞内有一细胞核，细胞质内充满嗜伊红颗粒。

神经系统 在食道处有一围食道神经环，由此向前发出神经到头部各附肢，沿虫体腹面向后为1条腹神经索，在每一胸节及前五腹节都各有一神经节，由此发出神经到各附肢入内脏。

生活史 日本鱼怪在上海、江苏、浙江一带生殖季节为4月中旬至10月底。卵自第五胸节基部的生殖孔排出至孵育腔内，在其中发育为第一期幼虫、第二期幼虫，然后才离开母体，在水中自由游泳，寻找寄主寄生。一个孵育腔内的卵有数百至成千个，卵发育为幼虫差不多是同时的，一般2～3d就可放完孵育腔内的全部幼虫，最后放出的幼虫生活力常较弱，母体在放完幼虫后隔几天就再蜕一次皮（同上次蜕皮法），恢复产卵前的形状。

第一期幼虫长椭圆形，左右对称，体长2.15～2.8mm，体宽0.8～1.05mm。体表黑色素分布头部最密，第五至第六腹节前面及第四至第七胸节次之；全身分布有黄色素，固定标本只能看到黑色素。

虫体蜕1次皮后成为第二期幼虫，蜕皮是在头与第一胸节交界外背面裂开，头部先蜕出，然后整个虫体蜕出。第二期幼虫虫体长2.94～3.12mm，体宽1.05～1.16mm。虫体形状及附肢数目均与第一期幼虫同，色素较大而密，颜色显著较第一期幼虫深。至于第二期幼虫如何发育为成虫，尚不清楚。

2. 临床病症

鱼怪成虫寄生在鱼的胸鳍基部附近围心腔后的体腔内，有病鱼腹面靠近胸鳍基部有1～2个黄豆大小的孔洞，从洞处剖开，通常可见一大一小的雌虫和雄虫，个别可见3只或2对鱼怪。

3. 流行与危害

鱼怪病在云南、山东、河北、江苏、浙江、上海、黑龙江、天津、四川、安徽、湖北、湖南等地的水域内均有流行，且多见于湖泊、河流、水库，池塘中极少发生，其中尤以黑龙江、云南、四川、山东为严重。病鱼性腺不发育。鱼怪幼虫寄生在鱼体表和鳃上时，鱼表现极度不安，大量分泌黏液。虫体压迫鱼类体表，导致皮肤受损而出血。鳃小片黏合，鳃丝软骨外露，2d内即死亡。主要危害鲫鱼和雅罗鱼，鲤鱼上也有寄生。

4. 防治措施

鱼怪病一般都发生在比较大的水面，如水库、湖泊、河流，池塘内极少发生；鱼怪的成虫比幼虫的生命力强，因此，杀灭幼虫，破坏其生活史，切断其传播途径，是防治鱼怪病的有效方法。一般在离岸30cm以内的一条狭窄水带中，用90%晶体敌百虫，使沿岸水中终浓度为0.75mg/L，可以杀死幼虫。

第五节　寄生蔓足类

一、蔓足类的生物学特征

蔓足类全部是海生动物，成年时不能运动，固着在物体上。一部分蔓足类是非寄生种类，固着在水下的岩石上，有时则固着在海内活动的物体上，如海船的水下部分；另一部分蔓足类是寄生虫，根头亚目内的寄生虫在外部构造上已有极大程度的简单化。由于固着生活，蔓足目一般是雌雄同体（图9–46），也有一部分为雌雄异体（图9–40）。能证明蔓足目属于甲壳动物，是在它的发育过程中要经过无节幼体和腺介幼体（金星幼体）。危害水产动物的有蟹奴。

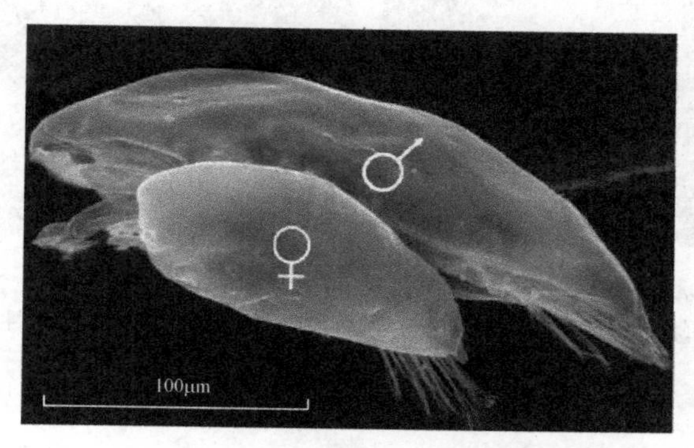

图9–40　乳突异囊蟹奴（*Heterosaccus papillosus*）的金星幼体（引自Glenner et al., 2014）

1. 形态特征

寄生种类的根头总目，躯体极度退化，一般呈各种囊状、葡萄状或香蕉状（图9–41～图9–43），外表柔软，无壳板。成体外表有口与外界相通或无口，缺乏任何附肢，无体节，除了生殖腺和退化的神经系统的痕迹外，无任何内部器官，由似根系状的结构，从宿主体中吸收营养。无节幼体分4期，在它的前侧角各有一刺突，后端具有二刺，有3对附肢，第一对不分支，即为第一对触角，第二、第三对分支，具很多长刚毛，能在水中活泼游泳。由无节幼体变为腺介幼体（图9–44）期后，以其第一对触角，悬挂于刚蜕皮的蟹腹部腹面基部，并弃其胸腹部，成为几丁质包围的细胞块，以其前端的几丁质管穿入寄主皮肤内，将细胞团注入寄主体内形成结节。结节生出根状分支，深入寄主各部分，吸收营养。露在外面者呈囊状，包以外套，以短柄与宿主相连接，即为成体，其内主要为生殖系统。

图9–41　寄生有6个多氏异囊蟹奴（*Heterosaccus dollfusi*）的螃蟹（*Charybdis longicollis*）（引自 Innocenti & Galil，2011）

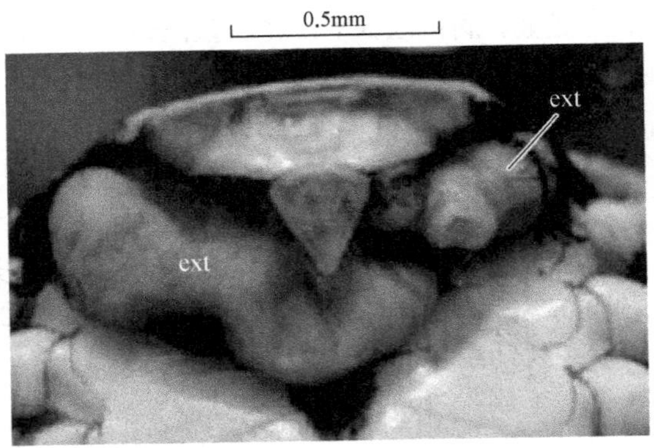

图9–42　寄生2个有德州蟹奴（*Loxothylacus texanus*）的螃蟹（*Callinectes rathbunae*）（引自 Alvarez et al.，2010）ext为蟹奴外体

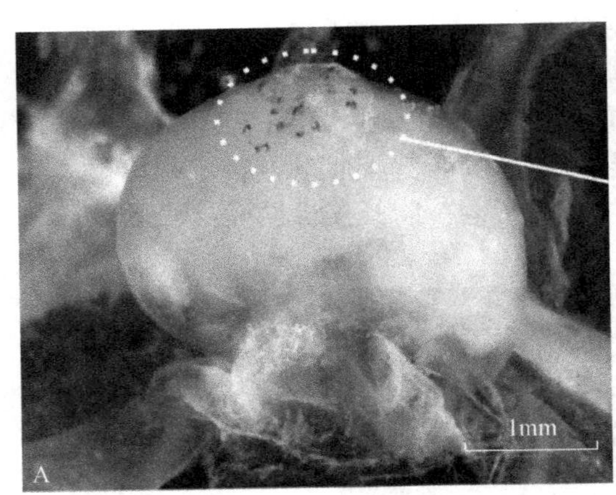

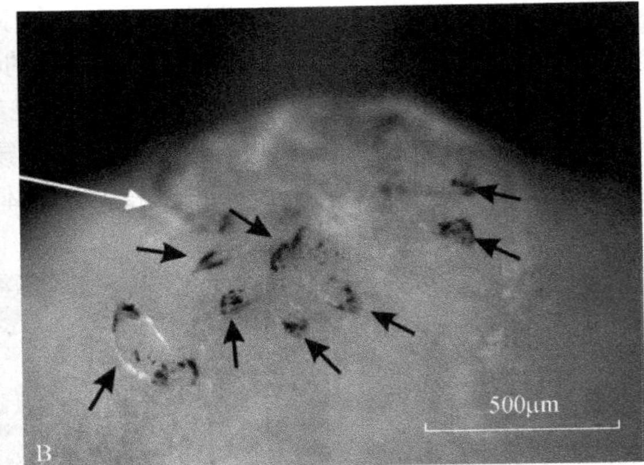

图9–43　德州蟹奴（*L. texanus*）的外体（引自 Alvarez et al.，2010）

A. 雌性蟹奴外体；B. 定居于雌性蟹奴外体体表的雄性金星幼体；白色箭头指A图中雌性蟹奴外体的局部放大；黑色箭头指雄性金星幼体

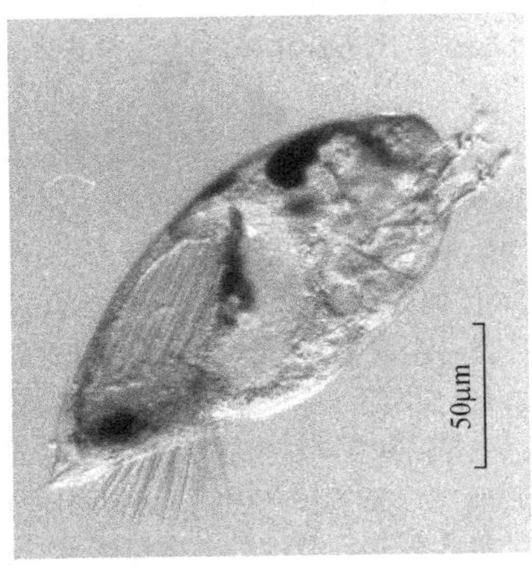

图9–44　潘诺帕蟹奴（*Loxothylacus panopaei*）自由生活的金星幼体（引自 Glenner，2001）

2. 生活史

大部分种为雌雄同体，一部分雌雄异体。寄生在寄主腹部的蟹奴释放自由游泳生活的无节幼体，无节幼体经过生长变成腺介幼体（金星幼体），腺介幼体找到宿主，以其第一对触角，悬挂于刚蜕皮的蟹腹部腹面基部，并弃其胸腹部，成为几丁质包围的细胞块，以其前端的几丁质管穿入寄主皮肤内，将细胞团注入寄主体内形成结节。结节生出根状分支，深入寄主各部分，吸收营养，发育为成体（图9–45）。

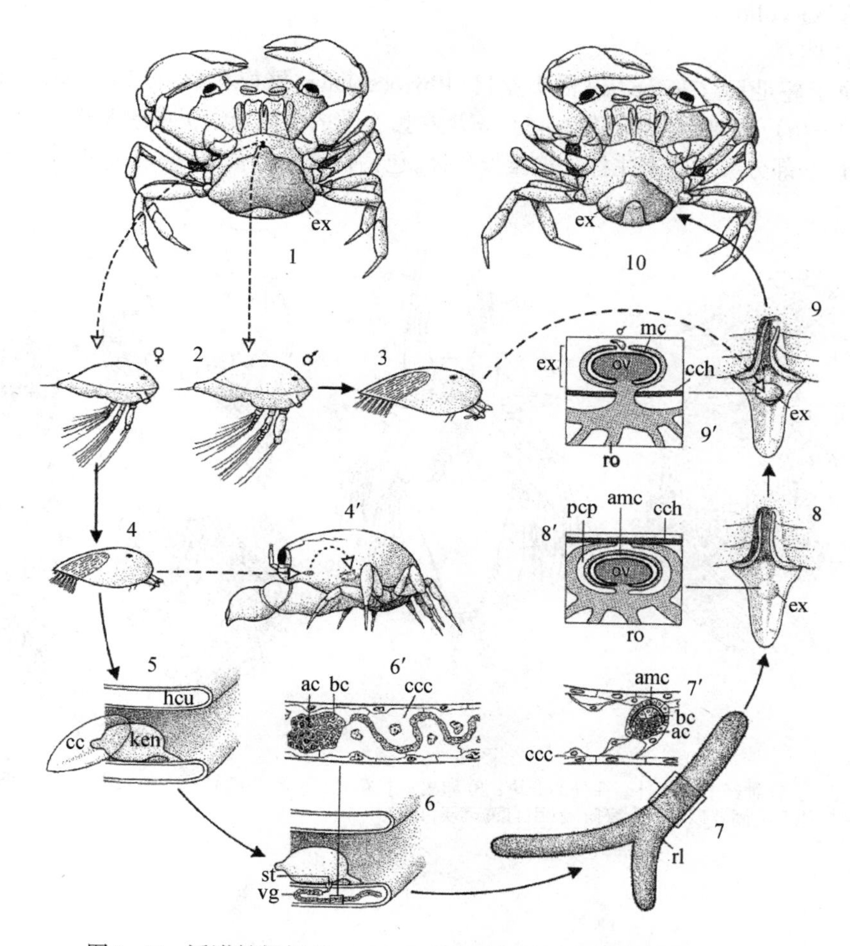

图9–45　潘诺帕蟹奴（*L. panopaei*）的生活史（引自Glenner，2001）

实线表示生长变化，虚线表示迁移；1. 寄主腹部下的蟹奴外体（ex）；2. 外体释放自由游泳生活的雄性和雌性无节幼体，2d后无节幼体变成金星幼体；3. 雄性金星幼体找到寄主；4. 雌性金星幼体找到寄主，并寄生于寄主鳃小片（4′）；5. 幼体（ken）在甲壳（cc）下生长，hcu为鳃的角质层，cc为金星幼体的甲壳；6. 形成几丁质管穿入鳃的表皮，蟹奴通过几丁质管向鳃小片注入细胞形成根状分支，st为几丁质管；vg为根状分支；6′. 根状分支中间部分在卵巢原基中，4种类型的细胞出现，卵巢原基的a细胞（ac）和b细胞（bc），核心细胞（ccc），上皮细胞；7. 进入寄主体内10～12d的寄生虫根枝；7′. 根枝（rl）中间切面，原始腔（amc）已经出现；8. 大约经过1个月能看到蟹奴的外体；8′. 蟹奴垂直切面，amc为外套腔，ov为卵巢；cch为寄主角质层；ro为根；9. 为了繁殖，雌虫至少接收1个个体小的雄虫；9′. 蟹奴（9处描述）的垂直切面；10. 雌虫发育成熟并准备产幼体

3. 分类

蔓足类甲壳动物包括三大类：钻孔生活的尖胸类（acrothoracica），有柄（或不明显）固着生

活的围胸类(rhizocephala),完全寄生的根头类(thoracica)。蔓足类中,身体极度退化,呈囊状、葡萄状或者香蕉状,外表柔软,无壳板;成体无体节和任何附肢;寄生在十足目和等足类体上的为根头亚目。身体被石灰质壳板包围,少数种类壳板退化;胸部6节,每节有一对蔓足;几乎全部营固着生活的是围胸亚目的种类。

二、主要病原体及其引起的疾病

蟹奴病(sacculinasis)

(1)病原体

蟹奴属于蔓足目(Cirripedia)根头亚目(Rhizocephala)蟹奴科(saccubinidae)的种类。雌雄同体(图9–46),或雌雄异体(图9–45),寄生在蟹腹部的下面及扇贝的鳃基部(图9–47)。虫体分两部分,一部分突出在寄主体外称蟹奴外体,包括柄部及孵育囊,即通常见到的脐间颗粒;

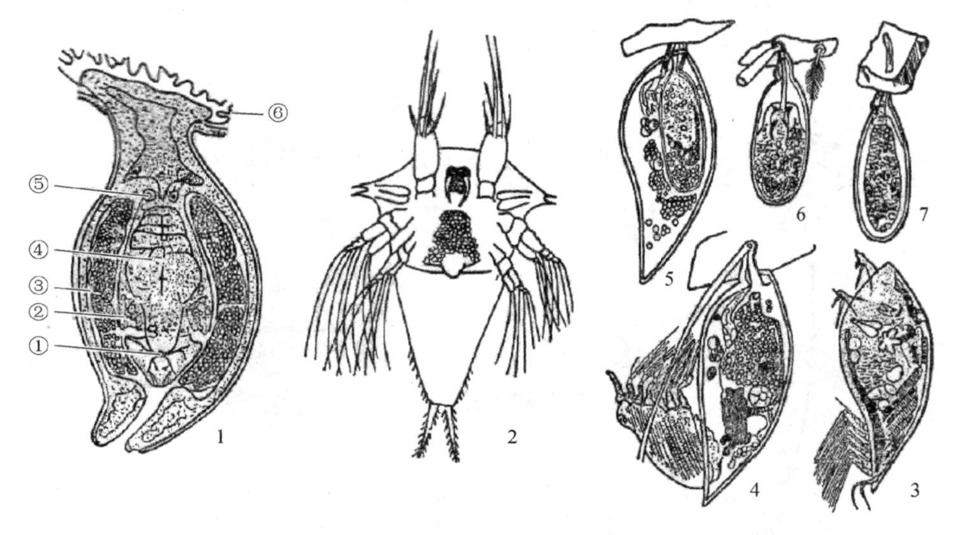

图9–46 蟹奴

1. 成虫的纵切面:① 神经节;② 外套深处的卵块;③ 卵巢;④ 精巢;⑤ 副生殖腺;⑥ 根状突起;2. 六肢幼体;3. 金星幼体;4 ~ 7. 用刚毛固着以后各发育阶段(引自黄琪琰,1993)

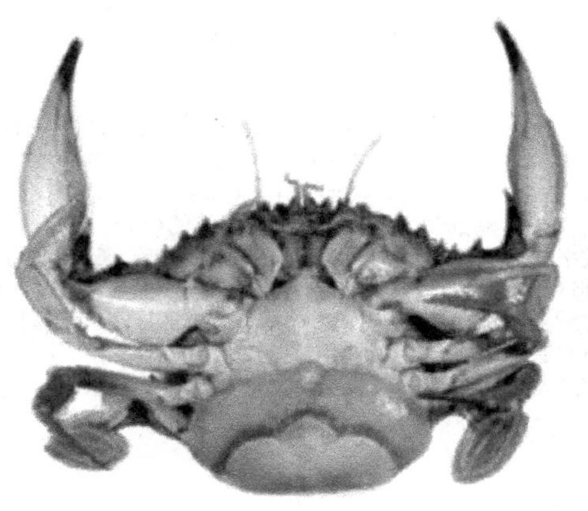

图9–47 寄生有乳突异囊蟹奴(*Heterosaccus papillosus*)的蟹(*Callinectes bimaculata*)(引自Ponomarenko et al., 2005)

另一部分为分支状细管，称蟹奴内体，深入寄主体内，蔓延到蟹体躯干与附肢的肌肉、神经系统和内脏等组织，形成直径1mm左右的白色状分支。

（2）临床病症

患蟹奴病的蟹，腹部的脐略显臃肿，揭开脐盖，可看到直径为2～5mm，厚1mm左右的乳白色或半透明颗粒状虫体，感染强度从3～4粒到20～30粒不等；7、8月时颗粒较硬，以后逐渐变得柔软。

（3）流行与危害

在上海、湖北、安徽等地都有发生，且在滩涂养的中华绒螯蟹（又叫河蟹）发病率特别高。在同一水系中，通常雌蟹的感染率大于雄蟹。从7月开始发病率逐月上升，9月达到高峰，10月后逐渐下降，在这以后常发现蟹奴外体颗粒变得柔软、透明，有的甚至瘪塌，或仅残留蟹奴脱落后的小黑点痕迹。某些蟹类受它们寄生，形态上变化显著，雄蟹腹部可变宽大而失去交接器，螯足变小，并可能失去生殖力。

（4）防治措施

1）从无蟹奴感染的地区引进蟹苗，或选择健康亲蟹进行人工繁殖。

2）在淡水中饲养河蟹。

第六节　寄生十足类

一、十足类的生物学特征

十足类的头胸甲发达，完全包被头胸部各体节，眼有柄，第二触肢一般分为2节，胸部附肢分为颚足及步足，其中颚足3对，步足5对（图9–48，图9–49）。十足类大部分生活在海洋中，小部分生活于淡水，多数对人们有利，可供食用、作为饲料、药用及工业用等，但也有些对人们有害，如破坏堤埂、损坏农作物，有些可引起水产动物生病（图9–50，图9–51）。

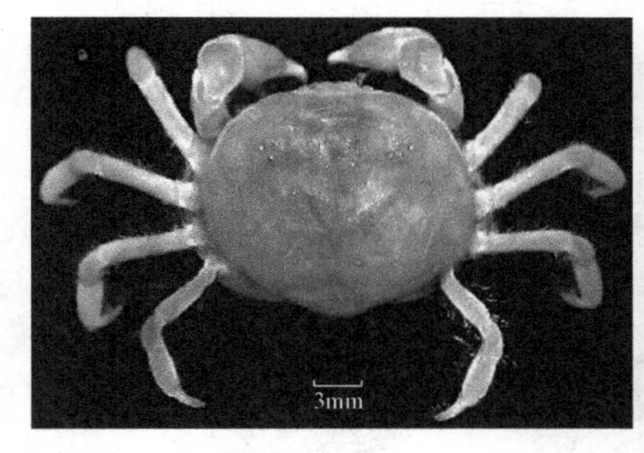

图9–48　拟豆蟹（*Pinnaxodes mutuensis*）雌性成年个体（引自Marin，2014）

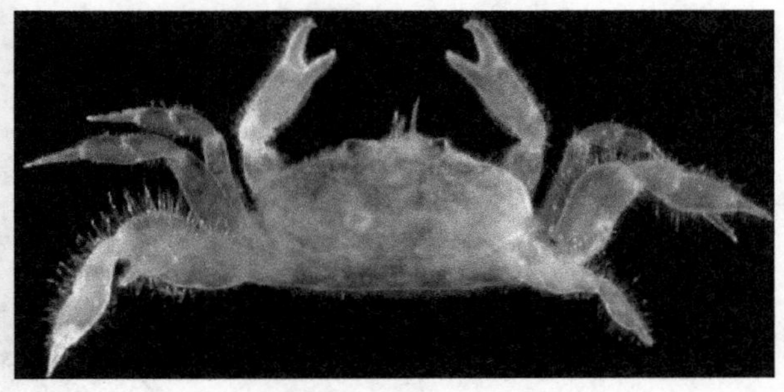

图9–49　亨氏巴豆蟹（*Pinnixa hendrickxi*）雌性个体背面观（引自Salgado-Barragán，2015）

1. 形态特征

身体由21体节构成（图9–52）：头部6节，胸部8节，腹部7节。头部与胸部各节已经愈合，形成非常发达的头胸部。头部各节完全愈合，从体节上无法分辨，仅能从具附肢加以区分。胸

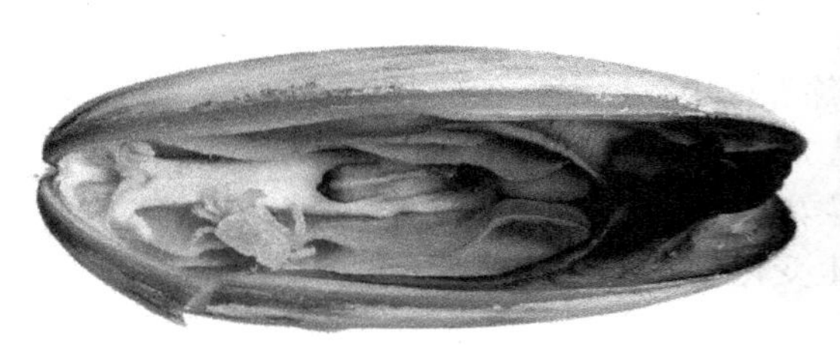

图9-50　双面斯氏豆蟹（*Serenotheres janus*）寄生在海枣贝中的个体（引自Ng & Meyer，2016）

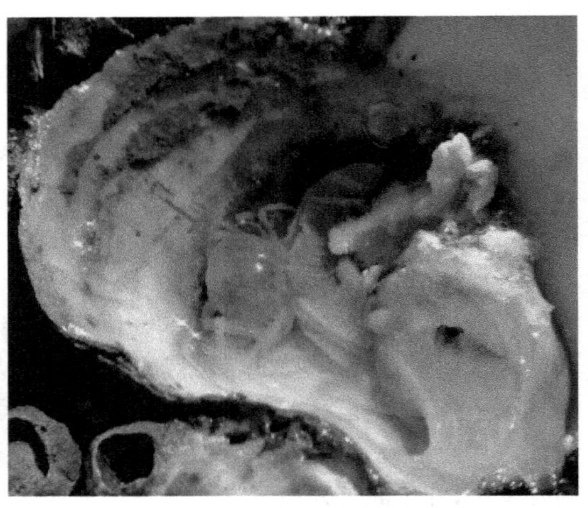

图9-51　寄生在牡蛎（*Saccostrea palmula*）中的安氏奥斯汀豆蟹（*Austinotheres angelicus*）雌性个体（引自Mena et al., 2014）

部8节，除所具8对附肢外，在胸部腹甲上仍清晰可辨。与发达的头胸部相反，它们的腹部十分退化，卷折，贴附在头胸部的腹面。雌、雄性的尾肢已缺失，或在个别类群具退化的尾肢。

2. 生活史

雌雄蟹的特征主要靠腹部的形态来区分。雌性亲蟹在抱卵前已交尾，排卵时即已受精，受

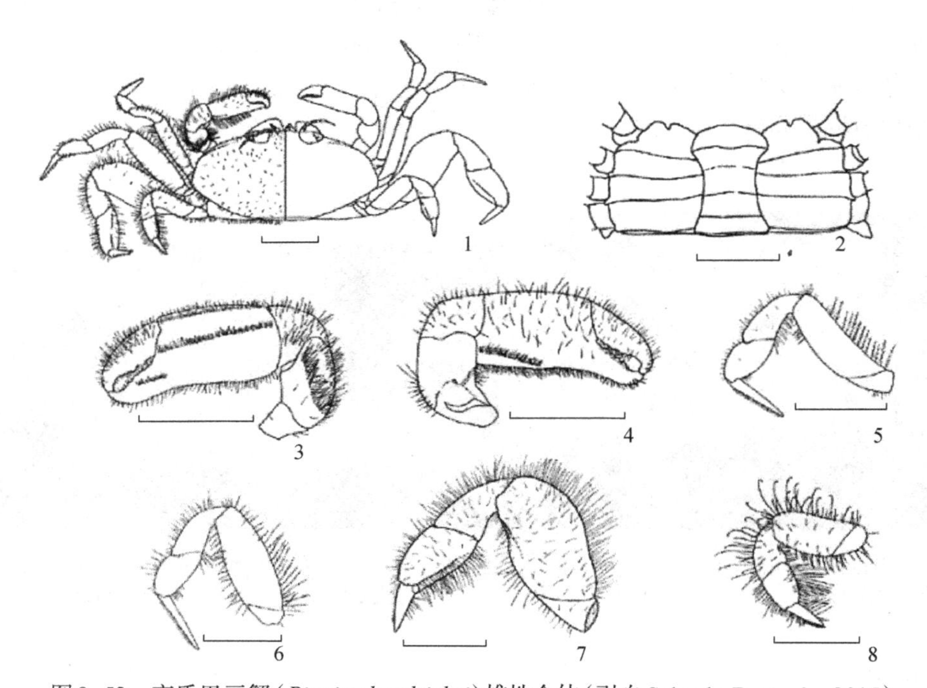

图9-52　亨氏巴豆蟹（*Pinnixa hendrickxi*）雄性个体（引自Salgado-Barragán，2015）
1. 背面观；2. 胸骨和腹部的腹面观；3. 左螯足前表面；4. 左螯足内侧表面；5. 左侧第一步足；6. 左侧第二步足；7. 左侧第三步足；8. 左侧第四步足；标尺=1mm

精卵附着于雌蟹腹部4对附肢刚毛上进行早期发育。生活史分为溞状幼体、大眼幼体、早期幼蟹和成蟹（图9–53）。

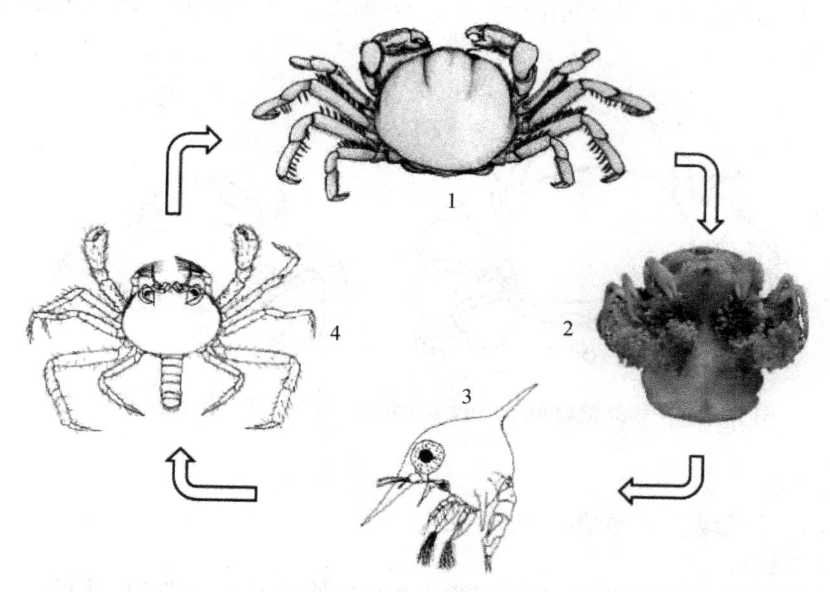

图9–53　十足目生活史
1. 成蟹；2. 抱卵雌蟹；3. 溞状幼体；4. 大眼幼体

3. 分类

十足目的寄生种类以豆蟹科为代表。豆蟹科（Pinnotheridae）属于十足目（Decapoda）腹胚亚目（Pleocyemata）短尾下目（Brachyura）。豆蟹科包括5个亚科：豆蟹亚科（Pinnotherinae）、巴豆蟹亚科（Pinnothereliinae）、倒颚蟹亚科（Asthenognathinae）、短眼蟹亚科（Xenophthalminae）及异颚蟹亚科（Anomalofrontinae）。我国总计15属27种（宋大祥和杨思谅，2009）。

二、主要病原体及其引起的疾病

十足目寄生虫主要引起的寄生虫病为豆蟹病（pinnotheresosis），其对应的病原体、临床病征、流行与危害及防治措施简介如下。

1. 病原体

中华豆蟹（*Pinnotheres sinensis*）（图9–54），属豆蟹科（Pinnotheridae）。个体小，白色，石灰质退化而体较柔软；头胸甲圆如豆状，故叫豆蟹。雌体头胸甲大小为（3.2 ～ 11.7）mm ×（4.5 ～ 15.5）mm，宽大于长，表面光滑、稍隆起，前、后侧角圆钝，侧缘成弧突，后缘中部内凹；额窄，向下弯曲；眼窝小而圆，眼柄甚短；第三颚足的座节与长节融合成1片，指节小棒状，鞭3节；螯足光滑，长节圆柱形，腕节长大于宽，掌节末端宽于基部，指节短于掌部，可动指内缘基部1/3处具1齿，不动指基部具2小齿；步足光滑，第三对最长，第四对的指节最长，末端尖锐，内缘及末部四周均具短毛；腹部圆大。雄体较小，头胸甲大小为（1.3 ～ 4.7）mm ×（1.5 ～ 5）mm，较雌体为坚硬，颚向前突，腹部狭长。

繁殖期为6月下旬至10月下旬，盛期在7月下旬到9月上旬，水温23 ～ 26℃。中华豆蟹抱卵后约一个月孵出溞状Ⅰ期，在水中自由生活，经溞状Ⅱ期、溞状Ⅲ期、大眼幼体、变态到幼蟹，在一般水温下需40多天，然后潜入贻贝、牡蛎等体内。中华豆蟹于第二年开始繁殖，多数是一年繁殖1次，于第三年繁殖后死亡；部分发育早、强壮的个体，一年可繁殖2次，但这些亲蟹在第二次排放后，体质极度衰弱，最多再生活1～2个月即死亡。一只雌体二次共排放幼体1 588～16 378尾。

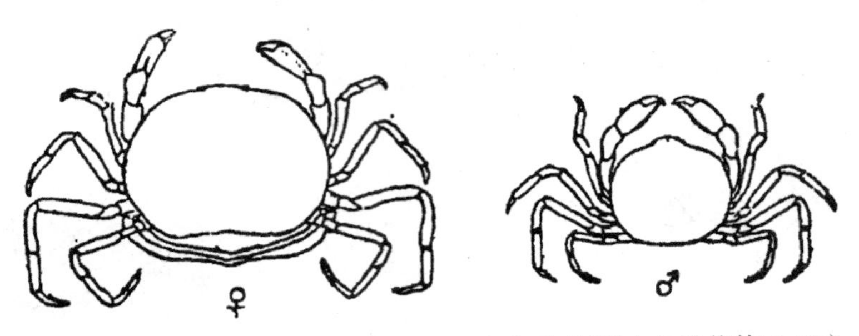

图9–54　中华豆蟹（*Pinnotheres sinensis*）背面观（引自朱崇俭等，1982）

2. 临床病症

肉重减少，生长缓慢，严重情况下造成死亡。

3. 流行与危害

中华豆蟹孵出的幼体经发育、变态后潜入贻贝的外套腔内，损伤鳃、外套膜、性腺和消化腺，并吸食营养，导致贻贝肉重减少50%左右，成为我国目前养殖贻贝的主要病害。国外也有报道，牡蛎豆蟹（*Pinnotheres ostreum*）寄生在美洲巨蛎，感染率很高，达90%，每只牡蛎最多有4～6只豆蟹，可能引起牡蛎死亡。

分布于河北、天津、辽东半岛、山东半岛、东海。

4. 防治措施

主要以生态防治为主，通过破坏豆蟹的生活史达到防治效果。待豆蟹寄生到贝类体内后，收获贝类，从而阻断豆蟹的繁殖，起到预防豆蟹病的作用。

（张其中　艾桃山　编写）

习　　题

1. 论述鳋科和锚头鳋科种类的形态结构、生活史和分类系统，以及代表性病原体的特征、疾病流行及防治方法。
2. 依据生活史制定防控鳋科和锚头鳋科种类所致疾病的方案。
3. 简述鱼虱的生活史与主要病原体。
4. 简述长江拟马颈颚虱的生活史，并从生活史的角度说明如何对该寄生虫病进行生态防控。
5. 简述鱼虱和鲺在形态上的主要差别。
6. 简述等足目寄生种类的生活史和分类。
7. 简述鱼怪病的病原体特征、危害和防治方法。
8. 简述蔓足类的生物学特征及其主要代表疾病的临床症状和防治措施。
9. 简述根头总目的分类特点。
10. 简述十足目寄生种类的生活史和结构特征。

11. 简述豆蟹的病原体特征和危害。

12. 编制6种以上寄生甲壳动物的检索表。

参考文献

艾桃山，喻运珍，王玉群，等.2007.草鱼锚头鳋卵囊孵化与幼体培养适宜条件的研究.水生态学杂志，27(4)：96–98.

安建梅.2006.中国海鲺虱科(甲壳动物亚门：等足目)的分类学及动物地理学研究.青岛：中国科学院研究生院(海洋研究所)博士学位论文.

陈昌福，李景，胡明.2013.从锚头鳋生活史谈对鱼类锚头鳋病防治中的误区.海洋与渔业·水产前沿，(9)：90–91.

陈锦富，叶锦春.1983.长江拟马颈鱼虱的一新亚种.动物学报，29(4)：67–71.

湖北省水生生物研究所.1973.湖北省鱼病病原区系图志.北京：科学出版社.

华鼎可.1965.东方鱼虱的生活史.动物学报，17(1)：51–66.

黄琪琰，钱嘉英.1980.鲫鱼鱼怪病的研究.水产学报，4(1)：71–80.

黄琪琰.1984.第四讲鱼类甲壳动物病及其它病的防治.水产科技情报，(02)：19–22，25.

黄琪琰.1993.水产动物疾病学.上海：上海科学技术出版社.

倪达书，汪建国.1999.草鱼生物学与疾病.北京：科学出版社.

宋大祥，匡溥人.1980.中国动物图谱：甲壳动物.第四册.北京：科学出版社：1–15.

宋大祥，杨思谅.2009.河北动物志：甲壳类.石家庄：河北科学技术出版社.

汪开毓，耿毅，黄锦炉.2012.鱼病诊治彩色图谱.北京：中国农业出版社.

王耕南.1960.中国淡水鱼体上寄生的两种新鲺.动物学报，12(2)：96–103.

吴灶和，潘金培.1997.石斑鱼鱼虱病的研究：Ⅰ.南海鱼虱，新种 *Caligus nanhaiensis* n. sp..热带海洋学报，16(1)：60–66.

尹文英.1956.中国淡水鱼寄生桡足类鳋科的研究.水生生物学集刊，(2)：209–270.

张剑英，邱兆祉，丁雪娟.1999.鱼类寄生虫与寄生虫病.北京：科学出版社.

中国兽药典委员会.2013.兽药国家标准(化学药品、中药卷).第一册.北京：化学工业出版社.

朱崇俭，崔秀林，陈桂梓，等.1982.中华豆蟹的繁殖和防治途径的探讨.海洋渔业，(06)：250–252.

Alvarez F, Bortolini J L, Høeg J T. 2010. Anatomy of virgin and mature externae of *Loxothylacustexanus*, parasitic on the dark blue crab *Callinectesrathbunae* (Crustacea: Cirripedia: Rhizocephala: Sacculinidae). Journal of morphology, 271: 190–199.

Benz G W, Otting R L, Case A. 1995. Redescription of *Argulus melanostictus* (Branchiura: Argulidae), a parasite of California grunion (*Leuresthes tenuis*: Atherinidae), with notes regarding chemical control of *A. melanostictus* in a captive host population. Journal of Parasitology, 81(5): 754–761.

Bottari T, Profeta A, Spanò N, et al. 2017. New host records for the marine fish ectoparasite *Argulus vittatus* (Crustacea: Branchiura: Argulidae). Comparative Parasitology, 84(1): 64–66.

Glenner H, Thomsen P F, Rybakov A, et al. 2014. The phylogeny of rhizocephalan parasites of the genus heterosaccus using molecular and larval data (Cirripedia: Rhizocephala; Sacculinidae). Israel Journal of Ecology & Evolution, 54(2): 223–238.

Glenner H. 2001. Cypris metamorphosis, injection and earliest internal development of the Rrizocephalan *Loxothylacus panopaei* (Gissler). Crustacea: Cirripedia: Rhizocephala: Sacculinidae. Journal of Morphology, 249: 43–75.

Gonzalez L, Carvajal J. 2003. Life cycle of *Caligus rogercresseyi*, (Copepoda: Caligidae) parasite of Chilean reared salmonids. Aquaculture, 220(1): 101–117.

Hata H, Sogabe A, Tada S, et al. 2017. Molecular phylogeny of obligate fish parasites of the family Cymothoidae (Isopoda, Crustacea): evolution of the attachment mode to host fish and the habitat shift from saline water to freshwater. Marine Biology, 164(5): 105.

Innocenti G, Galil B S. 2011. Live and Let Live: Invasive Host, *Charybdislongicollis* (Decapoda: Brachyura: Portunidae), and Invasive Parasite, *Heterosaccus dollfusi* (Cirripedia: Rhizocephala: Sacculinidae).//In the Wrong Place-Alien Marine Crusta-ceans: Distribution, Biology and Impacts. Netherlands: Springer: 583–605.

Loka J, Philipose K K, Sonali S M, et al. 2017. *Apocyclops cmfri* sp. nov. (Cyclopoda: Cyclopoida: Cyclopidae), a new copepod species from Arabian Sea off Karwar, Karnataka, India. Indian Journal of Fisheries, 64(2): 1–9.

Marin I N. 2014. Finding of the pea crab *Pinnaxodes mutuensis*, Sakai, 1939 (Crustacea: Decapoda: Pinnotheridae) in an unusual host in Busse Lagoon, southern Sakhalin. Russian Journal of Marine Biology, 40(6): 486–489.

Martin MB, Bruce N L, Nowak B F. 2016. Review of the fish-parasitic genus *Cymothoa* Fabricius, 1793 (Isopoda, Cymothoidae, Crustacea) from Australia. Zootaxa, 4119(1): 001–072.

Mena S, Salas-Moya C, Wehrtmann IS. 2014. Living with a crab: effect of *Austinotheres angelicus* (Brachyura, Pinnotheridae) infestation on the condition of Saccostrea palmula (Ostreoida, Ostreidae). Nauplius, 22(2): 151–158.

Ng P K L, Meyer C. 2016. A new species of pea crab of the genus Serenotheres Ahyong & Ng, 2005 (Crustacea,Brachyura,Pinnotheridae) from the date mussel *Leiosolenus Carpenter*, 1857 (Mollusca,Bivalvia,Mytilidae,Lithophaginae) from the Solomon Islands. Zookeys, 623: 31–41.

Piasecki W, Ohtsuka S, Yoshizaki R. 2008. A new species of *Thysanote Krφyer*, 1863 (Copepoda: Siphonostomatoida: Lernaeopodidae), a fish parasite from Thailand. Acta Ichthyologica Et Piscatoria, 38(1): 29–35.

Ponomarenko E K, Korn O M, Rybakov A V. 2005. Larval development of the parasitic barnacle *Heterosaccus papillosus* (Cirripedia: Rhizocephala: Sacculinidae) studied under laboratory conditions. Journal of the Marine Biological Association of the UK, 85: 921–928.

Rodríguez-Haro C, Montes M M, Marcotegui P, et al. 2017. *Riggia puyensis* n. sp. (Isopoda: Cymothoidae) parasitizing *Chaetostoma breve* and *Chaetostoma microps* (Siluriformes: Loricariidae) from Ecuador. Acta Tropica, 167: 50–58.

Salgado-Barragán J. 2015. A new species of *Pinnixa*, (Crustacea: Brachyura: Pinnotheridae) from Mazatlan, Sinaloa, Mexico. Revista Mexicana De Biodiversidad, 86: 629–633.

Wadeh H, Yang J W, Li G Q. 2008. Ultrastructure of *Argulus japonicus* Thiele, 1900 (Crustacea: Branchiura) collected from Guangdong, China. Parasitology Research, 102(4): 765–770.

Walker P D, Russon I J, Haond C, et al. 2011. Feeding in adult *Argulus Japonicus* Thiele, 1900 (maxillopoda, Branchiura), an ectoparasite on fish. Crustaceana, 84(3): 307–318.

第十章 其 他

导读

本章主要介绍养殖水生动物的一些不常见或者国外危害较大而国内少见的寄生虫病，其中贝类的三种原虫病是在欧美和澳大利亚对养殖贝类危害很大的疾病，但在中国尚少见到，仅作为进口动物检疫的重要疾病；鱼蛭病是近年密集养殖的鱼类常出现的病害。因此，这部分内容需要掌握和了解动态。

本章学习要点

1. 认识贝类的三种原虫病和鱼蛭病的病原特征和检测方法。
2. 了解疾病危害的特征以及发展动态。

第一节 贝类寄生的原生动物

一、原虫生物学

原虫为单细胞真核动物，体积微小而能独立完成生命活动的全部生理功能。在自然界分布广泛，种类繁多，迄今已发现65 000余种，多数营自生或腐生生活，分布在海洋、土壤、水体或腐败物内。约有10 000种为寄生性原虫。

1. 形态

原虫的结构符合单个动物细胞的基本构造，由**胞膜、胞质和胞核**组成。

胞膜：包裹虫体，也称表膜或质膜，电镜下可见为一层或一层以上的单位膜结构，其外层的类脂和蛋白分子结合多糖分子形成表被，或称糖萼（glycocalyx）。表膜内层可有紧贴的微管和微丝支撑，使虫体保持一定形状。已有证明某些寄生原虫的表膜带有多种受体、抗原、酶类，甚至毒素；表膜还具有不断更新的特点，一些种类的表膜抗原还可不断变异；在不利条件下，有些种类还可在表膜之外形成坚韧的保护性壁。因此原虫表膜的功能除具有分隔与沟通作用外，还可以其动态结构参与营养、排泄、运动、感觉、侵袭、隐匿等多种生理活动。

胞质：主要由基质、细胞器和内含物组成。基质均匀透明，含有肌动蛋白组成的微丝和微管蛋白组成的微管，用以支持原虫的形状并与运动有关。许多原虫有内、外质之分，外质较透明，呈凝胶状，具有运动、摄食、营养、排泄、呼吸、感觉及保护等功能；内质呈溶胶状，含各种细胞器和内含物，也是胞核所在之处，为细胞代谢和营养存贮的主要场所。

细胞核：为原虫得以生存、繁衍的主要构造。由核膜、核质、核仁和染色质组成。核膜为两层单位膜，具微孔沟通核内外。染色质和核仁分别富含DNA和RNA，能被深染。在光镜下，原虫胞核需经染色才能辨认，并各具特征。

质膜细胞器：主要由胞膜分化而成，包括线粒体、高尔基复合体、内质网、溶酶体等，大多参与合成代谢。某些细胞器可因虫种的代谢特点而有所缺如或独有，如营厌氧代谢的种类一般缺线粒体。

运动性细胞器：为原虫分类的重要标志，按性状分为无定形的伪足（pseudopodium）、细长的鞭毛（flagellum）、短而密的纤毛（cilia）三种。具相应运动细胞器的原虫分别称阿米巴、鞭毛虫（flagellate）和纤毛虫（ciliate）。鞭毛虫和纤毛虫大多还有特殊的运动器，如波动膜（undulating membrane）、吸盘（sucking disc）以及为鞭毛、纤毛提供动能的神经运动装置（neuromotor apparatus）。有些鞭毛虫的动基体（kinetoplast）是一种含DNA的特殊细胞器，其功能近似一个巨大的线粒体，含有与之相似的酶。动基体DNA的质和量均与胞核者不同，一些种类已被深入研究用于分子克隆抗体。

营养细胞器：部分原虫拥有胞口、胞咽、食物泡等帮助取食、排废。寄生性纤毛虫大多有伸缩泡能调节虫体内的渗透压。此外，鞭毛虫的胞质可有硬蛋白组成的轴柱（axone），为支撑细胞器，使虫体构成特定的形态。

2. 生活史

详见第七章第一节。

3. 分类

详见第七章第一节。

二、主要病原体及其引起的疾病

1. 马尔太虫病（marteiliosis）

马尔太虫病是由折光马尔太虫（*Marteilia refringens*）寄生于牡蛎、贻贝等双壳类动物消化系统而引起的一种寄生虫病。牡蛎染疫后表现虚弱、消瘦、生长停滞和高死亡率，是严重危害世界贝类养殖业的主要疾病。

病原体　主要病原是折光马尔太虫。此外，还有悉尼马尔太虫（*M. sydneyi*）等。该类寄生虫隶属于丝足虫门（*Cercozoa*）无孔目（*Paramyxida*）马尔太虫属（*Marteilia*）。折光马尔太虫分为O型和M型2种类型。

马尔太虫呈球形或卵圆形，孢子形成前期直径为5～8μm，但在孢子形成过程时可达到40μm。细胞质染色后嗜碱性，细胞核嗜酸性。在孢子形成过程中，孢子囊在合胞体被分隔开，形成孢子囊原生质体，折光马尔太虫的每个原生质体中会形成8个孢子囊（悉尼马尔太虫8～16个），每个孢子囊包含4个孢子（悉尼马尔太虫是2～3个），而一些胞质和胞核并不在孢子囊原生质体中。其生活史见图10–1。

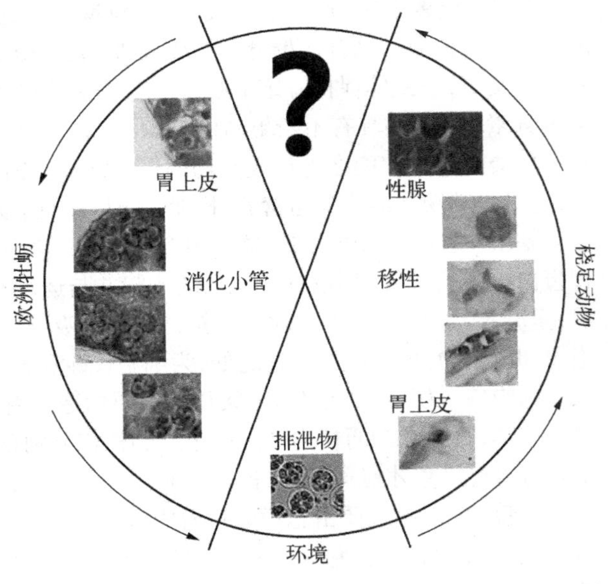

图10–1　折光马尔太虫的生活史（Carrasco et al.，2015）

症状　马尔太虫病无特征性的症状，患病多数表现为牡蛎壳多孔、消瘦、活力差、生长停滞；解剖可见消化腺苍白，呈稀薄的水样，套膜及性腺萎缩，机体组织严重坏死；当感染严重时其组织切片可见柱状的消化腺上皮明显萎缩而呈立方形或鳞片状，且不同程度地向体腔扩张。牡蛎感染严重时可导致死亡，多数在感染后第二年才会死亡，因此感染可能会持续1年以上或者整个生长期，牡蛎的死亡与虫体孢子的形成有极大的关系，在孢子形成过程中，孢子囊释放到消化腺导管上，引起消化腺上皮以及相邻组织严重损伤。马尔太虫寄生于宿主组织中的组织切片见图10–2。

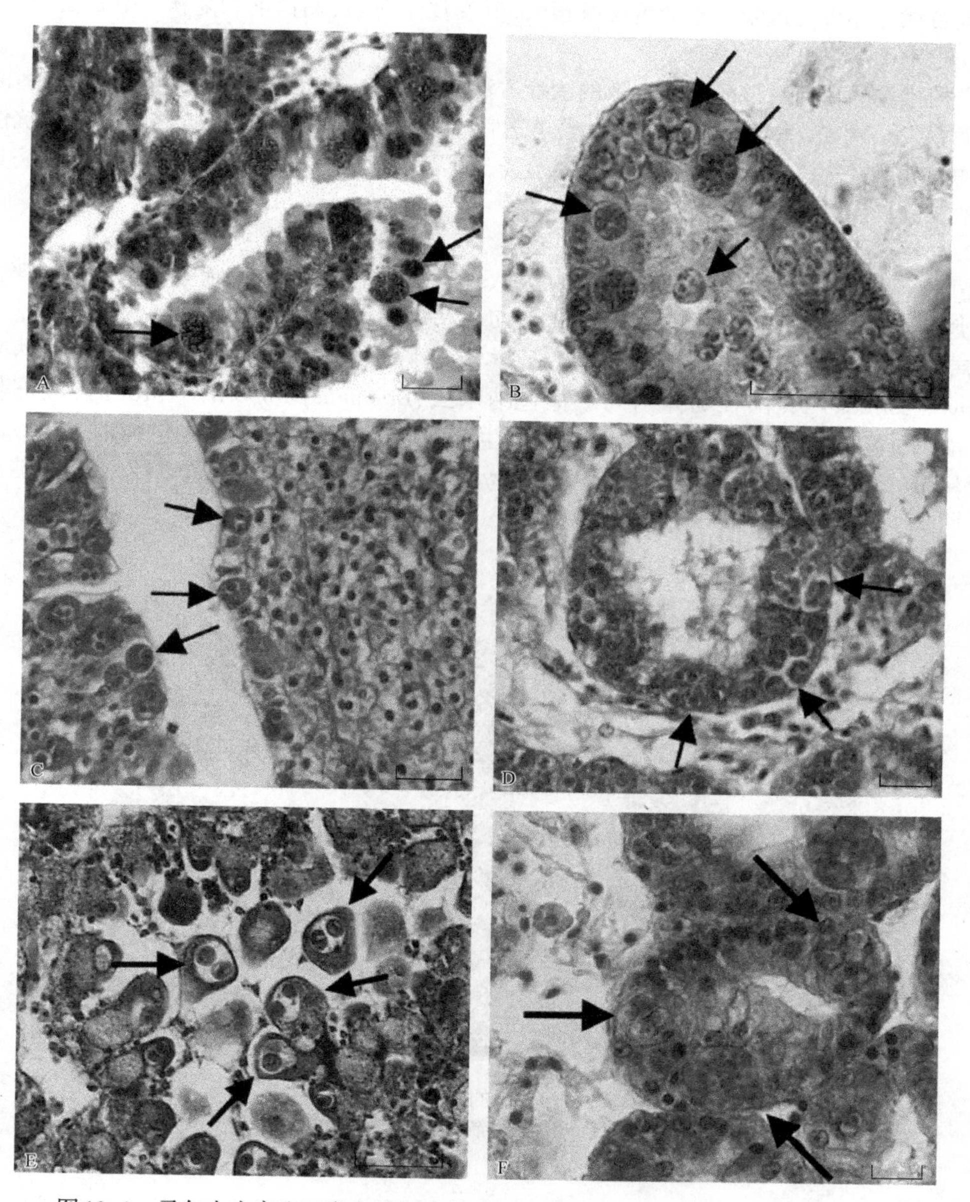

图10–2　马尔太虫寄生于宿主组织中的组织切片（HE染色）（Carrasco et al.，2015）

A. 折光马尔太虫在贻贝（*Mytilus galloprovincialis*）消化道寄生，箭头显示不同发育期的马尔太虫；B. 扇贝马尔太虫（*Marteilia cochillia*）寄生于扇贝（*Cerastoderma edule*）的消化道上皮中，箭头显示不同发育时期的虫体；C. 在牡蛎（*Sacccrostrea glomerata*）鳃上寄生的悉尼马尔太虫（*Marteilia sydneyi*）的早期虫体（箭头所示）；D. 在牡蛎（*Sacccostrea glomerata*）消化道上皮寄生的悉尼马尔太虫（*Marteilia sydneyi*）的成熟期期虫体（箭头所示）；E. 太平洋牡蛎（*Crassostrea gigas*）卵巢感染*Marteilia chungmuensis*，箭头所示被孢子期虫体感染的卵细胞；F. 马尼拉蛤（*Ruditapes philippinarum*）消化腺上皮感染颗粒马尔太虫（*Marteilia granula*），箭头所示成熟孢子；比例尺=10μm

流行与危害 马尔太虫病首次发现于法国布列塔尼北海岸的阿伯纳治（Aber Wrach）海域，故又名阿伯病。其主要寄生于双壳类动物（如食用牡蛎、贻贝属的紫贻贝、智利牡蛎、帕尔希牡蛎、密鳞牡蛎等）的消化系统，引起宿主的生理紊乱，繁殖体能随粪便排到外界环境中。马尔太虫病主要流行于欧洲国家，我国在鹑螺、牡蛎、乌蛤、贻贝和巨蛤中也有发现，但危害不大。马尔太虫病受环境温度及海水盐度影响很大，其在浅水海域、高盐度和夏秋季节易发，在高发季节死亡率可高达50%～90%。

防控措施 目前对该病尚无有效的治疗方法。多采取一些预防措施和化学方法来暂时控制该病暴发。例如，采取低于马尔太虫繁殖适宜水温（低于17℃）养殖，或将牡蛎与有抗性软体动物混养。在一些非开放的牡蛎人工养殖场，可以用磺胺类药物或氯制剂消毒，对该病具有一定的控制作用。

2. 包纳米虫病（bonamiasis）

包纳米虫病是由牡蛎包纳米虫（*Bonamia ostreae*）等寄生于牡蛎的血细胞内引起的严重危害贝类养殖业的主要疾病，为OIE规定的必报贝类传染病之一。

病原体 引起牡蛎包纳米虫病的病原体有4种，即寄生于欧洲牡蛎的牡蛎包纳米虫（*Bonamia ostreae*）、美国牡蛎体内的成孢包纳米虫（*Bonamia perspora*）（图10–3）、欧洲牡蛎体内的杀蛎包纳米虫（*Bonamia exitiosa*）和寄生于悉尼牡蛎体内的鲁道夫包纳米虫（*Bonamia roughleyi*）。包纳米虫隶属单孢子虫门（*Haplosporidia*）包纳米虫属（*Bonamia*）。其中，造成广泛危害的为牡蛎包纳米虫和杀蛎包纳米虫。

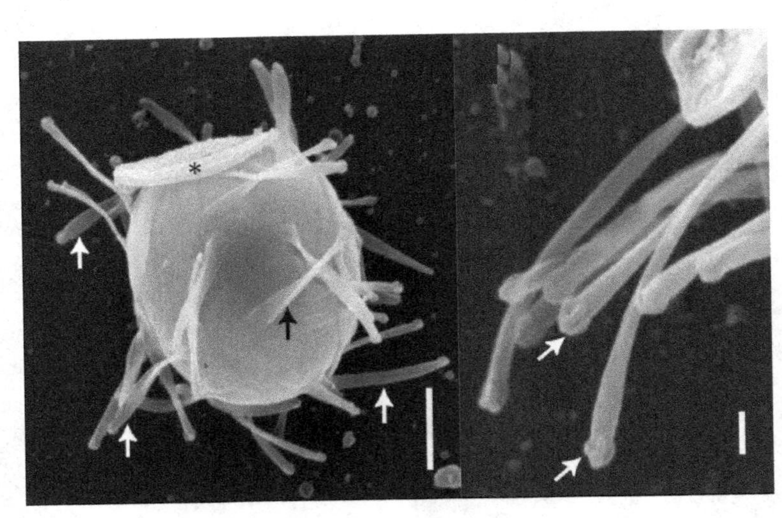

图10–3 成孢包纳米虫（*B.perspora*）的扫描电镜整体图（Carnegie et al，2006）
示鳃盖骨（opercular lid）(*)、丝带结构（黑色箭头）和丝带结构末端（白色箭头），标尺=1μm

牡蛎包纳米虫虫体呈球形或卵圆形，直径2～3μm，具有嗜碱性和嗜伊红的细胞核。其主要寄生于牡蛎颗粒性血淋巴细胞的细胞质内，在感染中后期，各组织的细胞均有寄生。电镜下，可见到牡蛎包纳米虫生长的单核期、偶核期、原形体期虫体，虫体形态多不规则，多包囊体，平滑的内质网上排列着大量高尔基体，细胞内的结构包括囊管状的线粒体、少量单孢子小体、高尔基体，核内有微管，且细胞核与细胞质的比例不同。牡蛎包纳米虫主要感染美国东部及西部海域以及欧洲的食用牡蛎，还可感染安加西牡蛎（*Ostreae angasi*）、帕尔希牡蛎（*O. puelohana*）、智利牡蛎（*O. chilensis*）等品种。

杀蛎包纳米虫呈球形或卵圆形，直径2～5μm。寄生于血细胞内，也可见于细胞外，主要感染新西兰的智利牡蛎及澳大利亚的安加西牡蛎，对新西兰的野生牡蛎危害很大。虫体可随血细胞迅速扩散到全身各组织器官，尤以鳃和外套膜结缔组织多见。在安加西牡蛎，该虫偏好上皮细胞。非常轻微的感染也可引起局部大量血细胞浸润和坏死。对欧洲的食用牡蛎，该虫可引起全身各器官结缔组织的血细胞严重浸润。

症状　患病的牡蛎多数外观正常，少数见鳃丝、外套膜和消化腺上有灰色或结缔组织穿孔性的溃疡。主要症状：闭合肌萎缩，褪色而呈黄色，出现灰白色小溃疡或穿孔性溃疡。组织病理：鳃、外套膜、胃、肠周围的血管窦中颗粒性白细胞增多，血细胞破裂、渗出，有的可观察到包纳米虫体（图10-4）。

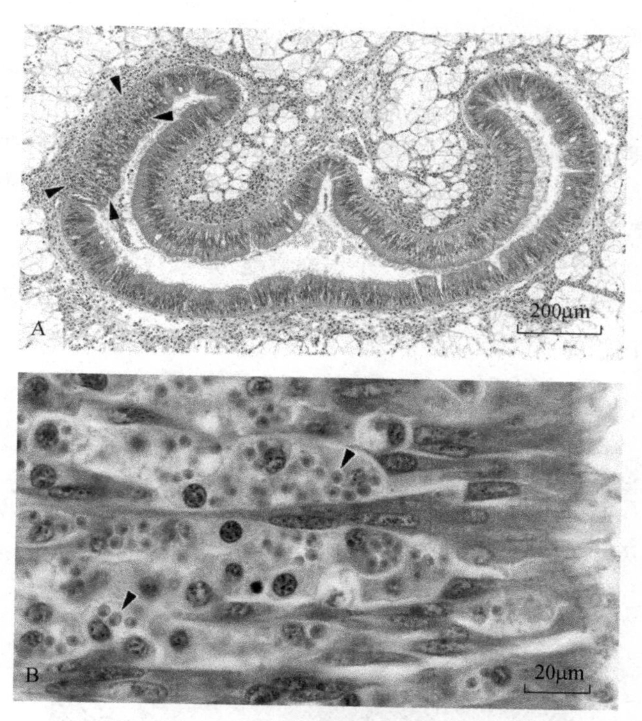

图10-4　具有明显的血细胞（箭头）浸润的肠的显微照片（HE染色）
A. 整体观；B. A中箭头指示区域的详细视图，大多数血细胞中含有多个包纳米虫（如箭头）

流行与危害　早在1960年，美国加州的牡蛎及欧洲的食用牡蛎（*Ostreae edulis*）曾感染小细胞虫（*Microcell clisecise*），后来证实为包纳米虫感染。1979年，包纳米虫首次被发现于法国西部的布列塔尼，以后广泛流行于法国、爱尔兰、意大利、荷兰、葡萄牙、西班牙和英国等欧洲国家，以及加拿大的不列颠哥伦比亚和美国的加利福尼亚、缅因州和华盛顿州等地。另外，帕尔希牡蛎（*O. puelchana*）、安加西牡蛎和智利鹑螺（*Tiostrea chilensis*）也可自然感染。各年龄阶段的牡蛎均易感，尤其2龄以上的牡蛎最易感。本病的传播方式最可能是疫源地引进的牡蛎引起，四季均可发生，但秋季和冬末是其流行高峰。

目前,我国尚无该病发生的报道。

防控措施 目前包纳米虫病尚未有有效防治措施。包纳米虫能在低温中长时间存活。疾病一旦暴发,则很难根除。为减少该病造成的损失,降低牡蛎的养殖密度和采取悬浮养殖,可减少包纳米虫感染率;在包纳米虫病暴发造成大量死亡前(8～9月)将牡蛎出售也是一种减少损失的措施。

在药物上,研究发现用细胞松弛素B处理该虫可有效减少宿主体内的感染率。受热、甲醛或紫外线对该寄生虫具有杀灭作用。过氧乙酸洗涤也可以减少寄生虫数量。

3. 派琴虫病(perkinsosis)

派琴虫病是由海洋派琴虫(*Perkinsus marinus*)、奥尔森派琴虫(*Perkinsus olseni*)等寄生于牡蛎、贻贝、鲍、蛤仔和扇贝等宿主血细胞内或鳃、结缔组织、内脏和套膜上皮而引起的一种寄生虫病。派琴虫的感染会造成贝类生长缓慢,个体大小不均,繁殖效率低等,严重感染时会引起贝类大量死亡。

病原体 引起派琴虫病的病原体有6种:海洋派琴虫(*Perkinsus marinus*)、奥尔森派琴虫(*Perkinsus olseni*)、*Perkinsus qugwadi*、*Perkinsus mediterraneus*、*Perkinsus chesapeaki*和*Perkinsus andrewsi*,在分类上隶属于派琴纲(Perkinsea)派琴目(Perkinsida)派琴科(Perkinsidae)派琴虫属(*Perkinsus*),但其分类尚有争议。派琴虫生活史大体可分3个阶段:**休眠孢子**、**游动孢子**和**滋养体**。休眠孢子呈圆形,蓝黑色,直径为30～80μm;休眠孢子经过裂殖生殖形成**游动孢子囊**,游动孢子囊成熟后可释放出成千上万个呈椭圆形的双鞭毛**游动孢子**(图10-5);而滋养体为寄生阶段,具有一靠近细胞膜的核和一个偏心囊泡,呈戒指状。派琴虫增殖与水温密切相关,虫体各发育阶段均具感染性,通常以双鞭毛游动孢子感染宿主,进入宿主组织后就发育成滋养体,滋养体在宿主中不断通过二分裂方式繁殖。该虫还可形成似球状的**休眠孢子**。

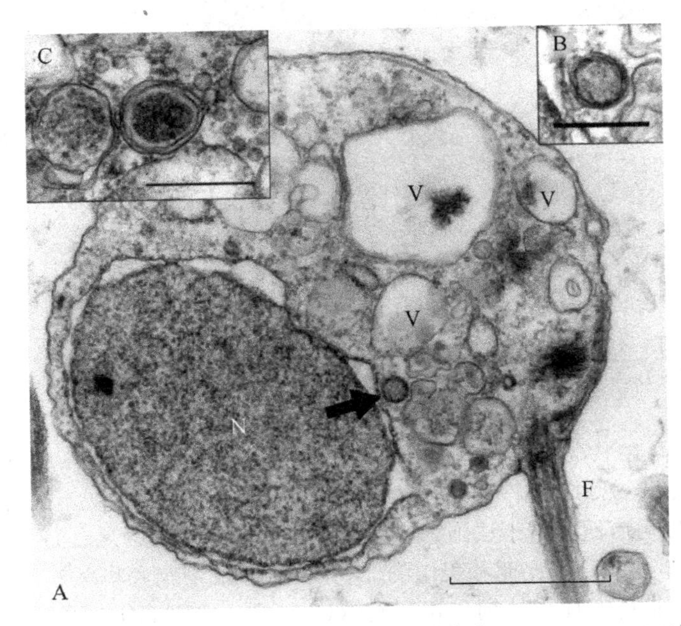

图10-5 *P. chesapeaki*游动孢子的超微结构(Robledo et al.,2011)

A. 靠近核的质体样结构(箭头);B,C. 质体样细胞器的细节,显示紧密相关的膜:N. 细胞核;V. 液泡;F. 鞭毛;A图比例尺=1μm;B图比例尺=500nm;C图比例尺=300nm

症状　派琴虫病可造成生长缓慢，大小不均，也可见双壳闭合缓慢、无力和闭合不全或死亡。病变组织变薄如水样，消化腺苍白，鳃和外套膜有的出现结节，有时软体组织发生白色不溃疡或穿孔性溃疡。组织病理学变化：结缔组织可见大的、多灶性病变，内含派琴虫虫体细胞；感染部位大多数有血细胞侵润。感染的蛤类，通常可见派琴虫虫体，被一层厚的、由血细胞脱颗粒产生的嗜伊红物质包裹着（图 10–6）。

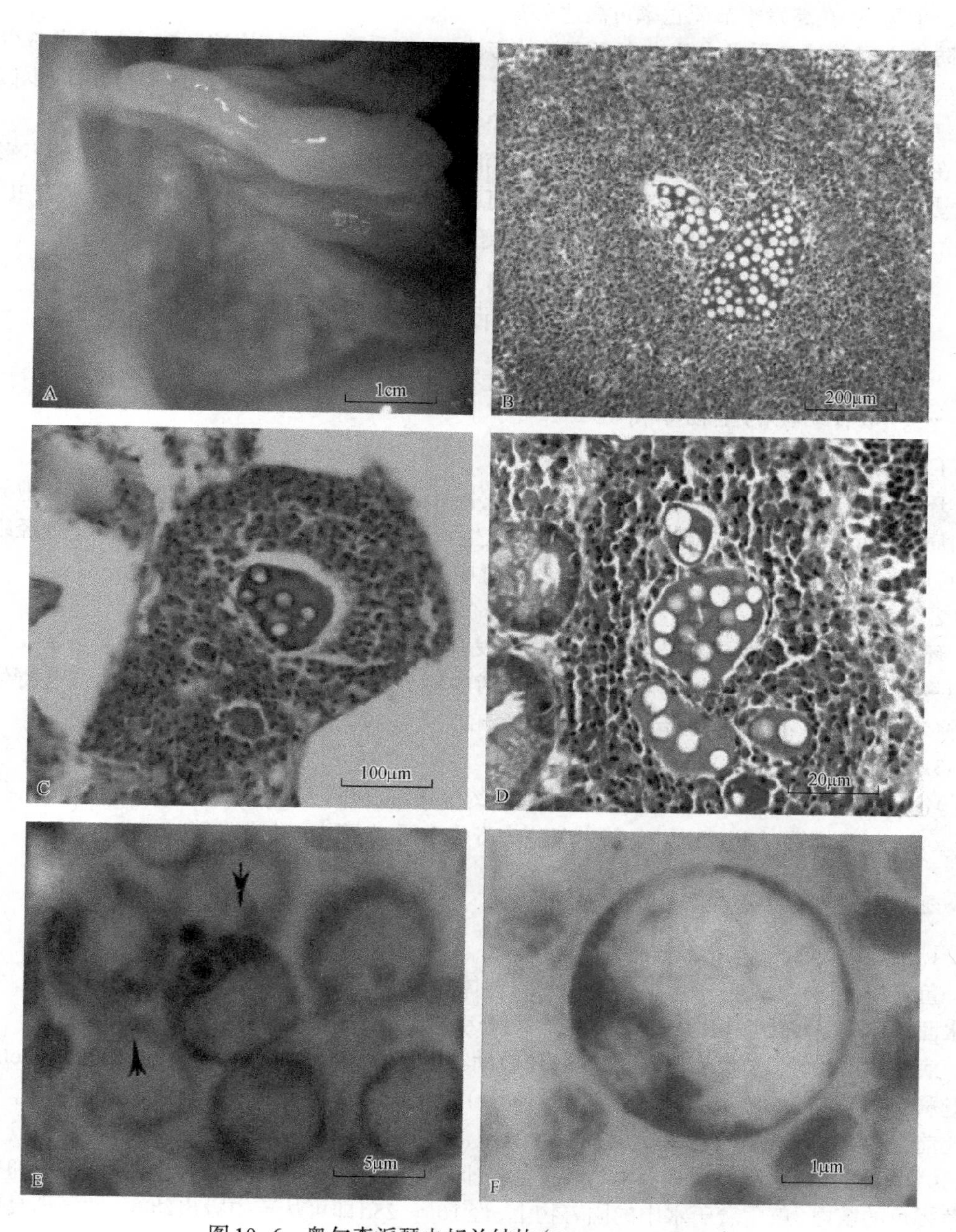

图 10–6　奥尔森派琴虫相关结构（Ruano et al.，2015）
奥尔森派琴虫寄生引菲律宾蛤仔鳃部的结节（A，剪头）；肉芽肿瘤（B）和用一层厚的嗜伊红的无定形 PAS 阳性材料染色显示密封寄生虫细胞团周围有大量的血细胞，主要是粒细胞（C，D）；成熟的奥尔森派琴虫滋养体（E，F）

流行与危害 派琴虫病最早发现于美国路易斯安那州墨西哥海湾的牡蛎上，现呈世界分布，广泛流行于太平洋热带区域、澳大利亚、新西兰北岛、越南、韩国、日本、中国、葡萄牙、西班牙、法国、意大利和乌拉圭等地。派琴虫主要宿主为贝类，包括牡蛎、贻贝、鲍、乌蛤、蛤仔和扇贝等。在我国的虾夷扇贝、皱纹盘鲍、菲律宾蛤仔和牡蛎中都有发现，目前已成为影响我国贝类养殖产业的主要寄生虫病之一。派琴虫病受温度及海水盐度影响很大，盐度越高和水温在20℃以上易发，在高发季节死亡率可高达95%。

防控 目前治疗派琴虫病尚未有有效的方法，只能采取一些措施控制该病的暴发减少经济损失。例如，将贝类提前上市，避开派琴虫病高温暴发时期；在低盐度海区养殖，可减少该病对牡蛎的危害；利用传统或基因选育方法，培养抗病品系。

在化学药物方面，有研究表明卤胺化合物消毒剂化合物杀死培养的派琴虫细胞而不影响牡蛎幼苗；杆菌素、放线菌酮和淡水已被证明可以减少寄主的虫子数量，但难以根除所有虫子。这些治疗可能在工厂化养殖中可行，但在开放自然环境中却难以实现。

第二节　环节动物寄生虫

一、环节动物的生物学特征

1. 形态

环节动物是高等无脊椎动物的开始，身体分节，具有刚毛和疣足，体外有由表皮细胞分泌的角质膜；有头或口前叶，附肢有或无；具有次生体腔，后肾管和闭管式血循环系统；神经组织集中，形成脑和腹神经索；海生种类的个体发育中有担轮幼虫阶段。

2. 生活史

环节动物一般雌雄同体，异体受精，体外发育。其卵裂是螺旋式的，低等环节动物发育过程中一般具有担轮幼虫时期。陆生和淡水生活的环节物为直接发育，无幼虫期。一些寄生生活的多分为3个生活阶段，胚胎阶段、浮游阶段和寄生阶段。

3. 分类

环节动物门（Annelida）包含3个纲，约有9 000种：多毛纲（Polychaeta）、寡毛纲（Oligochaeta）、蛭纲（Hirudinea）。其中有些为寄生生活，如鱼蛭，才女虫等。

二、主要病原体及其引起的疾病

1. 鱼蛭病（piscieolaiosis）

鱼蛭俗称蚂蝗，是养殖鱼类较常见的一种体外寄生虫。寄生数量多时，鱼表现不安，常跳出水面。体表呈现出血性溃疡，鳃被侵袭时，会引起呼吸困难。

病原体 鱼蛭（*Piscicola* spp.），隶属环节动物门蛭纲（Hirudinea）吻蛭目（Rhynchobdellida）鱼蛭科（PiscicolidaeJohnson）鱼蛭属（*Piscicola*）。虫体呈圆柱状。身体前后各有1吸盘，后吸盘比前吸盘大一倍。前吸盘基部背面有两对眼，前一对斜线形，后一对近乎圆形。后吸盘呈杯状，边缘有14条深色的辐射线及14个辐射线之间的黑点。虫体雌雄同体，异体受精，虫卵被产于黄褐色的茧内，茧附着于水中的固着物上，经16～25d即可从茧中孵出幼蛭，幼蛭即具有吸血能力，并逐渐成熟为成虫（图10-7）。

症状 鱼蛭寄生到鱼身上时，病鱼烦躁不安，在水面狂游，严重寄生时导致生长不良及贫

图10–7　成体鱼蛭（Heinz Mehlhorn，2016）

血。诊断可根据症状，在易感部位发现虫体即可确诊。鱼蛭又常是锥体虫病及鱼类细菌性鱼病的传播者，对渔业危害甚大（图10–8）。

流行与危害　鱼蛭可寄生于多种鱼的身体、鳃和鱼的嘴上等，包括鲑鳟鱼类、多种鲤科鱼类、石斑鱼、鲈鱼等，一旦这些品种密集养殖于固定水体中，均容易感染鱼蛭并发病。蛭类喜欢生活在比较温暖而又可以隐蔽的浅水中，养殖鱼类夏秋季感染较多。

防控　发病时，用生石灰清塘，杀死病原；采用2.5%盐水浸洗淡水鱼0.5 ～ 1h，或用50ppm的二氯化铜溶液浸洗病鱼15min，鱼蛭便可从鱼体上跌落下来，再用机械方法将鱼蛭处死；对海水鱼类，可用淡水中浸泡；一定浓度的阿维菌素和硫酸铜对海水鱼鱼蛭也有一定的杀死和抑制作用，金钱鱼（scatophagus argus）可以啄食鱼蛭虫卵，海水养殖中混养金钱鱼可适当防控石斑鱼的鱼蛭病发生。

图10–8　鲤鱼腹部寄生的成体鱼蛭

2. 才女虫病(polydoraiosis)

才女虫病是由才女虫属复合体(*Polydora Complex*)寄生于贝类的贝壳中引起寄生虫病。才女虫是一种多毛类寄生虫，分泌腐蚀贝壳的酸性物质在贝壳上穿凿管道，使壳内面接近中心部位形成黑褐色的痂皮，俗称“黑壳病”或“黑心肝病”。贝壳被穿透后，软体部分裸露而受到损伤，继发细菌感染，引起炎症、脓肿和溃烂。

病原体 才女虫属复合体(*Polydora Complex*)隶属于环节动物门多毛纲游走目海稚虫科，是海稚虫科中第五刚节发生变形的所有种类的合称，包含8属。才女虫的口前叶前端圆钝或具缺刻，向后延伸为脑后脊。眼有或无。第Ⅰ刚节背刚毛有或无。第Ⅴ刚节大且变形、仅具一种变形粗足刺刚毛，且排成一直排或稍弯曲，通常具伴随刚毛。体后部背足叶有或无足刺刚毛。腹足叶巾钩刚毛双齿，始于第Ⅶ～ⅩⅦ刚节，两齿之间具明显的角，其柄部有或无收缩部。鳃始于第Ⅴ刚节以后。肛部为收缩或扩张的袖口状、茶蝶状或分叶。才女虫是典型的海底食碎屑动物，大部分种类生活在近岸海域，深海中比较少。才女虫有两种摄食方式，吞食和滤食(图10–9)。

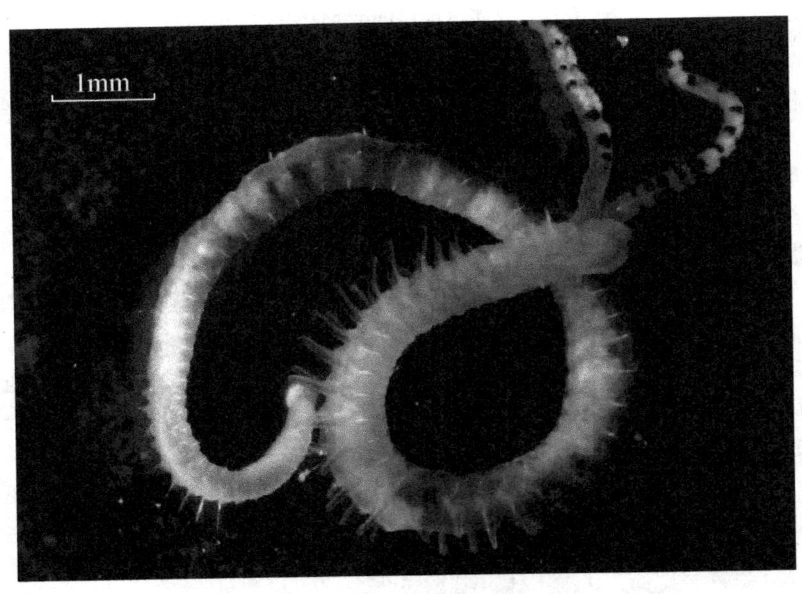

图10–9　凿贝才女虫成虫(高燕，2011)

体长10～40mm，头部有1对触手，边缘有黑色波纹带，身体分节，尾部有吸盘，吸盘中央有一排泄孔

症状 病贝生长缓慢，管道的形成，使贝壳受损，特别使闭壳肌周围的壳变得脆弱，在养殖操作过程中容易破裂。当虫体钻穿贝壳达到软体部时，则直接侵害软体部，被侵组织周围发生炎症，局部形成脓肿和溃疡，引起细菌继发性脓疡，并产生一种特殊的臭味，严重降低贝类的品质和价值，严重时甚至导致贝类死亡(图10–10)。

流行与危害 才女虫病世界流行，有些地区危害相当严重。据资料记载，1959年日本鄂霍次克海沿海有60%的虾夷扇贝受到凿贝才女虫的危害，同年日本陆奥湾底播的虾夷扇贝贝苗也被侵害，造成大批死亡。1994年，凿贝才女虫引发的“黑壳病”造成河北昌黎沿海各养殖区30%～35%的5cm以上扇贝死亡，导致减产。大连獐子岛海域90%以上虾夷扇贝被凿贝才女

图10-10　贝壳被才女虫侵染前后（Baosuo Liu, et al., 2016）
A. 无虫体侵染的贝壳；B. 被虫体侵染后的贝壳；C,D. 虫体

虫感染，每年经济效益损失达3 000～4 000万元。凿贝才女虫主要危害2～3龄马氏珠母贝的母贝和3～4龄的育珠贝，母贝死亡率达71%，育珠贝死亡率达89%，并严重影响珍珠质量。凿贝才女虫对九孔鲍和杂色鲍也产生严重危害，能够感染鲍苗、成鲍和亲鲍，被感染的鲍贝壳易碎，贝体消瘦，重者导致死亡，经济损失严重。

防控　目前，尚无理想的防控措施。

在生产过程中可采用一些常规预防措施，可能减少一些损失。

1）勤刷笼。购进苗种后，尽快分入暂养笼。特别是在才女虫的附着高峰期更要经常刷洗，使其幼虫不能在扇贝壳表面附着筑管。

2）晚分苗。分苗时间可推迟至8月初开始。此时正值凿贝才女虫的附着高峰期，分苗时通过筛洗贝苗，彻底清洗贝壳表面，使刚刚附于贝壳的凿贝才女虫幼虫被洗掉或死亡；同时晚分苗也可同时避开牡蛎的附着期。

3）调整浮筏深度。分苗入养成笼后应适时调整养殖筏的浮力，避开多毛类幼虫较多的附着水层，切勿使养殖筏过于沉底。

4）发现“黑壳病”时，应在凿贝才女虫秋季产卵之前将带病的扇贝捕起，以控制凿贝才女虫的发生量，减步害虫的繁殖和扩散。

5）育苗单位在选择亲贝时一定要严格把关，务必不要将带病亲贝混入育苗室。

第三节 软体动物寄生虫

一、软体动物的生物学特征

1. 形态

软体动物的形态结构变异较大，但基本形态相似；身体柔软，不分节，可分为头、足和内脏三部分，身体前侧皮肤褶状扩张形成外套膜，其可分泌具有保护和支持作用的贝壳，软体动物又俗称贝类。

2. 生活史

大多数软体动物为雌雄异体，多数种类营体内受精，精子通过交配、递送至或随水流进入雌体内。卵裂形式多为完全不均等卵裂，少数为不完全卵裂。个体发育先后经过担轮幼虫和面盘幼虫，淡水蚌类发育过程有特殊的钩介幼虫时期。

3. 分类

软体动物门（Mollusca）是动物界的第二大门类，可分为7个纲：单板纲（Monoplacophora）、无板纲（Aplacophora）、多板纲（Polyplacophora）、腹足纲（Gastropoda）、掘足纲（Scaphopoda）、鳃纲（Lamellibranchia）、头足纲（Cephalopoda）。软体动物很多具有经济价值，但一些种类作为人、畜寄生虫病的中间寄主或鱼的寄生虫。

二、主要病原体及其引起的疾病

软体动物的寄生虫引起的疾病主要为钩介幼虫病（glochidiumiasis）

钩介幼虫病是由钩介幼虫（*Glochidium* sp.）引起的鱼病。该虫专营寄生生活，偏好寄生于无鳞鱼类的体表、鳍条、鳃等处，吸食鱼体营养，引发皮肤瘙痒，严重时会引发鱼类大量死亡。

病原体 钩介幼虫是软体动物门瓣鳃纲真瓣鳃目蚌科的淡水蚌类特有的幼虫。蚌类一般为雌雄异体，性成熟季节雄性个体将精子排入水中，随水流进入雌性个体的体内与成熟卵子受精。受精卵在体内发育成钩介幼虫，幼虫成熟后排出体外，必须寄生在鱼或其他动物寄主的体表、鳃或鳍上，汲取寄主的营养，经变态发育成幼蚌后脱离寄主，在水底营独立生活。

成熟的钩介幼虫在显微镜下观察，侧面观呈近似三角形或半椭圆形，褐色，半透明，左右两壳对称，背部由铰合韧带相连。钩介幼虫通过胶质索、幼虫丝黏附和壳钩牢牢钩在寄主鱼的口、鳃和鳍上（图10–11、图10–12）。

症状 寄生在口部时引起鱼苗“白头白嘴”，或者寄生部位出血形成“白头红嘴”。瓣鳃纲中一些蚌类的钩介幼虫用长而具有黏性的足丝和钩子附着在鱼体上，通常在鱼的鳃、口、鳍条以及皮肤上。鱼体受到刺激引起周围组织发炎增生，色素渐消退，并逐渐将幼虫包围在里面，形成包囊。较大的鱼体寄生几十个钩介幼虫，一般影响不大，但对饲养5～6d的鱼苗和体长1.7～2.7cm的夏花，则可产生较大的影响，特别是寄生在鱼的要害部位如嘴角、口唇或口腔里，能使鱼苗或夏花丧失摄食能力而萎瘪致死。鱼的头部往往出现红头白嘴现象，因此群众称它为“红头白嘴病”。如果幼虫寄生在鱼的鳃丝上，不仅夺取鱼的营养，引起严重充血，同时妨碍鱼的呼吸，可引起窒息死亡。寄生钩介幼虫数量少时，鱼苗体质虚弱，检测鱼体时常常见到鱼苗又被车轮虫、斜管虫、指环虫等寄生虫寄生或裸藻附着，引起鱼苗死亡，造成鱼苗培育成活率降低。

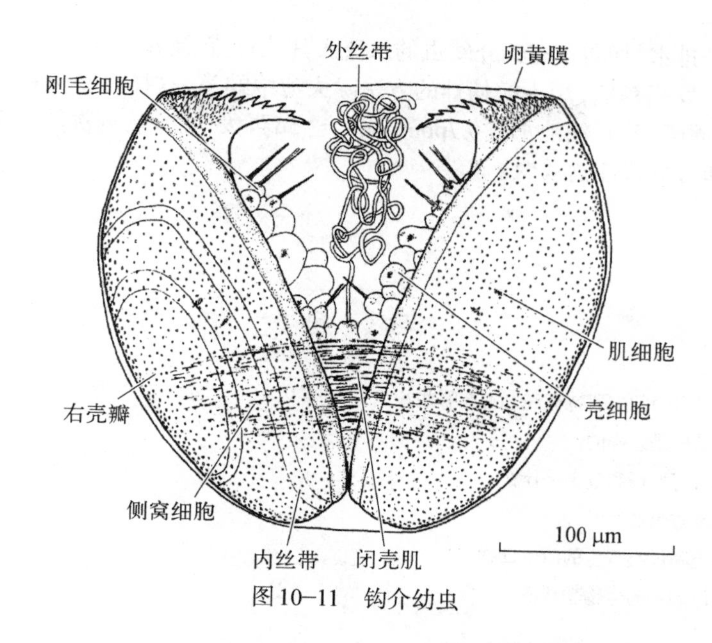

图10–11　钩介幼虫

图10–12　草鱼鳃丝上的钩介幼虫

流行与危害　此病流行于春季，每年在鱼苗和夏花饲养期间，正是钩介幼虫离开母蚌漂浮于水中的时候。每年的3～6月夏花鱼苗培育阶段也是钩介幼虫发育成熟从雌性河蚌体内释放的阶段，一旦鱼苗培育池塘底泥中有成熟的河蚌，就会释放钩介幼虫到水体中，或者注水时水源有钩介幼虫的存在，都会使鱼苗感染。特别是靠近湖区的养鱼场，常由此引起严重的疾病，造成大量死亡。钩介幼虫主要危害底层鱼类的鱼苗阶段，如草鱼、青鱼、河鲀、加州鲈、鲤鱼等。

防控　培育鱼苗的池塘，应用生石灰和茶饼彻底清塘，以消灭河蚌。在进行河蚌育珠的池塘，应严格控制进排水，切勿使有钩介幼虫的水流入其他鱼苗、夏花饲养池内（因钩介幼虫繁殖的寄主是河蚌）。发病初期，用人摸捕蚌的方法除去池中蚌类，这样可避免和减轻钩介幼虫继续感染。全池泼洒硫酸铜，使池水成0.7ppm，隔3 ～ 5d再泼一次，泼洒次数视病情而定。待鱼体长到5cm以上时，危害性就减少了。

（李安兴　编写）

习　题

1. 贝类的包纳米虫病的主要特征和危害有哪些？
2. 原虫的形态结构是怎样的？
3. 马尔太虫的流行特征和危害是什么？
4. 生产中如何预防鱼蛭病？
5. 举例介绍鱼类和贝类寄生的原生动物。
6. 简要描述软体动物的生物学特征。

参 考 文 献

陈爱平，江育林，钱冬，等.2012.奥尔森派琴虫病.中国水产，3：023.

陈爱平，江育林，钱冬折，等.2012.折光马尔太虫病.中国水产，2：51–52.

刘权，吴敬森，李玉涛.2002.钩介幼虫病的危害及防治方法.河北渔业，(6)：37–37.

王宗祥.2011.贝类派琴虫原位杂交检测技术研究.呼和浩特：内蒙古农业大学硕士学位论文.

吴绍强.2015.水生动物寄生虫学.北京：中国农业出版社.

Abollo E, Ramilo A, Casas SM, et al. 2008. First detection of the protozoan parasite *Bonamia exitiosa* (Haplosporidia) infecting flat oyster *Ostrea edulis* grown in European waters. Aquaculture, 274: 201–207.

Araujo R, Ramos M A. 1998. Description of the glochidium of *Margaritifera auricularia* (Spengler 1793)(Bivalvia, Unionoidea). Philosophical Transactions of the Royal Society of London B: Biological Sciences, 353(1375): 1553–1559.

Arzula I, Carnegie RB. 2015. New perspective on the haplosporidian parasites of molluscs. Journal of Invertebrate Pathology, 131: 32–42.

Audemard C, Carnegie R B, Bishop M J, et al. 2008. Interacting effects of temperature and salinity on Bonamia sp. parasitism in the Asian oyster *Crassostrea ariakensis*. Journal of invertebrate pathology, 98(3): 344–350.

Audemard C, Le Roux F, Barnaud A, et al. 2002. Needle in a haystack: involvement of the copepod Paracartia grani in the life-cycle of the oyster pathogen *Marteilia refringens*. Parasitology, 124(3): 315–323.

Bignell J P, Stentiford G D, Taylor N G H, et al. 2011. Histopathology of mussels (*Mytilus* sp.) from the Tamar estuary, UK. Marine environmental research, 72(1): 25–32.

Burreson E M, Stokes N A, Carnegie R B, et al. 2004. *Bonamia* sp.(Haplosporidia) found in nonnative oysters *Crassostrea ariakensis* in Bogue Sound, North Carolina. Journal of Aquatic Animal Health, 16(1): 1–9.

Carnegie R B, Burreson E M, Mike Hine P, et al. 2006. *Bonamia perspora* n. sp.(Haplosporidia), a parasite of the oyster *Ostreola equestris*, is the first Bonamia species known to produce spores. Journal of Eukaryotic Microbiology, 53(4): 232–245.

Carrasco N, Green T, Itoh N. 2015. *Marteilia* spp. parasites in bivalves: a revision of recent studies. Journal of invertebrate pathology, 131: 43–57.

Carrasco N, Roque A, Andree K B, et al. 2011. A Marteilia parasite and digestive epithelial virosis lesions observed during a common edible cockle *Cerastoderma edule* mortality event in the Spanish Mediterranean coast. Aquaculture, 321(3): 197–202.

Elgharsalli R, Aloui-Bejaoui N, Chollet B, et al. 2013. Characterization of the protozoan parasite Marteilia refringens infecting the dwarf oyster *Ostrea stentina* in Tunisia. Journal of invertebrate pathology, 112(2): 175–183.

Jeong K H. 1989. An ultrastructural study on the glochidium and glochidial encystment on the host fish. The Korean Journal of Malacology, 5(1): 1–9.

Kidokoro Y, Hagiwara S, Henkart M P. 1974. Electrical properties of obliquely striated muscle fibre membrane of *Anodonta glochidium*. Journal of Comparative Physiology A: Neuroethology, Sensory, Neural, and Behavioral Physiology, 90(4): 321–338.

Lohrmann K B, Hine P M, Campalans M. 2009. Ultrastructure of *Bonamia* sp. in *Ostrea chilensis* in Chile. Diseases of aquatic organisms, 85(3): 199–208.

Longshaw M, Stone D M, Wood G, et al. 2013. Detection of *Bonamia exitiosa* (Haplosporidia) in European flat oysters *Ostrea edulis* cultivated in mainland Britain. Diseases of aquatic organisms, 106(2): 173–179.

López C, Darriba S. 2006. Presence of *Marteilia* sp.(Paramyxea) in the razor clam Solen marginatus (Pennántt, 1777) in Galicia (NW Spain)[J]. Journal of invertebrate pathology, 92(2): 109–111.

Panha S, Eongprakornkeaw A. 1995. Glochidium shell morphology of *Thai amblemid* mussels. Japanese Journal of Malacology (Japan), 54: 225–236.

Ray S M. 1996. Historical perspective on *Perkinsus marinus* disease of oysters in the Gulf of Mexico. Journal of Shellfish Research, 15(1): 9–11.

Robledo J A F, Caler E, Matsuzaki M, et al. 2011. The search for the missing link: a relic plastid in Perkinsus?. International journal for parasitology, 41(12): 1217–1229.

Roe K J, Simons A M, Hartfield P. 1997. Identification of a fish host of the inflated heelsplitter *Potamilus inflatus* (Bivalvia: Unionidae) with a description of its glochidium. American Midland Naturalist, 138(1): 48–54.

Ruano F, Batista F M, Arcangeli G. 2015. Perkinsosis in the clams *Ruditapes decussatus* and *R. philippinarum* in the Northeastern Atlantic and Mediterranean Sea: A review. Journal of invertebrate pathology, 131: 58–67.

Ruiz M, López C, Lee R S, et al. 2016. A novel paramyxean parasite, *Marteilia octospora* n. sp.(Cercozoa) infecting the Grooved Razor Shell clam *Solen marginatus* from Galicia (NW Spain). Journal of invertebrate pathology, 135: 34–42.

Tucker M E. 1927. Morphology of the glochidium and juvenile of the mussel *Anodonta imbecillis*. Transactions of the American Microscopical Society, 46(4): 286–293.

Wood E M. 1974. Development and morphology of the glochidium larva of *Anodonta cygnea* (Mollusca: Bivalvia). Journal of Zoology, 173(1): 1–13.

Wood E M. 1974. Some mechanisms involved in host recognition and attachment of the glochidium larva of *Anodonta cygnea* (Mollusca: Bivalvia). Journal of Zoology, 173(1): 15–30.

Wu S, Wang C, Lin X, et al. 2011. Infection prevalence and phylogenetic analysis of *Perkinsus olseni* in Ruditapes philippinarum from East China. Diseases of aquatic organisms, 96(1): 55–60.

附　　录

一、寄生虫学综合性网站

1. American Society of Parasitologists
   https: //www.amsocparasit.org/
2. Centers for Disease Control and Prevention Laboratory Identification of Parasites of Public Health Concern
   https: //www.cdc.gov/dpdx/index.html
3. Human Parasites
   http://humanparasites.org/
4. Parasitology-related links
   http://www.k-state.edu/parasitology/links
5. Medical Parasitology Links
   https: //www.lshtm.ac.uk/study/masters/medical-parasitology
6. TDR home page
   http://www.who.int/tdr/
7. Infectious diseases WHO
   http://www.who.int/health-topics/idindex.htm
8. National Museum of Wales
   http://parasites-world.com/national-museum-of-wales/
9. 中国疾病预防控制中心寄生虫病预防控制所
   http://www.ipd.org.cn/
10. 中国农业大学《兽医寄生虫学》教学网站
    http://www.icourses.cn/coursestatic/course_5842.html

二、寄生虫学数据库

1. Expressed Sequence Tags Database
   https://www.ncbi.nlm.nih.gov/genbank/dbest/
2. BIOSCI
   http://www.bio.net/
3. World of Parasites
   http://www3.sympatico.ca/james.smith090/WORLDOF.HTM
4. Diagnostic Parasitology
   http://www1.udel.edu/mls/dlehman/medt372/images.html
5. Atlas of Medical Parasitology
   https: //trove.nla.gov.au/work/27651456?q&versionId=33353150

6. Department of Parasitology, Chiang Mai University, THAILAND
   http://www.med.cmu.ac.th/dept/parasite/image.htm
7. Parasite Image Library
   https: //www.cdc.gov/dpdx/
8. National Center for Veterinary Parasitology
   http://www.osugiving.com/news/CVHS-NCVP-STATE

三、寄生虫学专业期刊

1. Molecular and Biochemical Parasitology
   https: //www.journals.elsevier.com/molecular-and-biochemical-parasitology/
2. Parasitology International
   https: //www.journals.elsevier.com/parasitology-international/
3. International Journal for Parasitology
   https: //www.journals.elsevier.com/international-journal-for-parasitology
4. Experimental Parasitology
   https: //www.journals.elsevier.com/experimental-parasitology
5. Trends in Parasitology
   https: //www.journals.elsevier.com/trends-in-parasitology
6. Veterinary Parasitology
   https: //www.journals.elsevier.com/veterinary-parasitology/
7. The Korean Journal of Parasitology
   http://parasitol.kr/index.php
8. Parasitology Research
   http://www.springer.com/biomed/medical+microbiology/journal/436
9. Parasitology
   https://www.cambridge.org/core/journals/parasitology
10. Parasitology Immunology
    http://onlinelibrary.wiley.com/journal/10.1111/(ISSN)1365−3024
11. Acta Parasitologica
    http://www.springerlink.com/content/120175/
12. Advances in Parasitology
    https://www.sciencedirect.com/bookseries/advances-in-parasitology
13. 水生生物学报
    http://ssswxb.ihb.ac.cn/CN/volumn/current.shtml
14. 中国寄生虫学与寄生虫病杂志
    http://www.jsczz.cn: 8080/Jweb_jsczz/CN/volumn/current.shtml

索　引

A

B

C

D

F

G

H

J

K

L

M

N

O

P

Q

R

S

T

W

X

Y

Z